全国高等农林院校“十一五”规划教材

# 金属工艺学实习

侯书林　主编

中国农业出版社

## 内 容 简 介

本教材是根据教育部2007年制定的机械类专业《高等工业学校金工实习教学基本要求》，由中国农业出版社组织国内多所院校经验丰富的一线教师结合各自学校近年来教学改革成果和工程训练内容而编写的。

本教材共15章，内容包括金属材料及热处理、铸造、锻压、焊接、金属切削加工基础知识、钳工、车削加工、铣削加工、磨削加工、刨削加工、数控车削、数控铣削、特种加工技术、非金属材料的加工和表面处理技术。每章附有适量的复习思考题。本教材在编写上体现了理论结合实践，以实践操作为主，内容深入浅出，直观形象，图文并茂；在内容安排上，为扩大专业覆盖面，既有传统的内容，又反映了当今机械制造领域的最新理论和技术，内容丰富，取舍有一定的伸缩性，以适应不同专业、不同学时的教学需求，并可扩大学生的知识面，启发学生的思维，提高学习兴趣。

本教材既可作为高等院校机械类和近机械类各专业的实训教材和参考书，也可作为机械制造工程技术人员的参考书。

**主　编**　侯书林（中国农业大学）
**副主编**　张惠友（东北农业大学）
杜立群（内蒙古农业大学）
修树东（浙江林学院）
程新江（黑龙江八一农垦大学）
**参　编**（按姓氏笔画排序）
于春海（吉林农业大学）
史立新（南京农业大学）
刘守荣（中国农业大学）
刘景云（中国农业大学）
刘婷婷（杭州电子科技大学）
那明君（东北农业大学）
李元强（东北农业大学）
杨晓丽（东北农业大学）
张洪江（吉林农业大学）
林　静（沈阳农业大学）
施焕儒（中国农业大学）
徐　杨（中国农业大学）
简建明（中国农业大学）
鲜洁宇（南京农业大学）
**主　审**　张学政（清华大学）
严绍华（清华大学）

# 前言

本教材为全国高等农林院校“十一五”规划教材，是根据教育部2007年制定的机械类专业《高等工业学校金工实习教学基本要求》，由中国农业出版社组织国内多所院校经验丰富的一线教师根据各自学校近年来教学改革成果而编写的。

金工实习是高等工科院校教学中的一门重要的实践性技术基础课。该课程将为后续相关工程类课程的学习打下重要的基础。

近年来，随着社会对工科院校学生的工程实践能力和创新意识培养要求的提高，各个学校对金工实习教学进行了改革，对金工实习基地进行了建设和投入。随着工程技术的发展及新材料、新设备、新技术、新工艺的大量涌现，急需对现行使用的教材进行更新、补充和完善。

在总结各个学校近年来对金工实习教学改革成功经验和基地建设新成果的基础上，参考了《高等工业学校金工实习教学基本要求》，完成了本实习教材的编写。该教材的内容安排上，既有传统内容，又增加了大量代表先进制造技术的内容，如数控车削、数控铣削、激光雕刻等。本书共15章，内容有金属材料及热处理、铸造、锻压、焊接、金属切削加工基础知识、钳工、车削加工、铣削加工、磨削加工、刨削加工、数控车削、数控铣削、特种加工技术、非金属材料的加工和表面处理技术。每章附有适量的复习思考题。本书专业覆盖面宽，故内容的取舍有一定的伸缩性，以适应不同专业、不同学时的教学需求，从而启发学生的思维，提高学生的学习兴趣。

参加教材编写的有中国农业大学侯书林（绪论）、徐杨（第四章）、刘守荣（第三章、第十三章第六节、第十四章）、刘景云（第十一章）、简建明（第二章）、施焕儒（第十二章），内蒙古农业大学杜立群（第五章），南京农业大学史立新（第六章）、鲜洁宇（第六章、第十五章），东北农业大学张惠友（第一章）、李元强（第九章）、那明君（第一章）、杨晓丽（第一章），沈阳农业大学林静（第七章），吉林农业大学张洪江（第十章）、于春海（第十章），黑龙江八一农垦大学程新江（第十三章），浙江农林大学修树东（第八章），杭州电子科技大学刘婷婷（第五章第三节）。本教材由侯书林负责组织编写并任主编，由张惠友、杜立群、修树东、程新江任副主编。

本教材由清华大学张学政教授和严绍华教授主审，二位教授在百忙中对本教材做了细致的审阅和校核，并对教材的建设提出了高水平的建议，在此表示衷心的感谢。

本教材既可作为高等院校机械类和近机械类各专业的教材和参考书，也可作为机械制造工程技术人员的参考书。

在教材编写过程中，吸收了许多教师对编写工作的宝贵意见，在编写和出版过程中得到了各参加编写院校及中国农业出版社的大力支持，在此一并表示由衷的谢意。

本教材在编写过程中参考和引用了一些教材中的部分内容和插图，所用参考文献均已列于书后，在此对有关作者和出版社表示衷心感谢。

由于编者水平有限，时间仓促，不妥之处在所难免，衷心希望广大读者批评指正。

编　者

2009年9月

# 目　录

# 绪论

机械制造业是整个工业的基础和重要组成部分，自第一次工业革命以来，机械制造业的水平就是衡量一个国家经济发展水平的重要标志。现代化的生产手段，无论在工业、农业或交通运输业，都是以机械化和自动化为标志的。而自动化也要以机械化为基础。机械是进行一切现代生产的基本手段。因此，传授机械制造基本知识和基本技能的金属工艺学实习（简称金工实习），就成为绝大多数工科专业以及部分理科专业大学生的必修课。对于机械类各专业学生，金工实习还是学习其他有关技术基础课程和专业课程的重要先修课。其中，金工实习与工程材料和机械制造基础（即机械制造基础及机械制造技术基础）课程有着特殊的关系，金工实习既是机械制造基础课程的必要先修课，又是它的实践环节和重要组成部分。

理工科大学培养的学生应具有工程技术人员的全面素质，即不仅具有优秀的思想品质、扎实的理论基础和专业知识，而且要有解决实际工程技术问题的能力。金工实习是一门实践性很强的技术基础课程，是对大学生进行工程训练，建立工程概念，提高综合素质，增强实践技能，掌握工艺知识，培养创新意识和创新能力的一个重要环节。所以金工实习是理工科大学一个很重要的教学环节，在培养学生的过程中具有重要的作用。

近年来，随着社会对工科院校培养学生工程实践能力和创新意识要求的提高，各个学校对金工实习教学进行了改革，对金工实习基地进行了建设和投入；工程技术的发展以及新材料、新设备、新技术、新工艺的大量涌现，急需对现行使用的教材进行更新、补充和完善。鉴于此，我们编写了本教材，以满足新时期实习教学的要求。

本教材主要包括工程材料、热处理、铸造、锻压、焊接等热加工基础，以及钳工、车工、铣工、磨工、刨工、特种加工、数控加工及表面处理技术等金属切削加工方法等内容。

本课程的任务如下。

（1）了解机械制造的一般过程。熟悉机械零件的常用加工方法及其所用主要设备的工作原理及典型结构、工夹量具的使用以及安全操作技术。了解机械制造工艺知识和一些新工艺、新技术在机械制造中的应用。

（2）对简单零件初步具有选择加工方法和进行工艺分析的能力。在主要工种上应具有独立完成简单零件加工制造的实践能力。

（3）培养学生的动手能力与工程素质，训练学生形象思维能力和观察、分析、解决实际问题的能力。

（4）使学生在劳动观点、质量和经济观念、理论联系实际和科学作风等工程技术人员应具有的基本素质方面受到培养和锻炼。

# 第一章　金属材料及热处理

金属材料作为工程材料的重要组成部分被广泛应用于机械制造、交通运输、国防与科学技术等各个部门及人们的日常生活中。这是由于它不仅具有良好的力学性能、物理性能和化学性能，同时还具有良好的加工工艺性。热处理工艺能够显著提高金属材料的性能，发挥其潜力，从而使金属材料在国家的建设和发展中起着极其重要的作用。

## 第一节　金属的力学性能

金属的力学性能是指金属在不同外力的作用下所表现出来的性能。力学性能主要有强度、塑性、韧性和硬度等。

### 一、强　度

强度是金属在外力作用下抵抗永久变形和断裂的能力。按照外力作用的方式不同，强度分为抗拉强度、抗压强度、抗弯强度、抗剪强度等。工程上常用来表示金属材料强度的指标有屈服强度、抗拉强度，其数值是按国家标准规定的试验方法采用标准试样在拉伸试验机上测出的。根据试样在拉伸过程中承受的载荷和产生变形量之间的关系，可以求得以下强度。

1. *屈服强度*　金属材料的标准试样在进行拉伸试验时，开始发生弹性变形，随后发生部分塑性变形，这时去除外力，试样便不能恢复原始长度，这种开始出现塑性变形的现象称为屈服，这时的应力称为屈服强度，用 $\sigma_s$ 表示，它可用下式计算：

$$\sigma_s = \frac{F}{S_0} \qquad (\mathrm{N/mm^2})$$

式中　$F$——试样产生微量塑性变形时的最大外力，N；

　　　$S_0$——试样原横截面积，$\mathrm{mm^2}$。

实际中有许多金属材料无明显的屈服现象，工程上规定采用产生 0.2％塑性变形的应力 $\sigma_{0.2}$ 作为屈服强度。

2. *抗拉强度*　试样拉伸时出现塑性变形后继续拉伸至断裂时的最大应力称为抗拉强度，用 $\sigma_b$ 表示，可按下式计算：

$$\sigma_b = \frac{F}{S_0} \qquad (\mathrm{N/mm^2})$$

式中　$F$——试样拉断前的最大外力，N；

　　　$S_0$——试样原横截面积，$\mathrm{mm^2}$。

工程上，金属材料的屈服强度和抗拉强度是机器零件设计和选材的主要依据。

## 二、塑　性

塑性是指金属材料在外力作用下产生塑性变形而不断裂的能力，能力越大塑性越大，常用拉伸试样的伸长率 $\delta$ 和断面收缩率 $\psi$ 表示。它们都由拉伸试验测定。

(1) 伸长率是试样拉断后的总伸长量与原始长度比值的百分数。

$$\delta=\frac{L_1-L_0}{L_0}\times 100\%$$

式中　$L_0$——试样原始的长度，mm；

$L_1$——试样拉断后的长度，mm。

(2) 断面收缩率是试样拉断后断口处截面积的缩减量与原始截面积比值的百分数。

$$\psi=\frac{S_0-S_1}{S_0}\times 100\%$$

式中　$S_0$——试样原来的横截面积，$mm^2$；

$S_1$——试样拉断后的横截面积，$mm^2$。

伸长率 $\delta$ 和断面收缩率 $\psi$ 越大，材料塑性越好；反之，塑性越差。钢和有色金属塑性较好，而铸铁塑性很差。塑性是金属材料进行锻压生产的重要依据，如钢可以进行锻压加工，而铸铁则不能。

各种金属材料的力学性能指标数值可以查阅有关手册。

## 三、冲击韧度

冲击韧度是指金属材料抵抗冲击载荷作用的能力。冲击韧度是在冲击试验机上测定的。把标准的冲击试样放在试验机的试样支座上，将质量为 $G$ 的摆锤由一定的高度落下，将试样打断，摆锤冲断试样消耗的能量称为冲击功，用 $A_K$ 表示。试样断口处单位截面积上消耗的冲击功称为冲击韧度，用 $\alpha_K$ 表示。可用下式计算：

$$\alpha_K=\frac{A_K}{S}\qquad (J/cm^2)$$

式中　$A_K$——冲断试样所消耗的冲击功，J；

$S$——冲击试样断口处截面积，$cm^2$。

## 四、硬　度

硬度是指金属材料抵抗其他硬物压入其表面的能力。硬度越高的金属材料其耐磨性越好。常用的硬度指标有布氏硬度、洛氏硬度和维氏硬度。

1. 布氏硬度　布氏硬度的测试是将直径为 $D$ 的硬质合金球形压头（淬火钢球或硬质合金球）在压力 $F$ 作用下压入被测金属表面，如图 1-1a。保持一定时间后去除压力 $F$，被测量金属表面留下一个直径为 $d$ 的球冠形压痕，如图 1-1b。压痕的表面积为 $S$，压痕单位面积承受的压力称为布氏硬度，用符号 HBW 表示。

$$\mathrm{HBW}=0.102\times\frac{F}{S}=0.102\times\frac{2F}{\pi D\left(D-\sqrt{D^2-d^2}\right)}$$

式中　$F$——压力，N；

$S$——压痕的表面积，$mm^2$；

$D$——压头直径，mm；

$d$——压痕平均直径，mm。

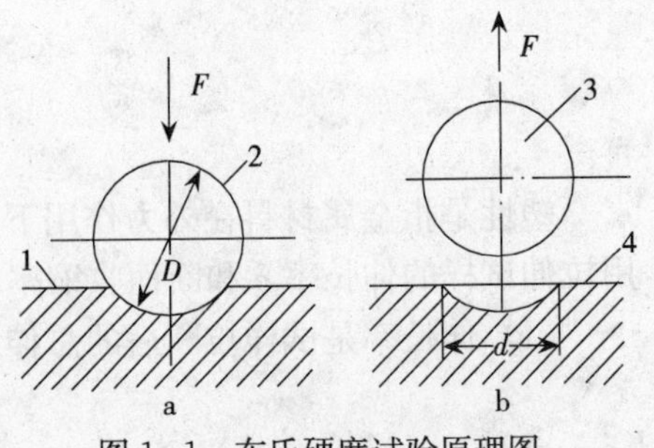


图 1-1　布氏硬度试验原理图
a. 加载　b. 卸载
1、4. 被测金属　2、3. 压头

布氏硬度的单位为 MPa 或 $N/mm^2$，最大值不超过 650。布氏硬度值表示方法是在符号 HBW 之前加测定的数值，如 560HBW 等。

2. *洛氏硬度*　洛氏硬度是在压力 $F$ 作用下，将压头（120°的金刚石圆锥或 $\phi$1.588mm 的淬火钢球或硬质合金球）压入被测金属表面，卸载后根据压痕深度确定硬度值，如图 1-2。压痕深度越小硬度越高。洛氏硬度用 HR 表示，根据压力大小和压头不同，有 HRA、HRB 和 HRC 等。常用的是 HRC，它的测量压头为 120°金刚石圆锥，载荷为 1471.1N，可测量硬度较高的金属材料，如淬火钢、调质钢等，测量范围为 20～70HRC。

洛氏硬度 HRC 和布氏硬度关系可通过硬度值表进行换算。

洛氏硬度测量方法简便，压痕小、不损坏零件表面，可用于成品的检验。在机械制造中被广泛应用于零件性能的测量，是零件常用的技术参数。

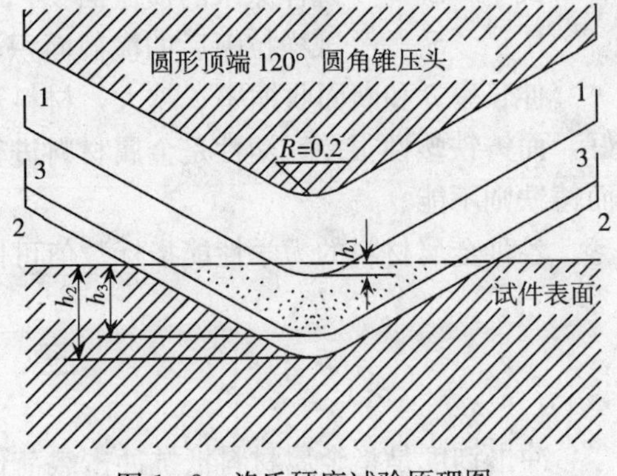


图 1-2　洛氏硬度试验原理图

3. *维氏硬度*　维氏硬度的测量原理基本上和布氏硬度相同，所不同的是，维氏硬度测量采用的压头为顶角 136°的金刚石正四棱锥体，且所加载荷较小，测量时压头在载荷 $F$ 的作用下，在被测金属材料表面压出一个对角线长为 $d$ 的正方锥形压痕。维氏硬度值为压痕单位面积上所受的压力，用符号 HV 表示。单位为 MPa 或 $N/mm^2$。

$$\mathrm{HV}=\frac{F}{S}=1.8544\frac{F}{d^2}$$

式中　$F$——压力，N；

$S$——压痕的表面积，$mm^2$；

$d$——压痕对角线长度，mm。

维氏硬度与其他硬度之间无直接换算公式，需要时通过查硬度换算表。

# 第二节　金属材料

## 一、金属材料的分类

金属是最重要的工程材料之一。工业上通常将金属材料分为两大类：一类是黑色金属，它是指以铁碳合金为基的合金，包括钢和铸铁。钢根据化学成分分为碳钢和合金钢；铸铁根据碳在其中存在的形式又可分为白口铸铁、灰口铸铁和麻口铸铁。另一类是有色金属，它是指黑色金属以外的金属及合金，包括铜、铝、镁等及其合金。

## 二、碳钢的分类和牌号

碳钢又称碳素钢，是碳质量分数小于 2.11%并含有少量硅、锰、硫和磷等杂质元素的铁碳合金。其中，锰和硅是炼钢时脱氧带入的有益元素，硫和磷是炼钢时残存的有害元素，它们使钢产生脆性。

钢的碳质量分数对其性能影响较大，随碳质量分数的增加，钢的硬度和强度不断增高，塑性和韧性不断下降，但当碳质量分数超过 1%后强度开始下降。所以工业上用的碳钢碳质量分数一般不超过 1.4%。

碳钢按碳质量分数可分为低碳钢、中碳钢和高碳钢。低碳钢碳质量分数小于 0.25%，塑性和韧性好，但强度较低，多用于压力加工成形和焊接受力不大的零件。中碳钢碳质量分数为0.25%～0.6%，其强度较高、韧性较好，是制造机器零件最常用的钢。高碳钢碳质量分数大于 0.6%，经热处理可获得较高的强度和硬度以及较好的耐磨性，常用于制造工具、模具及一些高硬度耐磨零件。

碳钢分为普通碳素结构钢、优质碳素结构钢和碳素工具钢。

1. 碳素结构钢　碳素结构钢根据质量分为普通碳素结构钢和优质碳素结构钢。

（1）普通碳素结构钢：这类钢的硫质量分数不大于 0.05%，磷质量分数不大于 0.045%。这类钢主要保证力学性能。它们的牌号由代表屈服强度的字母“Q”、屈服强度数值、质量等级符号和脱氧方法符号四部分按顺序组成。质量等级分为 A、B、C、D 四级，A 级的硫和磷含量最高，而 D 级的最低，如 Q275AF 表示屈服点为 275MPa 的 A 级沸腾钢。镇静钢不加字母，半镇静钢加字母“b”。普通碳素结构钢在一般情况下不经热处理，在交货状态下直接使用，有较好的焊接性能。

（2）优质碳素结构钢：这类钢必须同时保证化学成分和力学性能。这类钢的牌号用两位数字表示钢中平均碳质量分数的万分之几，如 45 钢表示钢中平均碳质量分数为 0.45%。钢中锰质量分数较高（0.7%～1.50%）时，则在数字后面加 Mn 或锰字，沸腾钢、半镇静钢以及专门用途的优质碳素结构钢应在牌号中特别标出，如锅炉钢在牌号后加“g”，压力容器钢加“R”，而焊条用钢则在牌号头部加“H”，例如“50Mn”、“20g”、“08F”、“H08”等。

优质碳素结构钢主要用于制造机器零件，一般都要经过不同的热处理工艺提高其力学性能。根据碳质量分数不同，通常将塑性和韧性高、焊接性好的 08、08F、10、10F 钢冷轧制成薄板，用于制造汽车、拖拉机上的冷冲压件和薄壳体类零件，如汽车、拖拉机的驾驶室、仪表壳体等。15～25 钢用于制造尺寸小、负荷轻、要求表面耐磨性好、心部强度不高、塑性好的渗碳零件，如销轴、齿轮等。30～50 钢属中碳钢，经热处理（调质）后可获得良好的综合力学性能，常用于制造承载较大的连杆、齿轮、轴类等零件，如用 40、45 钢制造汽车、拖拉机的连杆、曲轴、机床齿轮等。55～70 钢热处理（淬火＋中温回火）后具有较高的弹性极限，常用于制造负荷不大、尺寸较小的弹簧。

2. 碳素工具钢　碳素工具钢碳质量分数为 0.7%～1.3%，经淬火后具有高的硬度和耐磨性，它主要用于制造切削速度低的刀具、模具和工具等，如锉刀、扁铲、冲模等。这类钢的牌号由代表碳字的字母“T”后加表示钢中平均碳质量分数千分之几的数字、质量等级符号组成，例如T8、T10A分别表示钢中平均碳质量分数为0.8%的碳素工具钢和碳质量分数为1%的优质碳素工具钢。

## 三、合金钢的分类和牌号

合金钢是在碳钢的基础上加入合金元素以提高钢的某些性能（包括力学性能、物理性能、化学性能及工艺性能）而形成的一类钢。

合金钢比较昂贵，常用于制造重要或要求有特殊性能的机器零件或工具。

合金钢中合金元素总含量小于5%的称为低合金钢，合金元素总含量为5%～10%的称为中合金钢，合金元素总含量大于10%的称为高合金钢。按用途不同合金钢又分为合金结构钢、合金工具钢和特殊性能钢三类，这是目前常用的分类方法。

1. 合金结构钢　合金结构钢比碳素结构钢具有更好的力学性能，常用于制造尺寸较大、形状复杂，要求淬透性高、淬火变形小的零件。

合金结构钢的牌号为“数字＋元素符号＋数字”三部分组成，前面两位数字表示平均碳质量分数的万分之几，元素符号表示钢中所含的元素，元素符号后面的数字表示该元素平均含量的百分之几，当此元素平均含量小于1.5%时，元素符号后不标数字，当元素平均含量大于1.5%、2.5%或3.5%时，则在元素符号后面标出2、3或4等，若为高级优质结构钢时在牌号尾部加“A”。如18Cr2Ni4WA表示平均碳质量分数为0.18%，平均铬质量分数为2%，平均镍质量分数为4%，平均钨质量分数小于1.5%的优质合金结构钢。合金结构钢按用途可分以下两类。

(1) 工程结构用钢（低合金高强度结构钢）：此类钢一般为低碳、低合金元素钢。它们比同碳质量分数的碳钢的强度高，成本相近，所以工程结构用钢在桥梁、船舶、高压容器、农业机械中广泛应用，其中Q345钢应用最广。

(2) 机器零件用钢：这类钢根据用途通常可为合金渗碳钢、合金调质钢和合金弹簧钢等。低碳合金钢用来制造需要渗碳的零件，中碳合金钢用于制造重要的调质零件或弹簧等。

2. 合金工具钢　合金工具钢是制造刃具、模具和量具的重要材料，经过热处理后能获得很高的硬度、耐磨性和其他性能。合金工具钢的牌号采用“数字＋元素符号＋数字”表示。前面的数字表示钢中平均碳质量分数的千分之几，含碳等于或大于1%的不标，但个别钢种也有碳质量分数小于1%不标的特殊情况，元素符号后的数字含义与合金结构钢相同。例如9SiCr、CrWMn、Cr4W2MoV等。

3. 特殊性能钢　特殊性能钢是指具有特殊物理和化学性能的钢，它的种类很多，工业中常用的有不锈钢（耐蚀钢）、耐热钢、耐磨钢等。它们可用于制造耐蚀、耐热和耐磨的零件。

这类钢的编号方法与合金工具钢基本相同，牌号前部的数字表示平均碳质量分数的千分之几，若平均碳质量分数小于0.1%时，则用“0”表示。合金元素的含量表示方法与其他合金钢相同。

## 四、铸铁的分类和牌号

铸铁是碳质量分数大于2.11%且硅、锰、硫、磷等元素的含量大于钢中的含量的铁碳合金，工业上应用的铸铁碳质量分数一般为2.5%～4%。与钢相比，铸铁的力学性能较差，但它具有优良的减振性、耐磨性、铸造性能和切削加工性能，并且价格低，因此在工业生产中得到广泛应用，在机床、汽车、拖拉机等制造中占有重要的地位。

根据碳在铸铁中存在形式，铸铁可分为白口铸铁、灰口铸铁和麻口铸铁。

1. **白口铸铁**　白口铸铁中的碳几乎全部以化合态（$Fe_3C$）形式存在，断口呈银白色，硬度高、脆性大，难以进行切削加工。它主要用作炼钢原料、可锻铸铁的毛坯及一些不需要加工的耐磨零件，如犁铧、球磨机的磨球等。

2. **灰口铸铁**　灰口铸铁中的碳绝大多数以石墨形式存在，断口呈灰黑色，是工业生产中应用最广泛的铸铁。根据灰口铸铁中石墨存在的形状可分为灰铸铁、可锻铸铁、球墨铸铁及蠕墨铸铁。

（1）灰铸铁：灰铸铁中石墨以片状形式存在，断口呈灰色，具有较高的抗压强度，脆性大、耐磨、减振性好，具有良好的切削加工性能和铸造性能，成本低，在机械制造中被广泛用于制造齿轮箱体、发动机汽缸体和缸盖、机床床身和轴承座等零件。灰铸铁的牌号是由“灰铁”的汉语拼音字首“HT”和后面表示最低抗拉强度的数字组成，如HT200表示最低抗拉强度为200MPa的灰铸铁。

（2）可锻铸铁：可锻铸铁是将白口铸铁经退火而获得的具有团絮状石墨的铸铁。与灰铸铁相比，它具有较高的强度和较好的塑性及韧性，可用于制造要求强度较高、塑性和韧性好、承受冲击及抗振的零件。但必须指出，可锻铸铁实际上是不能锻造的。

可锻铸铁分为黑心可锻铸铁、白心可锻铸铁和珠光体可锻铸铁，白心可锻铸铁应用较少。其牌号分别由“KTH”、“KTB”、“KTZ”及后面表示最低抗拉强度和伸长率的两组数字组成。例如，KTH350—10表示最低抗拉强度为350MPa，伸长率为10%的黑心可锻铸铁；KTZ450—06表示最低抗拉强度为450MPa，伸长率为6%的珠光体可锻铸铁。

（3）球墨铸铁：球墨铸铁是灰铸铁浇铸前经球化处理获得石墨呈球状分布的铸铁。球墨铸铁的强度比灰铸铁的强度高得多，且具有良好的塑性与韧性，以及耐磨、吸振、良好切削性能和铸造性能。加之它便于生产，成本低，常用于制造小型发动机曲轴、连杆、齿轮等受力复杂、载荷较大的零件。

球墨铸铁的牌号是由“球铁”的汉语拼音声母“QT”和后面表示最低抗拉强度和伸长率的两组数字组成。例如，QT500—7表示最低抗拉强度为500MPa，伸长率为7%的球墨铸铁。

（4）蠕墨铸铁：蠕墨铸铁是灰铸铁浇铸前经蠕化处理获得的石墨呈蠕虫状分布的铸铁，蠕墨铸铁的组织和性能处于灰铸铁和球墨铸铁之间，具有良好的综合力学性能，应用也较广泛。如柴油机汽缸盖和汽缸套、大型齿轮箱体零件等。蠕墨铸铁的牌号是由“蠕”的汉语拼音、“铁”的汉语拼音字首和后面表示最低抗拉强度的数字组成。例如，RuT380表示最低抗拉强度为380MPa的蠕墨铸铁。

3. **麻口铸铁**　麻口铸铁中碳以石墨和渗碳体的混合形式存在，断口为灰、白相间，脆性很大，工业上很少使用，常用做炼钢的原料。

## 五、有色金属及合金

工业生产中把钢铁以外的其他金属统称为有色金属，如铜、铝、镁、铅、锡、锌、钛等金属及其合金。在机械制造中，铜、铝及其合金的应用最广泛。

1. 铜及其合金　纯铜外观呈紫红色，又称紫铜，密度为 $8.9\times10^3$ kg/m³，纯铜的塑性和韧性高、强度和硬度低，但具有良好的导电和导热性，常用做电线、热交换器等导体零件。铜合金有黄铜、白铜和青铜。黄铜是以锌为主加元素与铜组成的合金，白铜是以镍为主加元素与铜组成的合金，青铜是铜与锌以外的其他元素组成的合金。由于其他元素的加入使铜合金的性能有很大的提高，工业上常用青铜制造轴瓦、涡轮等耐磨和耐蚀的零件。

2. 铝及其合金　纯铝的导电和导热性仅次于铜，但密度小（$2.7\times10^3$ kg/m³），价格低，塑性和韧性好，但强度低，通常用于制造电线、电器仪表零件及装饰件等。铝合金中含有其他元素，其力学性能比纯铝有了显著的提高。铝合金分为形变铝合金和铸造铝合金，工业上常用于制造汽车、摩托车、食品机械、飞机等机器的零件，如内燃机活塞、油管，小型内燃机缸体，飞机的蒙皮等。

# 第三节　钢的热处理

热处理是将金属在固态下加热到一定温度，保温后冷却以改变其内部组织结构，从而获得预期性能的一种工艺方法。钢的性能由其成分和内部组织结构所决定。因为钢在固态下可以产生相变（组织结构转变），所以通过适当的热处理工艺，控制和调整相变中组织转变过程和转变后的组织形态可以达到钢件所需性能的要求。

热处理工艺只改变钢件内部组织与性能，不改变其形状和尺寸，它对保证产品质量，改善加工条件，充分发挥钢的性能潜力，提高工件的使用性能和寿命至关重要。因此，在机械制造工业中热处理工艺具有十分重要的地位。

根据加热和冷却方式的不同，热处理方法有退火、正火、淬火、回火和表面热处理等。

## 一、退　火

退火是将工件放在炉中加热到一定温度，保温一定时间，然后随炉缓慢冷却，以得到均匀、细致组织的热处理方法。

退火的目的是细化晶粒，降低硬度，改善金属材料的切削性能和消除内应力。常用于切削加工之前，铸造、锻造和焊接等工艺之后。

退火用的设备有电阻炉、煤炉、油炉和煤气炉等，最常用的是箱式电阻炉，如图 1-3 所示。

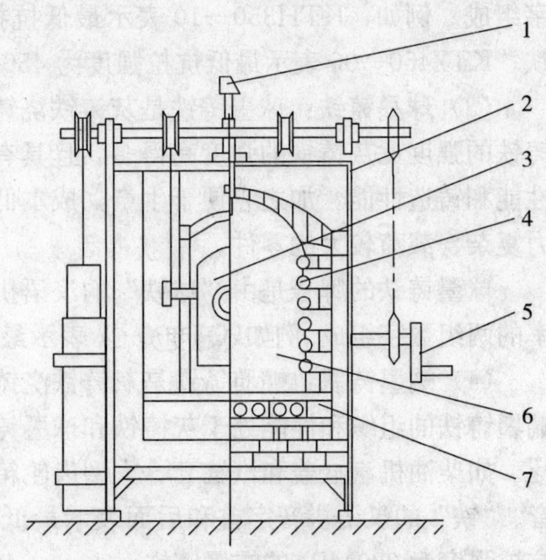


图 1-3　箱式电阻炉示意图
1. 电热偶　2. 炉壳体　3. 炉门　4. 电热元件
5. 炉门开关手轮　6. 炉堂　7. 炉衬

## 二、正　火

正火是将钢件在炉内加热到一定温度（临界温度）以上30～50℃，保温一定时间后在空气中冷却的热处理方法。

正火的目的是调整钢的组织和硬度，改善切削性能，为后序工艺做准备。由于正火冷却比退火快，获得的晶粒细，强度和硬度比退火后的高，生产率高，一般低碳钢和中碳钢可用正火代替退火。正火用的设备与退火相同。

## 三、淬　火

淬火是将钢件加热到临界温度（碳钢一般780～850℃）以上30～50℃，保温一定时间后以大于钢的临界冷却速度在淬火介质中迅速冷却的热处理方法。

淬火的目的是提高钢的硬度和耐磨性。淬火时选用的冷却介质常为水和油，水冷却快，会产生较大的淬火应力，工件易变形甚至开裂，只适用于碳钢零件的淬火。油（机油、变压器油、植物油等）冷却能力低，但淬火应力小，对防止工件变形与开裂有利，一般用于合金钢工件的淬火。工件浸入淬火介质的方法对质量也有影响，若方法不当也会造成较大的淬火应力而引起变形，应注意。对于细长的工件应垂直地浸入以防止弯曲，薄厚不均的工件应将较厚的部分先浸入，薄平的片状工件应立着浸入以防止翘曲，对于薄壁的套类工件应轴线垂直于液面浸入等。另外，淬火前应去除工件的氧化皮以防止出现软点。淬火常用的设备有盐浴炉和箱式电阻炉。盐浴炉加热快，氧化与脱碳倾向小，工件变形小，操作方便，常用于小件和工具类零件的淬火，应用较广泛。

## 四、回　火

回火是将淬火后的钢件重新加热到临界温度以下某一温度，保温后在空气或油中冷却的热处理工艺方法。回火是紧随淬火后进行的热处理工艺，其目的是消除或减小淬火应力和脆性，获得不同的力学性能。根据回火温度不同，回火分低温回火、中温回火和高温回火。

（1）低温回火：回火温度为150～250℃，其目的是降低脆性和淬火应力，并保证淬火后的高硬度和高耐磨性。一般获得回火马氏体组织，硬度为58～64HRC，主要用于各种工具、刃具、滚动轴承及渗碳淬火零件。

（2）中温回火：回火温度为350～500℃，其目的在于获得高的屈服强度、弹性极限和较好的韧性。一般获得回火屈氏体组织，硬度为35～50HRC，主要用于各种弹簧、锻模等零件的处理。

（3）高温回火：回火温度为500～650℃，其目的是获得强度和硬度较高、塑性和韧性较好的综合力学性能。生产中习惯把淬火加高温回火的热处理工艺称做调质处理。一般获得回火索氏体组织。常用于汽车、拖拉机、机床等承受复杂载荷的重要零件，如连杆、齿轮和轴类零件等。调质后的硬度为220～300HRW，可切削加工，也可作为表面淬火的预先热处理。

## 五、钢的表面热处理

有些机器零件要求表面硬度高、耐磨性好、心部具有良好的韧性，可采用表面热处理。表面热处理分为表面淬火和化学热处理两类。

1. 表面淬火　表面淬火是将工件表面迅速加热至淬火温度立即冷却，使表层淬硬而心部仍保持未淬火状态的局部热处理方法。它只改变钢的表层组织，从而获得所需的表面性能。适宜表面淬火的材料一般为中碳钢及中碳合金钢。根据表面加热方法不同，表面淬火可分火焰加热表面淬火和感应加热表面淬火。火焰加热表面淬火通常用乙炔火焰加热工件表面，待达到淬火温度后立即喷水冷却。该淬火方法、设备和工艺简单，但淬硬层深度和加热温度不易掌握，容易过热，质量不稳定，常用于处理质量要求不高的单件或小批量生产的零件。感应加热表面淬火质量好、生产率高、操作方便，适用于处理大批量生产的零件，是目前生产中应用最广泛的表面淬火工艺。

感应加热表面淬火是应用电磁感应原理，把工件放入感应加热器（线圈）中，当感应加热器通入一定频率的交流电流时便产生交变磁场，于是工件内部就会产生频率相同、方向相反的感应电流（涡流）。其电流在工件截面上分布是不均匀的，如图 1-4。表面密度最大，中心密度最小。通入感应加热器的电流频率越高，电流集中的表层越薄，这种现象称为“集肤效应”。由于钢本身具有电阻，因此集中于工件表面的电流使工件表层迅速加热至淬火温度，随即喷射冷却液使工件表面获得一定深度的淬硬层，从而实现了表面淬火。

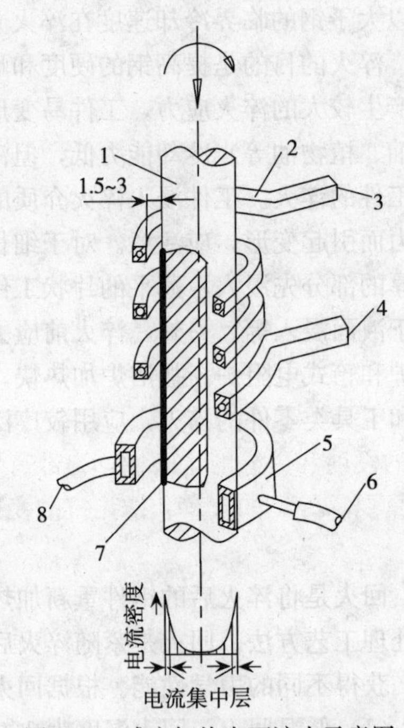


图 1-4　感应加热表面淬火示意图
1. 工件　2. 感应加热器　3. 感应器进水口　4. 感应器出水口　5. 冷却圈　6. 冷却液进口　7. 淬硬层　8. 冷却液进口

由于感应加热表面淬火方法中，通入感应加热器的电流频率越高感应电流的集肤效应就越强，故电流透入工件表层深度就越薄，获得淬硬层也越薄。生产中根据零件的使用性能，确定淬硬层的厚薄，从而选择不同频率的加热设备。一般将加热设备分为三种，即高频感应加热，频率为 200～300kHz，适宜淬硬层深 0.5～2.0mm；中频感应加热，频率为2 500～8 000 Hz，淬硬层深 2.0～10mm；工频感应加热，频率为 50Hz，淬硬层深 10～15mm。

感应加热表面淬火的工件变形小，表层硬度比普通淬火高，氧化脱碳倾向小，耐磨性好，抗疲劳。广泛应用于机床的齿轮、主轴、内燃机曲轴等零件的表面淬火。

2. 化学热处理　化学热处理是将钢件置于一定的化学介质中，通过加热、保温，使介质中一种或几种元素原子渗入工件表层，以改变工件表层化学成分和组织的热处理工艺。与表面淬火比较，化学热处理不仅改变了钢表层组织和性能，而且也改变了其化学成分。它可提高工件表层的硬度、耐磨性、疲劳强度及表面的物理和化学性能。

化学热处理的种类很多，如渗碳、渗氮、碳氮共渗及渗金属等，但任何化学热处理工艺都遵循化学介质分解出活性原子、钢件表面吸收活性原子和活性原子向钢件内部扩散形成一定厚度渗入层的过程。

化学热处理中应用最广的是渗碳，渗碳是向钢件表层渗入碳原子以提高表层碳质量分数的工艺。渗碳通常有两种方法，固体渗碳和气体渗碳，固体渗碳设备简单、成本低，但生产率低，质量不容易控制，因此应用较少。气体渗碳质量好，渗碳过程容易控制，生产率高，易实现机械化与自动化生产，故应用广泛。

气体渗碳使用的渗碳介质主要有煤油、丙酮、甲醇等，常用设备为井式气体渗碳炉（图 1-5）。渗碳时用煤油或甲醇作为渗碳剂，将工件装入密封的炉膛中，加热到 900～950℃（常为 930℃）保温一定时间，滴入炉膛中的煤油或甲醇在高温下分解产生活性碳原子，渗入工件表面形成渗碳层。渗碳层的碳质量分数一般控制在 0.85%～1.05%较好。渗碳层的厚度与渗碳的温度和时间成正比，当温度一定时，时间越长渗碳层越厚。根据零件的使用性能来选择渗碳层厚度，确定渗碳时间。渗碳件用钢以低碳钢和低碳合金钢为宜。渗碳后的工件需经淬火和低温回火处理，由于工件表层碳质量分数高，可获得 58～64HRC 的高硬度，耐磨性好，心部因碳质量分数低仍保持高的韧性。

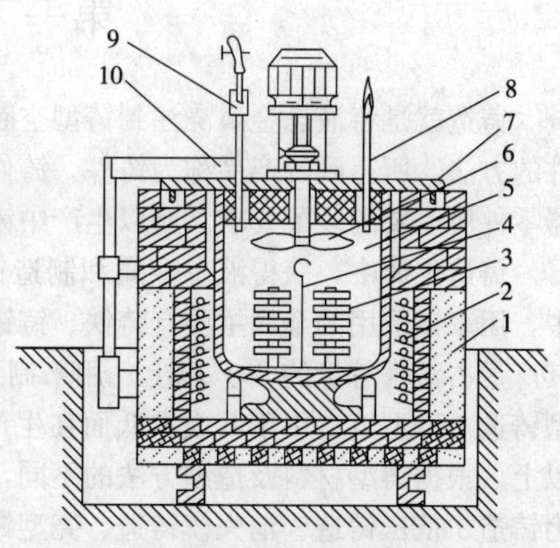


图 1-5　气体渗碳示意图

1. 炉体　2. 电热元件　3. 工件　4. 工件挂具　5. 炉罐　6. 风扇　7. 炉盖　8. 废气引出管　9. 滴量计　10. 炉盖升降机构

渗碳与表面淬火相比，渗碳使钢件表层具有更高的硬度和更好的耐磨性，心部有更好的韧性。常用于处理既受严重磨损又有冲击载荷作用的重要零件，如汽车和拖拉机的变速箱齿轮、活塞销等零件，但渗碳生产周期长，成本高。

## 复习思考题

1. 金属材料的主要力学性能包括哪些？其主要指标和单位是什么？
2. 碳钢和灰铸铁在化学成分和性能上有何区别？
3. 低碳钢、中碳钢、高碳钢的主要区别是什么？它们的应用情况如何？
4. 白口铸铁、灰铸铁、球墨铸铁、蠕墨铸铁、可锻铸铁的主要区别是什么？
5. 解释下列牌号表示的含义：Q235A、45、T10A、H08A、40Cr、W18Cr4V、HT200、QT500—7、RuT420、KTH350—10。
6. 退火的目的是什么？退火、正火、淬火在冷却方式上有什么不同？
7. 钢件淬火后一般情况下为什么都要回火？回火分几种？各种回火工艺获得什么样的组织和性能，各适应哪类零件？
8. 何谓表面热处理？常用表面热处理方法有哪些？它们之间有什么异同？
9. 试选择下列零件的材料及热处理方法：机床主轴、锉刀、弹簧、机床齿轮、车床床身。

# 第二章 铸 造

## 第一节 概 述

铸造就是将液态金属浇注到铸型空腔中，待其凝固及冷却后，获得一定形状的毛坯或零件的方法。所得到的产品称为铸件。铸件的尺寸精度一般不高，表面粗糙，达不到一般的机器零件所需要的装配要求。所以生产中铸件通常都是毛坯。

铸造生产中，获得液态金属和制造铸型是铸造生产两个最基本的要素。现代工业生产中，用来铸造用的金属主要有铸铁、铸钢及有色合金如铸铝、铸铜等。但铸铁件最为普遍，其产量占铸件总量的80％以上。用来制造铸型的材料主要为型砂，生产上称这种方法为砂型铸造。砂型铸造由于其成本低而在生产上运用最为广泛，其产量占所有铸造产量的80％以上。根据铸型材料及造型方法的不同，还有熔模铸造（亦称精密铸造）、金属型铸造、压力铸造、低压铸造、消失模铸造、壳型铸造、陶瓷型铸造等特种铸造方法。

铸造最主要的特点是能够生产形状复杂，特别是具有复杂内腔的零件，如发动机的缸体和缸盖、阀体、泵体等。

### 一、铸 型

砂型铸造的铸型一般由上、下砂型，型芯及浇注系统等几个部分组成，如图2-1所示。

砂型铸造的型是由型砂制成的，主要用来形成铸件的外表面，一般由上型（上箱）、下型（下箱）构成。上、下砂型的分界面叫做分型面。分型面的作用是使模型能够从上、下砂型中取出并方便安装型芯。

型芯由芯砂制成，主要是用来形成铸件的内腔。型芯上用来支撑和固定型芯的部分叫做芯头。在砂型中有芯头座，型芯靠芯头安放在芯头座上。

砂型内将液态金属导入型腔的通道叫做浇注系统。它由外浇口、直浇道、横浇道和内浇道所组成。

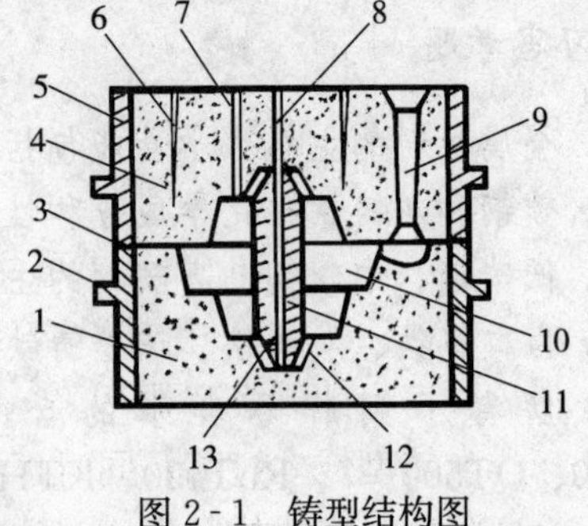

图2-1 铸型结构图

1. 下砂型 2. 下砂箱 3. 分型面 4. 上砂型 5. 上砂箱 6. 通气孔 7. 出气冒口 8. 型芯通气孔 9. 浇注系统 10. 型腔 11. 型芯 12. 芯头座 13. 芯头

### 二、套筒铸件的砂型铸造过程

砂型铸造的生产工序很多，主要的工序为制造模型和芯盒→配制型砂和芯砂→造型和造芯→合箱→熔炼→浇注→落砂→清理→检验等。图 2-2 为套筒铸件的生产过程。先配制型砂和芯砂，再用相应的工装（模样、芯盒等）造出砂型和砂芯，将砂型和砂芯组合成一个整体铸型，最后将液态金属浇注入铸型，经过凝固冷却后取出铸件。

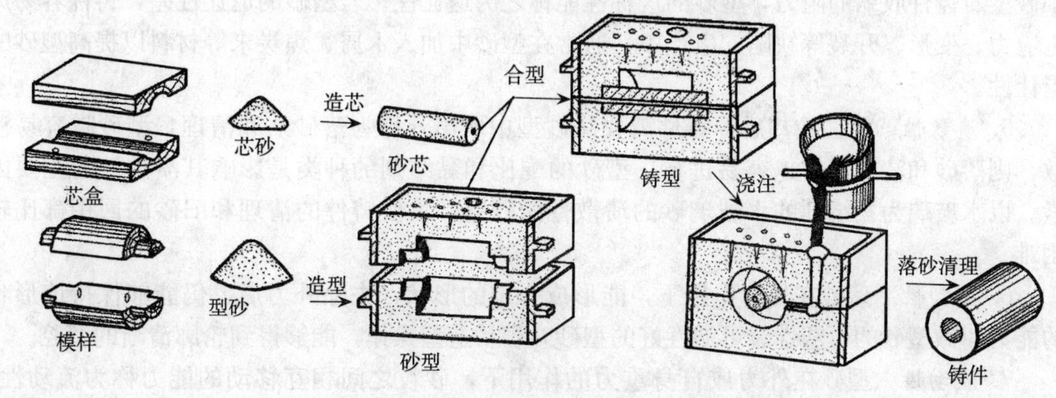


图 2-2　套筒铸件的砂型铸造过程

## 第二节　型　砂

制造砂型的材料叫做型砂。型砂的好坏直接影响铸件的质量，型砂的质量差容易使铸件产生气孔、粘砂、夹砂、砂眼等铸造缺陷，这些缺陷也是铸造上最常见的缺陷。

### 一、型砂的主要性能要求

只有严格控制型砂的性能，才能保证铸件的质量。一般来说，对型砂的性能要求主要来自两个方面：一方面是型砂的使用性能，也就是型砂经受高温铁水烘烤、气体压力、外力以及自身重力等因素的能力，这种性能包括湿强度、耐火度、透气性、退让性等；另一方面是指型砂的工艺性能，如型砂是否易于造型、修型、起模等，这种性能包括型砂的可塑性、流动性、紧实率、韧性等。

1. 湿强度　湿型砂抵抗外力破坏的能力叫做湿强度。型砂的强度不足，铸型在起模、搬动砂型、下芯、合箱等过程中，容易破损、塌落，或者浇注时承受不了液态金属的冲击和冲刷，使铸件产生冲砂和砂眼等铸造缺陷。但是，型砂湿强度太高，则需要加入更多的黏土，从而导致铸型成本过高；同时也影响型砂的透气性，容易使铸件产生气孔等缺陷。

型砂湿强度包括抗拉、抗压、抗剪等强度，一般来说，主要检查型砂的抗压强度，多控制在 $5\sim10\mathrm{N/cm^2}$。

2. 透气性　型砂让气体透过而逸出的能力称为透气性。金属浇注到砂型中后，型砂空隙中的空气受热膨胀，型砂内的水分汽化，砂型中的添加物受热分解要产生大量的气体。因此砂型必须具备良好的排气能力。若型砂的透气性太低，铸型中的气体排不出去，容易使铸件产生呛火、气孔、浇不足等缺陷。

3. 耐火度　是指型砂经受高温作用的能力。耐火度主要取决于型砂中骨料也就是原砂

中 $SiO_2$ 的百分含量，$SiO_2$ 的百分含量每下降 5%，其耐火度要降低 50℃左右。浇注铸铁件，一般要求型砂的 $SiO_2$ 的百分含量不低于 90%。

4. 退让性　铸件在凝固收缩时，型砂也随铸件的收缩而相应减少自身的体积，从而减小砂型对铸件收缩的阻力，型砂的这种性能称之为退让性。若型砂的退让性差，铸件容易产生应力、变形、开裂等缺陷。生产中，通常在型砂中加入木屑、焦炭末等材料以提高型砂的退让性。

5. 溃散性　浇注冷却后，铸件需要从砂型中取出（称为落砂）和清理，型砂越容易溃散，则落砂和清理工作越容易进行。型砂的配比和黏结剂的种类是影响其溃散性的主要因素。以水玻璃为黏结剂的水玻璃砂的溃散性能较差，致使铸件的清理和旧砂的回用都比较困难。

6. 可塑性　型砂在外力作用下，能形成一定的形状，去除外力后，仍能够保持该形状的能力叫做型砂的可塑性。可塑性好的型砂，容易造型操作，能够得到轮廓清晰的型腔。

7. 流动性　型砂在外力或自身重力的作用下，砂粒之间相互移动的能力称为流动性。流动性好的型砂可以形成紧实度均匀、无局部疏松、表面光洁的形腔。这有助于防止机械粘砂，减轻造型的劳动强度，提高造型生产率。

8. 起模性　起模时型砂的棱角是否容易碰碎或掉落的能力称为起模性。手工造型起模前，常常在围绕模样的砂型棱角上刷水，以大大提高砂型的起模性能。

型砂的质量控制还必须控制其水分含量和型砂的紧实率。只有具有合适的水分含量和紧实率才能保证型砂具有以上所述各项的良好性能。

## 二、型砂的组成

型砂主要是由石英砂、黏结剂和添加物所组成的。根据黏结剂种类的不同，又可以把型砂分为黏土砂（以黏土作为黏结剂）、无机化学黏结剂砂（如水玻璃等）和有机化学黏结剂砂（如桐油、树脂、合脂等）。小型铸件通常采用黏土砂来造型，而中大型铸件多用无机化学黏结剂砂和有机化学黏结剂砂造型。

黏土砂的主要组成是石英砂、膨润土、水分、煤粉等材料。生产上常常称其为煤粉砂或潮模砂。石英砂是型砂的主体，也叫骨料，其主要成分是 $SiO_2$，熔点为 1 713℃，是耐高温的材料。膨润土是一种黏结性能较好的黏土，是型砂的黏结剂，吸水后形成胶状的黏土膜，包覆在砂粒的表面，使型砂具有湿强度。煤粉是附加物质，在高温下受热分解，形成一层带光泽的碳而附着在形腔的表面，以防止铸件产生黏砂的作用。砂粒之间的空隙起透气的作用。如图 2-3 为型砂结构图。

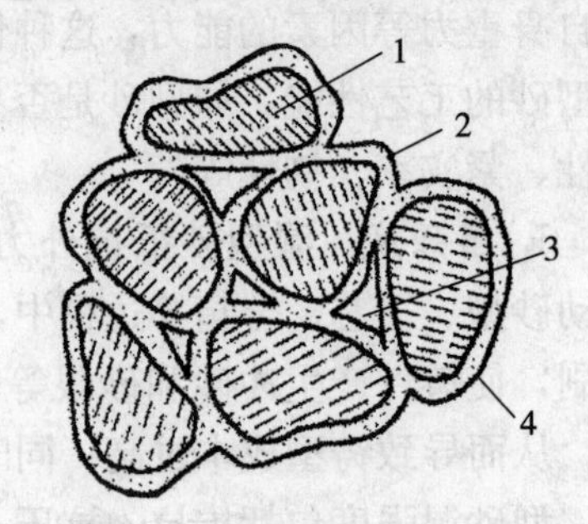


图 2-3　型砂结构图

1. 砂粒　2. 黏土膜　3. 空隙　4. 煤粉

## 三、型砂的种类

铸造生产中，型砂的种类有很多。以下介绍的三种型砂在铸造生产中使用最为普遍。

1. 黏土砂 黏土砂的黏结剂为黏土材料，主要包括普通黏土和膨润土两大类材料。由于膨润土具有更为优异的黏结性能而被广泛采用。黏土砂由于其成本低而被广泛的采用，占整个铸造行业用砂量的70%～80%。黏土砂按其不同的使用条件可以分为铸钢件用砂、铸铁件用砂和有色合金件用砂；按造型方法可以分为湿型砂（又称潮模砂）和干模砂；按使用的情况不同可以分为面砂、背砂和单一砂等。

潮模砂是用于湿型下浇注的一种型砂，其生产周期短、成本低，砂型退让性好，铸件的落砂清理比较方便，生产中广泛采用。由于浇注前砂型未经烘干，水分较高，其强度低，发气量大，容易造成气孔、砂眼、夹砂、涨箱等铸件缺陷。潮模砂一般使用膨润土作黏结剂，并将水分控制在4%～6%，为了减少粘砂等铸造缺陷，通常要加入2%～5%的煤粉作为添加物。有时还可加入糖浆、纸浆、木屑等来提高型砂的退让性和其他特殊性能。

如果将砂型烘干后再浇注，就称该砂型为干模砂。干模砂一般不采用膨润土作为黏结剂，而是使用普通黏土（又称高岭土）。干模砂的强度高，发气量低，铸件质量容易保证，主要用于中大铸件的生产。但由于砂型烘干在高温下进行，劳动条件差，所以干模砂已经被树脂砂和水玻璃砂工艺所取代。

在生产中，为了节约原材料，合理使用型砂，常把型砂分别做成面砂、背砂和单一砂。面砂是用来与铸件接触的那一层砂，它具有较高的强度和耐火度。背砂是用在不与铸件接触而远离铸件地方，只作填充用，一般用旧砂，但要求其有较好的透气性。生产上为了简化操作，提高生产率，特别是机器造型，一般只做成一种型砂，即单一砂。

2. 水玻璃砂 用水玻璃为黏结剂而制成的型砂称为水玻璃砂，水玻璃的加入量为干砂质量的6%～8%。水玻璃砂在造型后需要对砂型进行硬化，一般是通 $CO_2$ 进行化学硬化，或者在型砂中预先加入硬化剂，起模后砂型自行硬化。水玻璃砂不需要像干型砂那样进行烘干，使大件的造型工艺大大简化。但是水玻璃砂的溃散性差，落砂、清理和旧砂回用都非常困难，主要运用在铸钢件的生产中。

3. 树脂砂 树脂砂是以合成树脂（酚醛树脂或呋喃树脂）为黏结剂的型砂。树脂的加入量为砂子质量的3%～6%。树脂砂既可以在加入硬化剂后在常温下硬化（称为冷硬树脂砂工艺），也可以加热硬化。树脂砂的干强度很高，做出的铸件尺寸精度高，表面光洁，且其溃散性极好，容易实现机械化和自动化生产。所以它是目前使用较为广泛的型砂，主要用来制造大型铸件的铸型和大多数砂芯。

## 四、型砂的制备

型砂的质量除了与它的组成和配比有关系外，其配制的方法和工艺也直接影响型砂的质量。型砂一般用混砂机混制。将砂子、黏土、附加物、水分等通过混砂机的搅拌、碾压和搓揉作用，使各原材料均匀混合，并使黏土均匀地包敷在砂粒表面。

浇注后，型砂经过高温铁水的作用，砂粒碎化，煤粉燃烧分解，型砂中的灰分增多，部分黏土丧失黏结性能，使型砂的性能变坏。因此，落砂后的旧砂在重新使用之前必须添加新黏土、原砂及水分，经过重新混制才能用于造型。

# 第三节　造型方法

## 一、手工造型

手工造型是适用于单件、小批量生产的一种造型方法，其操作简单灵活，但劳动强度大，生产效率低。

手工造型的方法有很多种，按照模样的特征，可分为整模造型、分模造型、活块造型、挖砂造型、假箱造型和刮板造型等，按照砂箱的特征可分为两箱造型、三箱造型、脱箱造型和地坑造型等。

1. 整模造型　使用整体模样造型即为整模造型。整模造型的特点是型腔基本上位于一个砂型中，分型面可以是平面或曲面。如图 2-4 所示为联轴器两箱整模造型过程。

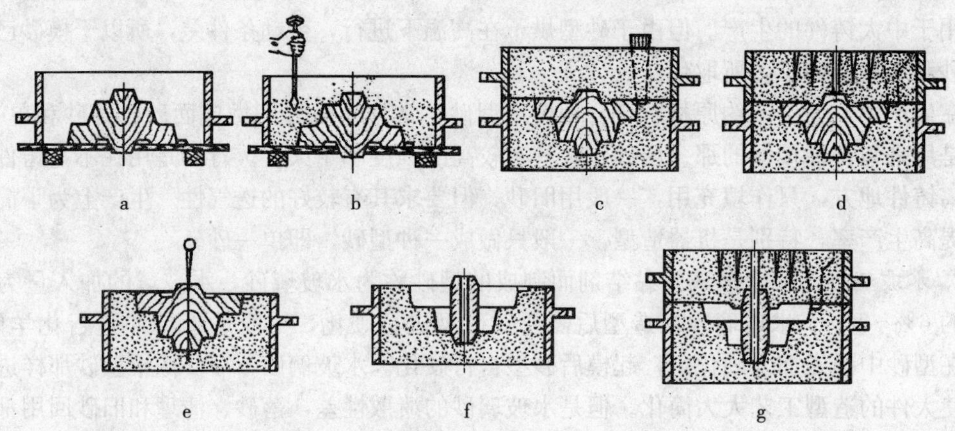

图 2-4　联轴器两箱整模造型过程

a. 将模样放在型板上　b. 填砂紧实　c. 翻转下型，合上上砂箱，造上箱　d. 取出浇口棒，扎通气孔　e. 移开上箱，取出模样　f. 下芯　g. 合箱

整模造型操作简单，所得型腔形状和尺寸精确。适合于制造外形轮廓简单、最大截面位于铸件一端的零件，如齿轮坯、轴承座、皮带轮等。

2. 分模造型　用分开模造型（即分模造型）时，型腔由上、下两个半型组成，模样为分体结构，模样的分开面（称分模面）必须是模样的最大截面，模样位于两个砂型内，铸件的尺寸精度差，操作较为简单。分模造型适用于管子、阀体、箱体等铸件。如图 2-5 为套筒的分模造型过程。

3. 活块造型　当模样的侧面有妨碍取模的伸出部分（如小凸台）存在时，常将该部分做成活块。活块就是模具上能拆卸的或能活动的部分。起模时，先取出模样主体，再单独取出活块。活块和模样之间的连接一般使用钉子或燕尾，使用钉子固定的活块造型时应先将活块四周的型砂塞紧，然后取出钉子，如图 2-6 所示。

活块造型对工人的操作技术水平要求较高，生产率很低，仅适用于单件、小批量生产。

4. 挖砂、假箱造型　有些铸件（如手轮等）的结构比较特殊，既不适于用整模造型方

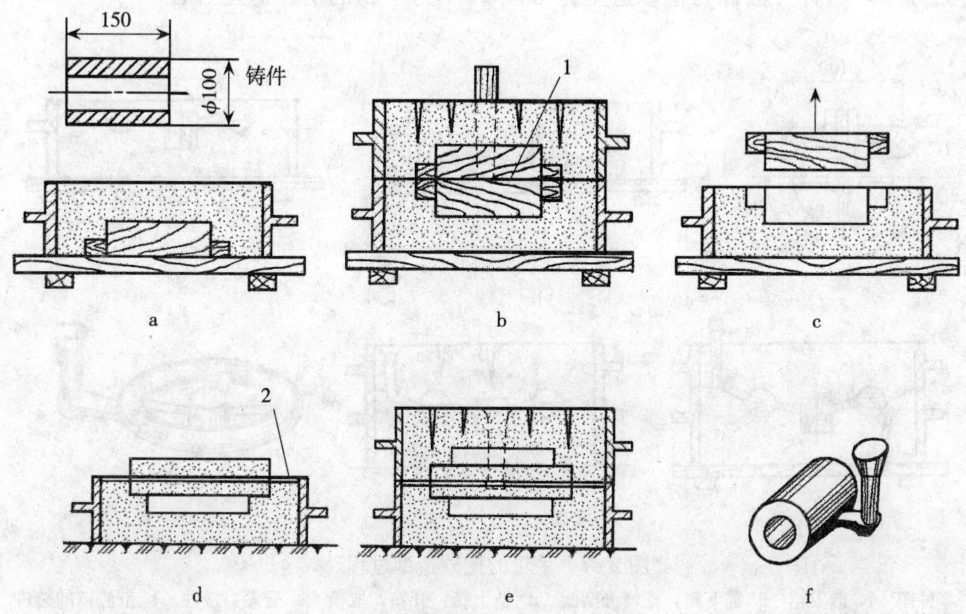


图 2-5　套筒的分模造型过程

a. 造下型　b. 造上型　c. 移走上型，起模　d. 开浇口，下芯　e. 合箱　f. 带浇口的铸件

1. 分模面（分型面）　2. 通气道

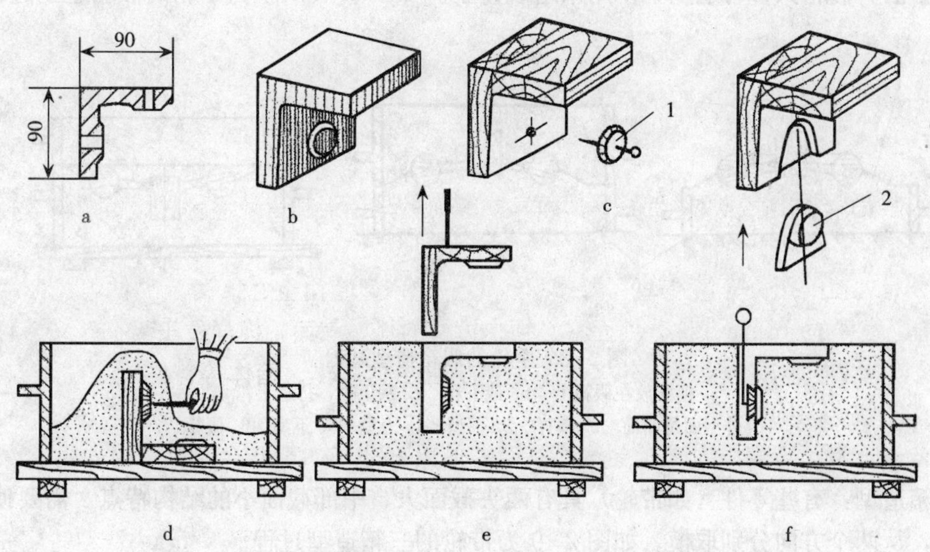


图 2-6　活块造型过程

a. 零件图　b. 铸件　c. 模样　d. 造下型，拔出钉子　e. 取出模样主体　f. 取出活块

1. 用钉子连接的活块　2. 用燕尾连接的活块

法，也不适合用分模造型和活块造型方法。可以将模样做成整体，把阻碍起模的型砂挖掉，形成曲面分型，这种方法称为挖砂造型。如图 2-7 为手轮的挖砂造型过程。

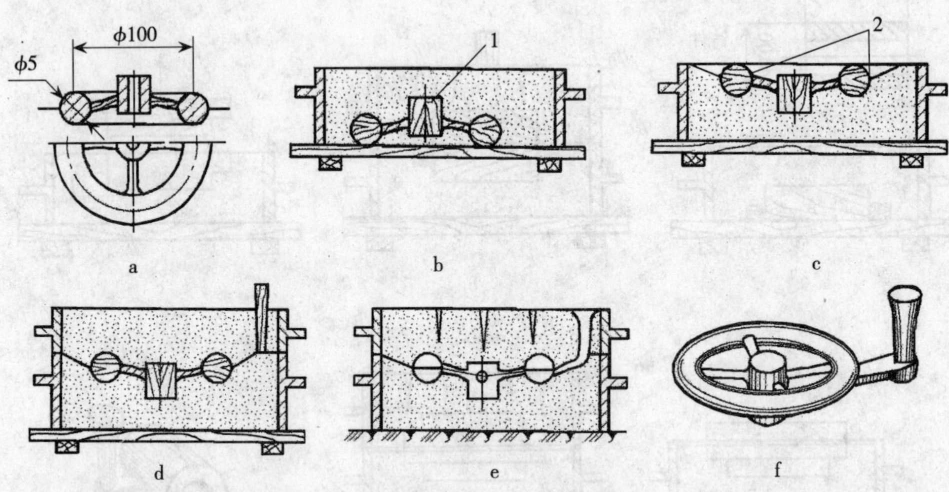


图 2-7　手轮的挖砂造型过程

a. 零件图　b. 造下箱　c. 翻下箱，挖修分型面　d. 造上箱，开箱，取模　e. 合箱，浇注　f. 带浇口的铸件

1. 模样　2. 最大截面处

挖砂造型的模样多为整体模型，铸型的分型面为曲面，挖砂造型对操作者的操作技术水平要求较高，生产效率很低。当铸件的批量较大时，挖砂造型不能满足生产要求，可以采用假箱造型来代替挖砂造型。

假箱造型是利用预先制好的半个铸型（此铸型不参加浇注）代替平面底板，省去了挖砂的造型方法。假箱只参与造型，不用来组成铸型。如图 2-8 所示为手轮的假箱造型过程。

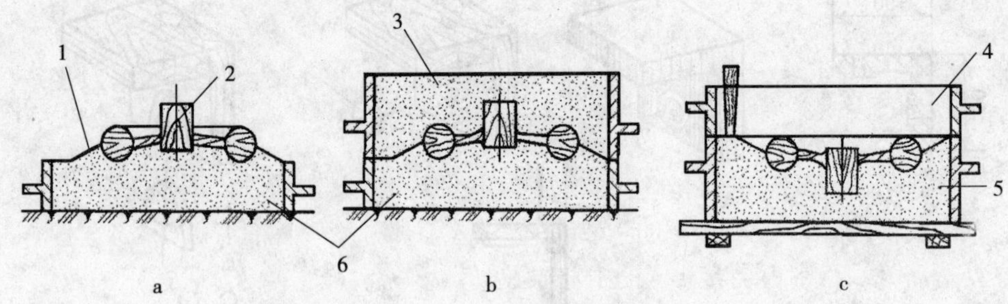


图 2-8　手轮的假箱造型过程

a. 模样放在假箱上　b. 造下箱　c. 翻下箱，待造上箱

1. 分型面是曲面　2. 模样　3. 下型　4. 上型　5. 下型　6. 假箱

三箱造型：有些零件（如带轮）具有两头截面大、中部截面小的结构特点。需要使用三个砂箱，从两个方向分别取模。如图 2-9 为带轮的三箱造型过程。

三箱造型时，应使中砂箱的高度与中模型的高度一致或相接近，造型时，中砂型的上、下面都是分型面。由于铸型的分型面多，铸件上的飞边缺陷就多，铸件的尺寸精度降低，并且三箱造型的操作复杂，生产率低，只适合于单件、小批量生产。

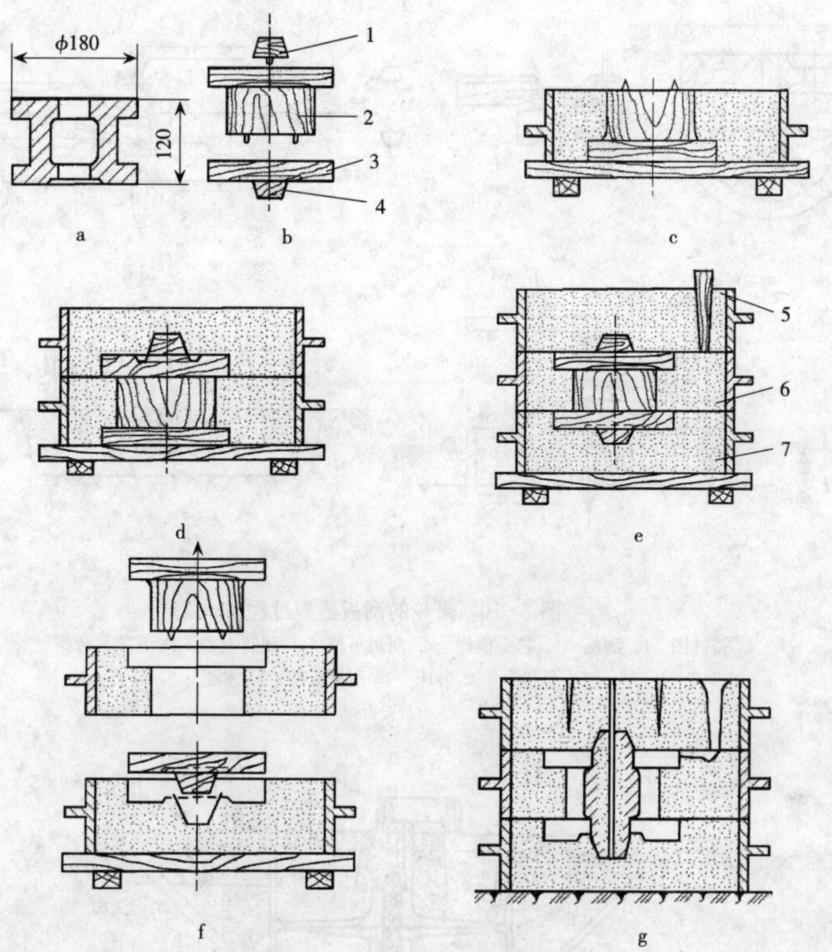


图 2-9　带轮的三箱造型过程

a. 零件图　b. 模样　c. 造中箱　d. 造下箱　e. 翻下、中型，造上箱　f. 依次敞箱，起模　g. 下芯、合箱

1. 上箱模样　2. 中箱模样　3. 下箱模样　4. 芯头　5. 上型　6. 中型　7. 下型

5. 刮板造型　对于大型（尺寸在 500mm 以上）旋转体零件，如飞轮、带轮、齿轮等，在单件生产时，为了节省模样制作的时间和材料，用一个轮廓与铸件母线完全一致的刮板来取代模样。造型时，将刮板绕着固定的中心轴旋转，刮去多余的型砂，形成所需要的型腔。分别刮制上、下箱，合箱后即成完整铸型。图 2-10 为带轮的刮板造型过程。

6. 地坑造型　地坑造型需要先挖一个地坑，型砂应具有一定的高度（高出地面 100mm 左右），并分层舂紧。大型铸件还需要用焦炭铺底坑和安制通气管。如图 2-11 所示。

地坑造型用地面代替砂箱，缩短了生产准备时间，节约了砂箱制造成本，铸件越大，其优越性也越明显。但造型操作复杂，只适用于单件、小批量、大型铸件的生产。

## 二、机器造型

手工造型的灵活性大，不需要专用设备，但生产效率低，对工人操作技术水平要求高，

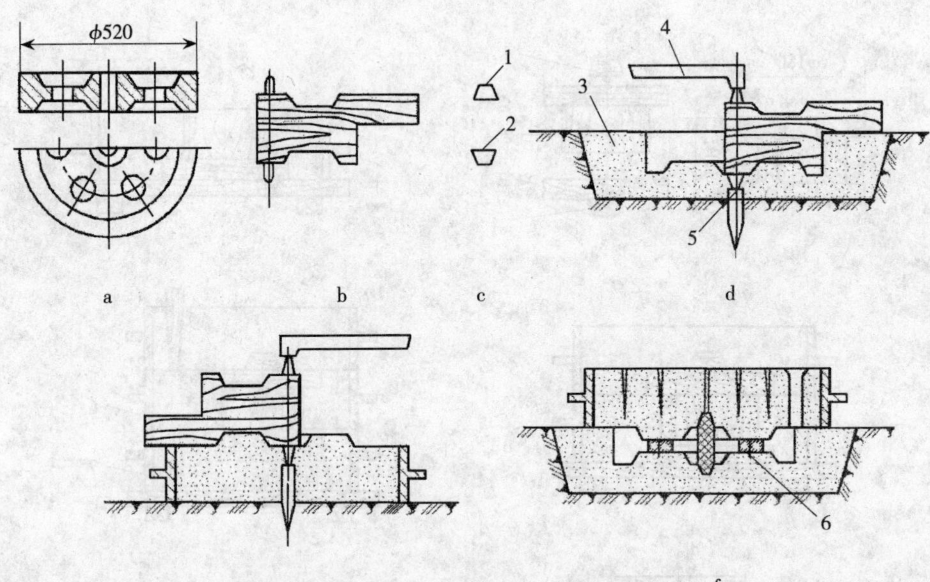


图 2-10　带轮的刮板造型过程

a. 铸件图　b. 刮板　c. 芯头模样　d. 刮制下型　e. 刮制上型　f. 下芯、合型

1. 上芯头　2. 下芯头　3. 砂床　4. 刮板支架　5. 木桩　6. 钉子

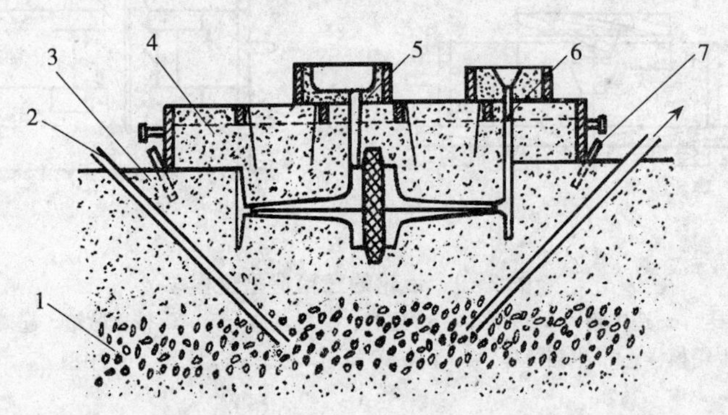


图 2-11　地坑造型

1. 焦炭　2. 气体　3. 地坑　4. 上箱　5. 浇口盆　6. 出气冒口　7. 定位楔

劳动强度大，且产品的质量不稳定。因此只适用于单件、小批量的生产。成批、大量生产时，应该采用机器造型。

机器造型的动力是压缩空气，以机器的动作代替人工完成紧砂和起模的工序。机器造型不但减轻了工人的劳动强度，提高了生产率，而且还能够提高铸件的尺寸精度，保证铸件的质量。

机器造型均采用两箱造型，造型机成对配置，分别造上、下型，然后在流水线上合箱、浇注、冷却、落砂等。为了充分发挥机器造型的高效率，应该少用或不用活块，更不能使用挖砂和三箱造型。铸件上妨碍起模的凸台、凹槽等可用外砂芯铸造出来。

机器造型时，将模样和浇注系统均固定在模底板（称为型板）上，型板上有定位稍，用以确定砂箱的位置。

造型机的种类很多，但最基本和最常见的造型机是震压式造型机。如图 2-12 所示，其操作步骤如下。

(1) 放砂箱，填砂。

(2) 震动紧砂：开放阀门，使压缩空气从进气口 4 进入震击缸 6，顶起震击活塞、型板、砂箱等。使震击活塞上升，进气通道被关闭。当活塞上升到排气口以上时，压缩空气被排出，震击活塞自由落下，与压实活塞发生一次撞击。如此反复多次，便将砂型逐渐紧实。震动紧实后的砂型上松下紧，需要进一步将上部砂型压实。

(3) 压实：压缩空气由进排气口 8 进气，顶起压实活塞、型板和砂型，使造型机正上方的压头压在砂型上，将上部砂型压紧。然后转动控制阀，由进排气口 8 将空气排出，砂型下落。

(4) 起模：压缩空气推动机油进入下面两个起模油缸内，使起模顶杆平稳上升，顶起砂型；与此同时，震动器产生震动使模样易于和砂型分离。

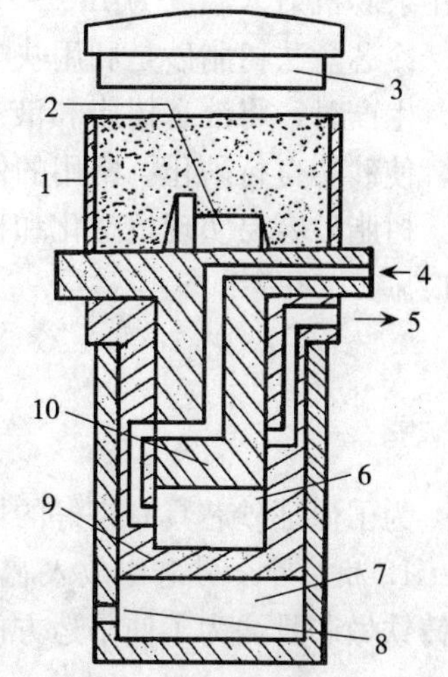


图 2-12　震压式造型机

1. 砂箱　2. 型板　3. 压头　4. 震击进气口　5. 震击排气口　6. 震击缸　7. 压实缸　8. 压实进排气口　9. 压实活塞　10. 震击活塞

震压式造型机的缺点是震动厉害、噪声大。

## 第四节　造芯方法

砂芯的作用主要是形成铸件的内腔，有时也作为铸件难以取模部分的局部铸型。由于砂芯在浇注时受到金属液体的冲击和高温金属的包围，因此要求砂芯比砂型具有更高的强度、耐火性、透气性和退让性。

### 一、芯　砂

按照黏结剂的种类，芯砂可分为黏土砂、合脂砂、树脂砂和油砂等。

1. *黏土芯砂*　与黏土型砂相比，黏土芯砂中加入了较多的黏土，主要是为了提高其强度；为了保证砂芯的耐火性和透气性，一般全部采用新砂；同时可加入 1%～3%的木屑来提高其透气性和退让性。较复杂的黏土砂芯还需要进行烘干，烘干温度为 250～300℃。

2. *合脂砂*　合脂是制皂厂用石蜡制取合成脂肪酸过程中的副产品，是呈深褐色的膏状物，经轻油稀释便成了铸造用的合脂黏结剂。合脂砂具有很高的干强度、良好的透气性和低的吸湿性，且其在浇注后由于油膜被烧掉而使芯砂退让性增高，清砂容易，铸件表面光洁。但合脂砂的湿强度低，造芯操作困难，为了提高其湿强度，常加入 2%～3%的膨润土。合脂油的加入量一般为 3%～4%，烘干硬化温度为 200～220℃。

3. *树脂砂*　以呋喃树脂或酚醛树脂为黏结剂的型砂称为树脂砂。树脂砂用于制芯时，分为热芯盒法树脂砂和冷芯盒法树脂砂。

热芯盒法树脂砂是利用酚醛树脂的热固性，即受热时产生不可逆的固化。制芯时将树脂砂用射芯机射入温度为140～220℃的热芯盒中，树脂受热硬化。

冷芯盒法树脂砂是利用呋喃树脂遇到强酸（催化剂）时产生放热的聚合反应，使树脂硬化。生产时，将液态树脂和液态催化剂分别与砂子混合；制芯时，将这两种混合料迅速混合，使砂芯自行硬化。常用的催化剂是浓磷酸或对甲苯磺酸。

树脂砂容易实现机械化和自动化，生产率高，铸件质量好，表面光洁，其应用范围越来越广。

## 二、造芯工艺

为了保证砂芯具有良好的性能，制芯还需采用以下措施。

1. 放芯骨　砂芯中放入芯骨以提高其强度，小砂芯的芯骨多用铁丝制作，而大砂芯常用铸铁做芯骨。为了使吊运方便，往往在芯骨上做出吊环。如图2-13b所示。

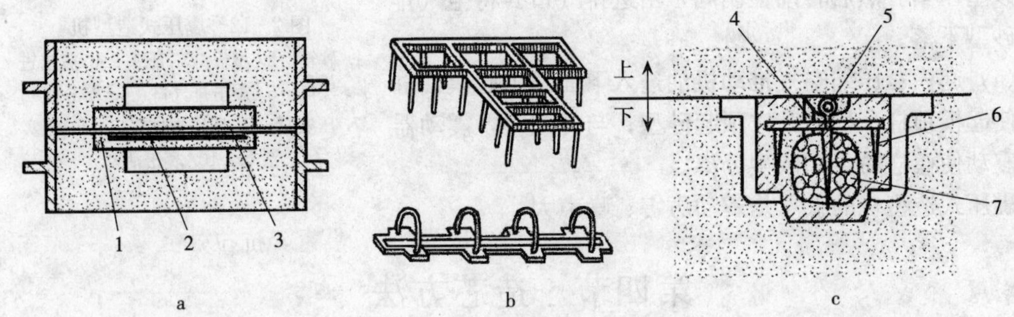


图2-13　芯骨和通气道

a. 铁丝芯骨和通气针　b. 铸铁芯骨　c. 带吊环的芯骨和通气针

1. 砂芯　2、6. 芯骨　3、4. 通气针　5. 吊环　7. 焦炭

2. 开通气道　芯砂中必须做出通气道，以提高芯砂的透气性。砂芯的通气道一定要与砂型的出气道接通。大砂芯内常放入焦炭块以便排气。

3. 刷涂料　大部分的砂芯表面要刷一层涂料，以提高其耐高温的性能，防止铸件粘砂。铸铁件大多用石墨做涂料，而铸钢件大多用石英粉做涂料。

## 三、制芯方法

砂芯一般是用芯盒制成的，芯盒的空腔形状与铸件的内腔形状相适应。根据芯盒的结构，手工制芯工艺可以分为三种：对开式芯盒制芯、整体式芯盒制芯和可拆式芯盒制芯。

1. 对开式芯盒制芯　适用于圆形截面的、较复杂的砂芯制造，其制造过程如图2-14所示。

2. 整体式芯盒及可拆式芯盒制芯　整体式芯盒制芯适用于简单的中、小砂芯的制造。

可拆式芯盒制芯适用于较复杂的中、大型砂芯制造，可将芯盒分成几块，分别拆去芯盒，取出砂芯。

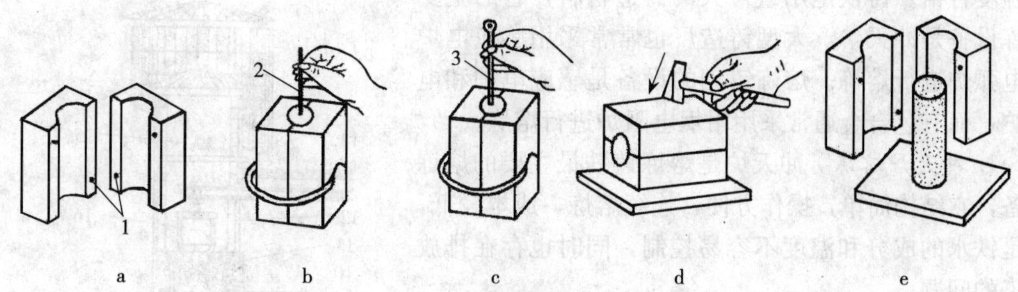


图 2-14 对开式芯盒制芯
a. 准备芯盒 b. 舂砂，放芯骨 c. 刮平，扎气孔 d. 敲打芯盒 e. 打开芯盒（取芯）
1. 定位销和定位孔 2. 芯骨 3. 通气针

# 第五节 合金的熔炼及浇注

## 一、常见的铸造合金

1. 铸铁 铸铁是由铁、碳、硅为主要组成元素的多元合金，其碳质量分数超过 2.11%。常用的铸铁有灰铸铁和球墨铸铁。

灰铸铁中的碳主要以片状石墨的形式存在，其断口呈灰黑色，抗拉强度低，为脆性材料。但是灰铸铁的铸造性能很好，也容易进行切削加工，具有高的减振性和一定的耐磨性，常用来制造机床的床身、工作台、箱体、阀体等零件。

球墨铸铁中的碳主要以球状石墨的形式存在，其断口呈银灰色，抗拉强度比灰铸铁高，塑性和韧性都很好。在高碳低硅的铁水中加入硅铁稀土镁合金就可以使石墨在铁水凝固后以球状存在，从而获得球墨铸铁。球墨铸铁常用来制造曲轴、凸轮、机壳以及汽车底盘零件等。

2. 铸钢 铸钢是碳质量分数小于 2.11%的铁碳合金，它包括铸造碳钢和铸造合金钢。铸钢的强度比铸铁的高，韧性、塑性和焊接性能比铸铁的好。但是铸钢的熔点高，铸造时容易氧化和收缩，其铸造性能比铸铁差。目前铸钢常用来制造受力复杂、要求强度高且韧性好的铸件，如火车轮、铁轨道叉、水轮机转子、高压阀体、履带板、大齿轮、抓斗齿等。

3. 铸造有色合金 铸造有色合金包括铸造铝合金和铸造铜合金等。铝硅合金（也称硅铝明）是一种常见的铸造铝合金，它质量轻，耐腐蚀，导热性能好，又具有较好的综合力学性能，常用做仪表、泵体、发动机缸体缸盖、飞机零件等。铸造铜合金包括铸造黄铜和铸造青铜。铜合金具有良好的力学性能、耐磨性能和耐腐蚀性能，常用来制作阀体、泵壳、叶轮、蜗轮等。

## 二、铸造合金的熔炼及设备

合金的熔炼是铸造生产的主要工序之一。熔炼控制不当，会导致铸件的成分偏差、力学性能不合格，或者导致夹杂、气孔等其他铸件缺陷。

熔炼的基本要求是低成本、低能耗、高效率和低污染，同时要保证液态金属的成分准确和温度合格。铸铁是用量最大的铸造材料，它的主要熔炼设备是冲天炉，大型铸造厂也常常采用感应电炉或电弧炉进行熔炼。熔炼铸钢的设备是感应电炉和电弧炉，而有色合金通常采用坩埚电阻炉进行熔炼。

1. *冲天炉熔炼*　冲天炉是熔炼铸铁最主要的熔炼设备，它结构简单，操作方便，连续熔炼，成本较低，但是铁水的成分和温度不容易控制，同时也存在排放污染的问题。

(1) 冲天炉的构造：如图 2-15 所示，冲天炉是由炉体、前炉、火花捕集器、加料系统和送风系统五大部分组成。

①炉体：炉体是一个直圆筒，包括烟囱、加料口、炉身、炉缸、炉底和支撑部分。它的主要作用是完成炉料的预热、熔化及铁水的过热。

②前炉：前炉起储存铁水的作用，有过道（或称过桥）与炉缸相通，上有窥视孔、出铁口和出渣口。

③火花捕集器：亦称火花罩，在炉的顶部，起除尘作用。

④加料系统：包括加料机和加料桶，将炉料按比例依次、分批从加料口送入炉中。

⑤送风系统：其作用是将一定量的空气送入炉中，供炉料燃烧之用。

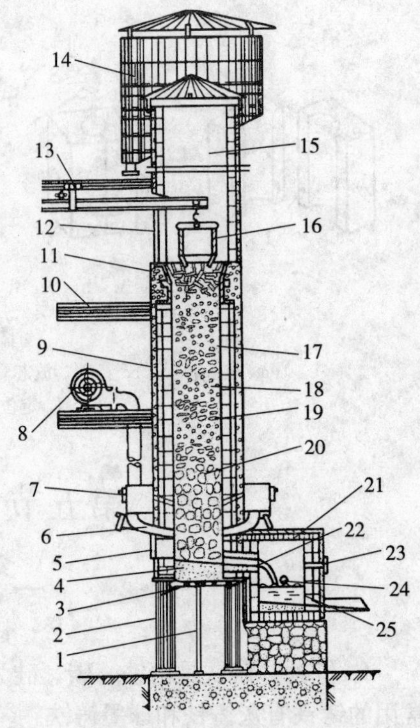


图 2-15　冲天炉的构造

1. 支柱　2. 炉腿　3. 炉底门　4. 炉底　5. 工作门　6. 风口　7. 风带　8. 鼓风机　9. 炉身　10. 加料台　11. 铸铁砖　12. 加料口　13. 加料机　14. 火花捕集器　15. 烟囱　16. 加料桶　17. 层焦　18. 金属炉料　19. 熔剂　20. 底焦　21. 前炉　22. 过桥　23. 窥视孔　24. 出渣口　25. 出铁口

冲天炉的大小是以冲天炉每小时熔化铁水量来表示的，称为熔化率。生产上常用的冲天炉的熔化率为 2～10t/h。

(2) 冲天炉的炉料：冲天炉的炉料主要有三大类：金属炉料、燃料和熔剂。金属炉料主要包括新生铁、废钢、回炉料、铁合金等。燃料主要是铸造焦炭。而溶剂则是石灰石、萤石等，熔剂的主要作用是造渣。金属炉料总重量与所消耗的焦炭总重量之比为铁焦比，一般为 10∶1。

(3) 冲天炉的操作过程：冲天炉的操作包括修炉、烘炉、点火装料、送风、出渣和铁水、打炉等。

①修炉和烘炉：冲天炉每次熔炼后都要修炉，炉衬修好后，要用木柴慢火烘炉，防止炉衬开裂。

②点火加底焦：炉衬烘干后，敞开风口，加木柴烧旺。然后加入底焦。底焦高度一般为 0.9～1.5m，它是指第一排风口的中心线到底焦顶面的高度。

③装料：底焦烧旺以后，按照熔剂、金属炉料和焦炭（称层焦）的加料顺序加料，直到加料至加料口的下缘。

④送风熔炼：炉料在炉内需要预热一段时间，然后开始送风。待底焦顶面温度达到 1 100～1 200℃时金属炉料就开始熔化，铁水滴沿焦炭间隙下落，其温度可以上升到1 600℃

左右（称为过热）。然后落到炉膛底部的炉缸区，再经过桥流入前炉，此时温度略有下降。

⑤出渣与出铁：由于熔剂的作用，炉内的杂质、灰分等形成的黏稠炉渣会变轻、变稀，浮在铁水的表面。在打开出铁口出铁水之前，应该先打开在前炉上部的出渣口以排尽炉渣。再出铁水，铁水的出炉温度多为1 360～1 420℃。

⑥打炉：冲天炉是间歇工作的，每次熔炼时间多为4～8h。每次停之前，应多加两批金属炉料，以保证炉壁不被浸蚀，并使最后几批炉料能正常熔化。停风前应先打开炉口，待炉内的铁水和炉渣出净后，打开炉底门，让剩余炉料落下。

2. *感应电炉熔炼*　感应电炉由于可以获得稳定成分和温度的高质量铁水，并且其对环境污染小，越来越被广泛采用。其基本原理是电磁感应和电流的热效应，利用炉料内感应电流的热效应来熔化金属。

感应电炉的结构如图 2-16 所示。盛装金属炉料的坩埚外面绕几组铜管感应线圈。感应线圈中通以一定频率的交流电，使其周围产生交变磁场，从而在金属炉料中产生感应电流，称为涡流。涡流使金属炉料发热熔化。为了使感应线圈（铜管）中的电流尽可能大，在铜管中需要通水降温。

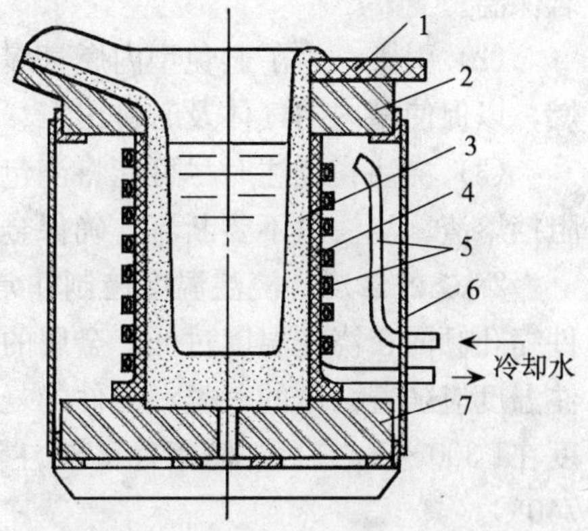


图 2-16　感应电炉的构造

1. 盖板　2. 耐火砖框　3. 坩埚　4. 绝缘布　5. 感应线圈　6. 防护板　7. 底座

感应电炉加热快，生产效率高，热量散失少，温度可随意调节，合金元素烧损较少，液态金属成分稳定，温度均匀；同时不容易带入硫、磷等有害元素。其运用越来越广泛。

感应电炉按照频率的高低，可以分成高频感应电炉（大于10 000Hz）、中频感应电炉（250～10 000Hz）和工频感应电炉（50Hz）。高频感应电炉主要用来熔炼 100kg 以下的铁水，多用在实验室；中频感应电炉使用较普遍，容量可以从几十千克到几十吨；工频感应电炉多用来制造较大容量的电炉，其容量可为 0.5～90t，但其启动较为困难。

3. *坩埚炉熔炼*　利用燃料（如煤气、焦炭、煤等）燃烧产生的热量，或电阻发热元器件产生的热量，通过热传导、辐射来加热装有金属炉料的坩埚，使坩埚内的金属熔化。由于这种方式加热慢，热效率和加热温度低，坩埚的容量有限，一般只用于有色合金的熔炼。

坩埚的材料主要有三种：石墨坩埚、铸铁坩埚和黏土坩埚。石墨坩埚多用于铸铜等熔点高的有色合金，而铸铁坩埚则多用于铸铝等低熔点的合金。图 2-17 为坩埚电阻炉的结构示意图，电阻加热的发热元件可用铁铬铝合金电阻丝或镍铬合金电阻丝，也可以用碳化硅棒。

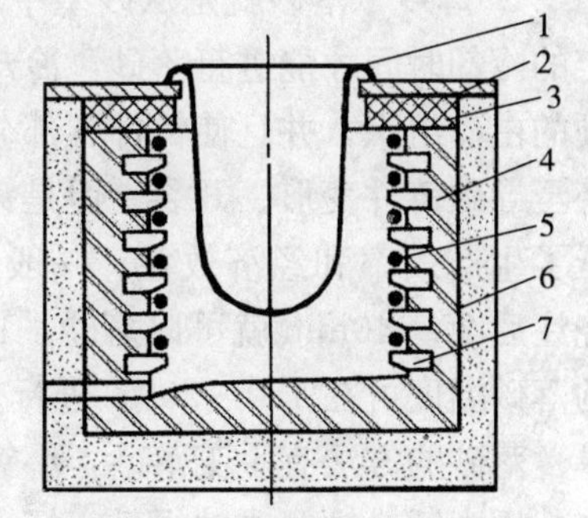


图 2-17　坩埚电阻炉的构造

1. 坩埚　2. 托板　3. 耐热板　4. 耐火砖　5. 电阻丝　6. 石棉板　7. 托砖

4. *电弧炉熔炼*　电弧炉是利用金属电极与金属炉料间的电弧产生的热量来熔炼金属的一种设备。电弧炉常采用三相电源，其容量（即每次出铁水量）为 1～15t。电弧炉的电极常用石墨电极。电弧炉是常见的熔炼铸铁和铸钢的设备。其熔炼快，温度容易控制，生产效率高。

### 三、浇　注

将浇包内的金属液浇入铸型内的操作工艺称为浇注。

浇注是铸造生产中的一个重要环节，浇注工艺的好坏直接影响铸件的质量甚至浇注工的安全。浇注前必须做好准备工作，如检查浇包的修理质量、浇包烘干的程度，同时了解铸型的位置和浇注量等。

1. 浇注技术

(1) 除渣：浇注前应该先除去金属液表面的熔渣，然后在铁水表面撒一层稻草灰或珍珠岩保温。

(2) 引火：为了避免型内燃气爆炸导致砂型塌陷，浇注时必须在出气口或冒口处引气点燃，以促使型内的气体及时排出。

(3) 浇注：浇注时尽可能将浇包嘴靠近外浇口，将挡渣棒放在包嘴附近的金属液面上，阻挡熔渣。浇注时不要断流，确保金属液平稳流入型腔，防止飞溅。

2. 浇注温度　浇注温度控制非常关键，浇注温度过高，容易使铸件晶粒粗大，增加铸件缩孔倾向；浇注温度过低，金属的流动性变差，容易产生冷隔、浇不足、气孔等缺陷。浇注温度应随着合金的种类、铸件的复杂程度及铸件厚薄程度的不同而不同，铸铁件的浇注温度在1 300～1 400℃，铸钢件的浇注温度为1 450～1 600℃，而铝合金的浇注温度为720～740℃。

3. 浇注速度　较快的浇注可以使液态金属更快地充满铸型型腔，从而减少金属液的氧化。但是浇注过快，容易产生冲砂、跑火、抬箱等缺陷。浇注太慢，型腔表面的型砂因过热时间长而容易脱落，同时金属液温度下降太多，容易造成浇不足、冷隔、气孔、夹渣等铸造缺陷。

## 第六节　铸件的清理及铸造缺陷

### 一、铸件的落砂和清理

1. 落砂　落砂就是从砂型中取出铸件的过程。液态金属浇注到铸型中后，需要经过一定的冷却时间才能进行落砂，冷却时间太短，开箱后铸件的温度过高，容易在铸件中产生过硬的白口组织，并且使铸件各部分冷却速度的不均匀性增加，从而出现较大的铸造内应力，甚至导致铸件变形、开裂。但是铸件在铸型中冷却时间过长，较长时间占用砂箱和场地，降低了生产效率和经济效益。一般铸铁件的落砂温度在400℃左右即可，小于10kg 的铸件，浇注后20～40min 就可以落砂，10～30kg 的铸件，浇注后30～60min 落砂。有色合金铸件的落砂温度可在150～200℃进行。

落砂的方法有手工落砂，小铸件可以用手锤或铁钩，中大型铸件可以用吊车将砂箱吊起来，用大锤、铁铲或铁棍敲、捅。大量生产中，可采用落砂机进行机械落砂。

2. 清理和修磨　落砂后的铸件必须进行清理和修磨，以满足铸件外观要求。

(1) 清理的第一步就是要切除铸件上的浇冒口，铸铁件一般用铁锤就可以将浇冒口打掉，但是铸钢件浇冒口一般打不掉，要用气割切除，有色合金铸件浇冒口可用锯割切除，大量生产时可用剪床或冲床切除。

(2) 清除砂芯，手工清除多用钩铲、风铲、铁棍、钢凿等工具进行铲除、轻敲、震松。机械清砂有震动落砂机、水力清砂、水爆清砂等。

(3) 铸件表面抛丸。一般采用机械抛丸法来清除铸件的表面粘砂。小型铸件多采用滚筒式抛丸机和履带式抛丸清理机等，大型铸件可采用悬挂式抛丸室来抛丸。

(4) 铸件表面修整。铸件抛丸后，还要清除分型面和芯头等处的飞边和毛刺等，同时也要清除残留的浇口和冒口痕迹。一般使用砂轮机、风铲、手凿等工具来进行清除。

## 二、常见的铸造缺陷

清理完的铸件首先要进行质量检验。合格的铸件验收后进入下一工序，不合格的铸件将和浇冒口一起成为回炉料。

生产上铸件质量检查主要包括以下几个方面。

(1) 铸件的内在质量：如化学成分、金相组织、力学性能及其他使用性能。

(2) 铸件的外观质量：如形状、尺寸、结构、外观缺陷。

(3) 铸件的工艺性能：铸件的制造性能及后续工序所要求的性能。

技术人员要对不合格铸件的缺陷原因做及时分析，找出缺陷成因，并提出防止办法。

从模型制造到浇注冷却和清理，铸造生产的工序很多，铸件质量受影响的因素也很多、很复杂。表 2-1 列出的是一些常见的铸造缺陷及其主要成因。

**表 2-1 常见铸造缺陷及产生原因**

| 类别 | 名称 | 特 征 | 产 生 原 因 |
| --- | --- | --- | --- |
| 形状类缺陷 | 错箱 | 铸件的一部分与另一部分相互在分型面处错开 | 合箱时，上、下箱未对准；定位销或泥记号不准确；造型时，上、下半模的定位销松动而使上、下模错位 |
| | 偏心 | 铸件的内孔位置偏移，形状尺寸不符合要求 | 砂芯变形；下芯放偏；砂芯固定不当，浇注后漂浮；砂芯在浇注时被铁水冲偏 |
| | 浇不足 | 铸件有残缺，轮廓不完整，或形状不完整但边角圆滑光亮 | 浇注温度过低；浇注太慢；内浇道太小，或位置不当；出气不畅，未开出气口 |
| 孔洞类缺陷 | 缩孔、缩松 | 缩孔：铸件厚壁的截面处出现形状不规则的空洞，其表面不规则；<br>缩松：铸件厚壁的截面处出现细小而分散的空洞 | 浇注系统、冒口的位置设置不当，不能有效对铸件进行补缩；浇注温度太高，金属在液态时收缩太大；铸铁的碳、硅元素含量低，导致铸铁本身的收缩率太大 |
| | 砂眼 | 铸件的表面或内部有不规则的空洞，孔洞中还有型砂 | 型砂太干，强度不够，韧性差，易掉砂；型腔、浇口中的散砂没有吹干净；型砂未舂紧，掉砂；合箱时砂型局部被挤坏；浇注系统开设不合理，砂型被冲垮 |
| | 气孔 | 铸件的内部和表面出现的圆形、梨形或椭圆形的孔洞，孔的内壁光洁 | 舂砂过紧，砂型透气性变差；起模、修型时刷水过多，砂型太湿；浇注系统开设不当，未开设排气孔，砂型排气不畅；砂芯过湿，通气孔堵塞 |
| | 渣孔 | 孔形状不规则，多位于铸件的上表面，孔内充塞熔渣 | 浇注时挡渣不良；浇注系统开设不当，未起到挡渣的作用；浇注温度太低，熔渣不能上浮 |

（续）

| 类别 | 名称 | 特　征 | 产 生 原 因 |
| --- | --- | --- | --- |
| 表面缺陷 | 机械粘砂 | 铸件的表面附着一层砂粒与金属的机械混合物，表面粗糙 | 舂型不紧实，型腔表面不致密；浇注温度过高，金属的渗透力太大；砂粒太粗，砂粒间空隙太大 |
| | 夹砂结疤 | 铸件表面有局部长条的疤痕，其边缘与铸件本体分离，并夹有一层型砂 | 型砂的热湿强度低；表层的石英砂受热膨胀拱起、开裂，铁水钻进砂型裂缝中；砂型的局部过紧，不均匀，出现表层拱起的现象；浇注温度过高，型腔烘烤厉害；浇注过慢，铁水压不住拱起的表层型砂，易产生鼠尾 |
| | 鼠尾 | 在大平面铸件的下型表面有浅的条状的凹槽或不规则的折痕 | |
| 裂纹类缺陷 | 冷隔 | 铸件表面有未完全融合的缝隙和洼坑，其交接边缘圆滑 | 浇注温度过低；浇注过慢；浇注系统开设不合理，内浇口截面尺寸过小；远离浇口处的铸件的壁过薄 |
| | 热裂 | 铸件开裂，裂纹短而粗，表面有氧化色，外形曲折而不规则 | 砂型、型芯的退让性差，阻碍铸件的收缩而引起过大的应力；浇注系统开设不当，阻碍铸件的收缩；铸件设计不合理，薄厚悬殊 |
| | 冷裂 | 铸件开裂，裂纹表面不氧化而发亮，有时有轻微氧化，呈连续直线状 | |
| 性能 | 力学性能不合格 | 铸件的强度、硬度、韧性等力学性能不合格 | 化学成分或金相组织不合格 |

## 复习思考题

1. 什么是铸造？铸造生产的特点是什么？砂型铸造工艺的主要工序有哪些？
2. 什么是型砂？型砂是由哪些主要成分组成的？型砂应该具有哪些适合铸造生产的性能？
3. 常见的手工造型方法有哪些？说明采用假箱造型和成形底板来代替挖砂造型的原理。
4. 与手工造型相比，机器造型有哪些优缺点？
5. 说明常见的铸型结构。浇注系统是由哪些部分组成的？说明各组成部分的作用。
6. 型砂与芯砂有哪些区别？
7. 合金的熔化设备有哪些？各适合于哪种场合？
8. 冲天炉由哪些部分组成？各部分的作用是什么？冲天炉的大小如何表示？
9. 冲天炉的炉料包括哪些？分别有什么作用？
10. 常见的铸造缺陷有哪些？分别说明其产生的成因。
11. 芯头的作用是什么？芯头有哪几种结构形式？

# 第三章 锻　　压

锻压是指对坯料施加外力，使其产生塑性变形，尺寸和形状改变，性能改善，用以制造机械零件、工件或毛坯的成形加工方法。锻压包括锻造和冲压。

锻压材料应具有良好的塑性和较小的变形抗力，即良好的可锻性。钢的碳质量分数及合金元素的质量分数越高，可锻性越差。通常，采用中碳钢和低合金钢作为锻件材料，基本具有良好的可锻性。为了提高金属坯料的塑性和降低其变形抗力，一般先将金属坯料加热后再锻压，故又称之为热锻。锻压主要有以下特点。

(1) 可改善金属材料的内部组织，提高其力学性能。所以重要零件和工具，多采用锻件为毛坯。

(2) 具有较高的生产率和较大的灵活性，既可锻形状简单的锻件，也可锻形状较复杂、少或无切屑的精密锻件，如曲轴、精锻齿轮等。

(3) 锻件重量几乎不受限制，小不足 1kg，大重达几百千克甚至几百吨。

(4) 可单件小批量生产，或大批量生产。

## 第一节　锻造的生产过程

锻造的生产过程一般包括下料、加热、锻造成形及冷却等工艺环节。

### 一、下　　料

原材料在锻造之前，一般须按锻件大小和锻造工艺要求分割成具有一定尺寸的单个坯料。当以铸锭为原材料时，由于其内部组织和成分不均匀，通常要用自由锻方法进行开坯。然后以剁割方式将锭料两端切除，并按一定尺寸将坯料分割开来。当以轧制、挤压棒材和锻坯为原材料时，其下料工作一般在锻工车间的下料工段进行。

锻压生产中常用的下料设备有锯床、剪床、车床、砂轮切割机、阳极切割机及其他专用切割机床。另外，随着科学技术的发展，也给下料方法提供了许多新的途径，例如电火花、激光、高压水射流切割等。下面简单介绍一些常用的切割设备。

1. 锯床　锯床可分为弓形锯、圆盘锯和带锯三种。锯床适用于切割有色金属，其优点是切割的断面平整，质量较好。

弓型锯造价低、使用方便，适用于小批生产。

圆盘锯的优点是通用性强，能锯大直径棒料；缺点是效率低，锯片厚，切口损耗大。

带锯的特点是生产效率高，切割质量好，自动化程度高，适合较大批量的生产。

2. 剪床　剪床分为一般剪床和精密剪床两类。

一般剪床具有以下特点：剪切的效率高，是砂轮切割机的4～6倍，锯床的5～8倍，它适合于定型产品的大批量生产；无切口损耗；切口断面不平整，端头有压扁现象。若剪切温度和刀片间隙选用不当，会出现端面拉裂和留有毛刺等缺陷；切割的毛坯尺寸精度低。

一般剪床适用于中、低碳钢棒料的冷剪切和合金钢棒料的热剪切，也适用于平卧模锻毛坯的剪切；但不适用于有色金属的剪切，更不适用于顶镦模锻毛坯的剪切。

精密剪床具有以下特点：剪切效率高；采用专用剪切模，下料尺寸精确；能自动送料，定长度，记数。

精密剪床的适用范围：可剪切各种异形断面的金属材料；可剪切铝、铜、低碳钢、合金钢、高镍铬钢及钛合金等金属材料；可进行冷剪和热剪，剪切精度在毛坯体积的1%以内，毛坯端面较平整，缺陷少。

3. *车床* 在车床上下料，其具有尺寸精确、端面光洁的特点。我国目前使用的下料车床基本上是国产的，此外，还有德国Rems公司生产的专用自动下料车床。

Rems自动车床具有以下特点：可进行手工切割或自动连续切割；在切割过程中可将料头、料尾与切断的成品件分开，同时可自动记数；由于工件固定，刀具旋转，故车床运转平稳，可切割的棒料长度达4～6m；在切割的同时，可进行倒棱和去除毛刺；由于无级进刀，可对各种材质进行切割；装料调整方便。采用电—液控制，可使装料调整时间缩短；切割的毛坯精度高；切割效率高。

Rems自动车床的适用范围：各种金属材料的切割；批量较大的精锻件的下料。

4. *砂轮切割机* 砂轮切割机具有造价低、能切割耐热合金和高硬度钢等优点，是锻压生产中不可缺少的下料设备。目前已用于生产的有手工操作的砂轮切割机和自动砂轮切割机。

自动砂轮切割机是切割中、小规格棒料的理想设备。

自动砂轮切割机具有如下特点：被切割的棒料与砂轮片同时做逆向旋转，这样既可提高切割效率，又可延长轮片的寿命；可自动送料、装夹及定尺寸。

砂轮切割机适合切割直径小于100mm的棒料和管料。

5. *阳极切割机* 阳极切割机的工作原理是被切割的棒料连接在机床直流电源的正极上，切割工具即旋转轮盘则连接在阴极上。在两极间隙中注入液态电解质而构成一完整电路。在电流的作用下，金属在切割处形成熔化微粒，并被电解质和旋转轮盘带走。旋转轮盘亦有微量损耗。

阳极切割机的特点是，切割直径相同而材料不同的棒料时，其生产效率相差不大。因此，用于切割大直径和高温合金棒料或大型高温合金模锻件较为合适。

阳极切割机切割时进给量要保证轮盘与被切料间保持一定间隙，此间隙既不能过大也不能过小。过大电路被切断，过小则容易产生短路，二者均能导致切割中止。电解质可用加入7%～8%机械油的水玻璃，也可用硼砂水溶液，后者效果好又清洁，但成本偏高。

阳极切割机的轮盘一般由低碳钢制造，在切割时产生有害气体，须强制通风以排除。

## 二、加　热

### (一) 锻造温度范围的确定

虽然某些具有良好塑性的金属坯料在常温下也能锻造成形，但变形量受到一定限制，且变形抗力很大，难以达到预期的成形要求。金属坯料随着加热温度的升高，其塑性提高，强度降低。所以，加热后锻造，可用较小的锻造力产生较大的塑性变形，锻后可获得良好的组织。

但是，加热温度过高，也会造成坯料过热、脱碳等缺陷，使锻件质量下降，甚至成为废品。各种金属材料在锻造时所允许的最高加热温度，叫做该材料的始锻温度。始锻温度的确定主要受到坯料在加热过程中不产生过热和过烧的限制。碳钢一般应低于其熔点100～200℃。碳钢的始锻温度随着碳质量分数的增加而降低；合金钢的始锻温度随着碳质量分数的增加比碳钢的要低得多，钢锭的始锻温度可比同种钢材的高20～50℃。

金属坯料在锻造过程中，随着温度的下降塑性不断变差，变形抗力不断增大。当温度降到一定程度后，不仅难以继续变形，而且容易断裂，这时必须停止锻造，重新加热。各种金属材料停止锻造的温度，叫做该材料的终锻温度。终锻温度的确定主要应保证坯料在停锻前具有足够的塑性，停锻后能获得细小的晶粒组织。终锻温度过高，停锻后金属在冷却过程中晶粒仍会继续长大，降低了锻件的力学性能，尤其是冲击韧性；终锻温度过低，塑性差、变形抗力大，难以继续成形，容易锻裂，且会损坏锻造设备。

锻造温度范围是指锻件由始锻温度到终锻温度的间隔。确定锻造温度范围的原则是保证金属坯料在锻造过程中具有良好的锻造性能；同时，锻造温度范围应尽量放宽，以便有较充裕的时间进行锻造成形，且减少加热次数，降低材料消耗，提高生产率。

**（二）加热方法及加热设备**

1. 加热方法

（1）火焰加热法：采用烟煤、柴油、重油或煤气作为燃料。当燃料中的碳和氢等可燃物质与空气中的氧发生剧烈氧化时便放出大量热量，产生高温火焰将金属坯料加热。

（2）电加热法：利用电流通过特种材料制成的电阻体产生热量，再以辐射传热方式将金属坯料加热。电加热法主要有电阻加热法、感应加热法、电接触加热法和盐浴加热法。

2. 加热设备

（1）火焰加热炉：

①明火炉：将金属坯料置于以煤为燃料的火焰中加热的炉子，称为明火炉，又称手锻炉。如图3-1所示，它由炉箅、炉门、炉膛、鼓风机、烟囱等组成。燃料放在炉箅上，燃烧所需的空气由鼓风机经风管从炉箅下方进入煤层。堆料平台可放置金属坯料或备用燃料；后炉门用于出渣及加热长杆件。

明火炉结构简单，容易建造，可移动位置，使用方便；但加热温度不均，加热质量不易控制，加热慢，热效率低，劳动生产率低。适用于手工锻造和小型空气锤上自由锻造的坯料加热，也可用于长杆形坯料的局部加热。

②反射炉：燃料在燃烧室中燃烧，高温炉气及火焰通过炉顶反射到加热室中来加热金属坯料的炉子，称为反射炉，如图3-2所示。其主要由燃烧室、加热室、换热器、烟道、鼓风机等组成。

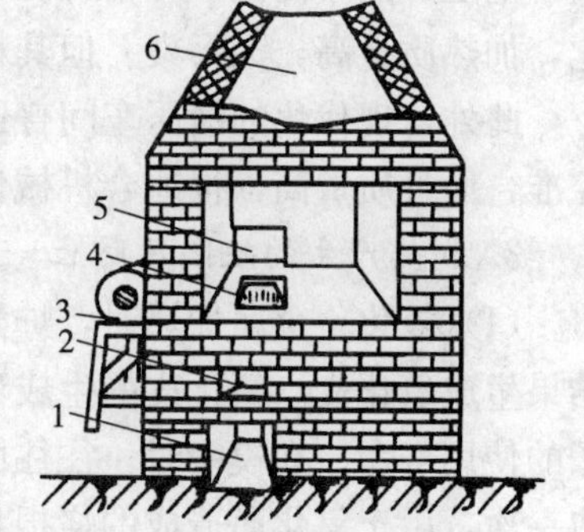


图3-1 手锻炉的结构简图

1. 灰坑 2. 火钩槽 3. 鼓风机 4. 炉箅 5. 后炉门 6. 烟囱

煤燃烧所需的空气经换热器预热后进入燃烧室。高温炉气及火焰越过火墙从炉子拱顶反射到加热室内，对坯料加热。加热室的温度可达1 350℃左右。废气经烟道和烟囱排出。坯料从炉门装入和取出。

反射炉多在一般锻造车间中应用。

③室式炉：炉膛三面为墙、一面有门的炉子称为室式炉，如图 3-3 所示。所用燃料有重油、煤气及煤。油炉和煤气炉的结构基本相同，都设有专门的燃烧室。由喷嘴将油或煤气与空气直接喷射到加热室（即炉膛）进行燃烧加热。燃烧后的废气由烟道排出。燃油的喷嘴和燃煤气的喷嘴在结构上有所不同。

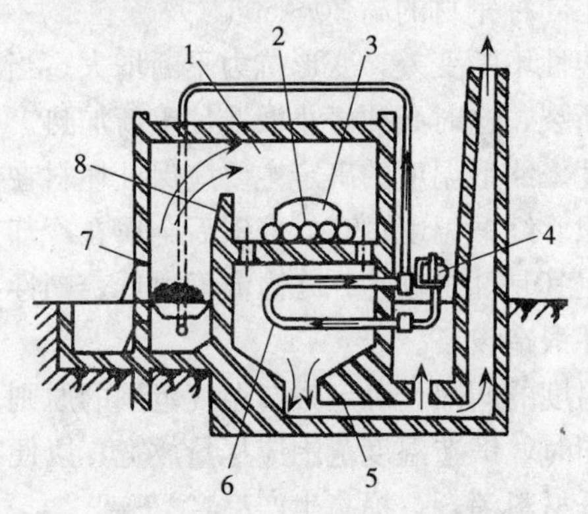


图 3-2　反射炉的结构示意图

1. 加热室　2. 坯料　3. 炉门　4. 鼓风机　5. 烟道
6. 换热器　7. 燃烧室　8. 火墙

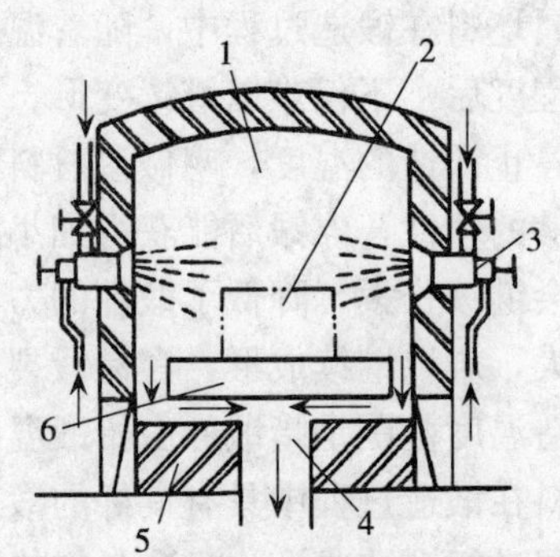


图 3-3　室式重油炉的结构示意图

1. 炉膛　2. 炉门　3. 喷嘴　4. 烟道
5. 炉底　6. 坯料

室式炉用于自由锻造，尤其是大型坯料和钢锭的加热。室式炉的炉体结构比反射炉简单、紧凑，热效率较高。

(2) 电加热炉：电阻炉是利用电阻发热体，将电能转变为热能，以辐射和对流的方式对坯料加热的。坯料从炉口装入炉膛，关闭炉门即可送电加热。电阻炉可分为中温箱式电阻炉和高温箱式电阻炉。前者的发热体为电阻丝，最高工作温度为 950℃，一般用来加热有色金属及其合金的小型锻件；后者的发热体为硅碳棒，最高工作温度为1 300～1 350℃，可用来加热高温合金及高合金钢的小型锻件。

电阻炉操作简便，可精确控制炉温，可通入保护性气体以防止或减少坯料加热时的氧化，加热质量高，无污染。但其耗电成本较高。

此外，现代化的锻压车间普遍采用中频感应加热。采用这种方法加热，不仅加热快、温控准，而且质量高，很适合机械化和自动化的流水生产线。但其设备较复杂，投资也大。

3. 加热产生的缺陷及防止

(1) 氧化：金属加热时，炉气中的 $O_2$、$CO_2$ 等氧化性气体与金属表面发生剧烈的氧化，结果生成氧化皮。氧化皮的生成不仅造成了金属材料的损耗，而且还影响到锻件的质量和炉子的使用寿命。在模锻时，往往由于氧化皮致使锻模磨损加剧，模锻件表面质量下降。每加热一次，由于氧化而造成的烧损量占坯料质量的 2%～3%。为了减少氧化皮的生成，对于一般火焰加热炉，应对其加热工艺采取以下措施。

①在保证加热质量的前提下，尽量采用快速加热，尤其是高温的加热阶段。尽量采用少装料、勤装料的操作方法。因为加热时间越长，生成的氧化皮越多，加热温度越高，金属材

料的氧化越剧烈。

②在燃料完全燃烧的情况下，严格控制送风量，以免炉内剩余氧气过多，产生过多的氧化皮。

③控制炉气成分，如钢料在1 000℃以下时，采用氧化性炉气，由于氧化尚不剧烈，故生成的氧化皮易于清除；当超过1 000℃时应采用还原性炉气，以免生成氧化皮过多。

④注意减少燃料中的水分，防止冷空气进入炉膛。

（2）脱碳：碳钢及合金钢在加热过程中，其表层的碳在高温下与氧或氢产生化学反应，生成一氧化碳或甲烷而被烧掉，造成碳钢及合金钢表层的碳分降低，这种现象称为脱碳。

脱碳后的碳钢及合金钢变软，强度和耐磨性降低，若脱碳层深度大于锻件加工余量，就会严重影响零件的使用性能。

为减少脱碳，可采用快速加热的方法。加热前在坯料表面涂上保护涂料，缩短高温阶段的加热时间，加热好的坯料应尽快出炉锻造。

（3）过热：一般把金属由于加热温度过高或高温下的保持时间过长而引起晶粒粗大的现象称为过热。金属材料过热后，其塑性有所降低，且锻造后锻件的晶粒粗大，降低了金属材料的力学性能。

过热与加热温度和加热时间有关，主要取决于前者。当加热温度未达到过热温度时，加热时间长短对晶粒显著粗化并无多大影响。

过热所造成的粗晶粒组织，可用增加锻打次数、调质或正火的方法细化晶粒。但要增加工序，降低了生产率和提高了加工成本。对于那些如高铬镍奥氏体钢等含有多种元素的钢出现过热组织后，即使用热处理方法也不能消除，因此应该防止过热现象。

（4）过烧：加热温度超过始锻温度过多，使晶粒边界出现氧化及熔化的现象称为过烧。

过烧的金属材料一经锻打即破碎，且无法挽救。因此在锻造过程中要严格防止出现过烧现象。一般钢料加热温度至少应比其熔点温度低 100℃。合金钢的加热温度还应再低一些。

（5）内部裂纹：大型坯料，尤其高碳钢坯料和合金钢锭料，在加热时，由于其表面和心部之间将产生较大的温差，造成内应力过大，而产生内部裂纹。因此，加热时要防止装炉温度过高和加热过快，一般采取预热措施。

## 三、锻造成形

按所用工具及模具安置情况与成形方式不同，锻造可分为自由锻和模锻。自由锻又可分为手工自由锻和机器自由锻。机器自由锻能生产各种大小的锻件，是目前工厂普遍采用的自由锻方法。对于小型、大批量锻件的生产可采用模锻。

## 四、冷　　却

锻件的冷却是保证锻件质量的重要环节。冷却的方法有以下几种。

（1）空冷：热态锻件在空气中冷却的方法称为空冷，是冷却较快的一种冷却规范。

（2）堆冷：将热态锻件成堆放在空气中进行冷却的方法称为堆冷。堆冷的冷却速度低于空冷。

(3) 坑冷：将热态锻件放在地坑或铁箱中缓慢冷却的方法称为坑冷。其冷却较堆冷慢。

(4) 灰砂冷：将热态锻件埋入炉渣、灰或砂中缓慢冷却的方法称为灰砂冷。锻件入砂温度一般不应低于500℃，冷却到150℃左右时出砂，周围蓄砂厚度不可少于80mm。冷却速度低于坑冷。

(5) 炉冷：锻后锻件放入炉中缓慢冷却的方法称为炉冷。炉冷时根据需要按预定的温度时间曲线进行冷却，其冷却速度低于灰砂冷。

通常，碳素结构钢和低合金钢的中小型锻件，锻后均采用空冷；成分较复杂的高碳钢和合金钢锻件，应采用灰砂冷；厚截面的大型锻件，可采用炉冷。冷却速度过高会造成锻件表层硬化，对切削加工十分不利。

## 第二节　锻压方法

### 一、自 由 锻

自由锻是在锻造设备的上、下砧间直接使坯料变形而获得所需几何形状及内部质量的锻件的锻压方法。自由锻时，金属在变形过程中只有部分表面受工具限制，其余表面为自由变形。自由锻适用于单件、小批及大型锻件的生产。

#### (一) 自由锻设备

常用的锻造设备按其工作原理可分为两类：第一类用冲击力使金属材料产生塑性变形，如空气锤、蒸汽—空气锤；第二类用静压力使金属材料产生塑性变形，如水压机。限于设备结构的复杂程度及制造成本，中小型自由锻件大多采用空气锤、蒸汽—空气锤；大型自由锻件大多采用水压机。

1. 空气锤　空气锤是生产小型锻件常用的自由锻设备，其结构和传动原理如图3-4所示。电动机通过减速装置带动曲柄连杆机构运动，使压缩气缸的压缩活塞上下运动，产生压缩空气。通过手柄或踏脚杆操纵上下旋阀，上下旋阀处于不同位置时可使压缩空气进入工作气缸中的上部或下部，进而推动由活塞、锤杆和上砧铁组成的落下部分上升或下降，完成各种打击动作。坯料置于下砧铁上，下砧铁由砧垫支撑。砧座承受落下部分的打击，其重量应为落下部分重量的15～20倍，并与机身分开。

旋阀与两个气缸之间有四种连通方式，可以产生四种动作。

(1) 提锤：上阀通大气，下阀单向通工作气缸的下腔，使落下部分提升并停留在上方，以便锻造前放置工件和工具。

(2) 连打：上、下阀均与压缩空气和工作气缸连通，压缩空气交替进入气缸的下腔和上腔，使落下部分上、下运动，连续打击锻件。

(3) 下压：下阀通大气，上阀单向通工作气缸的上腔，使落下部分下落，压紧工件，以便进行弯曲和扭转等操作。

(4) 空转：上、下阀均与大气相通，压缩空气排入大气中，落下部分靠自重停落在下砧铁上。

大型空气锤启动时应先做空转，然后提锤。

空气锤的规格用落下部分的质量表示，有65kg、75kg、150kg、250kg、500kg、750kg

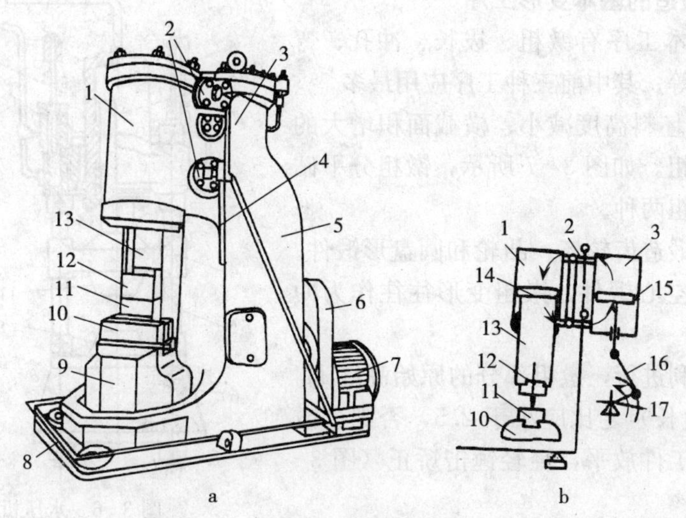


图 3-4 空气锤

a. 结构 b. 传动原理

1. 工作缸 2. 旋阀 3. 压缩缸 4. 手柄 5. 锤身 6. 减速器 7. 电动机 8. 脚踏杆 9. 砧座 10. 砧垫 11. 下砧铁 12. 上砧铁 13. 锤头 14. 工作活塞 15. 压缩活塞 16. 连杆 17. 曲柄

等多种规格。空气锤靠落下部分的动能使金属变形，其最大打击力为落下质量的 800～1 000倍。空气锤不允许打“冷铁”或空击。操作过程中，切勿将头、手伸入上、下砧铁间，操作人员位置应避开工件可能飞出的方向。

2. 蒸汽—空气锤　蒸汽—空气锤是生产大、中型锻件常用设备，如图 3-5 所示。其自身无动力装置，需配备动力站，以供应 0.6～0.9MPa 的蒸汽或压缩空气。工作时，通过操作手柄控制滑阀，使蒸汽或压缩空气进入气缸上、下腔，推动活塞上下运动，实现锤头的下压、连打等锻造基本动作。

蒸汽—空气锤的规格也是用锤的落下部分的质量大小来表示的。常用于自由锻造的规格为 500～5 000kg。

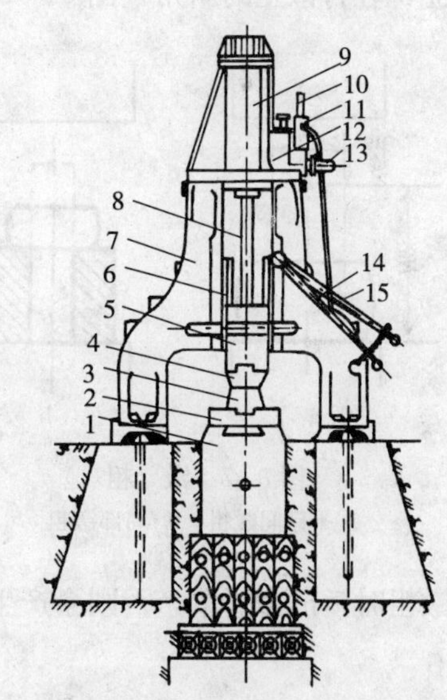


图 3-5 双柱拱式蒸汽—空气锤结构图

1. 砧座 2. 砧垫 3. 下砧铁 4. 上砧铁 5. 锤头 6. 导轨 7. 机架 8. 锤杆 9. 汽缸 10. 进气管 11. 节汽阀 12. 滑阀 13. 排气管 14. 节汽阀操纵手柄 15. 滑阀操纵手柄

3. 水压机　水压机是液压机中的一种，是生产大型锻件的常用设备。工作时，利用20～40MPa 的高压水通入工作缸，推动工作柱塞，使活动横梁沿立柱下压；回程时，使高压水通入回程缸，由回程柱塞和回程拉杆将活动横梁沿立柱提起。活动横梁上、下往复运动，可实现对坯料的施压变形。水压机的结构如图 3-6 所示。

由于水压机作用在坯料上的是静压力，因此用静压力的大小来表示水压机的规格。一般，自由锻造用水压机的吨位为 800～12 500t。

### (二) 自由锻造的基本变形工序

自由锻的基本工序有镦粗、拔长、冲孔、弯曲、错移、切割等。其中前三种工序应用最多。

1. 镦粗　使坯料高度减小、横截面积增大的锻造工序称为镦粗。如图 3-7 所示，镦粗分平砧间镦粗和局部镦粗两种。

镦粗常用于锻造齿轮坯、凸轮和圆盘形锻件。对于环、套筒等空心锻件，镦粗变形往往作为冲孔的预备工序。

为使镦粗顺利进行，镦粗部分的原始高度 $H_0$ 与直径 $D_0$（或边长）之比应小于 2.5，否则会镦弯。镦弯后应将工件放平，轻轻锤击矫正（图 3-8）。

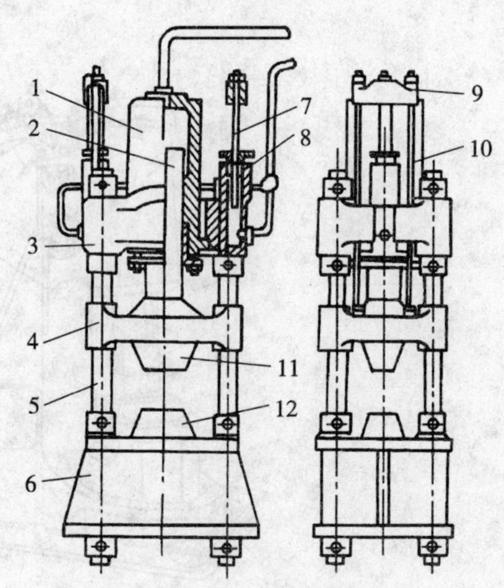

图 3-6　水压机结构图

1. 工作缸　2. 工作柱塞　3. 上横梁　4. 活动横梁　5. 立柱　6. 下横梁　7. 回程柱塞　8. 回程缸　9. 回程横梁　10. 拉杆　11. 上砧铁　12. 下砧铁

镦粗时，坯料在下砧铁上要放平，如果上、下砧铁的工作面不平整，锻打时要不断地将坯料旋转，否则会镦歪（图 3-9a）。镦歪后，应将工件斜立，轻打镦歪的斜角（图 3-9b），然后立直，继续锻打（图 3-9c）。

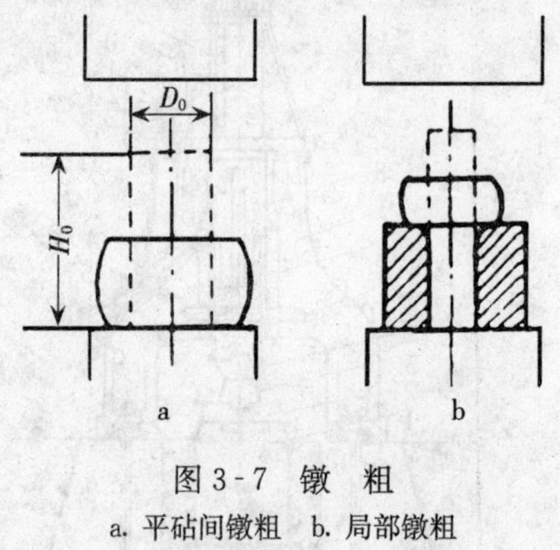

图 3-7　镦　粗

a. 平砧间镦粗　b. 局部镦粗

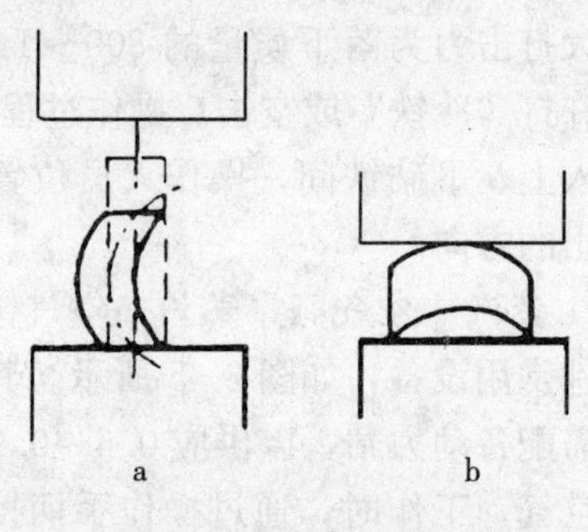

图 3-8　镦弯及矫正

a. 镦弯　b. 矫正

镦粗时锤击力要重，否则会产生细腰形。若不及时纠正，会形成夹层（图 3-10）。

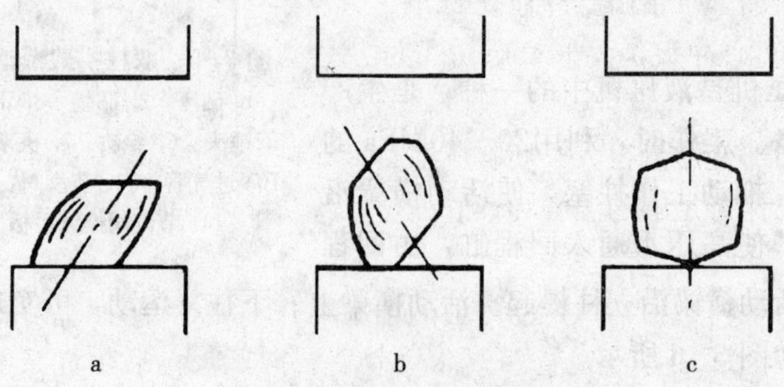

图 3-9　镦歪的产生及矫正

a. 镦歪　b. 矫正　c. 继续镦粗

2. 拔长　使坯料横截面减小、长度增加的锻造工序称为拔长（图 3 - 11a）。

操作中还可进行局部拔长（图 3 - 11b）和芯轴拔长（图 3 - 11c）等。

拔长一般用于锻造轴类、杆类及长筒形锻件。拔长操作时，坯料应沿砧铁宽度方向送进。每次送进量应为砧铁宽度的 0.3～0.7 倍。送进量过大，金属主要向宽度方向流动，反而降低拔长效率；送进量过小，又容易产生夹层。

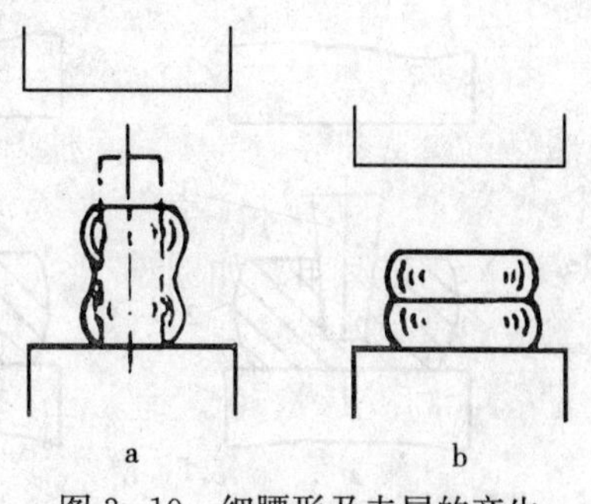


图 3 - 10　细腰形及夹层的产生
a. 细腰形　b. 夹层

将圆截面的坯料拔长成直径较小的圆截面锻件时，必须先锻成方截面，直到边长接近要求的直径时，再将坯料锻成八角形，然后滚打成圆形。拔长时应不断翻转坯料，使坯料截面经常接近方形。翻转方法如图 3 - 12 所示，在锻打每一面时，应使坯料的宽度与厚度之比不要超过 2.5∶1，否则容易形成夹层。

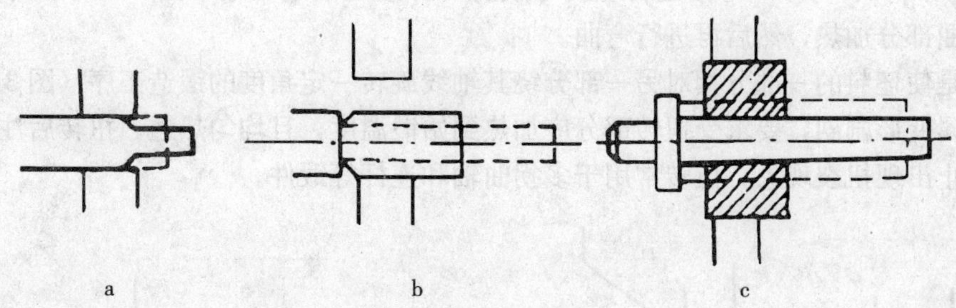


图 3 - 11　拔　长
a. 拔长　b. 局部拔长　c. 芯轴拔长

拔长后的锻件需进行修整，使表面平整光滑、尺寸准确。方形、矩形截面的锻件应沿下砧铁的长度方向送进，增加锻件与砧铁间的接触面积。

3. 冲孔　在锻件上冲出通孔或不通孔的锻造工序称为冲孔。直径小于 25mm 的孔一般不冲，通常在切削加工时钻出。冲通孔时，小于 450mm 的孔用实心冲头，大于 450mm 的孔用空心冲头。冲孔常用于齿轮、套筒和圆环等锻件。

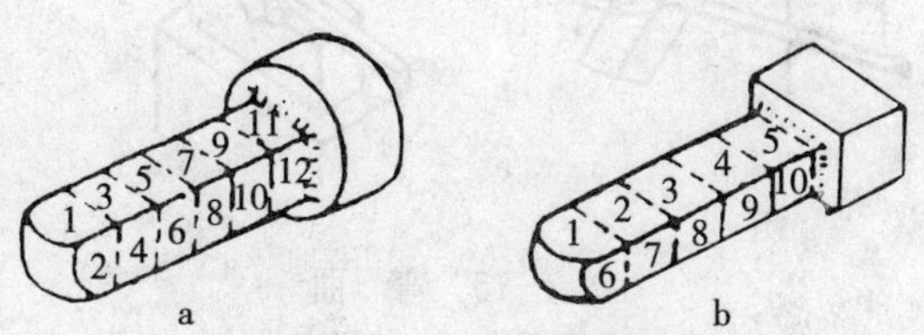


图 3 - 12　拔长时锻件的翻转方法
a. 反复翻转　b. 锻完一面再翻转

冲孔时坯料的局部变形量很大，坯料应加热到允许的最高温度，而且要均匀热透，以便在冲子冲入后坯料仍保持足够的温度和良好的塑性，防止坯料冲裂和损伤冲子，冲完后冲子也易于拔出。

冲孔前一般需将坯料镦粗，以减小冲孔的深度，并使端面平整。为了保证孔位正确，先用冲子轻轻冲出孔位的凹痕。经检查凹痕无偏差后，向凹痕内撒少许煤粉以利于冲子的拔出，放上冲子，冲深至坯料厚度的 2/3～3/4 时，取出冲子，翻转坯料，从反面冲透。这是双面冲孔法（图 3 - 13）。对于较薄的锻件，可采用单面冲孔法（图 3 - 14）。冲孔时应将冲子

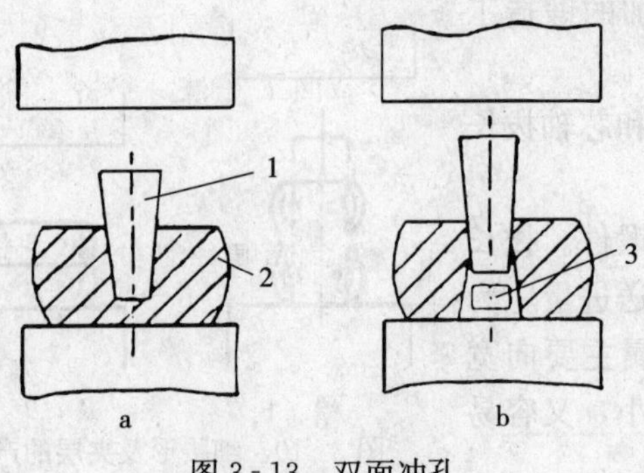

图 3-13 双面冲孔

a. 正面 b. 反面

1. 冲子 2. 坯料 3. 冲孔余料

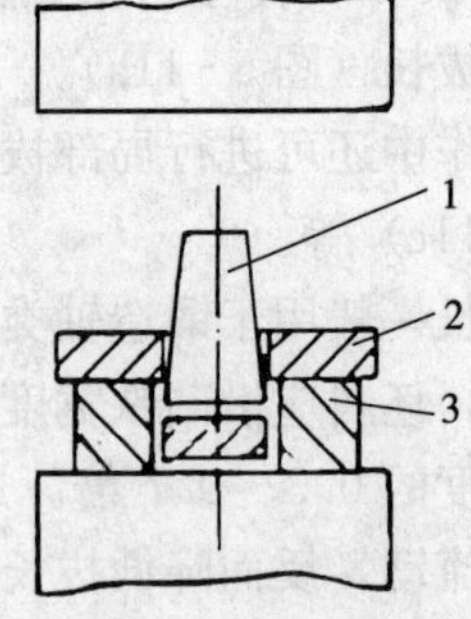

图 3-14 单面冲孔

1. 冲子 2. 坯料 3. 漏盘

大头朝下，漏盘孔径不宜过大，且需仔细对正。冲孔过程中，冲子要经常用水冷却，防止受热变软。

4. 弯曲及其他工序　弯曲是将坯料弯成所需外形的锻造工序（图 3-15）。弯曲时先将坯料要弯曲部分加热，然后再进行弯曲。

扭转是使坯料的一部分相对另一部分绕其轴线旋转一定角度的锻造工序（图 3-16）。扭转时，金属变形剧烈，要求受扭转部分应加热到始锻温度，且均匀热透。扭转后注意缓慢冷却，以防止出现扭裂现象。扭转常用于多拐曲轴和连杆等锻件。

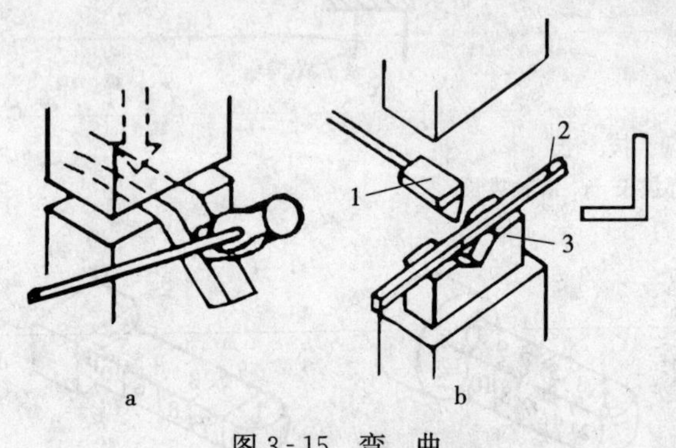

图 3-15 弯 曲

a. 角度弯曲 b. 成形弯曲

1. 成形压铁 2. 工件 3. 成形垫铁

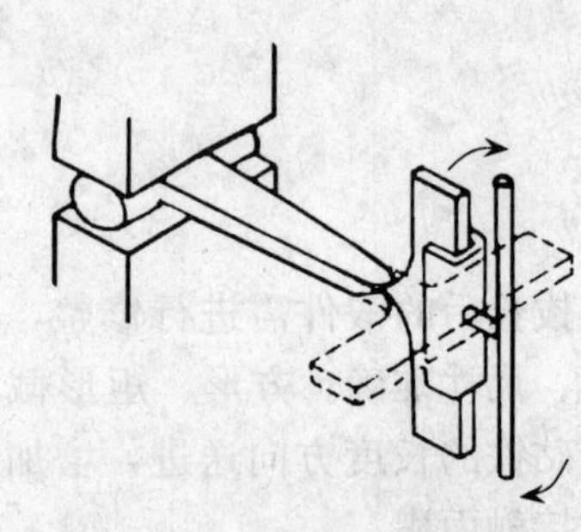
图 3-16 扭 转

错移是使坯料的一部分相对另一部分平移错开，但仍保持轴心平行的锻造工序（图3-17）。错移时，先在错移部位压肩，然后锻打，最后修整。错移用于曲轴锻件。

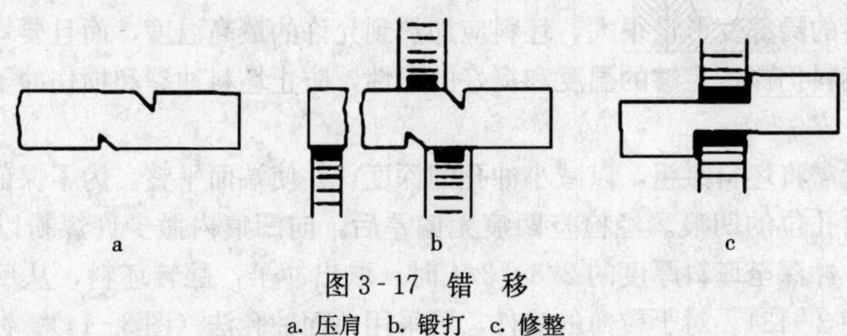

图 3-17 错 移

a. 压肩 b. 锻打 c. 修整

切割是把坯料或工件切断的锻造工序。切割方形截面工件时，先将剁刀垂直切入工件，等快切断时取出剁刀，将工件翻转，再用剁刀截断。切割圆形截面工件时，要将工件放在带有凹槽的剁垫中。边切割边旋转，直至切断。

**（三）自由锻造工艺示例**

（1）绘制锻件图：如图 3 - 18 所示，根据图中点划线部分的六角螺栓零件图，通过加敷料、加余量和定公差后得到图 3 - 18 中实线部分表达的锻件图。

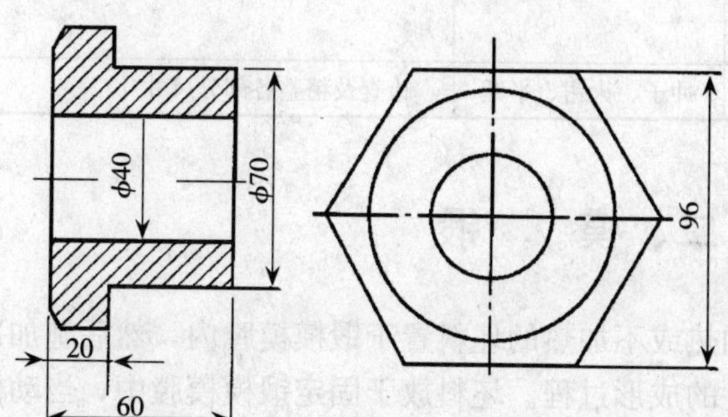


锻件名称：六角螺栓
工艺类别：自由锻
锻件材料：45 钢
锻造设备：100kg 空气锤
坯　　料：φ65mm × 94mm 棒料

图 3 - 18　六角螺栓零件锻件图

（2）确定变形工序：六角螺栓变形工序见表 3 - 1。

**表 3 - 1　六角螺栓毛坯的自由锻造工艺**

| 序号 | 工序名称 | 工序简图 | 使用工具 | 操作方法 |
|---|---|---|---|---|
| 1 | 局部镦粗 | | 镦粗漏盘火钳 | 漏盘高度和内径尺寸要符合要求；局部镦粗高度为 20mm |
| 2 | 修　整 | | 火钳 | 将镦粗造成的鼓形修平 |
| 3 | 冲　孔 | | 镦粗漏盘、冲子 | 冲孔时套上镦粗漏盘，以防径向尺寸涨大；采用双面冲孔法冲孔，冲孔时孔位要对正，并防止冲歪 |
| 4 | 锻 六 角 | | 冲子、火钳、平锤 | 冲子操作；注意轻击，随时用样板测量 |

（续）

| 序号 | 工序名称 | 工序简图 | 使用工具 | 操作方法 |
| --- | --- | --- | --- | --- |
| 5 | 罩圆倒角 | | 罩圆窝子 | 罩圆窝子要对正，轻击 |
| 6 | 精　　整 | | 冲子、火钳、平锤 | 检查及精整各部分尺寸 |

## 二、模　　锻

模锻是模型锻造的简称，是将加热或不加热的坯料置于锻模模膛内，然后施加冲击力或压力使坯料发生塑性变形而获得锻件的成形过程。坯料放于固定锻模模膛中，当动模做合模运动时（一次或多次），坯料发生塑性变形并充满模膛，随后，模锻件由顶出机构顶出模膛。热成形要求被成形材料在高温下具有较好的塑性，而冷成形则要求材料具有足够的室温塑性。热成形过程主要是模锻，可生产各种形状的锻件，锻件形状仅受成形过程、模具条件和锻造力的限制。

热成形模锻件的精度和表面品质除取决于锻模的精度和表面品质外，还取决于氧化皮的厚度和润滑剂等，一般都符合要求。但要得到零件配合面最终精度和表面品质还须再进行精加工（如车削、铣削和刨削等）。冷成形件则可获得较好的精度（≈±0.2mm）与表面品质，几乎可以不再进行或少进行机加工。

模锻广泛用于飞机、机车、汽车、拖拉机、军工及轴承等制造业中。据统计，如按质量计算，飞机上的锻件中模锻件约占85%，汽车上约占80%，坦克上约占70%，机车上约占60%，轴承上约占95%。最常见的零件是齿轮、轴、连杆、杠杆和手柄等。但模锻件常限于重150kg以下的零件。冷成形工艺（冷镦、冷锻）主要生产一些小型制品或零件，如螺钉、钉子、铆钉和螺栓等。

**（一）模锻设备**

常用的模锻设备有蒸汽—空气模锻锤、摩擦压力机等。

蒸汽—空气模锻锤的结构如图3-19所示。它的砧座比自由锻锤的砧座大得多，而且砧座与锤身连成整体，锤头与导轨之间配合精密，锤头运动精度高，在锤击中能保证上、下锻模对准。

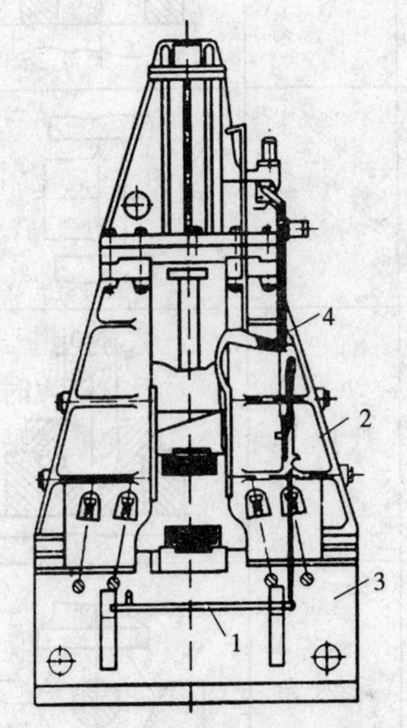


图3-19　蒸汽—空气模锻锤

1. 踏板　2. 机架　3. 砧座　4. 操纵系统

摩擦压力机的结构如图3-20所示。其操作杆可使主轴沿轴向左右移动，实现左右摩擦盘与飞轮接触，使滑块下行或上升，实现打击和提锤动作。它的规格用滑块运动到工作行程终点时产生的最大压力表示。

**（二）锻模**

锤上模锻所用的锻模结构如图 3-21 所示，其由上模和下模构成。上模和下模分别安装在锤头下端和砧座上的燕尾槽内，用楔铁对准和紧固。上模和下模的模腔构成模膛，模膛根据其功用的不同可分为制坯模膛和模锻模膛。

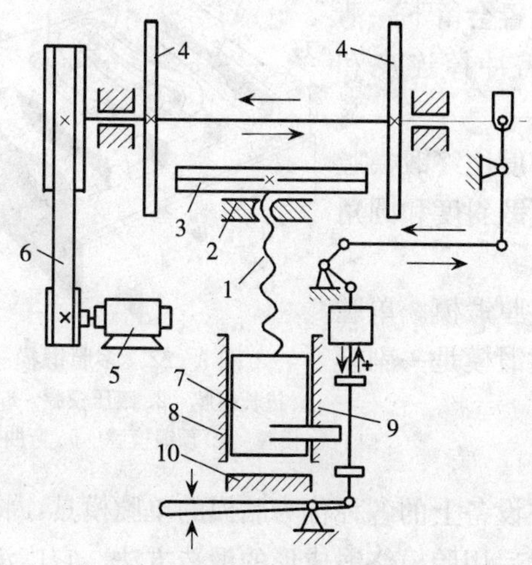


图 3-20　摩擦压力机传动件图

1. 螺杆　2. 螺母　3. 飞轮　4. 摩擦轮　5. 电动机　6. 皮带　7. 滑块　8、9. 导轨　10. 机座

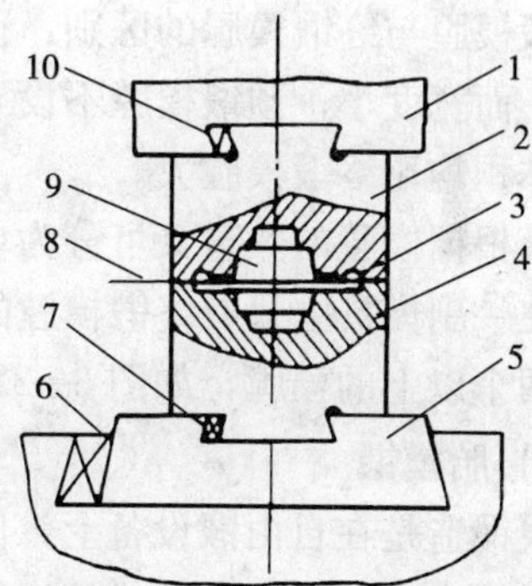


图 3-21　锤上锻模

1. 锤头　2. 上模　3. 飞边槽　4. 下模　5. 模垫　6、7、10. 紧固楔铁　8. 分模面　9. 模膛

1. 制坯模膛　对于形状复杂的锻件，需用制坯模膛来改变坯料横截面积和形状，以适应锻件的横截面积和形状的要求。常用的制坯模膛有以下三种。

（1）拔长模膛：拔长模膛是用来减小坯料的横截面积并增加其长度的模膛，有开式和闭式两种。它一般设在锻模的边缘，当模锻件沿轴向横截面积相差较大时，可用来进行拔长。

（2）滚压模膛：滚压模膛用来减小坯料某一部分的横截面积，同时增大另一部分的横截面积，并少量增加坯料长度。它除了起使坯料金属按模锻件形状分布外，还可滚光坯料表面，避免表面产生折叠并去除表面氧化皮。滚压模膛有开式和闭式两种类型。开式模膛一般在模锻件沿轴线的横截面积相差不很大或做修整拔长后的毛坯时应用；闭式模膛一般在模锻件的最大和最小截面相差较大时应用。

（3）弯曲模膛：弯曲模膛是用来改变坯料轴线的模膛，对于弯曲的杆类模锻件，需要弯曲模膛来弯曲坯料。

坯料经过上述制坯模膛的变形后，已初步接近锻件的形状，为进一步加工打下良好基础。

2. 模锻模膛　模锻模膛是使经过制坯模膛加工后的坯料进一步变形，直至最后成形为锻件的模膛。它分为预锻模膛和终锻模膛。

（1）预锻模膛：预锻模膛的作用是使坯料的形状和尺寸更接近锻件。当坯料再进行终锻时，可使金属容易充满终锻模膛，从而保证最终获得成形良好、无折叠、无裂纹或其他缺陷的锻件；同时，可减少终锻模膛的磨损，提高其使用寿命。

（2）终锻模膛：终锻模膛的型腔与锻件外形相同，经过终锻模膛后坯料最终变形到锻件所要求的外形尺寸。但是，锻件冷却时存在尺寸收缩，因此，终锻模膛的尺寸应比锻件尺寸大一收缩量。终锻模膛的四周设有飞边槽。飞边槽的作用一方面是容纳多余的金属；另一方面，由于进入飞边槽的金属冷却快，增加了金属从模膛中进一步流出的阻力，促进金属更好地充满模膛。对于具有通孔的锻件，由于上、下模的突出部分不可能把金属完全挤压掉，因此，终锻后通孔位置会留下一薄层金属，称为连皮。最终得到的模锻件成品需冲掉连皮和飞边。

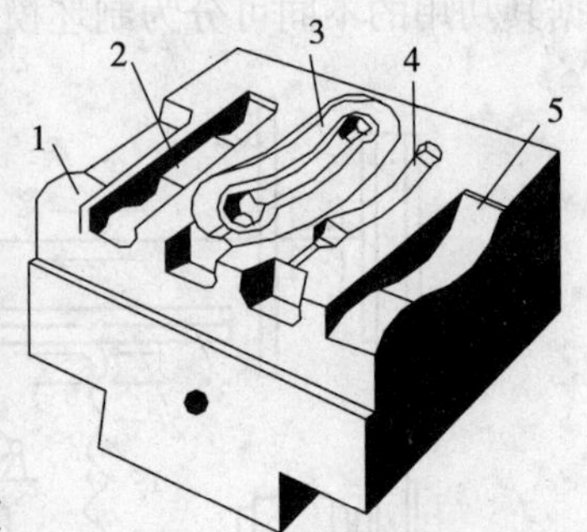

图 3-22　多膛锻模

1. 拔长模膛　2. 滚压模膛　3. 终锻模膛　4. 预锻模膛　5. 弯曲模膛

预锻模膛与终锻模膛的区别：预锻模膛的高度比终锻模膛高度大，而宽度小；预锻模膛不设飞边槽，且模锻斜度和圆角及模膛体积均比终锻模膛大。

锻模根据模膛的数量又可分为单膛锻模和多膛锻模。单膛锻模是在一副模具上只有终锻模膛的模具。多膛锻模是一副模具上有两个以上的模膛，如图 3-22 所示。

**（三）胎模锻**

胎模锻造是在自由锻设备上，使用不固定在设备上的各种称为胎模的单膛模具，将已加热的坯料用自由锻方法预锻成接近锻件形状，然后用胎模终锻成形的锻造方法。它广泛用于中、小批量的中、小型锻件的生产。

与自由锻相比，胎模锻具有锻件表面光洁、尺寸较精确、生产率高和节约金属等优点。

与固定锻模的模锻相比，胎模锻具有操作比较灵活、胎模模具简单、容易制造加工、成本低和生产准备周期短等优点。胎模锻件与模锻件相比，它的主要缺点是表面品质较差、精度较低，所留机加工余量大，操作者劳动强度大，生产率和胎模寿命较低等。

胎模的种类较多，主要有以下三种。

（1）扣模：用于锻造非回转体锻件，具有敞开的模膛，如图 3-23a。锻造时工件一般不翻转，不产生毛边。既用于制坯，也用于成形。

（2）套筒模：主要用于回转体锻件，如齿轮、法兰等。有开式和闭式两种。

开式套筒模一般只有下模（套筒和垫块），没有上模（锤砧代替上模）。其优点为结构简单，可以得到很小或不带模锻斜度的锻件。取件时一般要翻转 180°。缺点是对上、下砧铁的平行度要求较严，否则易使毛坯偏斜或填充不满。

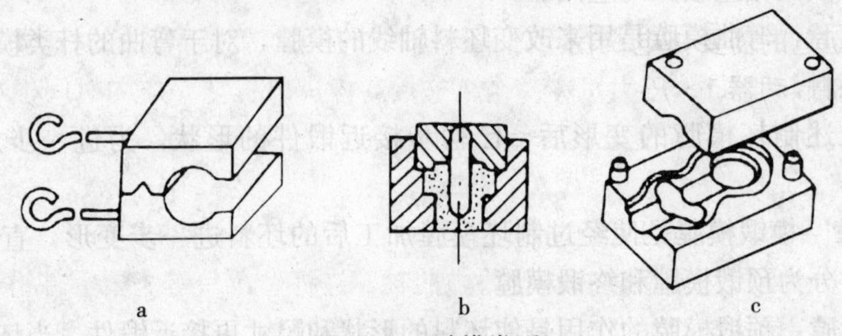

图 3-23　胎模类型

a. 扣模　b. 套筒模　c. 合模

闭式套筒模一般由上模、套筒等组成，如图 3-23b。锻造时金属处于模膛的封闭空间中变形，不形成毛边。由于导向面间存在间隙，往往在锻件端部间隙处形成横向毛刺，需进行修整。此法要求坯料尺寸精确，大则增加锻件垂直方向的尺寸，小则充不满模膛。

(3) 合模：合模一般由上、下模及导向装置组成，如图 3-23c 所示。它用来锻造形状复杂的锻件，锻造过程中多余金属流入飞边槽形成飞边。合模成形与带飞边的固定模模锻相似。

## 三、板料冲压

板料冲压是利用装在压力机上的模具使板料分离或成形，从而获得所需形状和尺寸的毛坯或零件。板料冲压多用来加工低碳钢和有色金属及其合金等金属薄板。板料厚度小于 6mm 的称薄板冲压。一般板料无需加热，故又称冷冲压。当板料厚度大于 8mm 时，要采用热冲压成形。板料冲压还可以加工诸如胶木板、石棉板、皮革、云母片等非金属材料。

板料冲压工艺具有如下特点。

(1) 冲压件的尺寸精度较高，表面质量稳定，互换性好，一般不必再进行切削加工即可使用。

(2) 冲压件的质量轻，强度较高，刚性较好，材料消耗少。对于同样的工件要求，采用板料冲压比其他成形加工方法具有优越性。

(3) 板料冲压操作简单，工艺过程易实现机械化和自动化，生产率高，产品成本低。

(4) 冲模结构复杂、精度要求高，故制造费用高。只有在大批量生产条件下，才能显示其优越性。

目前，板料冲压已广泛应用在航空航天、汽车、仪表、轻工业制造等生产部门。

### （一）冲压设备

冲压常用的设备有曲柄压力机、双动拉深压力机、摩擦压力机、液压机等，现分别简述如下。

1. 曲柄压力机

(1) 单柱冲床：图 3-24 所示为单柱冲床传动原理简图，其工作原理如下：电机 5 通过小皮带轮和三角皮带把运动传给大皮带轮（飞轮）4，经离合器 3 传给曲轴 2。连杆 8 的上端装在曲轴上，下端与滑块 7 连接，它把曲轴的旋转运动变为滑块的直线往复运动。上模装在滑块上，下模装在工作台面垫板上。因此，当板料放在上、下模之间，滑块向下移动进行冲压时即可获得工件。

由于生产工艺的需要，电机在不停止运转的情况下，需使滑块有时运动有时停止，所以装有离合器 3 和制动器 1。压力机在整个工作周期内进行工艺操作的时间很短，大部分时间是无负荷的空程时间，为了使电机的负荷均匀，有效地利用能量，因而装有飞轮。大皮带轮 4 即起飞轮作用。

曲柄压力机一般由下面几个部分组成。

①工作机构：一般为曲柄连杆机构，由曲轴、连杆、滑块等主要零件组成。

②传动系统：包括电机、皮带传动、齿轮传动等机构。

③操纵系统：如离合器和制动器。

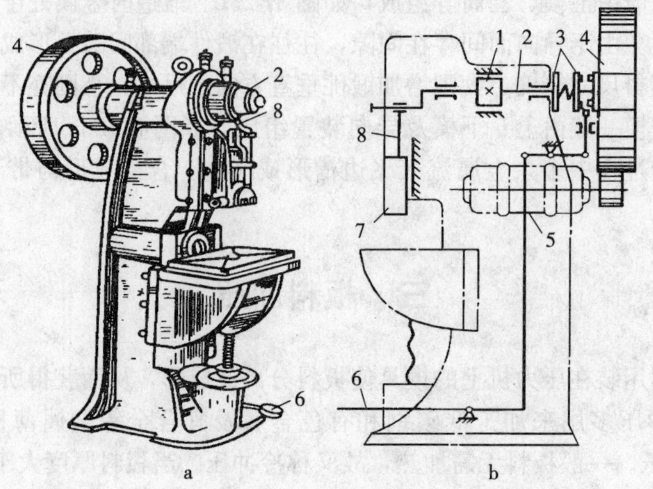


图 3-24　单柱冲床

a. 外形图　b. 传动图

1. 制动闸　2. 曲轴　3. 离合器　4. 飞轮　5. 电机　6. 踏板　7. 滑块　8. 连杆

④支撑部件：如床身、工作台等。

⑤辅助系统：如润滑系统、保护装置、气垫、机械手等。

上述压力机的操作空间三面敞开，操作者能够从压力机的前面、左面或右面接近模具，因而操作较方便。通常称这种压力机为开式压力机。因为是敞开式结构，所以机床刚度较差，一般小型压力机采用这种形式。

(2) 闭式压力机：中大型压力机一般都是闭式的，即压力机的操作空间只有前后两个方向。图 3-25 所示为 JA31—160A 型闭式曲柄压力机的传动示意图，电机 1 经小皮带轮 2、皮带轮 4 和一对小齿轮 17，带动偏心齿轮 6 和大齿轮 15，绕心轴 5 旋转，偏心齿轮又通过它上面的偏心 16 和连杆 14，带动滑块 8 上、下移动，完成冲压工作。所以，JA31—160A 型闭式曲柄压力机采用偏心齿轮代替曲轴，将旋转运动变为滑块的直线往复运动。

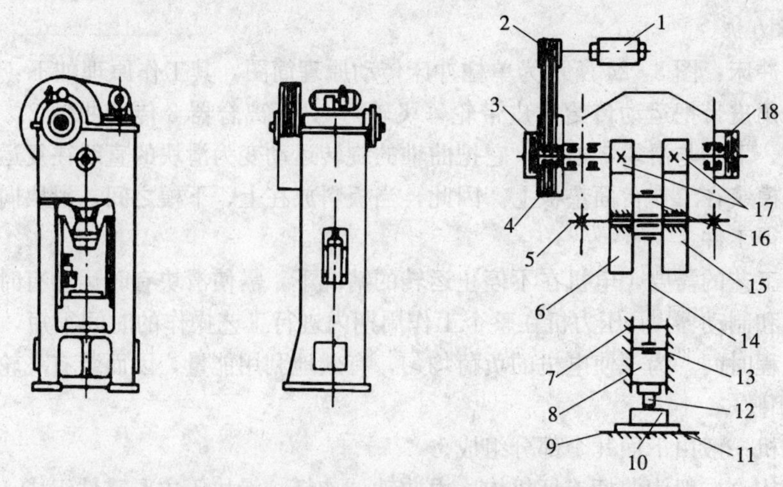


图 3-25　JA31—160A 型闭式曲柄压力机

1. 电机　2. 小皮带轮　3. 离合器　4. 大皮带轮　5. 心轴　6. 偏心齿轮　7. 导轨　8. 滑块　9. 垫板　10. 下模　11. 工作台　12. 上模　13. 连杆销　14. 连杆　15. 大齿轮　16. 偏心轴　17. 小齿轮　18. 制动器

2. 摩擦压力机　摩擦压力机是利用摩擦盘与飞轮之间相互接触来传递动力，并根据螺杆与螺母相对运动的原理而工作的。

图 3-26 为摩擦压力机的传动示意图。工作时，压下手柄，使摩擦盘 4 与飞轮 3 的轮缘相接触，迫使飞轮与螺杆 1 顺时针旋转，带动滑块 7 向下进行冲压；反之，手柄向上，滑块上升。

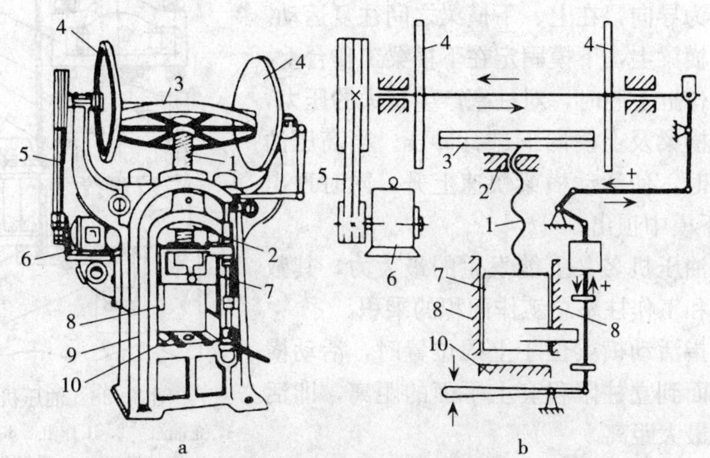


图 3-26　摩擦压力机传动图

a. 外形图　b. 传动图

1. 螺杆　2. 螺母　3. 飞轮　4. 摩擦轮　5. 传动带　6. 电动机　7. 滑块　8. 导轨　9. 机架　10. 机座

滑块的行程用安装在连杆上的两个挡块来调节。

压力大小可通过手柄压下多少来控制飞轮与摩擦盘的接触松紧来调整。超负荷时，由于飞轮与摩擦盘之间产生滑动，不会损坏机件。所以摩擦压力机特别适于校正、压印、成形等冲压工作。

3. 双动拉深压力机　双动拉深压力机是专门用于复杂工件拉深的冲压设备。

图 3-27 所示为 J44—55B 型底传动双动拉深压力机结构简图。工作部分由拉深滑块 1、压边滑块 3 和活动工作台 4 组成。拉深滑块的上下移动是由主轴 7 上的偏心齿轮 8 通过连杆 2 带动，凸模装在拉深滑块上。压边滑块在工作时不动，它与活动工作台的距离可以通过丝杆调节。凹模装在活动工作台上。活动工作台的顶起与降落是靠凸轮 6 来实现的。

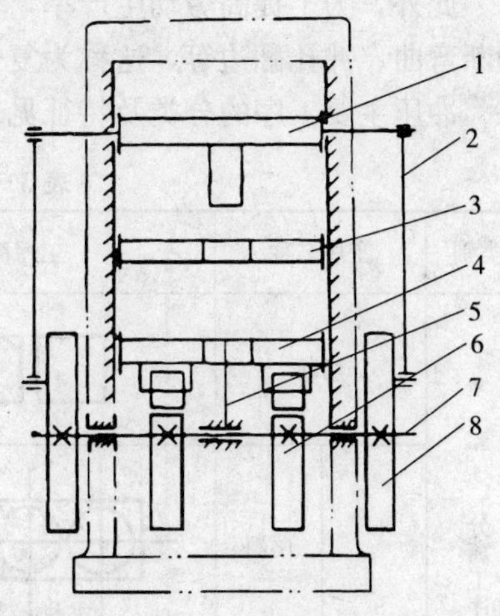


图 3-27　J44—55B 型底传动双动拉深压力机结构简图

1. 拉深滑块　2. 连杆　3. 压边滑块　4. 活动工作台　5. 顶件装置　6. 凸轮　7. 主轴　8. 偏心齿轮

拉深时，凸模下降至还未伸出压边滑块之前，活动工作台靠凸轮顶起，使板料被压紧在凹模与压边滑块之间，并停留在这一位置，至凸模继续下降，拉深结束。然后凸模上升，活动工作台下降，顶件装置 5 把工件从凹模内顶出。

4. 油压机　油压机是根据帕斯卡原理制成的，是一种利用液体压力传递能量的机器。

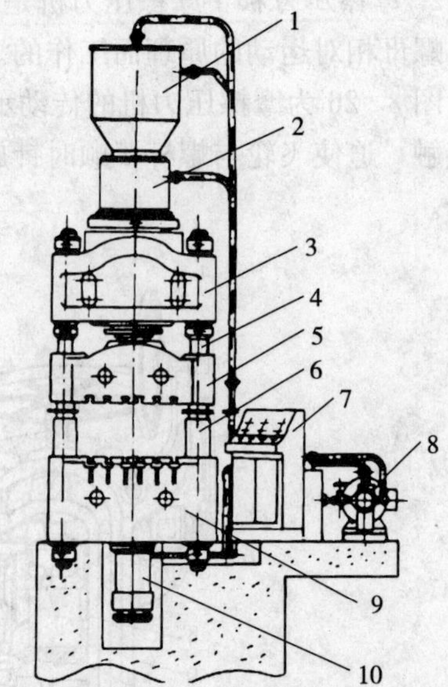

图 3-28　油压机结构简图

1. 充油缸　2. 工作缸　3. 上横梁　4. 立柱　5. 活动横梁　6. 限程套　7. 充液装置　8. 压力泵　9. 下横梁　10. 顶出器

图 3-28 所示为油压机的结构简图。它由上横梁 3、下横梁 9、四个立柱 4 和螺母组成一个封闭框架，框架承受全部工作载荷。工作缸 2 固定在上横梁 3 上，工作缸内装有工作柱塞，与活动横梁 5 相连接。活动横梁以四根立柱为导向，在上、下横梁之间往复运动。上模固定在活动横梁上，下模固定在下横梁工作台上。当高压油进入工作缸上腔时，对柱塞产生很大的压力，推动柱塞、活动横梁及上模向下进行冲压。当高压油进入工作缸下腔时，使活动横梁快速上升，同时顶出器 10 将工件从下模中顶出。

公称压力为油压机名义上能发生的最大力，其数值等于油的压力和工作柱塞总工作面积的乘积。

最大行程是指活动横梁位于上限位置时，活动横梁的立柱套下平面到立柱限程套上平面的距离，即活动横梁能移动的最大距离。

**(二) 基本工序**

由于冲压件的形状、尺寸和精度不同，因此，冲压所采用的工序种类很多。据其变形特点，冲压可以分为两大类。

一类是分离工序，主要包括切断、冲裁、切口、切边等。其特点是板料受力达到抗剪强度，使其一部分与另一部分相互分离。

另一类是变形工序，主要包括弯曲、拉深、成形等。其特点是板料受力超过屈服极限、小于强度极限，使其产生塑性变形得到一定形状。

此外，为了提高劳动生产率，常将两个以上的基本工序合并成一个工序，如落料拉深、切断弯曲、冲孔翻边等，这称为复合工序。

冲压主要工序的分类及特征见表 3-2。

**表 3-2　冲压主要工序的分类及特征**

| 类别 | 工序名称 | | 工序简图 | 工序特征 | 模具简图 |
|---|---|---|---|---|---|
| 分离工序 | 切断 | | | 切断线不封闭 | |
| | 冲裁 | 落料 | 工件<br>废料 | 落下部分为工件，切断线封闭 | |
| | | 冲孔 | 废料<br>工件 | 落下部分为废料，切断线封闭 | |

（续）

| 类别 | 工序名称 | 工序简图 | 工序特征 | 模具简图 |
| --- | --- | --- | --- | --- |
| 分离工序 | 切口 | 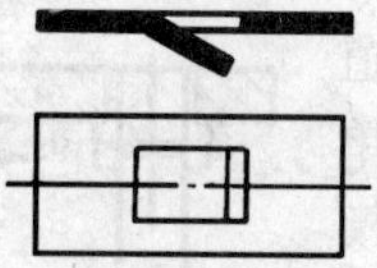 | 用模具将板料局部切开而不完全分离，切口部分材料发生弯曲 | 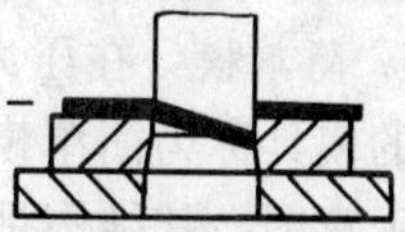 |
| | 切边 |  | 用模具将工件边缘多余的材料冲切下来 | 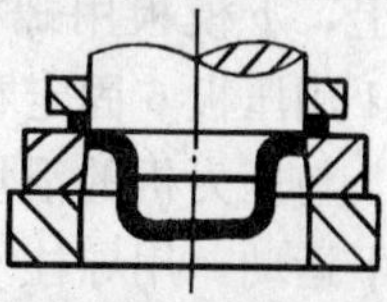 |
| 变形工序 | 弯曲 |  | 用模具使板料弯成一定角度或一定形状 | 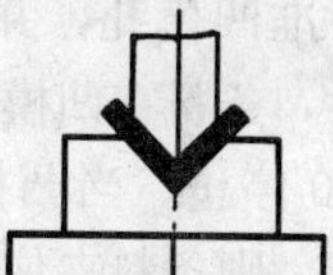 |
| | 拉深 |  | 用模具将板料压成任意形状的空心件 | 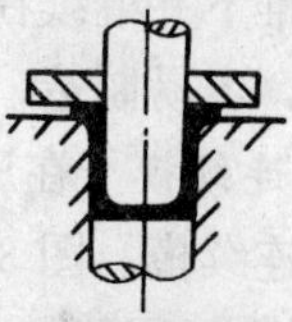 |
| | 成形 |  | 用模具将板料局部拉伸成凸起和凹进形状 | 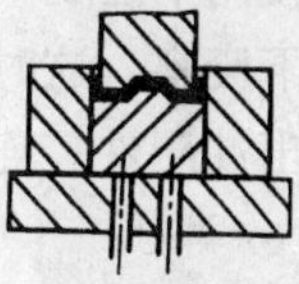 |
| | 翻边 | 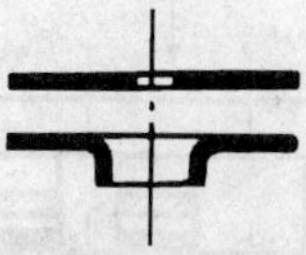 | 用模具将板料上的孔或外缘翻成直壁 | 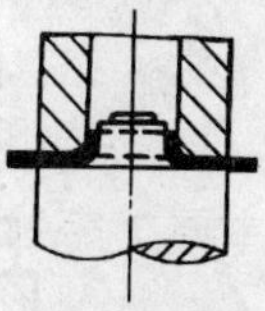 |
| | 缩口 |  | 用模具对空心件口部加由外向内的径向压力，使局部直径缩小 | 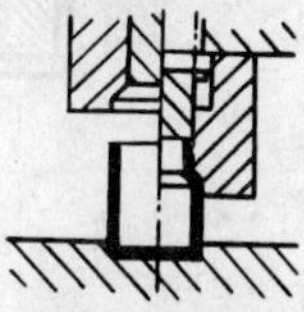 |
| | 胀形 |  | 用模具对空心件加向外的径向力，使局部直径扩张 | 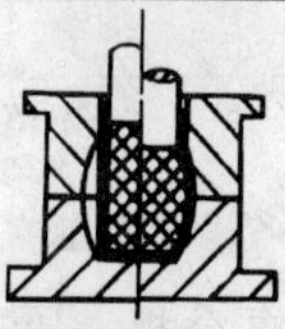 |
| | 整形 |  | 将工件不平的表面压平，将原先弯曲或拉深件压成正确形状 | 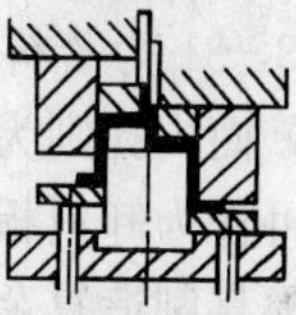 |

### （三）冲模

冲模是冲压生产中必不可少的模具，按冲模使用过程中工序的复合程度，可分为简单模、连续模和复合模。

1. 简单模　在压力机的一次行程中只完成一道工序的模具称为简单模。图 3 - 29 为落料用的简单冲模示意图，其结构是凹模 2 用压板 7 固定在下模板 4 上，下模板用螺栓固定在压力机的工作台上，凸模 1 用压板 6 固定在上模板 3 上，上模板则通过模柄 5 与压力机的滑块连接。因此，凸模可随滑块做上下运动，用导柱 12 和套筒 11 使凸模 1 向下运动能对准凹模孔，并使凸、凹模间保持均匀间隙。工作时，条料在凹模上沿两个导板 9 送进，碰到定位销 10 停止。当凸模向下冲压，冲下的零件进入凹模孔，则条料夹住凸模并随凸模一起回程。当条料碰到固定在凹模上的卸料板 8 时，则被卸料板推下并继续在导板间送进。上述动作不断重复，冲出一个又一个的零件。这种模具结构简单，容易制造，适用于冲压件的小批量生产。

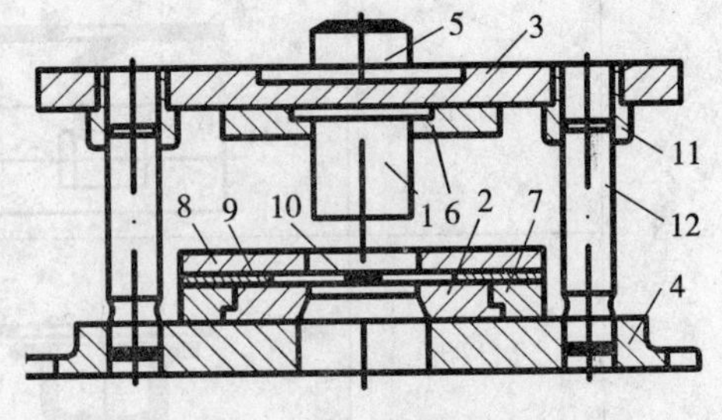


图 3 - 29　简单冲模

1. 凸模　2. 凹模　3. 上模板　4. 下模板　5. 模柄　6. 压板　7. 压板　8. 卸料板　9. 导板　10. 定位销　11. 导套　12. 导柱

2. 连续模　在压力机的一次行程中，模具的不同部位同时完成数道冲压工序，这种模具称为连续模。图 3 - 30 为连续冲模示意图。工作时，模具的定位销 2 对准预先冲出的定位孔，上模向下运动，凸模 1 进行落料，凸模 4 同时进行冲孔。当上模回程时，卸料板 6 从凸模上推下废料，这时再将坯料 7 送进，每次送进距离由挡料销控制。重复上述过程，便可不断生产出冲压件。连续模具生产效率高，易于实现自动化。

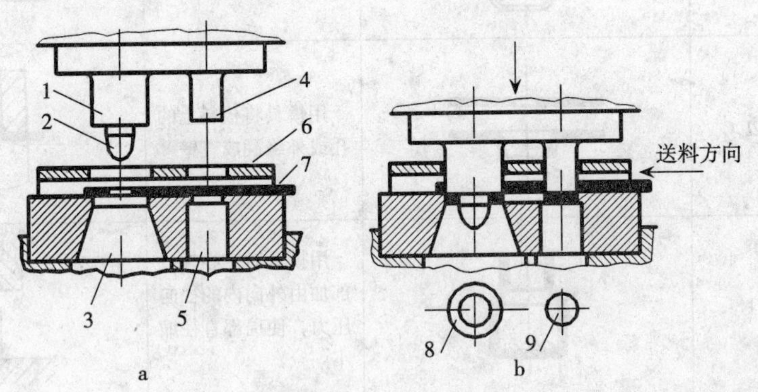


图 3 - 30　连续冲模

1. 落料凸模　2. 定位销　3. 落料凹模　4. 冲孔凸模　5. 冲孔凹模　6. 卸料板　7. 坯料　8. 成品　9. 废料

3. 复合模　压力机的一次行程中，在模具的同一位置完成一道以上工序的模具称复合模。图 3 - 31 为落料及拉深复合模示意图。其结构特点是有一个凸凹模，凸凹模外端为落料的凸模，而内孔则为拉深时的凹模。因此，压力机一次行程内可完成落料和拉深两道工序。压板既可作为卸料板，又可作为压边圈。此种模具能保证零件的较高精度、平整性及生产率，但模具制造复杂，成本高。

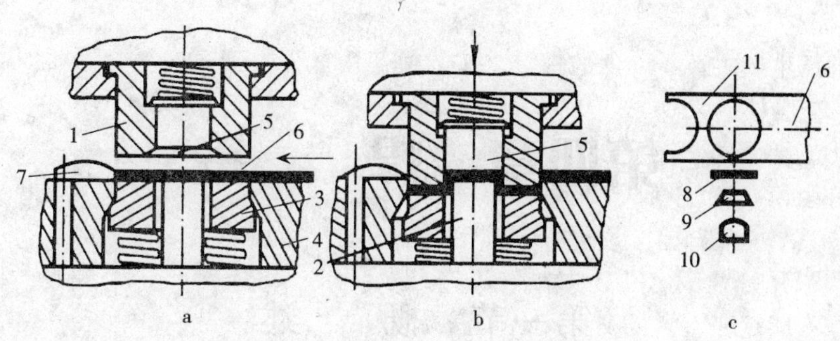


图 3-31　落料及拉深复合模

1. 凸凹模　2. 拉深凸模　3. 压板（卸料器）　4. 落料凹模　5. 顶出器　6. 条料　7. 挡料销　8. 坯料　9. 拉深件　10. 零件　11. 切余材料

## 复习思考题

1. 填空题

(1) 锻压是指对坯料施加外力，使其产生________变形，改变________和________及改善________，用以制造机械零件、工件或毛坯的成形加工方法。

(2) 锻造的生产过程一般包括________、________和________成形及________等工艺环节。

(3) 机械切割以外的下料方法有________、________、高压水射流切割等。

(4) 火焰加热法常采用________、________、________和________作为燃料。

(5) 锻件冷却的方法有________、________、________、________和________五种。

(6) 板料冲压是利用装在压力机上的________使板料________或________的成形工艺。

(7) 板料冲压常用的设备种类有________、________、________和________四种。

(8) 冲模按使用过程中工序的复合程度，可分为________、________和________模三类。

2. 问答题

(1) 锻压设备分为哪两类？各有什么特点？

(2) 常见的锻件加热设备有哪些？其工作原理如何？

(3) 加热会产生哪些缺陷？如何防止？

(4) 锻件的下料方法有哪些？

(5) 冲压的基本工序有哪些？其工序特征是什么？并说明冲孔和落料的区别。

# 第四章　焊　　接

## 第一节　概　　述

焊接是利用加热或加压（或加热并加压），并且用（或不用）填充材料，借助于金属原子的结合与扩散，使分离的两部分金属牢固、永久地结合起来的工艺。焊接主要用于制造金属构件，如锅炉、压力容器、管道、车辆、船舶、桥梁、飞机、火箭、起重机等。此外还可以与铸、锻、冲压结合成复合工艺，生产大型复杂件。

焊接方法的种类很多，通常按照焊接过程的特点分为熔化焊、压力焊和钎焊三大类。

（1）熔化焊：是将焊件连接处局部加热到熔化状态，然后冷却凝固成一体，不加压力完成焊接。工业生产中常用的熔化焊方法有焊条电弧焊、气焊、埋弧焊、$CO_2$ 气体保护焊、氩弧焊和电渣焊等。

（2）压力焊：在焊接过程中必须对焊件施加压力（加热或不加热）的焊接的方法，如电阻焊等。

（3）钎焊：采用低熔点的填充金属（称钎料）熔化后，与固态焊件金属相互扩散形成原子间的结合而实现连接的方法。主要有软钎焊和硬钎焊等。

被焊接的材料俗称母材。焊接材料指的是焊条、焊丝、钎料等。用焊接方法连接的接头称焊接接头，如图 4-1 所示，它由焊缝、熔合区和热影响区组成。焊接过程中局部受热熔化的金属形成熔池，熔池金属冷却凝固形成焊缝。焊缝附近受热影响（但未熔化）而发生组织和力学性能变化的区域称热影响区。焊缝向热影响区过渡且范围很窄（0.1～1mm）的区域称为熔合区。焊缝各部分的名称如图 4-2 所示。

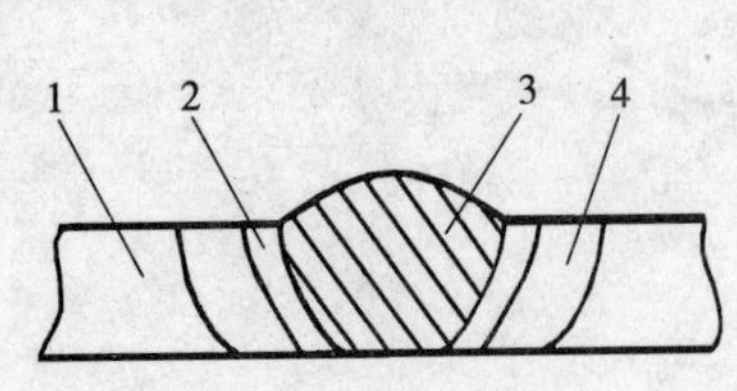


图 4-1　熔焊焊接接头

1. 母材　2. 熔合区　3. 焊缝　4. 热影响区

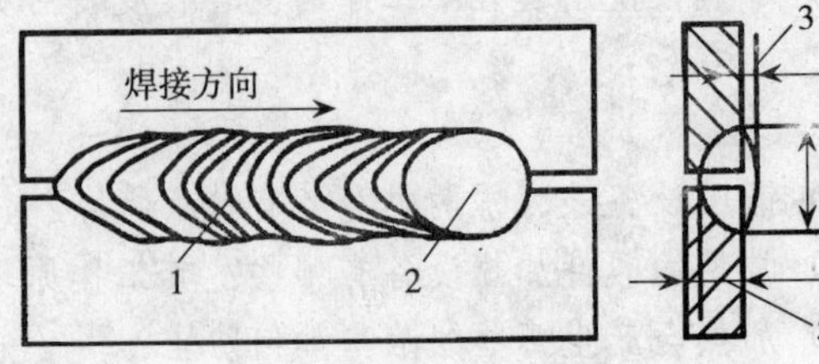


图 4-2　焊缝各部分名称

1. 焊波　2. 弧坑　3. 余高　4. 熔宽　5. 熔深

## 第二节　焊条电弧焊

利用电弧作为焊接热源的熔化焊方法称为电弧焊，简称弧焊。用手工操纵焊条进行的电弧焊称焊条电弧焊。由于焊条电弧焊设备简单，维修容易，焊钳小，使用灵活，可以在室内、室外、高空和各种方位进行焊接，适合厚度为 2mm 以上的各种金属材料的焊接，因此，它是焊接生产中应用最广泛的方法。

## 一、焊接电弧及焊接过程

1. *电弧的产生*　电弧是在焊条（电极）和工件（电极）之间产生强烈、稳定而持久的气体放电现象。先将焊条与工件接触，瞬间有强大的电流流经焊条与焊件接触点，产生强烈的电阻热，并将焊条与工件表面加热到熔化，甚至蒸发、汽化。电弧引燃后，弧柱中充满了高温电离气体，放出大量的热和光。

2. *焊接电弧的结构*　电弧由阴极区、阳极区和弧柱区三部分组成，其结构如图 4-3 所示。阴极是电子供应区，温度约 2 400K；阳极为电子轰击区，温度约 2 600K；弧柱区是位于阴阳两极之间的区域，温度较高，一般为 5 000～50 000K。对于直流电焊机，工件接阳极，焊条接阴极称正接；而工件接阴极，焊条接阳极称反接。

为保证顺利引弧，焊接电源的空载电压（引弧电压）应是电弧电压的 1.8～2.25 倍，电弧稳定燃烧时所需的电弧电压（工作电压）为 29～45V。

3. *焊条电弧焊操作过程*　用焊钳夹持焊条，将焊钳和被焊工件分别接到弧焊机的两个电极，首先引燃电弧，电弧热使母材熔化形成熔池，焊条金属芯熔化并以熔滴形式借助重力和电弧吹力进入熔池，燃烧、熔化的药皮进入熔池成为熔渣浮在熔池表面，保护熔池不受空气侵害。药皮分解产生的气体环绕在电弧周围，隔绝空气，保护电弧、熔滴和熔池金属。当焊条向前移动，新的母材熔化时，原熔池和熔渣凝固、形成焊缝和渣壳，如图 4-4 所示。

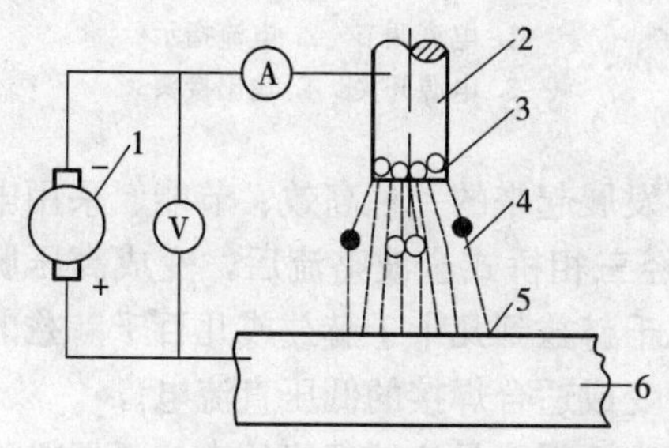


图 4-3　焊接电弧

1. 电焊机　2. 焊条　3. 阴极区　4. 弧柱区　5. 阳极区　6. 焊件

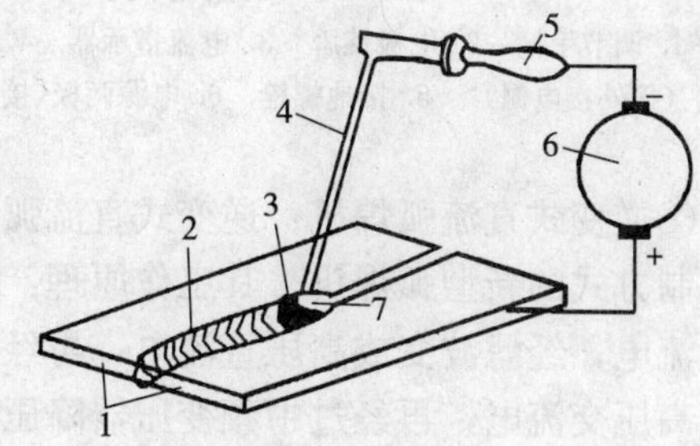


图 4-4　焊条电弧焊

1. 工件　2. 焊缝　3. 熔池　4. 焊条　5. 焊钳　6. 电焊机　7. 电弧

## 二、弧 焊 机

1. *弧焊机的种类*　焊条电弧焊的主要设备是弧焊机，常用的弧焊机有交流和直流两类。

（1）交流弧焊机：交流弧焊机实际是一种特殊的变压器，又称弧焊变压器，如图 4-5 所示。该焊机的空载电压为 60～90V，工作电压为 20～30V，满足电弧正常燃烧的需要。其结构简单，使用方便，容易维修，价格低，但电弧稳定性较差。在我国，交流弧焊机使用非常广泛。

（2）直流弧焊机：生产中常用的直流弧焊机有整流式直流弧焊机和逆变式直流弧焊机等。

①整流式直流弧焊机：它把交流电经过变压和整流获得直流电，它既弥补了交流弧焊机电弧稳定性不好的不足，又具有噪声小、省电、省料、效率高、制造维修简单等优点，但价格比交流弧焊机高。图 4-6 是常用的整流弧焊机的外形，其型号为 ZX5—400，“Z”表示弧焊整流器，“X”表示下降特性，“5”表示序列号，“400”表示额定焊接电流为 400A。

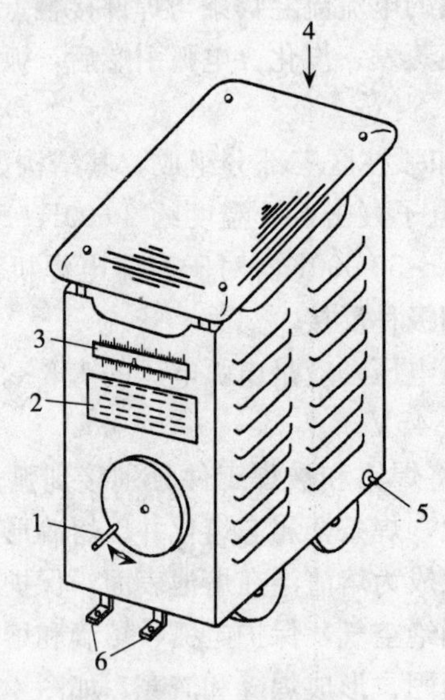


图 4-5　交流弧焊机

1. 调节手柄　2. 电极铭牌　3. 电流指示器　4. 焊机输入端（接外接电源）　5. 接地螺栓　6. 电源两极（接焊件和焊条）

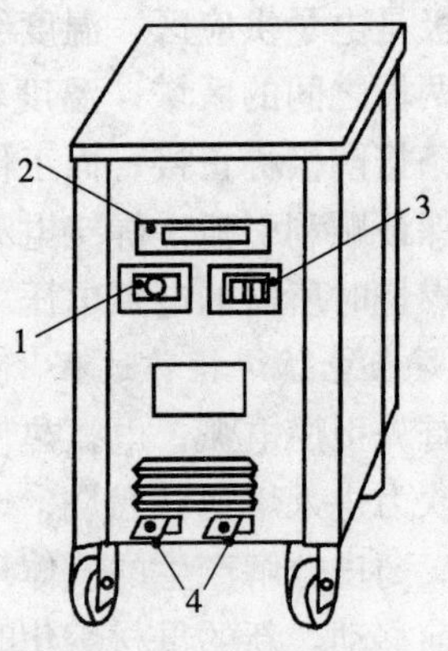


图 4-6　整流弧焊机

1. 电流调节　2. 电流指示　3. 电源开关　4. 输出接头

②逆变式直流弧焊机：逆变式直流弧焊机是近些年发展起来的一种高效、节能、采用电子控制方式的新型弧焊机。其工作原理：380V 交流电经三相桥式全波整流后，变成高压脉冲直流电，经滤波变成高压直流电，再经逆变器变成几千赫兹到几十千赫兹或几百千赫兹的中频高压交流电，再经过中频变压器降压和全波整流后变成适合焊接的低压直流电。

逆变式直流弧焊机体积小、重量轻、高效节能、适应性强，是比较理想的直流弧焊机。

2. 弧焊机的主要技术参数　电弧焊机的主要技术参数标明在焊机的铭牌上，主要有初级电压、空载电压、工作电压、输入容量、电流调节范围和负载持续率等。

（1）初级电压：指弧焊机所要求的电源电压。一般交流弧焊机的初级电压为 220V 或 380V（单相），直流弧焊机为 380V（三相）。

（2）空载电压：指弧焊机在未焊接时的输出端电压。一般交流弧焊机的空载电压为60～80V，直流弧焊机的空载电压为 50～90V。

（3）工作电压：指弧焊机在焊接时的输出端电压，一般弧焊机的工作电压为 20～40V。

（4）输入容量：指网路输入到弧焊机的电流和电压的乘积，它表示弧焊变压器传递功率的能力，其单位是 kVA。

（5）电流调节范围：指弧焊机在正常工作时可提供的焊接电流范围。

(6) 负载持续率：指在规定工作周期内，弧焊机有焊接电流的时间所占的平均百分率。国标规定焊条电弧焊的工作周期为5min。

## 三、焊 条

1. 焊条的组成与作用 焊条由焊芯和药皮两部分组成，如图4-7所示。

(1) 焊芯：焊芯采用焊接专用金属丝。结构钢焊条一般碳质量分数低，有害杂质少，含有一定合金元素，如H08A等。不锈钢焊条的焊芯采用不锈钢焊丝。焊芯直径为2mm、2.5mm、3.2mm、4mm、5mm等。

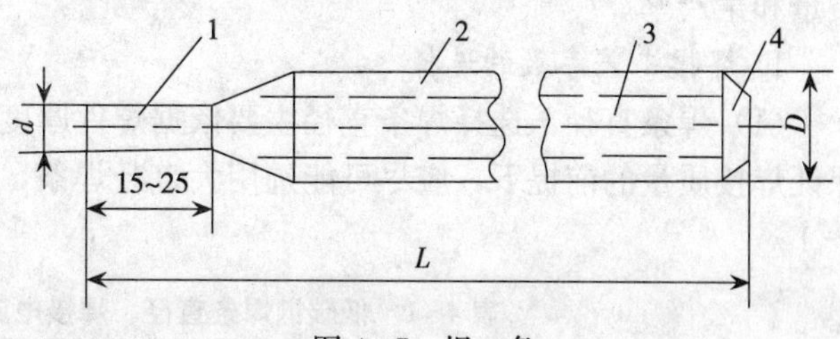

图4-7 焊 条

1. 夹持端 2. 药皮 3. 焊芯 4. 引弧端

*L*. 焊条长度 *D*. 药皮直径 *d*. 焊芯直径（焊条直径）

焊芯有两个作用，一是作为电极导电；再者其熔化后作为填充金属，与熔化的母材共同组成焊缝金属。因此，可以通过焊芯调整焊缝金属的化学成分。

(2) 药皮：焊条药皮是压涂在焊芯表面上的涂料层。原材料有矿石、铁合金、有机物和化工产品等。

药皮的主要作用有三方面：改善焊接工艺性，如药皮中含有稳弧剂，使电弧易于引燃和保持燃烧稳定；对焊接区起保护作用，药皮中含有造渣剂、造气剂等，产生气体和熔渣，对焊缝金属起双重保护作用；起冶金处理作用，药皮中含有脱氧剂、合金剂、稀渣剂等，使熔化金属顺利进行脱氧、脱硫、去氢等冶金化学反应，并补充被烧损的合金元素。

2. 焊条的种类、型号与牌号

(1) 焊条分类：焊条按用途不同分为十大类：结构钢焊条、钼和铬钼耐热钢焊条、低温钢焊条、不锈钢焊条、堆焊焊条、铸铁焊条、镍及镍合金焊条、铜及铜合金焊条、铝及铝合金焊条及特殊用途焊条。其中结构钢焊条分为碳钢焊条和低合金钢焊条。

结构钢焊条按药皮性质不同可分为酸性焊条和碱性焊条两种，酸性焊条的药皮中含有大量酸性氧化物（$SiO_2$、$MnO_2$等），碱性焊条药皮中含大量碱性氧化物（如CaO）。

(2) 焊条型号与牌号：焊条型号是国家标准中规定的焊条代号。焊接结构生产中应用最广的碳钢焊条和低合金钢焊条，其型号标准见GB/T5117—1995和GB/T5118—1995。标准规定，碳钢焊条型号由字母E和四位数字组成，如E4303、E5016、E5017等，其含义如下："E"表示焊条。前两位数字表示熔敷金属的最小抗拉强度，单位为$N/mm^2$。第三位数字表示焊条的焊接位置，"0"及"1"表示焊条适于全位置焊接（平、立、仰、横）；"2"表示只适于平焊和平角焊；"4"表示向下立焊。第三位和第四位数字组合时表示焊接电流种类及药皮类型，如"03"为钛钙型药皮，交流或直流正、反接；"15"为低氢钠型药皮，直流反接。

焊条牌号是焊条生产行业统一的焊条代号。焊条牌号用一个大写汉语拼音字母和三个数字表示，如J422、J507等。拼音表示焊条的大类，如"J"表示结构钢焊条，"Z"表示铸铁焊条；前两位数字代表焊缝金属抗拉强度等级，单位为$N/mm^2$；末尾数字表示焊条的药皮类型和焊接电流种类，1～5为酸性焊条，6、7为碱性焊条。

## 四、焊接工艺参数

焊接工艺参数是指焊接时，为了保证焊接质量而选定的各项参数的总称。焊条电弧焊的主要工艺参数有焊条直径、焊接电流、电弧电压及焊接速度等。它们的选择直接影响到焊接质量和生产率。

1. 焊接工艺参数的选择

(1) 焊条直径：选择焊条直径主要依据焊件厚度，同时考虑接头形式和焊接位置等。在保证焊接质量的前提下，应尽可能选用大直径焊条，以提高生产率。一般情况下，可参考表4-1。

**表4-1 低碳钢焊条直径、焊接电流与焊件厚度的关系**

| 工件厚度 $\delta$ (mm) | 2 | 3 | 4～5 | 6～8 |
|---|---|---|---|---|
| 焊条直径 $d$ (mm) | 2 | 3.2 | 4 | 5 |
| 焊接电流 $I$ (A) | 55～60 | 100～130 | 160～210 | 220～280 |

(2) 焊接电流：焊接电流是焊条电弧焊的主要工艺参数，它的选择主要是依据焊条的直径。一般可参考表4-1。

(3) 电弧电压：电弧电压由弧长决定。电弧长则电压高，反之则低。正常的电弧长度是小于或等于焊条的直径，即所谓的短弧焊。

(4) 焊接速度：焊接速度指单位时间内焊接电弧沿焊接方向移动的距离。焊条电弧焊时，一般不规定焊接速度，由焊工凭经验掌握。

2. 焊接参数对焊缝成形的影响　焊接工艺参数对焊接质量有很大的影响，图4-8表示焊接电流和焊接速度对焊缝形状的影响。

合适的焊接电流和焊接速度得到规则的焊缝，如图4-8a所示。焊波均匀且呈椭圆形，焊缝到母材过渡平滑，外观尺寸符合要求。

焊接电流太小时，焊缝到母材过渡突然，熔宽和熔深减小，余高增大，如图4-8b。

焊接电流太大时，焊条熔化过快，飞溅多，焊波变尖，熔宽和熔深增加，焊缝下榻，甚至出现烧穿，如图4-8c。

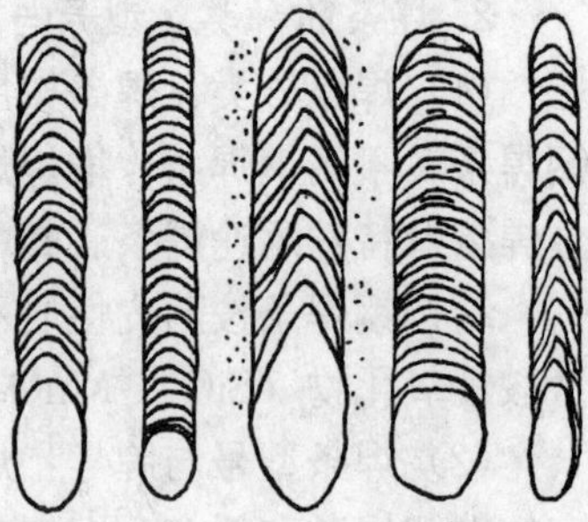

图4-8　焊接电流和焊接速度对焊缝形状的影响

焊接速度太低时，焊波变圆，熔宽、熔深和余高均增大，如图4-8d。

焊接速度太高时，焊波变尖，熔宽、熔深和余高均减小，如图4-8e。

## 五、焊接接头与坡口形式

焊接接头设计应根据焊件的结构形状、强度要求、工件厚度、焊后变形大小、焊条消耗量、坡口加工难易程度、焊接方法等因素综合考虑决定。主要包括接头形式和坡口形式等。常见的焊接接头形式如图 4-9 所示。

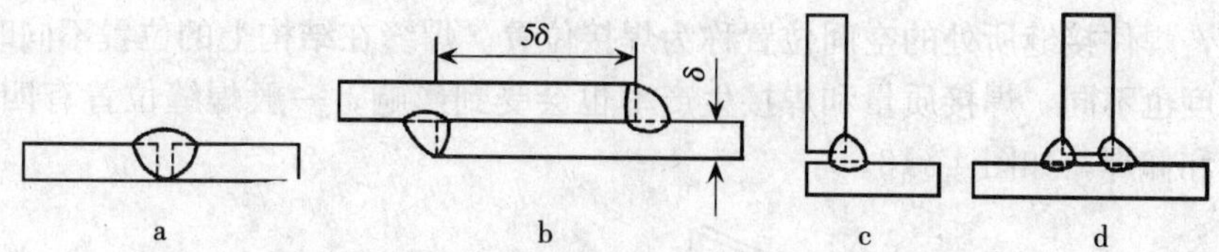


图 4-9　焊条电弧焊焊接接头形式
a. 对接　b. 搭接　c. 角接　d. T 形接

1. *焊接接头形式*　焊接碳钢和低合金钢常用的接头形式可分为对接、搭接、角接和 T 形接等。

2. *焊接坡口形式*　开坡口的目的是使焊件接头根部焊透，同时焊缝美观，此外，通过控制坡口的大小，来调节焊缝中母材金属与填充金属的比例，以保证焊缝的化学成分。

焊条电弧焊对接接头坡口的基本形式有 I 形坡口（或称不开坡口）、Y 形坡口、双 Y 形坡口和带钝边 U 形坡口四种，不同的接头形式有各种形式的坡口，其选择主要依据焊件的厚度（图 4-10）。

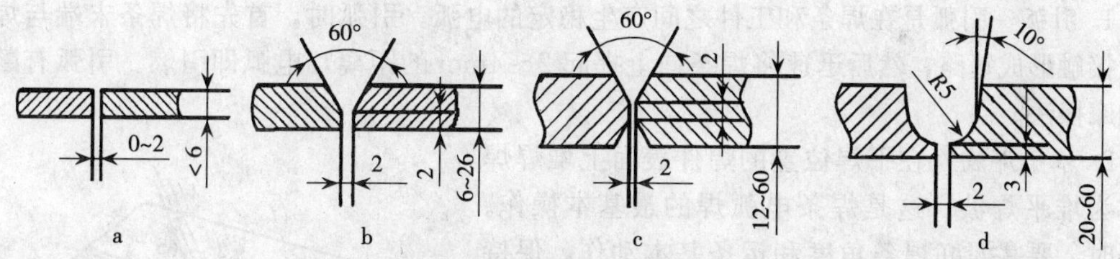


图 4-10　焊条电弧焊对接接头坡口形式
a. I 形坡口　b. Y 形坡口　c. 双 Y 形（X 形）坡口　d. U 形坡口

施焊时，对 I 形坡口、Y 形坡口和带钝边 U 形坡口，可根据实际情况，采用单面焊或双面焊完成（图 4-11）。一般情况下，能双面焊尽量采用双面焊，因为双面焊容易焊透。

焊件较厚时，为了焊满坡口，要采用多层焊或多层多道焊，如图 4-12 所示。

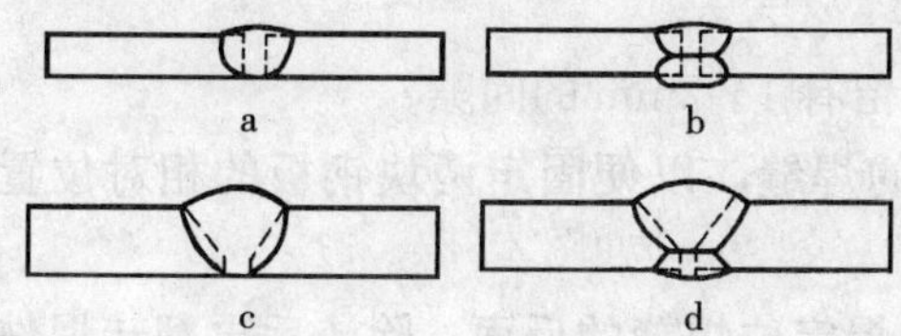


图 4-11　单面焊和双面焊
a. I 形坡口单面焊　b. I 形坡口双面焊
c. Y 形坡口单面焊　d. Y 形坡口双面焊

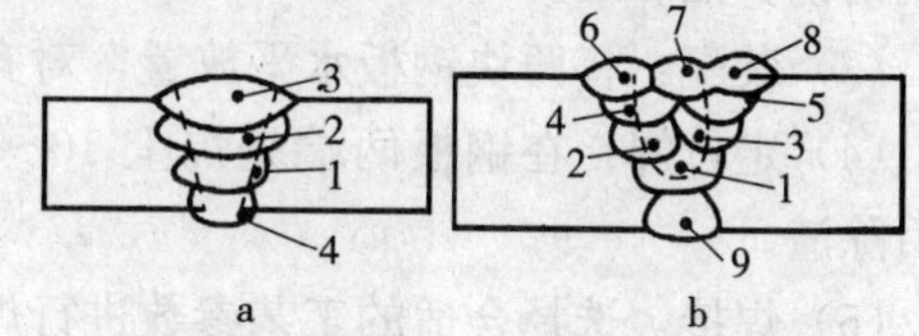


图 4-12　对接接头 Y 形坡口的多层焊
a. 多层焊　b. 多层多道焊

## 六、焊接位置

熔焊时，焊件接缝所处的空间位置称为焊接位置。焊缝在结构上的位置不同时，焊工施焊的难易程度也不同，焊接质量和焊接生产率也会受到影响。一般焊缝位置有四种：平焊、立焊、横焊和仰焊，如图 4-13。

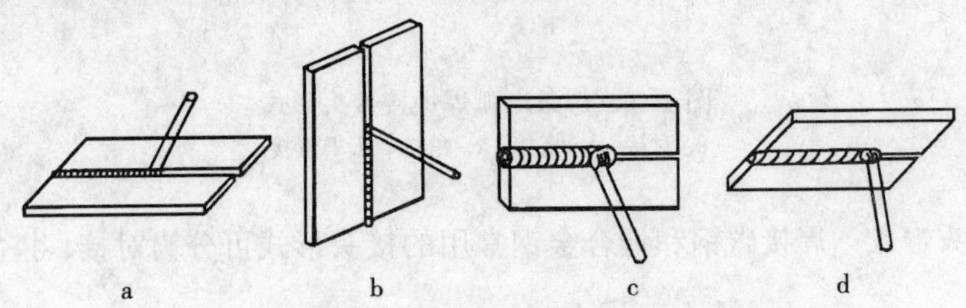


图 4-13 焊缝的空间位置
a. 平焊 b. 立焊 c. 横焊 d. 仰焊

## 七、焊条电弧焊的基本操作

1. 引弧 引弧是在焊条和工件之间产生稳定的电弧。引弧时，首先将焊条末端与焊件表面接触形成短路，然后迅速将焊条向上提起 2～4mm 的距离，电弧即引燃。引弧有敲击法和摩擦法。

2. 堆平焊波 在平焊位置的焊件表面上堆焊焊道称为堆平焊波。这是焊条电弧焊的最基本操作。练习时，要掌握好焊条角度和运条基本动作，保持合适的电弧长度和焊接速度，如图 4-14 所示。

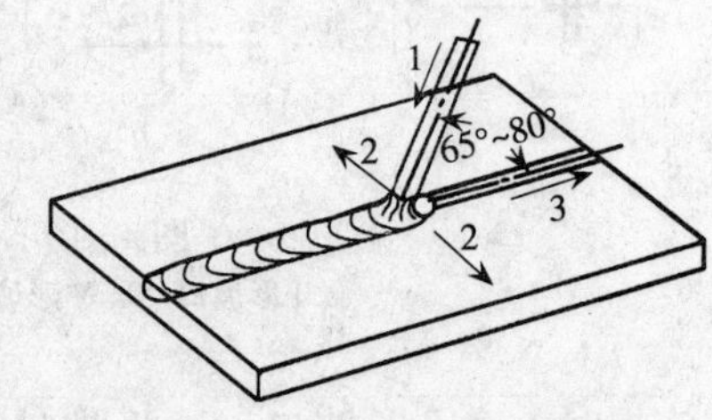


图 4-14 运条的基本操作
1. 向下送进 2. 左右摆动
3. 沿焊接方向移动

3. 对接平焊 对接平焊在实际生产中最常见，其操作技术与堆平焊波基本相同。厚度为 4～6mm 的低碳钢板的对接平焊操作如下。

(1) 坡口准备：4～6mm 的钢板可采用 I 型坡口双面焊，要保证接口平整。

(2) 焊前清理：清除坡口表面和两侧 20mm 范围内的锈、油和水。

(3) 装配：将两块钢板水平放置，对齐，中间留有 1～2mm 的间隙。

(4) 定位焊：在钢板两端先焊上 10～15mm 的焊缝，以便固定两块钢板的相对位置，焊后除渣。

(5) 焊接：选择合适的工艺参数进行焊接。先焊定位焊缝的反面，除渣后再翻转焊件，焊另一面，焊后除渣。

(6) 清理：除了上述清理渣壳以外，还应把焊件表面的飞溅等清理干净。

(7) 检查焊缝质量：检查焊缝外观及尺寸是否符合要求，检查有无焊接缺陷。

## 八、焊接缺陷和质量检测

1. 焊接缺陷　工件焊接后在接头处具有的不完整性称为焊接缺陷。焊接缺陷的产生使构件的承载能力降低，应力集中时使构件易开裂，疲劳强度降低。常见的焊接缺陷及产生原因见表4-2。

2. 焊接质量的检验　焊接质量检验是焊接生产中的重要环节。通过检验可以发现缺陷，分析其产生的原因及预防方法，以便提高焊接质量。

焊接质量检验包括外观检验和密封试验。密封试验有水压试验、煤油试验和氨水试验。

外观检验是用肉眼或低倍放大镜观察是否存在表4-2中列出的缺陷。密封试验是对那些承受较大压力的容器必须进行的检验。

**表4-2　焊接缺陷及产生原因**

| 缺陷名称 | 图　示 | 说　明 | 产生原因 |
|---|---|---|---|
| 未焊透 | 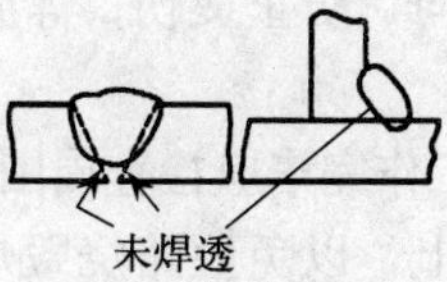 未焊透 | 接头根部未完全焊透 | 装配间隙或坡口太小；焊接太快；电流过小，电弧过长；焊条未对准焊缝中心等 |
| 咬边 | 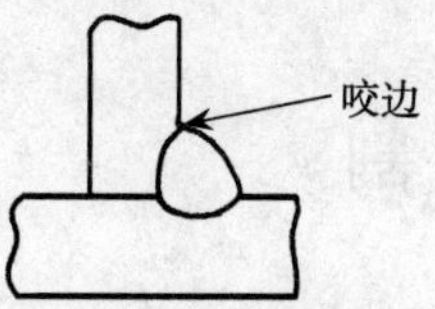 咬边 | 沿焊趾的母材部位产生的沟槽或凹陷 | 电流太大，电弧过长；焊条角度和运条方法不正确；焊接太快等 |
| 气孔 | 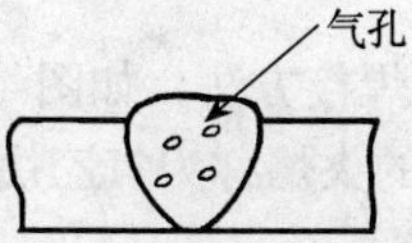 气孔 | 焊缝中留有的空洞 | 焊条潮，焊件脏；焊接太快、电流过小、电弧过长；焊件碳硅含量高等 |
| 焊瘤 | 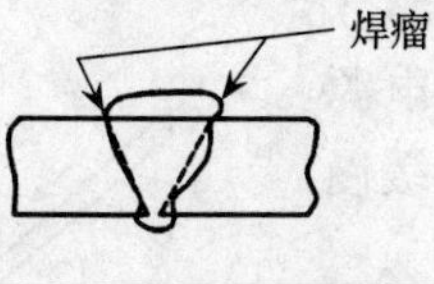 焊瘤 | 熔化金属流到未熔化的母材上形成的金属瘤 | 焊条熔化太快；电弧过长；运条不当；焊接太慢等 |
| 裂纹 | 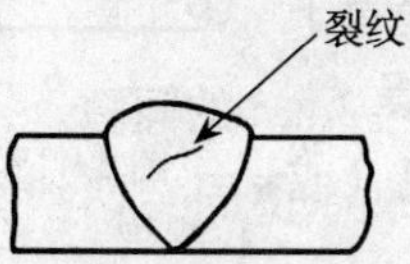 裂纹 | 焊接接头处的缝隙 | 焊件碳硫磷高；焊缝冷却快；焊接应力过大等 |
| 凹坑 | 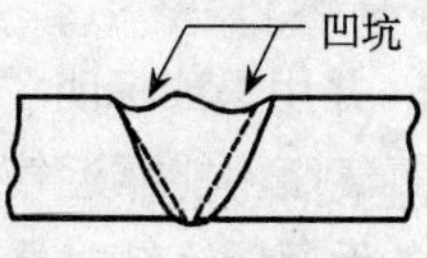 凹坑 | 焊缝表面或背面形成的低于母材表面的区域 | 坡口尺寸不当；装配不良；电流、焊速与运条不当等 |

（续）

| 缺陷名称 | 图　示 | 说　明 | 产生原因 |
|---|---|---|---|
| 夹渣 | 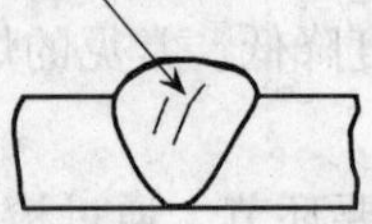 夹渣 | 残留在焊缝中的熔渣 | 焊件不洁；电流小；冷却快；多层焊时各层熔渣未除净等 |

## 九、焊接安全技术

1. 防止触电　焊前检查焊机外壳接地情况；保证焊钳和电缆绝缘；操作前穿好绝缘鞋，戴电焊手套；避免人体接触电焊机的两极；发生触电事故立即切断电源。

2. 防止弧光伤害　穿好工作服，戴好电焊手套，使用电焊专用面罩。

3. 防止烫伤和烟尘中毒　清渣时注意焊渣的飞出方向，防止烫伤；焊后不能直接用手拿焊件，需使用焊钳；电弧焊场所注意通风除尘。

4. 防火、防爆　电弧焊场所不能有易燃、易爆品，工作完毕应检查周围有无火种。

5. 保证设备安全　任何时候不能将焊钳放在工作台上，以免短路烧毁焊机；发现异常立即停止工作，切断电源。

# 第三节　气焊与气割

## 一、气　　焊

1. 气焊过程及特点　气焊是利用气体火焰作为热源的焊接方法，如图 4-15 所示。气焊通常使用的气体是乙炔和氧气。乙炔和氧气混合燃烧形成的火焰称为氧乙炔焰。其温度可达 3 150℃左右。

与焊条电弧焊相比，气焊设备及操作简便，灵活性强，熔池温度容易控制，易于实现单面焊双面成形。气焊不需要电源，这给野外作业带来了便利。但气焊热源的温度较低，加热缓慢，生产率低，焊件变形大，焊缝保护效果较差。

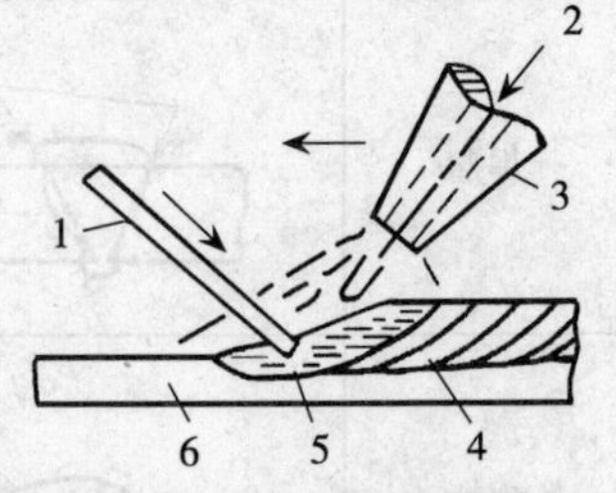

图 4-15　气焊示意图

1. 焊丝　2. 乙炔+氧气　3. 焊嘴　4. 焊缝　5. 熔池　6. 焊件

气焊一般应用于厚度为 3mm 以下的低碳钢薄板和薄壁管子及铸铁件的补焊，要求不高的铝、铜及合金也可以采用气焊。

2. 气焊设备　气焊所用的设备主要有氧气瓶、乙炔瓶（或乙炔发生器）、回火保险器、焊炬及橡胶管等组成。

（1）氧气瓶：氧气瓶是运送和储存高压氧气的容器。容积为 40L，瓶内最大压力约 15MPa。氧气瓶外表漆成天蓝色，并用黑漆标明“氧气”字样。

放置氧气瓶必须平稳可靠，不与其他气瓶混在一起；氧气瓶不能靠近气焊场所或其他热源；禁止撞击氧气瓶；严禁沾染油脂；夏天要防止曝晒，冬天瓶阀冻结时严禁用火烤，应用热水解冻。

(2) 乙炔瓶：乙炔瓶外表涂成白色，并用红漆写上“乙炔”和“火不可近”字样。

乙炔瓶内装多孔性填充物，如活性炭、木屑等，以提高安全储存压力，瓶内的工作压力约为 1.5MPa。使用乙炔瓶时，除应遵守氧气瓶的使用规则外，还应该注意，瓶体的温度不能超过 30～40℃；搬运、装卸、存放和使用时都必须直立放稳，不能横躺卧放；不能遭受剧烈的震动；存放乙炔场所注意通风等。

(3) 减压器：减压器是将高压气体降为低压气体的调节装置。对不同性质的气体，必须选用符合各自要求的专用减压器。

通常，气焊时所需的工作压力一般都比较低，如氧气压力一般为 0.2～0.4MPa，乙炔压力最高不超过 0.15MPa。因此，必须将气瓶内输出的气体压力降压后才能使用。减压器的作用是降低气体压力，并使输送给焊炬的气体压力稳定不变，以保证火焰能够稳定燃烧。

(4) 回火保险器：正常气焊时，火焰在焊炬的焊嘴外面燃烧，但当气体供应不足、焊嘴阻塞、焊嘴太热或焊嘴离焊件太近时，火焰会沿乙炔管路向里燃烧。这种火焰进入喷嘴内逆向燃烧的现象称为回火。如果回火蔓延到乙炔发生器，就可能引起爆炸事故。回火保险器的作用就是截留回火气体，保证乙炔发生器的安全。

图 4-16 为中压水封式回火保险器的结构和工作情况示意图。使用前，先加水到水位阀的位置，关闭水位阀。正常气焊时（图 4-16a），从进口流入的乙炔推开球阀进入回火保险器，从出口输入焊炬。发生回火时（图 4-16b），回火气体从出气口回到回火保险器中，被水隔住。由于回火气压大，使球阀关闭，乙炔不能进入回火保险器，防止燃烧。若回火保险器内回火气体压力太大，回火保险器上部的防爆膜会破裂，排放出回火气体。换上新的防爆膜并检查水位后即可继续使用。

(5) 焊炬：焊炬的作用是将乙炔和氧气按一定比例均匀混合，由焊嘴喷出后，点火燃烧，产生气体火焰。常用的氧乙炔射吸式焊炬如图 4-17 所示。常用型号有 H01—2 和 H01—6 等，型号中“H”表示焊炬，“0”表示手工，“1”表示射吸式，“2”和“6”分别表示可焊接低碳钢的最大厚度，即 2mm 和 6mm。

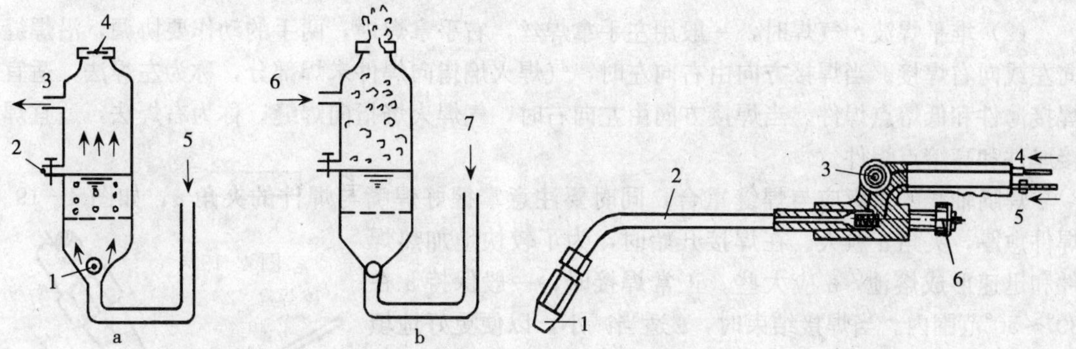


图 4-16　回火保险器工作示意图
a. 正常工作时　b. 回火时
1. 球阀　2. 水位阀　3. 去焊炬　4. 防爆膜
5. 乙炔进口　6. 回火气体　7. 乙炔（不能进入）

图 4-17　射吸式焊炬示意图
1. 喷嘴　2. 混合管　3. 乙炔阀门
4. 乙炔　5. 氧气　6. 氧气阀门

3. 气焊火焰　改变氧气和乙炔的比例，可获得三种不同性质的火焰，如图 4-18 所示。

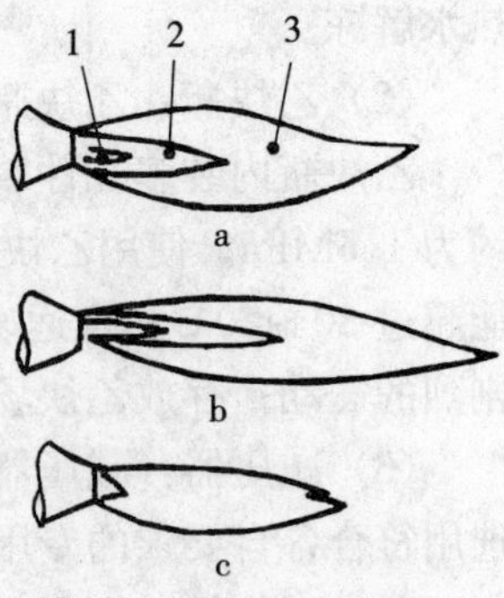

图 4-18　氧—乙炔焰
a. 中性焰　b. 碳化焰
c. 氧化焰
1. 焰心　2. 内焰　3. 外焰

(1) 中性焰：氧气和乙炔的体积混合比值为 1.1～1.2 时燃烧所形成的火焰称为中性焰，又称为正常焰。它由焰心、内焰和外焰三部分构成。焰心呈尖锥状，轮廓清晰，色白明亮；内焰为蓝白色，轮廓不清晰，微微闪动，主要利用内焰加热焊件；外焰由里到外逐渐由淡紫到橙黄色。中性焰在距离焰心前面 2～4mm 处温度最高，可达3 150℃。

中性焰适用于焊接低碳钢、中碳钢、普通低合金钢、不锈钢、紫铜等金属材料。

(2) 碳化焰：碳化焰是指氧和乙炔的体积混合比值小于 1.1 时燃烧所形成的火焰。由于氧气较少，燃烧不完全，过多的乙炔分解为碳和氢，其中碳会渗到熔池中造成焊缝增碳。碳化焰比中性焰的火焰长，也由焰心、内焰和外焰构成，整个火焰长而软，其明显特征是焰心呈亮白色；内焰呈乳白色；外焰为橙黄色。碳化焰的最高温度为2 700～3 000℃。

碳化焰适于焊接高碳钢、铸铁和硬质合金等材料。

(3) 氧化焰：氧和乙炔的体积混合比值大于 1.2 时燃烧所形成的火焰称为氧化焰。氧化焰比中性焰短，分为焰心和外焰两部分。由于火焰中有过多的氧，故对熔池金属有强烈的氧化作用，一般气焊时不宜采用。只有在气焊黄铜、镀锌铁板时才采用轻微氧化焰，以利用其氧化性，在熔池表面形成氧化物薄膜，减少低沸点的锌的蒸发。氧化焰的最高温度为3 100～3 300℃。

4. 气焊基本操作

(1) 点火、调节火焰与灭火：点火时，先微开氧气，再开乙炔阀，然后从侧面点燃火焰。这时的火焰是碳化焰，然后，逐渐开大氧气阀门，火焰逐渐变短，直至白亮的焰心出现淡白色微微闪动的火焰时为止，此时的火焰为中性焰。同时，按需要把火焰大小也调整合适。灭火时，先关乙炔阀门，后关氧气阀门。发生回火时，应迅速关闭氧气阀，再关闭乙炔阀。

(2) 堆平焊波：气焊时，一般用左手拿焊丝，右手拿焊炬，两手的动作要协调，沿焊缝向左或向右焊接。当焊接方向由右向左时，气焊火焰指向焊件未焊部分，称为左焊法，适宜焊接薄件和低熔点焊件。当焊接方向由左向右时，气焊火焰指向焊缝，称为右焊法，适宜焊接厚件和高熔点焊件。

焊嘴轴线的投影应与焊缝重合，同时要注意掌握好焊嘴与焊件的夹角 $\alpha$，如图 4-19。焊件愈厚，夹角 $\alpha$ 愈大。在焊接开始时，为了较快地加热焊件和迅速形成熔池，$\alpha$ 应大些。正常焊接时，一般保持 $\alpha$ 在 30°～50°范围内。当焊接结束时，$\alpha$ 适当减小，以便更好地填满熔池和避免焊穿。

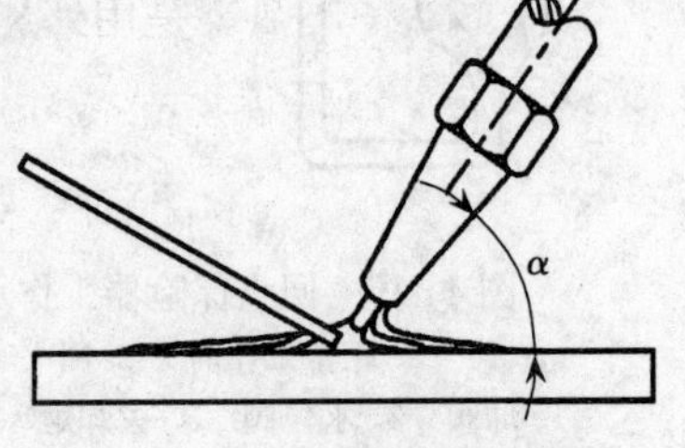

图 4-19　焊炬角度示意图

焊炬向前移动的速度应能保证焊件熔化，并保持熔池具有一定的大小。焊件熔化形成熔池后，再将焊丝适量地点入熔池内熔化。

## 二、氧气切割

氧气切割（简称气割）是根据某些金属（如铁）在氧气流中能够剧烈氧化（即燃烧）的原理，利用割炬进行的切割。

气割时用割炬代替焊炬，其余设备与气焊相同。割炬的外形如图 4-20 所示。

1. 气割过程　氧气切割的过程是用氧乙炔火焰将割口附近的金属预热到燃点（约1 300℃，呈黄白色）。然后打开切割氧阀门，氧气射流使高温金属立即燃烧，生成的氧化物同时被氧流吹走。金属燃烧时产生的热量和氧乙炔火焰一起又将邻近的金属预热到燃点，沿切割线以一定的速度移动割炬，即可形成割口。气割的过程是金属在纯氧中燃烧的过程，而非熔化过程。

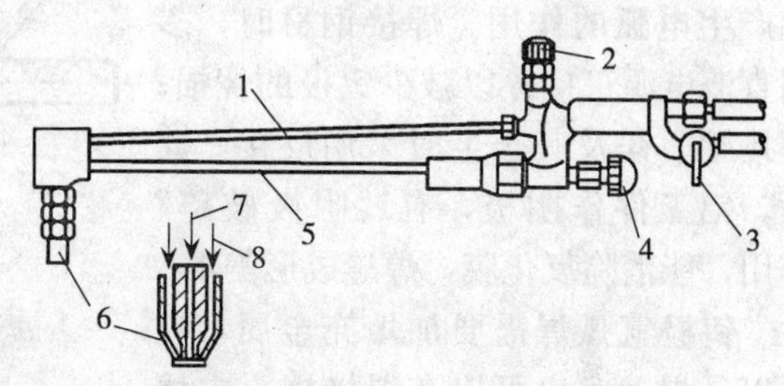


图 4-20　割炬示意图

1. 切割氧气管　2. 切割氧阀门　3. 乙炔阀门　4. 预热氧阀门　5. 预热焰混合气体管　6. 割嘴　7. 氧气　8. 混合气体

2. 金属气割的条件　金属材料只有满足下列条件才能采用气割。

（1）金属的燃点必须低于其熔点。这是保证切割是在燃烧过程中进行的基本条件。否则切割时金属先熔化，使割口过宽，难以形成平整的割口。低碳钢的燃点低于其熔点，适合气割；但随着碳质量分数的增加，碳钢的燃点增高，熔点降低，碳质量分数 0.7%时其燃点与熔点大致相当；碳质量分数大于 0.7%时，难以气割；铸铁的燃点高于熔点，不能气割。

（2）燃烧生成的金属氧化物的熔点，应低于金属本身的熔点，同时流动性要好。否则，就会在割口表面形成固态氧化物，阻碍下层金属与切割氧气的接触，使切割过程不能正常进行。如高铬高镍不锈钢燃烧时生成大量 $Cr_2O_3$ 熔渣，熔点高、黏度大；铝及铝合金燃烧生成高熔点的 $Al_2O_3$，这些材料都不适宜气割，可以用等离子切割。

（3）金属燃烧时能放出大量的热，而且金属本身的导热性要低。这是为了保证下层及割口附近的金属有足够的预热温度，使切割过程能连续进行。铜及其合金燃烧时放热较少而导热性很好，因而不能进行气割。

满足上述条件的金属材料有纯铁、低碳钢、中碳钢和普通低合金结构钢等。

# 第四节　气体保护焊

气体保护电弧焊是用外加气体作为电弧介质并保护电弧和焊接区的电弧焊。常见的有氩弧焊和 $CO_2$ 气体保护焊。

## 一、氩 弧 焊

氩弧焊是以氩气作为保护气体的电弧焊，氩气是惰性气体，可保护电极和熔化金属不受空气的有害作用。在高温条件下，氩气与金属既不发生反应，也不溶入金属中。

1. 氩弧焊的种类　根据所用电极的不同，氩弧焊可分为非熔化极氩弧焊和熔化极氩弧焊两种（图4-21）。

（1）钨极氩弧焊：常以高熔点的铈钨棒作电极，焊接时，铈钨极不熔化（也称非熔化极氩弧焊），只起导电和产生电弧的作用。焊接钢材时，多用直流电源正接，以减少钨极的烧损；焊接铝、镁及其合金时采用反接，此时，铝工件作阴极，有“阴极破碎”作用，能消除氧化膜，焊缝成形美观。

钨极氩弧焊需要加填充金属，它可以是焊丝，也可以在焊接接头中填充金属条或采用卷边接头。

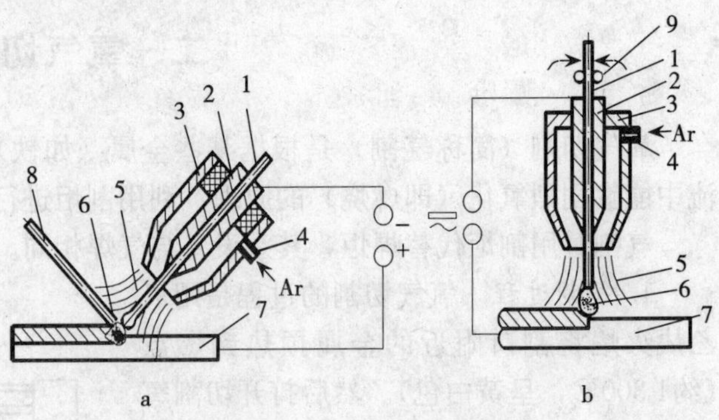


图4-21　氩弧焊示意图
a. 非熔化极氩弧焊　b. 熔化极氩弧焊
1. 电极或焊丝　2. 导电嘴　3. 喷嘴　4. 进气管　5. 氩气流　6. 电弧　7. 工件　8. 填充焊丝　9. 送丝辊轮

为减少钨极损耗，钨极氩弧焊焊接电流不能太大，所以一般适于焊接小于4mm的薄板件。

（2）熔化极氩弧焊：用焊丝作电极，焊接电流比较大，母材熔深大，生产率高，适于焊接中厚板，比如8mm以上的铝容器。为了使焊接电弧稳定，通常采用直流反接。这对于焊铝工件正好有“阴极破碎”作用。

2. 氩弧焊的特点

（1）用氩气保护可焊接化学性质活泼的非铁金属及其合金或特殊性能钢，如不锈钢等。

（2）电弧燃烧稳定，飞溅小，表面无熔渣，焊缝成形美观，质量好。

（3）电弧在气流压缩下燃烧，热量集中，焊缝周围气流冷却，热影响区小，焊后变形小，适宜薄板焊接。

（4）明弧可见，操作方便，易于自动控制，可实现各种位置焊接。

（5）氩气较贵，焊件成本高。

综上所述，氩弧焊主要适于焊接铝、镁、钛及其合金，稀有金属，不锈钢，耐热钢等。脉冲钨极氩弧焊还适于焊接0.8mm以下的薄板。

## 二、$CO_2$ 气体保护焊

$CO_2$ 气体保护焊简称 $CO_2$ 焊，是利用廉价的 $CO_2$ 作为保护气体，既降低焊接成本，又能充分利用气体保护焊的优势。$CO_2$ 焊的焊接过程如图4-22所示。

$CO_2$ 气体经焊枪的喷嘴沿焊丝周围喷射，形成保护层，使电弧、熔滴和熔池与空气隔绝。由于 $CO_2$ 气体是氧化性气体，在高温下能使金属氧化，烧损合金元素，所以不能焊接易氧化的非铁金属和不锈钢。$CO_2$ 气体冷却能力强，熔池凝固快，焊缝中易产生气孔；若焊丝中碳质量分数高，则飞溅较大。因此，要使用冶金中能产生脱氧和渗合金的特殊焊丝来完成 $CO_2$ 焊。常用的 $CO_2$ 焊焊丝是H08Mn2SiA，适于焊接抗拉强度小于600MPa的低碳钢和普通低合金结构钢。为了稳定电弧，减少飞溅，$CO_2$ 焊采用直流反接。

$CO_2$ 焊的操作方式有自动和半自动两种，广泛使用的是半自动焊接。其设备主要有焊接电源、焊枪、送丝系统、供气系统和控制系统等。

$CO_2$ 焊只能采用直流电源，主要有硅整流电源、晶闸管整流电源和逆变电源等。

焊枪的主要作用是输送焊丝和 $CO_2$ 气体，传导焊接电流等。其冷却方式有水冷和气冷两种。焊接电流大于 600A 时采用水冷，小于 600A 时采用气冷。

供气系统由 $CO_2$ 气瓶、预热器、高压和低压干燥器、减压器和流量计等组成。

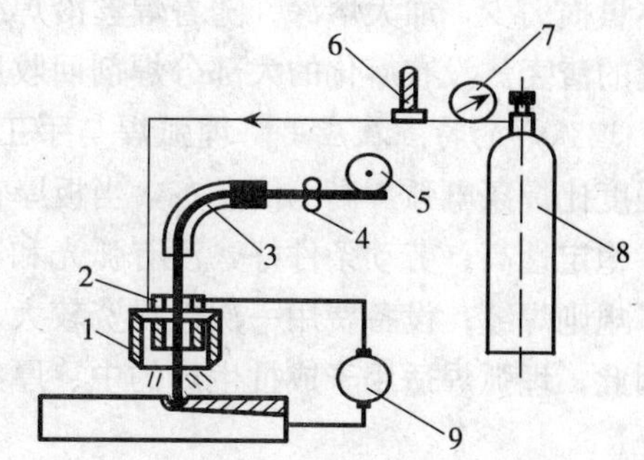

图 4-22 $CO_2$ 气体保护焊示意图

1. 焊枪喷嘴 2. 导电嘴 3. 送丝软管 4. 送丝机构 5. 焊丝盘 6. 流量计 7. 减压器 8. $CO_2$ 气瓶 9. 电焊机

常用的送丝方式有推丝式和拉丝式等，其中推丝式应用最广，适合直径在 1mm 以上的钢焊丝，拉丝式适合直径在 1mm 以下的钢焊丝。

$CO_2$ 气体保护焊的优点是生产率高、成本低，焊接热影响区小，焊后变形小，适应性强，能全位置焊接，易于实现自动化。缺点是焊缝成形稍差、飞溅较大，焊接设备较复杂。此外，由于 $CO_2$ 是氧化性保护气体，不宜焊接非铁金属和不锈钢。

$CO_2$ 焊主要适用于焊接低碳钢和强度级别不高的普通低合金结构钢焊件，焊件厚度最厚可达 50mm（对接形式）。

# 第五节 其他焊接方法

## 一、埋 弧 焊

1. 埋弧焊设备与焊接材料

(1) 设备：埋弧焊的动作程序和焊接过程弧长的调节，都是由电器控制系统来完成的。埋弧焊设备由焊车、控制箱和焊接电源三部分组成。埋弧焊电源有交流和直流两种。

(2) 焊接材料：埋弧焊的焊接材料有焊丝和焊剂。

2. 埋弧焊焊接过程 埋弧焊时，将焊剂均匀地堆覆在焊件上，形成厚度为 40～60mm 的焊剂层，焊丝连续地进入焊剂层下的电弧区，维持电弧平稳燃烧，随着焊车的匀速行走，完成电弧焊缝自行移动的操作。

埋弧焊焊缝形成过程如图 4-23 所示。在颗粒状焊剂层下燃烧的电弧使焊丝和焊件熔化形成熔池，焊剂熔化形成熔渣，蒸发的气体使液态熔渣形成封闭的熔渣泡，有效阻止空气侵入熔池和熔滴，使熔化金属得到焊剂层和熔渣泡的双重保护；同时阻止熔滴向外飞溅，既避免弧光四射，

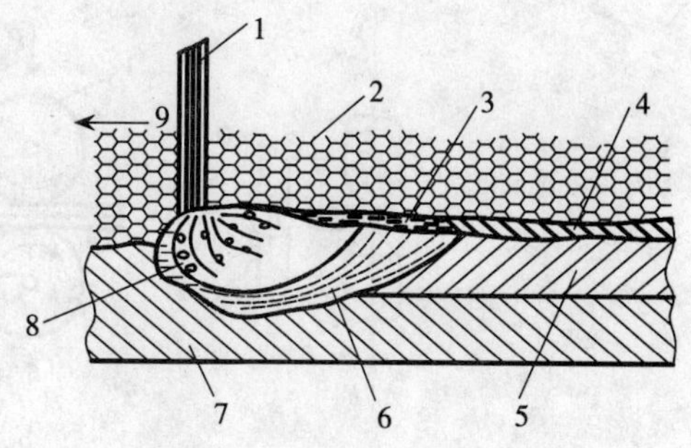

图 4-23 埋弧焊焊缝形成过程

1. 焊丝 2. 焊剂 3. 熔化的焊剂 4. 渣壳 5. 焊缝 6. 熔池 7. 焊件 8. 电弧 9. 焊接方向

又使热量损失少，加大熔深。随着焊丝沿焊缝前行，熔池凝固成焊缝，密度小的熔渣结成覆盖焊缝的渣壳。没有熔化的大部分焊剂回收后可重新使用。

3. 埋弧焊的特点及应用　埋弧焊与手工电弧焊相比，生产率高、成本低，一般埋弧焊电流强度比焊条电弧焊高4倍左右，当板厚在24mm以下对接焊时，不需要开坡口；焊接质量好，稳定性高；劳动条件好，没有弧光和飞溅。但埋弧焊适应性较差，不能焊空间位置焊缝及不规则焊缝；设备费用一次性投资较大。

因此，埋弧焊适用于成批生产的中、厚板结构件的长直及环焊缝的平焊。

## 二、电 阻 焊

电阻焊是将焊件组合后通过电极施加压力，利用电流通过焊件及其接触处所产生的电阻热，将焊件局部加热到塑性或熔化状态，然后在压力下形成焊接接头的焊接方法。

按工件接头形式和电极形状不同，电阻焊主要分为点焊、缝焊和对焊三种形式，如图4-24所示。

1. 点焊　点焊是利用柱状电极加压通电，在搭接工件接触面之间产生电阻热，将焊件加热并局部熔化，形成一个熔核（周围为塑性态），然后，在压力下熔核结晶成焊点。如图4-24a所示。

影响点焊质量的主要因素有焊接电流、通电时间、电极压力及工件表面清理情况等。

点焊主要适用于厚度为0.05～6mm的薄板、冲压结构及线材的焊接。目前，点焊已广泛用于制造汽车、飞机、车厢等薄壁结构以及罩壳和轻工、生活用品等。

2. 缝焊　缝焊过程与点焊相似，只是用旋转的圆盘状滚动电极代替柱状电极，焊接时，盘状电极压紧焊件并转动（也带动焊件向前移动），配合断续通电，即形成连续重叠的焊点。因此称为缝焊。如图4-24b所示。

缝焊主要用于制造要求密封性的薄壁结构，如油箱、小型容器与管道等。适用于厚度3mm以下的薄板结构。

3. 对焊　对焊是利用电阻热使两个工件在整个接触面上焊接起来的一种方法，可分为电阻对焊和闪光对焊。

对焊主要用于刀具、管子、钢筋、钢轨、锚链、链条等的焊接。如图4-24c所示。

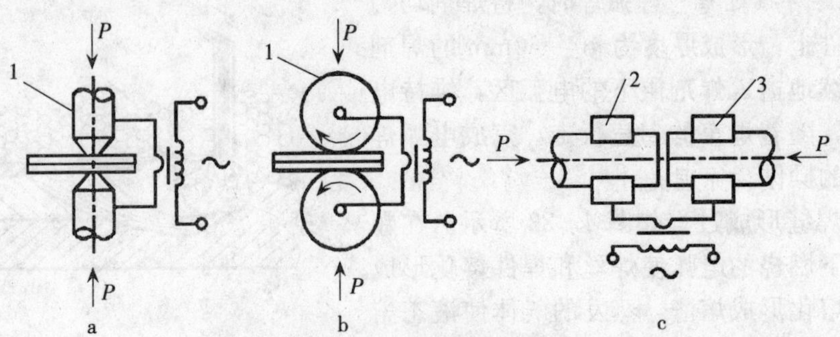


图4-24　电阻焊示意图

a. 点焊　b. 缝焊　c. 对焊

1. 电极　2. 固定电极　3. 活动电极

## 三、钎　　焊

钎焊是利用熔点比焊件低的钎料作为填充金属，加热时钎料熔化而母材不熔化，利用液态钎料润湿母材，填充接头间隙并与母材相互扩散而将焊件连接起来的焊接方法。

钎焊接头的承载能力在很大程度上取决于钎料。根据钎料熔点的不同，钎焊可分为硬钎焊与软钎焊两类。

1. 硬钎焊　钎料熔点在450℃以上，接头强度在200MPa以上的钎焊为硬钎焊。属于这类的钎料有铜基、银基钎料等。钎剂主要有硼砂、硼酸、氟化物和氯化物等。硬钎焊主要用于受力较大的钢铁和铜合金构件的焊接，如自行车架、刀具等。

2. 软钎焊　钎料熔点在450℃以下，焊接接头强度较低，一般不超过70MPa。如锡焊，所用钎料为锡铅，钎剂有松香、氧化锌溶液等。软钎焊广泛用于电子元器件的焊接。

3. 钎焊的特点　与一般熔化焊相比，钎焊的特点如下。

(1) 工件加热温度较低，组织和力学性能变化很小，变形也小。接头光滑平整，工件尺寸精确。

(2) 可焊接性能差异很大的异种金属，对工件厚度的差别也没有严格限制。

(3) 生产率高，工件整体加热时，可同时钎焊多条接缝。

(4) 设备简单，费用少。

但钎焊的接头强度较低，尤其是动载强度低，允许的工作温度不高。

### 复习思考题

1. 名词解释

母材与焊接材料　焊接热影响区　酸性焊条与碱性焊条　电阻焊　钎焊

2. 简答题

(1) 弧焊机主要有哪几种？说明在实习中使用的弧焊机的型号和主要技术参数。

(2) 电焊条的组成及其作用是什么？

(3) 焊条电弧焊的焊接工艺参数主要有哪些？应该怎样选择焊接电流？

(4) 简述焊条电弧焊的原理及过程。

(5) 焊条电弧焊的接头与坡口形式有哪些？

(6) 焊条电弧焊的安全技术主要有哪些？

(7) 氧乙炔焰有哪几种？怎样区别？各自的应用特点是什么？

(8) 焊炬和割炬在构造上有什么区别？

(9) 氧气切割的原理是什么？金属氧气切割的主要条件是什么？

(10) 试从焊接质量、生产率、焊接材料、成本和应用范围等方面比较下列焊接方法。

①气焊；②焊条电弧焊；③埋弧焊；④氩弧焊；⑤$CO_2$焊。

(11) 点焊与缝焊有何异同？电阻对焊与闪光对焊有何区别？

(12) 说明下列制品采用什么焊接方法比较合适。

①自行车车架；②钢窗；③汽车油箱；④电子线路板；⑤锅炉壳体；⑥汽车覆盖件；⑦铝合金板。

# 第五章 金属切削加工基础知识

## 第一节 金属切削加工的基本概念

### 一、切削加工及其分类

利用刀具从工件表面切去多余金属，使工件的几何形状、尺寸精度和表面粗糙度都符合图样规定的要求的加工方法称为金属切削加工。金属切削加工一般分为钳工和机工两大部分。

1. 钳工　把加工对象（工件）夹持在钳工工作台的虎钳中，然后由工人手持工具进行切削加工。其主要方法有划线、錾削、锯切、锉削、攻丝、套扣和刮削等。

2. 机工　机工是机械加工的简称。这种加工方法，一般是把工件和刀具安装在机床上，利用机床提供给工件与刀具之间的相对运动进行切削的。

### 二、机械加工的主要方法及切削运动

机械加工的主要方法有车削、钻削、刨削、铣削、镗削和磨削等，相应所用的机床分别称为车床、钻床、刨床、铣床、镗床和磨床等。

为了进行切削，被加工工件与切削刀具之间必须有一定的相对运动，称为切削运动。根据运动的性质不同，切削运动分为主运动和进给运动。

1. 主运动　切下切屑最基本的运动。例如车削时工件的旋转运动、钻削和铣削时刀具的旋转运动、牛头刨刨削时刨刀的直线往复运动，以及磨削时砂轮的旋转运动等都是主运动，如图 5-1。

可以看出，主运动可以是旋转运动，也可以是直线运动。但其共同特点就是主运动的速度高，消耗功率大。

2. 进给运动　切削中使被切金属层不断地投入切削，从而切出全部已加工表面的运动。例如车削中车刀的纵向和横向直线运动、钻削中钻头沿自身轴线的移动、牛头刨刨削中工作台的间歇直线运动、铣削中工作台的直线运动，以及磨削中工件

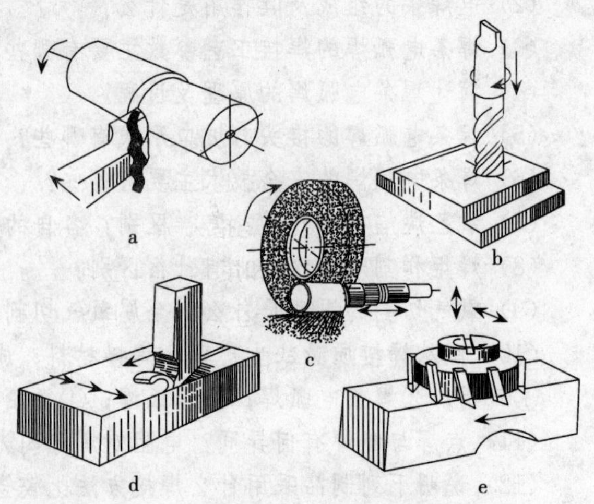


图 5-1　机械加工方法及切削运动

a. 车外圆面　b. 钻孔　c. 磨外圆面　d. 刨平面　e. 铣平面

的转动和轴向直线运动等，都是进给运动（图 5-1）。

进给运动可以是旋转运动，也可以是连续或间歇的直线运动。

另外，切削加工中的主运动一般只有一种，而进给运动可以有一种或几种。主运动和进给运动相互配合，才能切出所需的表面。

## 三、切削用量

在切削过程中，工件上同时存在着三个表面（图 5-2）。

（1）已加工表面：工件上已切去切屑的表面。

（2）待加工表面：工件上即将切去切屑的表面。

（3）过渡表面：工件上刀刃正在切削着的表面。

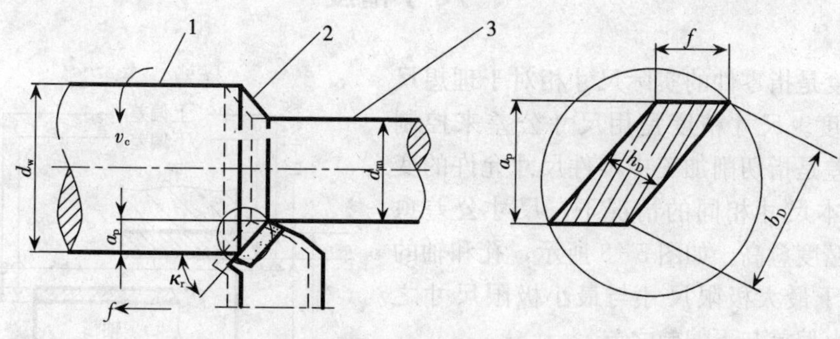


图 5-2　车削要素

1. 待加工表面　2. 过渡表面　3. 已加工表面

切削用量是用来衡量切削运动量大小的参数，指背吃刀量 $a_p$、进给量 $f$ 和切削速度 $v_c$，又称切削用量三要素。

1. **背吃刀量 $a_p$**　背吃刀量 $a_p$（切削深度）是指工件上已加工表面和待加工表面间的垂直距离，单位为 mm。例如车削外圆时（图 5-2）：

$$a_p=\frac{d_w-d_m}{2}\quad (\text{mm}) \tag{5-1}$$

式中　$d_w$——待加工表面的直径，mm；

$d_m$——已加工表面的直径，mm。

2. **进给量 $f$**　进给量 $f$ 是指刀具与工件沿进给方向上的相对位移量，用工件或刀具每转或每行程的位移量来表述和度量，单位为 mm/r 或 mm/str。

3. **切削速度 $v_c$**　是指主运动的线速度，单位是 m/s 或 m/min。对于主运动为旋转运动的切削加工，例如车削或钻削，切削速度为

$$v_c=\frac{\pi dn}{1\,000}\quad (\text{m/s 或 m/min}) \tag{5-2}$$

式中　$d$——工件待加工表面直径 $d_w$ 或刀具直径 $d_o$，mm；

$n$——工件或刀具的转速，r/s 或 r/min。

若主运动是往复运动时，则其平均速度为

$$v_c=\frac{2Ln_r}{1\,000} \quad (\text{m/s 或 m/min}) \tag{5-3}$$

式中 $L$——往复运动行程长度，mm；

$n_r$——主运动每秒钟或每分钟的往复次数，str/s 或 str/min。

## 第二节 精度与粗糙度

设计零件时，为了满足机械产品的使用性能要求，保证使用寿命，应该根据零件在机器中的作用规定合理的技术要求。这些技术要求包括尺寸精度、形状精度、位置精度以及表面粗糙度轮廓精度。

### 一、尺寸精度

尺寸精度是指零件的实际尺寸相对于理想尺寸的准确程度。尺寸精度是用尺寸公差来控制的，尺寸公差是指切削加工中零件尺寸允许的变动量。在基本尺寸相同的情况下，尺寸公差愈小，则尺寸精度愈高。如图 5-3 所示，孔和轴的尺寸公差等于最大极限尺寸与最小极限尺寸之差，或等于上偏差与下偏差之差。

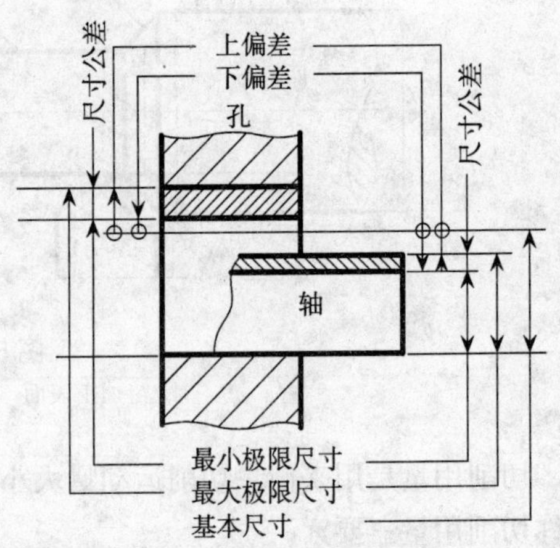


图 5-3 尺寸公差的图示

国家标准将确定尺寸精度的标准公差分为 20 个等级，它们由符号 IT（ISO Tolerance）和阿拉伯数字组成，代号分别表示为 IT01、IT0、IT1、IT2、……、IT18，其中 IT01 的公差值最小，尺寸精度最高，IT18 的公差值最大，尺寸精度最低。

### 二、形状精度

在机器的制造过程中，为了使机器零件能够正确装配，并在装配后能够保证装配精度，满足产品的使用性能要求，就需要控制零件的尺寸精度。然而，在大多数情况下单靠控制零件的尺寸精度是不够的，还需要对零件的表面形状、要素间的相互位置以及表面粗糙度轮廓提出相应的精度要求。例如，一轴加工后的尺寸及形状如图 5-4b 所示，虽然实际尺寸在尺寸公差范围以内，但其轴心线及素线有较大的直线度误差，不能进行正确装配或在装配后不能满足设计要求，故需对其规定形状精度，如图 5-4a 所示的轴线在任意方向的直线度公差。

形状精度是指零件上线、面要素的实际形状相对于理想形状的准确程度。形状精度是用形状公差来控制的，根据零件表面各种不同的形状特性，国家标准规定了六项形状公差，见表 5-1。

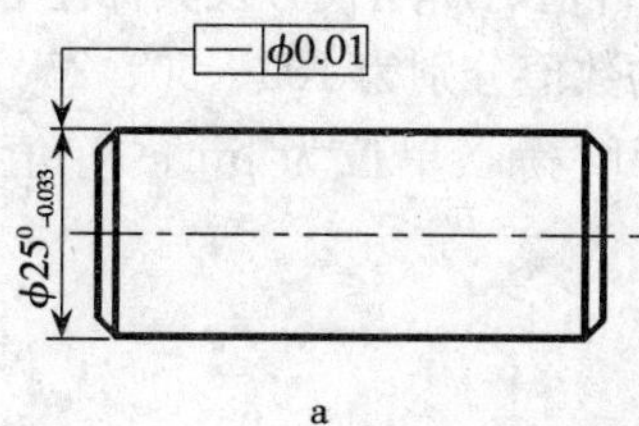


a

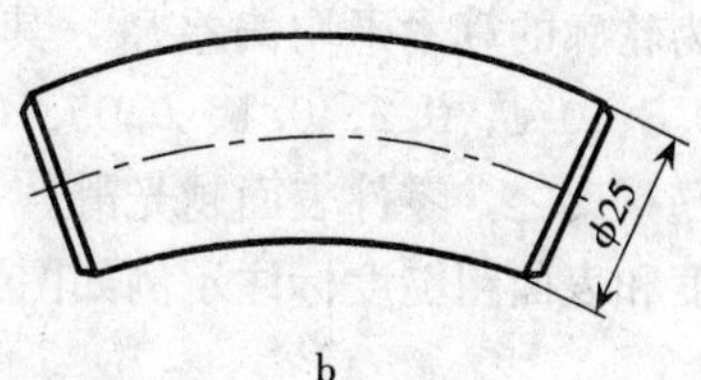


b

图 5-4　轴线在任意方向的直线度公差

a. 图样标注　b. 实际轴的形状

**表 5-1　各项形状公差的名称及符号**

| 项　目 | 直线度 | 平面度 | 圆　度 | 圆柱度 | 线轮廓度 | 面轮廓度 |
|---|---|---|---|---|---|---|
| 符　号 | — | ▱ | ○ | ⌭ | ⌒ | ⌓ |

## 三、位置精度

位置精度是指零件上的点、线、面要素的实际位置相对于理想位置的准确程度。位置精度是用位置公差来控制的，根据零件上要素间各种不同的关联特性，国家标准规定了八项位置公差，见表 5-2。

**表 5-2　各项位置公差的名称及符号**

| 项　目 | 平行度 | 垂直度 | 倾斜度 | 位置度 | 同轴度 | 对称度 | 圆跳动 | 全跳动 |
|---|---|---|---|---|---|---|---|---|
| 符　号 | // | ⊥ | ∠ | ⌖ | ◎ | ⌯ | ↗ | ⌰ |

## 四、表面粗糙度

在零件的制造过程中，无论是切削加工获得的表面，还是用其他方法（如铸、锻、冲压、热轧、冷轧、喷涂等）所获得的表面，总存在着表面微观几何形状误差。表面微观几何形状误差用表面粗糙度轮廓表示，是指加工表面所具有的较小间距和峰谷的表面微观轮廓特性，如图 5-5 所示。表面粗糙度轮廓对零件的功能要求、使用寿命、美观程度等都有重大的影响。

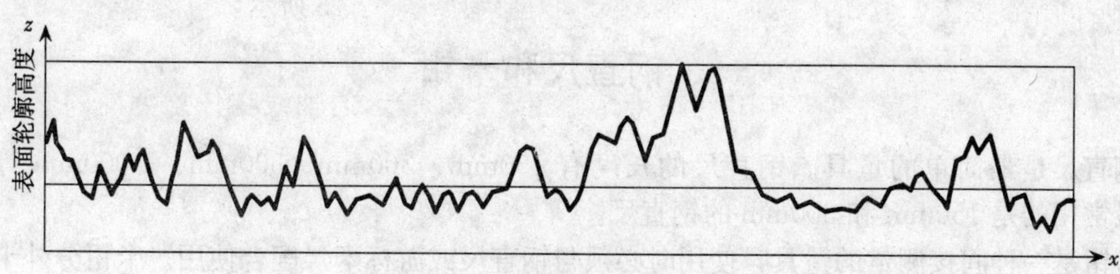


图 5-5　表面粗糙度轮廓

国家标准规定了表面粗糙度轮廓的评定参数、允许值、所用代号及其标注等。评定参数中最常用的为轮廓的算术平均偏差 $R_a$，其基本系列的数值分别为 100、50、25、12.5、6.3、3.2、1.6、0.8、0.4、0.2、0.1、0.05、0.025、0.012 等，单位为 μm。$R_a$ 值越大，则零件表面越粗糙；反之，零件表面越光滑。

加工精度和表面粗糙度标注示例如图 5-6。

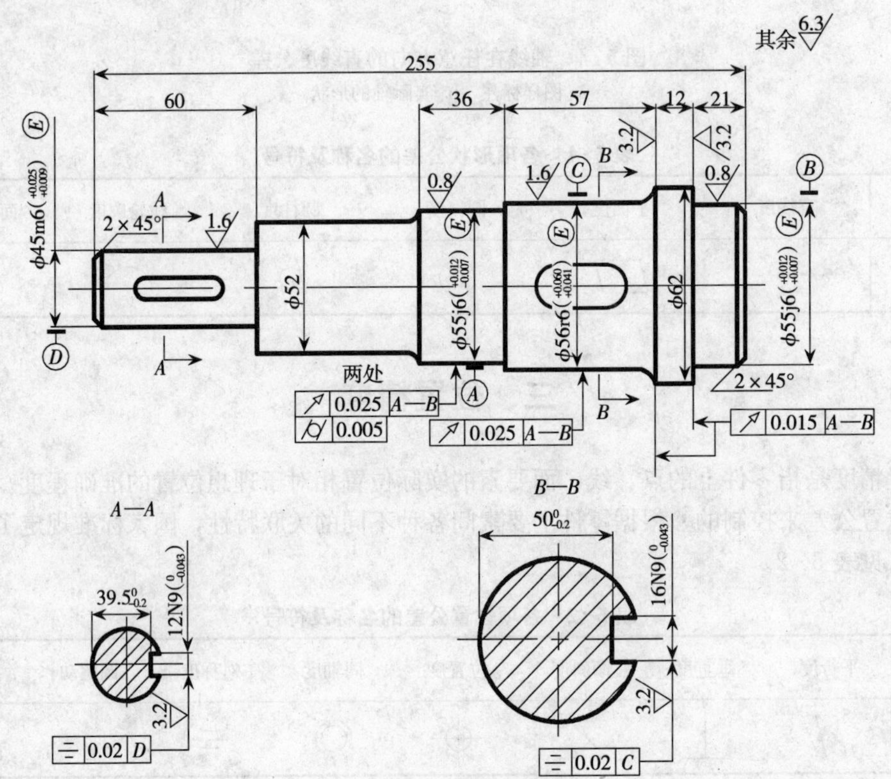


图 5-6　加工精度、表面粗糙度标注示例

# 第三节　常用量具

量具是用来测量零件尺寸、角度、形状误差和相互位置误差的工具。为保证加工后的零件各项技术参数符合设计要求，在加工前后及加工过程中都必须用量具进行测量。量具的种类很多，常用的有钢直尺、游标卡尺、千分尺、百分表、90°角尺、塞尺及内、外卡钳等。本节将介绍常用量具的结构及使用方法。

## 一、钢直尺和卡钳

钢直尺是最简单的量具。钢直尺的长度有 150mm、300mm、500mm、1 000mm 等几种。最常用的是 150mm 和 300mm 的钢直尺。

卡钳是一种间接测量的量具，使用时必须与钢直尺或游标卡尺配合使用。卡钳分外卡钳和内卡钳两种。内、外卡钳的使用方法如图 5-7。

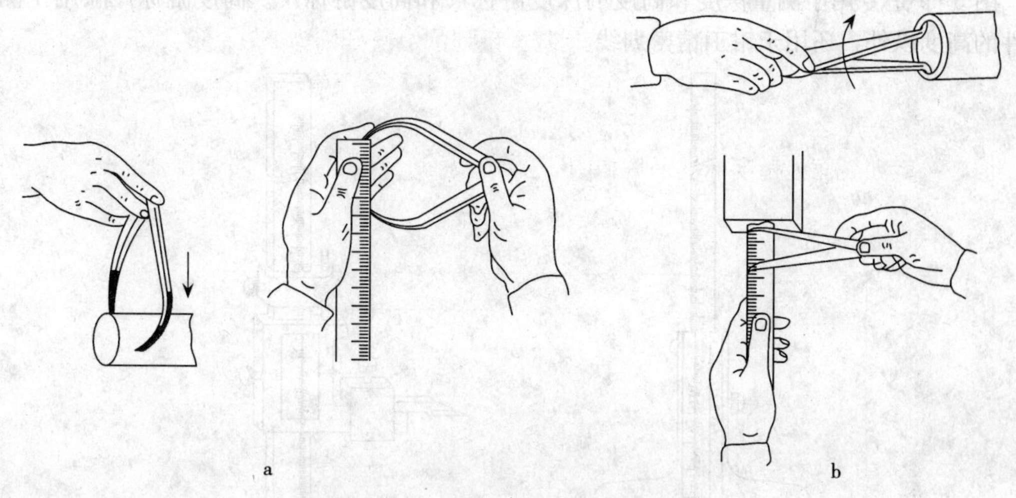


图 5-7 用卡钳和钢直尺测量外径和内径

a. 用外卡钳测量外径 b. 用内卡钳测量内径

## 二、游标卡尺

游标卡尺是一种比较精密的量具，它具有结构简单、使用方便和测量范围较广等优点，用游标卡尺可直接测量工件的外径、内径、长度、厚度和深度等（图 5-8）。其测量范围有 125mm、150mm、200mm、300mm 等几种。测量精度有 0.1mm、0.05mm 和 0.02mm 三种。

使用游标卡尺时，工件必须静止不动，使卡脚逐渐与工件表面靠近，达到轻微接触即可，以防加重卡脚磨损，影响测量的准确度。另外，游标卡尺只能测量已加工的光滑表面，不允许测量粗糙表面或毛坯表面。

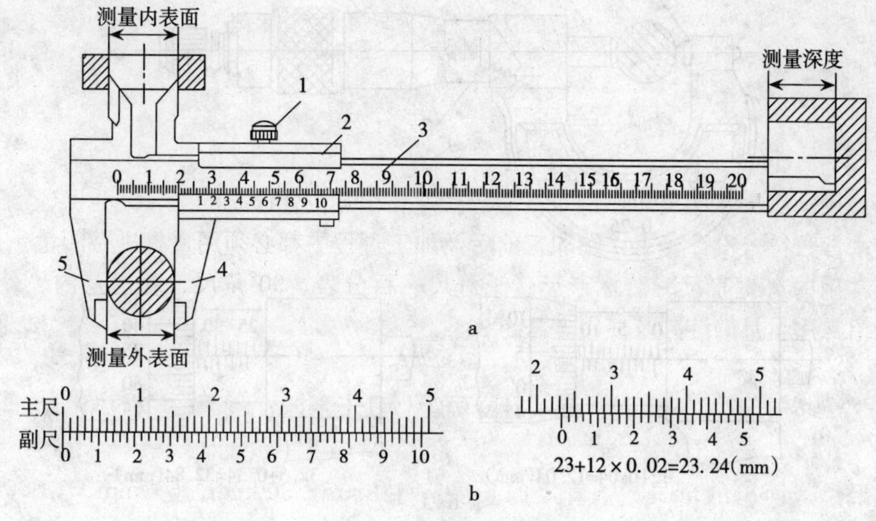


图 5-8 游标卡尺

a. 游标卡尺结构 b. 读数方法（游标刻度值为 0.02mm）

1. 制动螺钉 2. 副尺 3. 主尺 4. 活动卡脚 5. 固定卡脚

图 5-9 是专用于测量深度和高度的深度游标尺和高度游标尺。高度游标尺除用于测量工件的高度以外，还用于钳工精密划线。

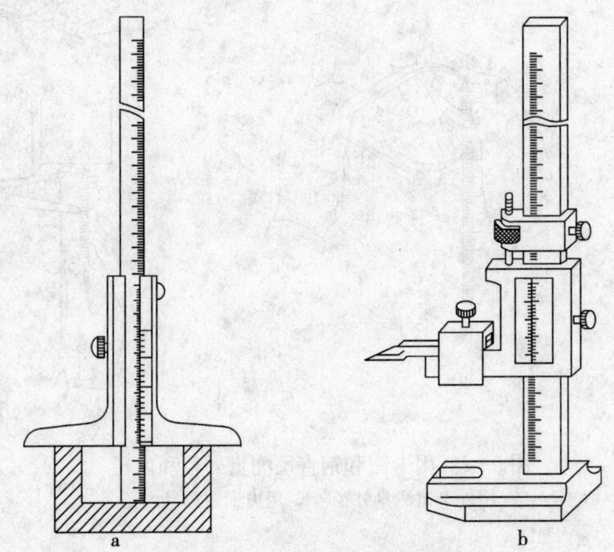


图 5-9　深度、高度游标卡尺

a. 深度游标卡尺测量方法　b. 高度游标卡尺

## 三、千 分 尺

千分尺是比游标卡尺更精密的量具，测量精度一般为 0.01mm。

根据测量对象不同，有外径、内径和深度三种千分尺。测量范围有 0～25mm、25～50mm、50～75mm、75～100mm、100～125mm 等。图 5-10 为外径千分尺。

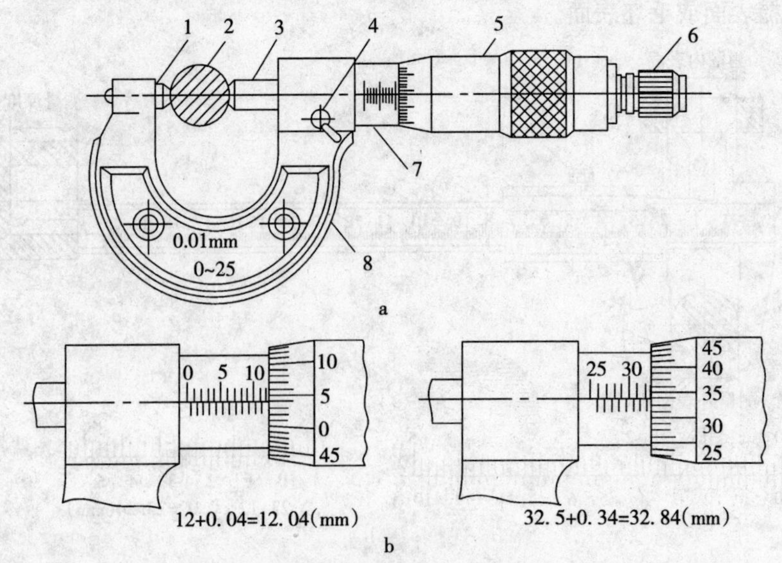


图 5-10　外径千分尺及读数方法

a. 外径千分尺　b. 读数方法

1. 砧座　2. 被测工件　3. 测量螺杆　4. 止动器　5. 活动套筒　6. 棘轮　7. 固定套筒　8. 弓架

千分尺适用于精密尺寸的测量，使用前应将砧座与测量杆相接触，观察副尺的刻度零线是否与中线零点对齐，如有误差应进行校正。

## 四、百 分 表

百分表（图 5-11）是一种精密的比较量具，它只能测量出被测对象的相对数值，其测量精度为 0.01mm。图 5-12 是应用百分表检查零件表面位置误差的实例。

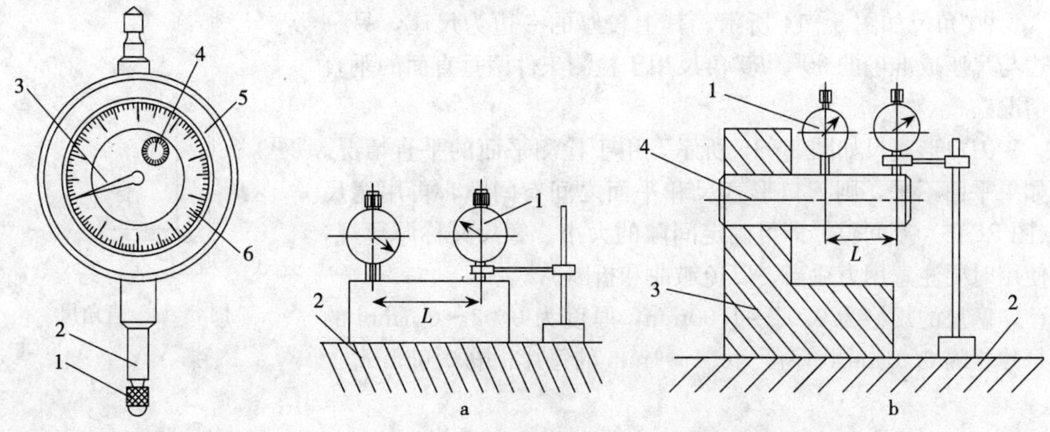


图 5-11　百分表
1. 测量头　2. 测量杆　3. 大指针
4. 小指针　5. 表壳　6. 刻度盘

图 5-12　百分表的应用
a. 检验平面间的平行度　b. 检验孔与平面间的平行度
1. 百分表　2. 平板　3. 工件　4. 工件心轴

## 五、塞规和卡规

在成批大量生产中，常把检验量具做成专用的塞规和卡规。塞规用于检验孔径和槽宽，卡规用于检验轴径和厚度，如图 5-13 所示。

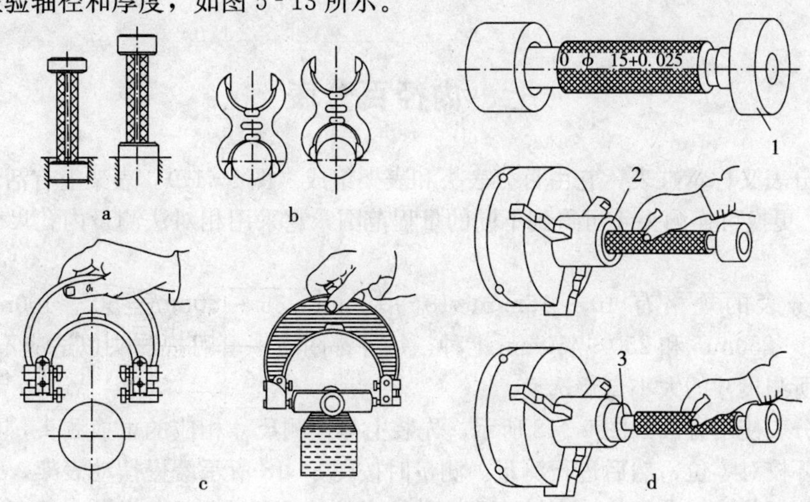


图 5-13　塞规和卡规
a. 塞规　b. 卡规　c. 卡规使用方法　d. 塞规的应用
1. 塞规　2. 过端　3. 止端

塞规和卡规都有过端（过规）和止端（不过规）构成。塞规过端尺寸等于被测尺寸的下限尺寸，止端尺寸等于被测尺寸的上限尺寸。测量时，只要工件被测尺寸能通过塞规的过端而又不能通过塞规的止端，说明尺寸都在公差范围之内，因而是合格的；反之就不合格。卡规与塞规相反，但使用方法与塞规相同。

## 六、90°角尺、刀口形直尺和塞尺

90°角尺如图 5-14 所示，其上较厚的一边为尺座，另一边与尺座成准确的 90°。90°角尺用于检测工件两垂直面的垂直情况。

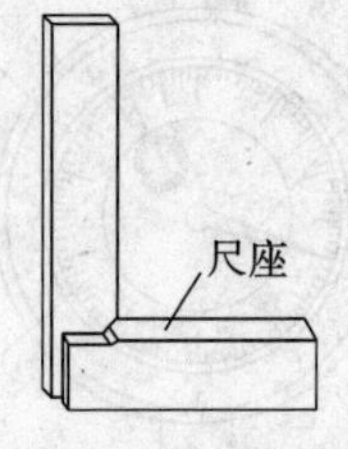

图 5-14　直角尺

刀口形直尺如图 5-15 所示，用于检测平面的平直情况。如果平面不平，则刀口形直尺和平面之间有间隙，再用塞尺（图 5-16）塞间隙，即可确定间隙的大小。塞尺又称厚薄规，使用时要注意用力适当，以免皱曲和折断。

塞尺的规格为 0.02～1.00mm，厚度为 0.02～0.1mm 的每片相隔 0.01mm，厚度为0.1～1mm 的每片相隔 0.05mm。

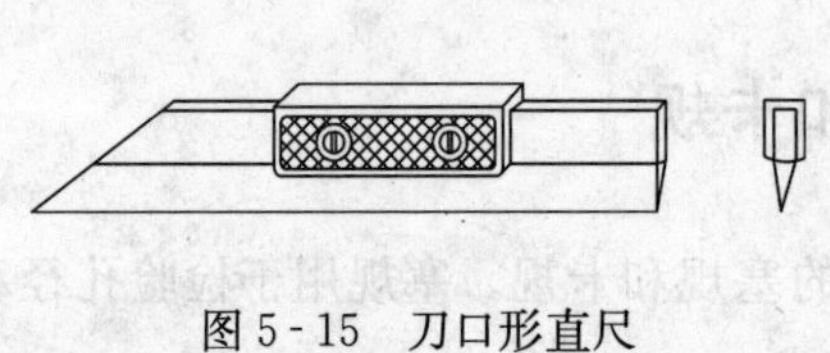
图 5-15　刀口形直尺

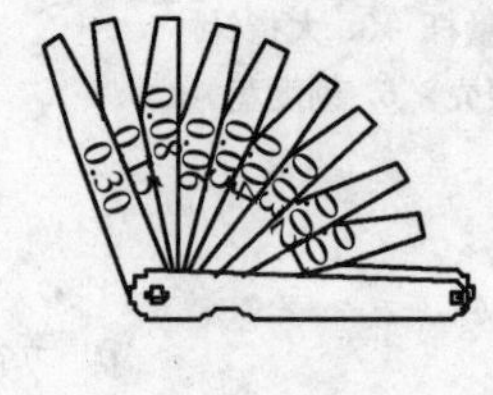

图 5-16　塞　尺

## 七、内径百分表

内径百分表又称量缸表，它由百分表头和表架组成（图 5-17）。表架上有活动测头 5 和可换测头 4，更换可换测头 4 可得到不同的量程范围，它采用相对法测量内孔尺寸及几何形状误差。

内径百分表的规格有 10～15mm、18～35mm、35～50mm、50～100mm、100～160mm、160～250mm 和 250～450mm 七种，每种都附有一套可换测头以适应不同的尺寸，使用时可按所测尺寸的大小自行选换。

内径百分表使用方法如图 5-18 所示，先装上与被测尺寸相应的可换测头，再用外径百分尺或标准环校对零位，然后进行测量。测量时按图 5-18 所示缓慢摆动表架，表针有一极限位置，该位置若正好在零位，则被测尺寸与校对的标准尺寸相同；若指针顺时针方向离开零位，则表示被测尺寸小于标准尺寸，偏离值即为两者的差值；若逆时针方向离开零位，则表示大于标准尺寸。

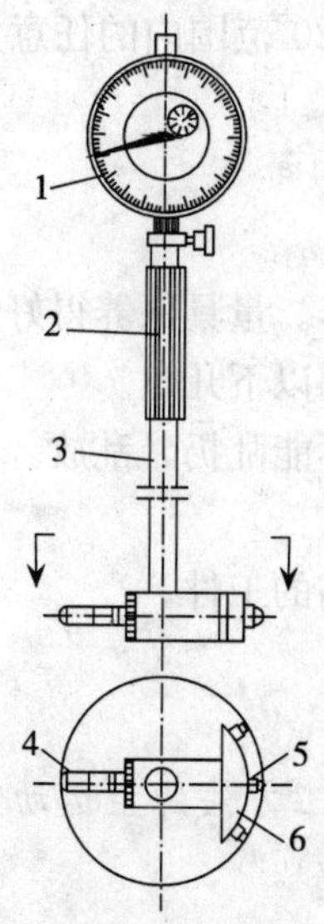


图 5-17　内径百分表
1. 百分表头　2. 隔热手柄　3. 直管　4. 可换测头　5. 活动测头　6. 定位护桥

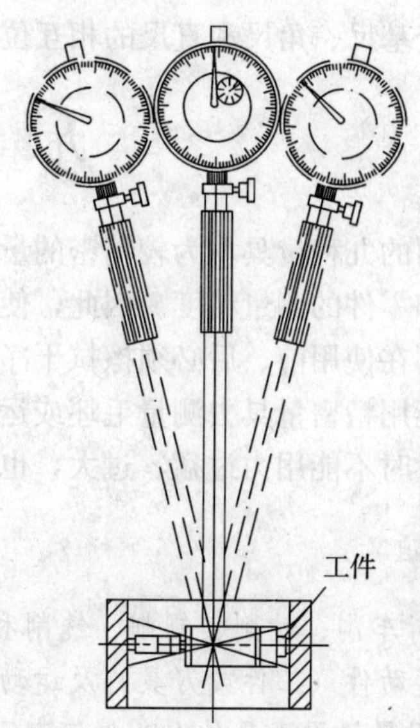


图 5-18　内径百分表的使用

# 八、万能角度尺

当测量精度要求很高，或测量非直角工件的内、外角角度时，常用万能角度尺。万能角度尺的构造及应用如图 5-19 和图 5-20 所示。

万能角度尺的刻线原理和读数方法与游标卡尺相同。尺身刻线每格为 1°，游标刻线是把对应尺身上的 29°等分为 30 格，每格为 29°/30。

测量时应先校对零位。万能角度尺的零位，是将角尺、直尺与主尺组装在一起，且角尺的底边及基尺均与直尺无间隙接触，此时主尺与游标的“0”线对准。调整好零位

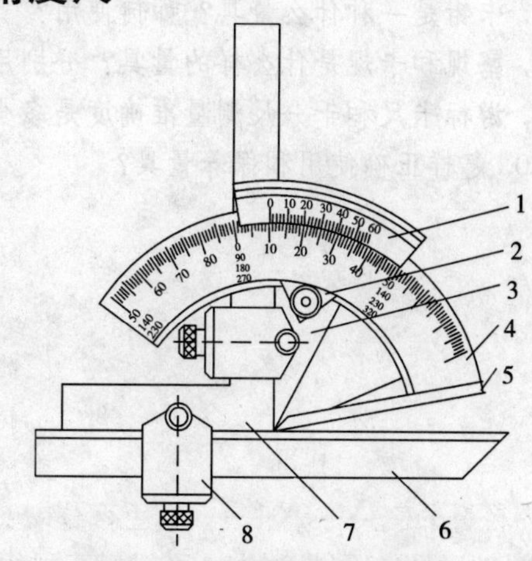


图 5-19　万能角度尺结构
1. 游标　2. 制动器　3. 扇形板　4. 主尺　5. 基尺　6. 直尺　7. 角尺　8. 卡块

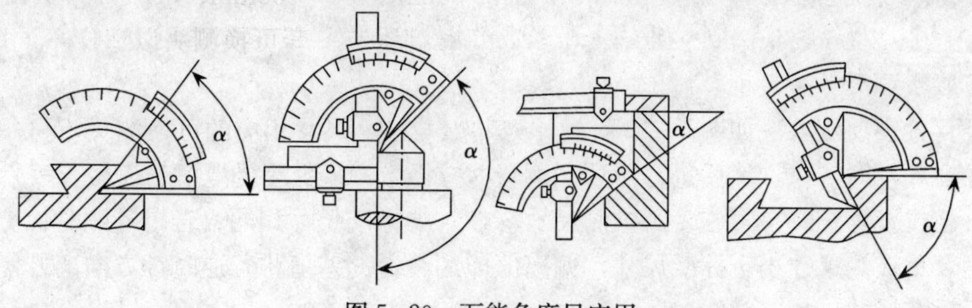


图 5-20　万能角度尺应用

后，通过改变基尺、角尺和直尺的相互位置，可测量0°～320°范围内的任意角度。

## 九、量具的保养

前面介绍的九种量具均为较精密的量具，必须精心保养。量具保养得好坏，直接影响它的使用寿命和零件的测量精度。因此，使用量具时必须做到以下几点。

(1) 量具在使用前、后必须擦拭干净。要妥善保管，不能乱扔、乱放。

(2) 不能用精密量具去测量毛坯或运动着的工件。

(3) 测量时不能用力过猛、过大，也不能测量温度过高的工件。

### 复习思考题

1. 试分析车削、钻削、刨削、铣削和磨削几种常用加工方法的主运动和进给运动，并指出它们的运动件（工件或刀具）及运动形式（转动或移动）。

2. 切削用量三要素是什么？如何表示？

3. 试用工艺简图分别表示铣平面、刨平面和钻孔的切削用量三要素。

4. 什么是零件的技术要求？它包括几个方面？如何表示？

5. 什么是表面粗糙度？如何表示？

6. 游标卡尺、千分尺和百分表的测量精度分别为多少？分别用在什么场合？

7. 卡钳是一种什么量具？如何使用？

8. 塞规和卡规是什么样的量具？分别用于何处？

9. 游标卡尺和千分尺测量准确度是多少？怎样正确使用？能否测量铸件毛坯？

10. 怎样正确使用和保养量具？

# 第六章　钳　工

## 第一节　概　　述

钳工是以手工操作为主的一个工种。钳工的主要任务是使用工具来完成零件的加工、装配和修理工作。钳工常用设备有钳工工作台、台虎钳、钻床等，其中钳工工作台和台虎钳如图 6-1 和图 6-2 所示。

图 6-1　钳工工作台

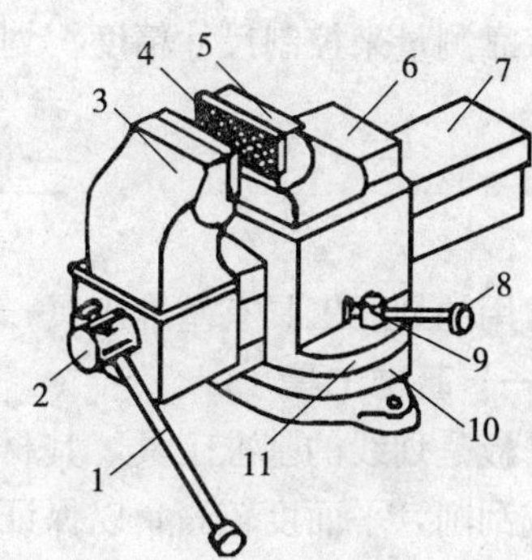


图 6-2　台虎钳

1. 手柄　2. 丝杠　3. 活动钳身　4. 钳口　5. 固定钳身　6. 砧座　7. 导轨　8. 小手柄　9. 螺钉　10. 底座　11. 转盘

由于钳工技艺性强，具有“万能”和灵活的优势，在机械制造工程中，有些机械加工不方便或无法完成的工作都需要由钳工来完成，所以仍起着十分重要的作用。

随着机械工业的不断发展，钳工的工作范围也不断扩大，技术内容也愈来愈复杂。钳工根据其工作范围的不同，可分为普通钳工、工具钳工、模具钳工和机修钳工等。

钳工尽管专业分工不同，但各类钳工都必须掌握好钳工的基本操作，其主要内容有划线、錾削、锯削、刮削、研磨、钻孔、扩孔、铰孔、锪孔、攻螺纹、套螺纹和装配、调试、测量等。

随着机械工业的发展，钳工操作也将不断提高机械化程度，这样不仅可以减轻劳动强度，而且可以保证产品质量的稳定性和提高劳动生产率。

## 第二节　划　　线

根据图样要求，在毛坯或工件上用划线工具划出待加工部位的轮廓线或作为基准的点线叫划线。

## 一、划线的作用及种类

1. 划线的作用

(1) 明确地表示出加工余量、加工位置或划出加工位置的找正线，作为工件加工或装夹的依据。

(2) 通过划线来检查毛坯的形状和尺寸是否符合要求，避免不合格的毛坯进入机械加工。

(3) 通过划线合理分配加工余量（又称借料），保证加工不出或少出废品。

2. 划线的种类　划线分平面划线和立体划线两种。在工件的某个平面上划线称为平面划线；在工件的长、宽、高三个方向上划线称为立体划线。划线要求线段清晰均匀，最重要的是尺寸要准确。由于划出的线条有一定宽度，使用工具、量具量取尺寸时存在一定的误差也是难免的。划线精度通常要求在 0.25～0.5mm。通常不能按划线来确定加工的最后尺寸，而应该靠测量来控制尺寸精度。划线错误有可能造成错误加工，从而导致工件报废。

## 二、划线工具及其应用

常用的划线工具有基准工具、支撑工具、度量工具和划线工具等。

**(一) 基准工具**

平板是划线的基准工具，其材料一般为铸铁，常用平板如图 6-3 所示。平板工作面经精刨或刮削，平面度较高，以保证划线的精度。平板放置时工作面要保持水平，使用工件、工具时要轻放，避免撞击，要经常保持工作面的清洁，以免铁屑、灰砂等污物在划线工具或工件的拖动下刮伤工作面，影响划线精度。工作时，应均匀使用整个平面，以免局部磨损。

**(二) 支撑工具**

1. 垫铁　垫铁是用来支撑、垫平和升高毛坯工件的工具。常用的有平垫铁和斜垫铁两种。斜垫铁能对工件的高低作少量调节。

2. V 形块　V 形块主要用来支撑工件的圆柱面，使圆柱的轴线平行于平板工作面，便于找正或划线，常用 V 形块如图 6-4 所示。

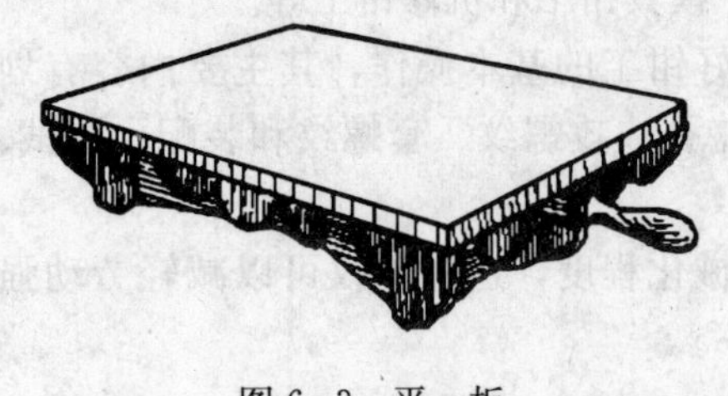

图 6-3　平　板

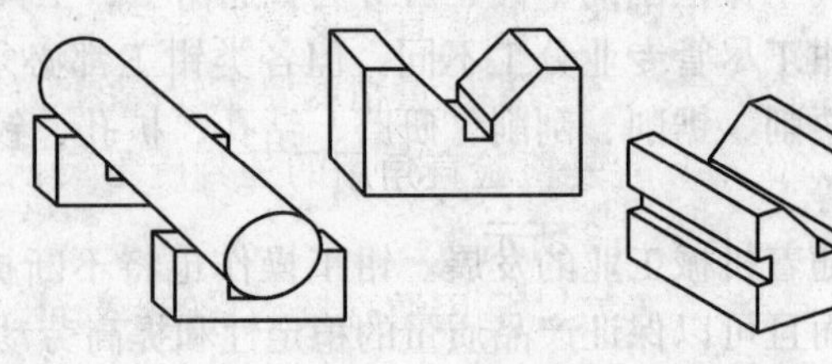

图 6-4　V形块

3. 角铁　角铁常与压板配合使用，以夹持工件进行划线。角铁有两个互相垂直的工作表面，其上的孔或槽是为使用压板时用螺栓连接而设计的，如图 6-5 所示。

4. 方箱　方箱一般为带有方孔的立方体或长方体，相邻表面相互垂直，相对表面相互平行。为便于夹持不同形状的工件，有些方箱带 V 形槽或附有夹持装置，如图 6-6 所示。

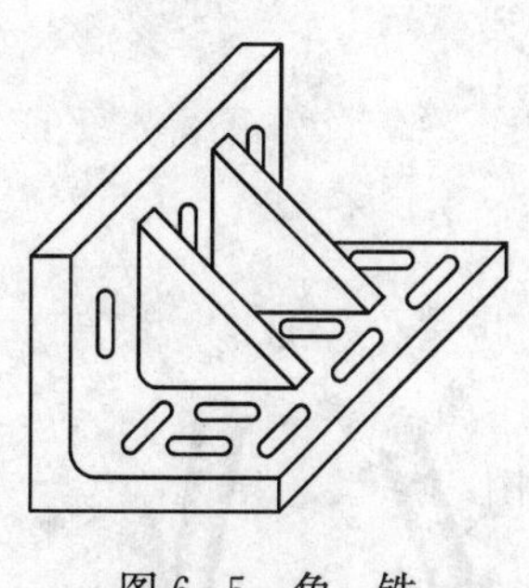

图 6-5　角　铁

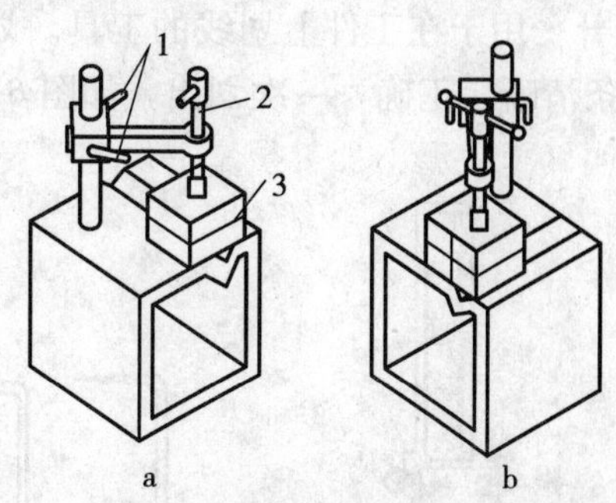


图 6-6　方　箱

a. 将工件压紧在方箱上划水平线　b. 翻转 90°划垂直线

1. 紧固手柄　2. 压紧螺柱　3. 划出的水平线

5. 千斤顶　千斤顶用来支撑毛坯或不规则工件，可调整高度，使工件各处的高低位置符合划线的要求，常见千斤顶如图 6-7 所示。

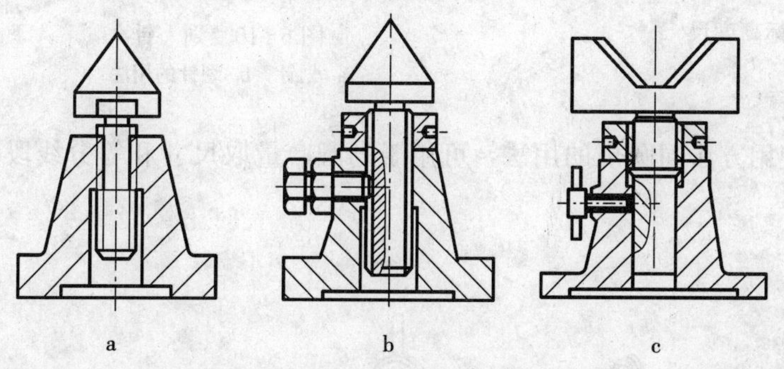


图 6-7　千斤顶

a. 简单千斤顶　b. 结构完善的千斤顶　c. 带 V 形块的千斤顶

**（三）度量工具**

常用的度量工具有钢直尺、游标卡尺、90°角尺、游标高度尺、组合分度规等。

1. 钢直尺　主要用于直接度量工件尺寸。

2. 游标卡尺　用于度量精度要求较高的工件尺寸，亦可用于平整光洁的表面划线。

3. 90°角尺　是检验直角用的外刻度量尺，可用于划垂直线，如图 6-8 所示。

4. 游标高度尺　是用游标读数的高度量尺，也可用于半成品的精密划线，如图 6-9 所示。但不可对毛坯划线，以防损坏游标高度尺的刀口。

5. 组合分度规　是重要的度量工具之一，由钢直尺、水平仪、45°斜面规和直角规四个部件组成，可以根据需要进行组合。

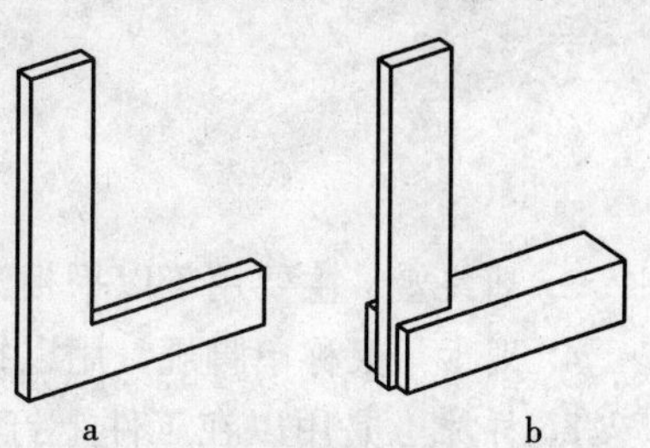


图 6-8　90°角尺

a. 扁直尺　b. 宽座直尺

(四) 划线工具

划线工具有划针、划规、划线盘、划卡、样冲等。

1. 划针　用于在工件上划线的工具。划线时，划针沿钢直尺、角尺等导向工具的边移动，使线条清晰、正确，一次划出，如图 6－10 所示。

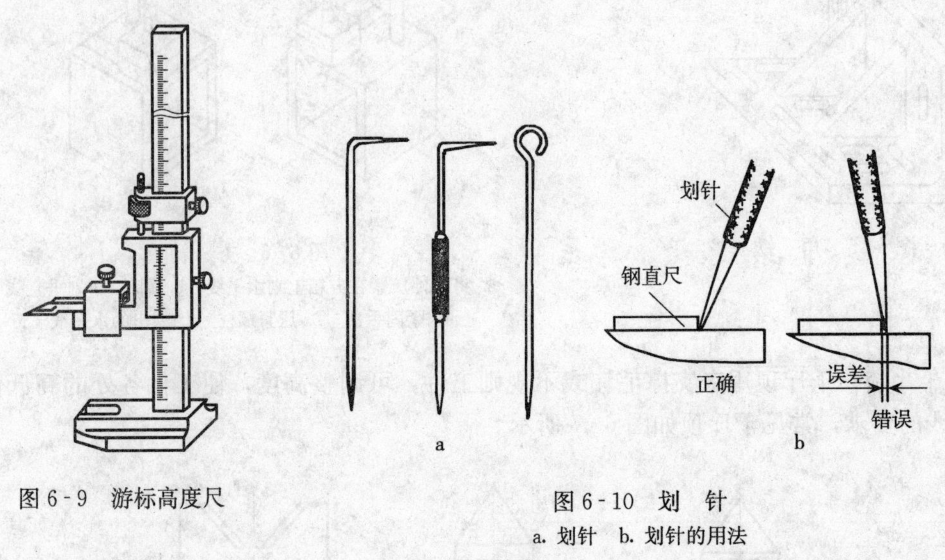


图 6－9　游标高度尺

图 6－10　划　针
a. 划针　b. 划针的用法

2. 划规　使用方法同圆规的用法，可用于划圆、量取尺寸和等分线段等，如图 6－11 所示。

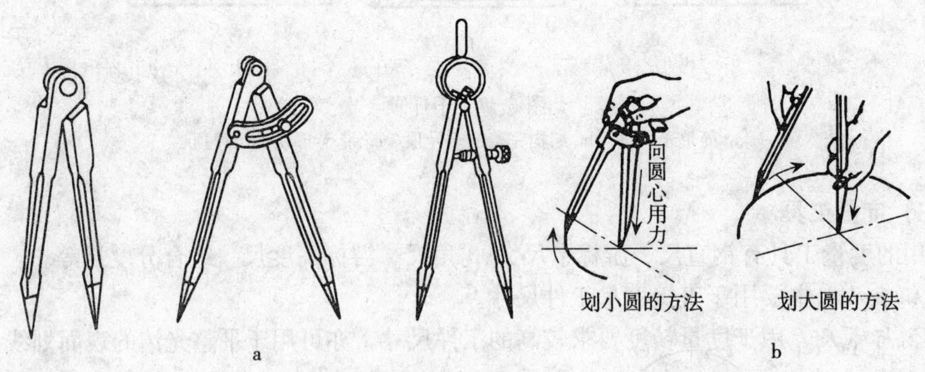


图 6－11　划　规
a. 划规　b. 划规的用法

3. 划线盘　主要用于以平板为基准进行立体划线和找正工件位置，如图 6－12 所示。

4. 划卡　又称单脚规，用以找轴和孔的中心。

5. 样冲　是用以在工件上打出样冲眼的工具，如图 6－13 所示。为防止擦掉划好的线段，需对准线中心打上样冲眼。钻小孔前在孔的中心位置也需打上样冲眼，以便于钻头定心。

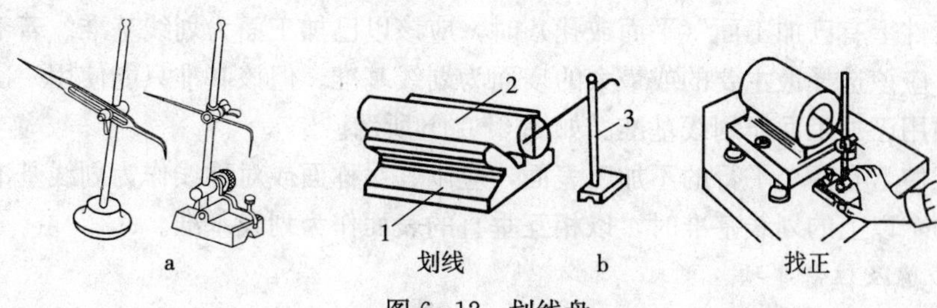


图 6-12　划线盘

a. 划线盘　b. 划线的方法

1. V形铁　2. 工件　3. 划线盘

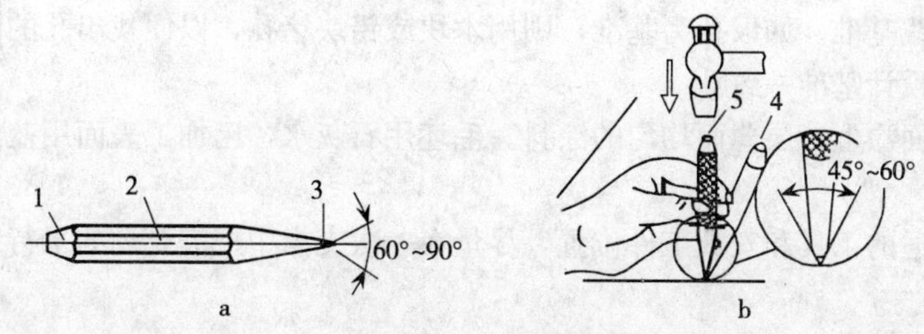


图 6-13　样冲及使用

a. 样冲　b. 样冲的用法

1. 冲尾　2. 冲身　3. 冲尖　4. 对准位置　5. 打样冲眼

## 三、划线基准及其选择

1. 选择划线基准的原则

（1）划线基准：基准是零件上用来确定点、线、面位置的依据。划线时须在工件上选择一个或几个面（或线）作为划线的依据，以确定工件的几何形状和各部分的相对位置，这样的面（或线）称为划线基准。其余尺寸线依划线基准依次划出。

（2）选择划线基准的原则：选择划线基准首先应该考虑与设计基准相一致，以免因基准不一致而产生误差。

2. 常用的划线基准

（1）若工件上有重要孔需加工，一般选择该孔轴线为划线基准，如图 6-14a 所示。

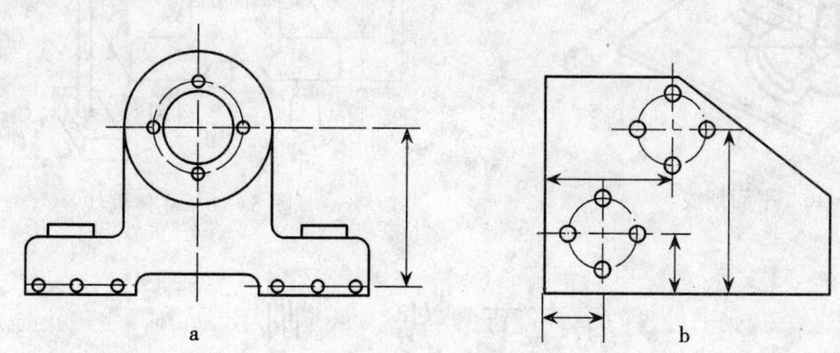


图 6-14　划线基准

a. 以孔的轴线为基准　b. 以已加工面为基准

(2) 在工件上有已加工面（平面或孔）时，应该以已加工面为划线基准。若毛坯上没有已加工面时，应该选择最主要的或最大的表面为划线基准。但该基准只能使用一次，在下一次划线时必须用已加工面作划线基准。如图 6-14b 所示。

(3) 若工件上有两个平行的不加工表面，应以其对称面或对称线作为划线基准。

(4) 需两个以上的划线基准时，以相互垂直的表面作为划线基准。

3. 划线步骤及注意事项

(1) 对照图样，检查毛坯及半成品是否合格，并了解工件后续加工的工艺，确定需要划线的部位。

(2) 在划线前要去除毛坯上残留的型砂及氧化皮、毛刺、飞边等。

(3) 确定划线基准。如以孔为基准，则用木块或铅块堵孔，以便找出孔的圆心。尽量考虑让划线基准与设计基准一致。

(4) 划线表面涂上一层薄而均匀的涂料。毛坯用石灰水，已加工表面用蓝油，保证划线清晰。

(5) 选用合适的工具和安放工件位置，尽量在一次支撑中把需要划的平行线划全。工件支撑要安全可靠。

(6) 根据图样检查所划线条是否正确。

(7) 在所划线条打上样冲眼。

## 四、划线的方法

划线有平面划线和立体划线之分。

1. 平面划线　在工件的一个平面上划线称为平面划线，如图 6-15 所示，其方法类似于在平面上作图。

2. 立体划线　在工件的长、宽、高三个方向上划线称为立体划线，如图 6-16 所示。

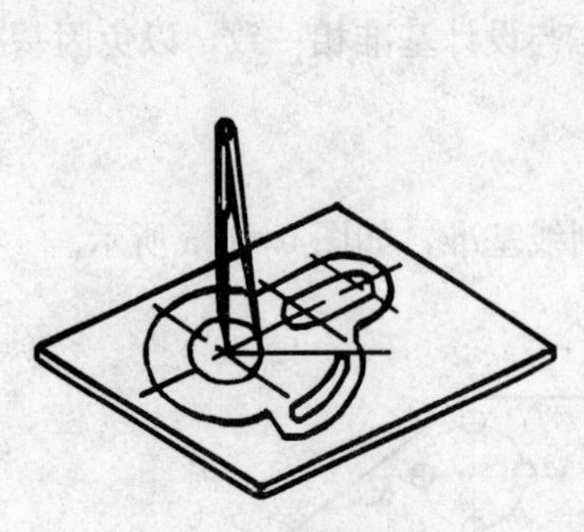

图 6-15　平面划线

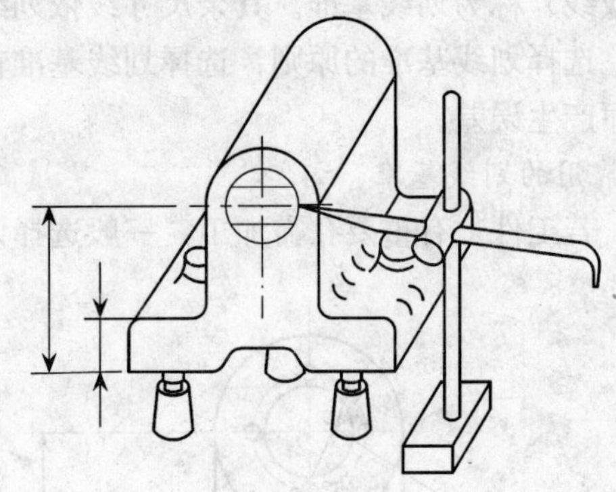

图 6-16　立体划线

# 第三节　锯　　削

钳工的锯削是用手锯切割材料或在工件上开槽。手锯具有方便、灵活的特点，但锯削精度较低，常需要进一步加工。

## 一、锯削工具

锯削所用工具是手锯，其由锯弓和锯条组成。

### （一）锯弓

锯弓是用来夹持和张紧锯条，有固定式和可调式两种，图 6-17 为可调式锯弓。可调式锯弓的弓架分前后两段，前段在后段套内可以伸缩，因此可以安装不同规格的锯条。

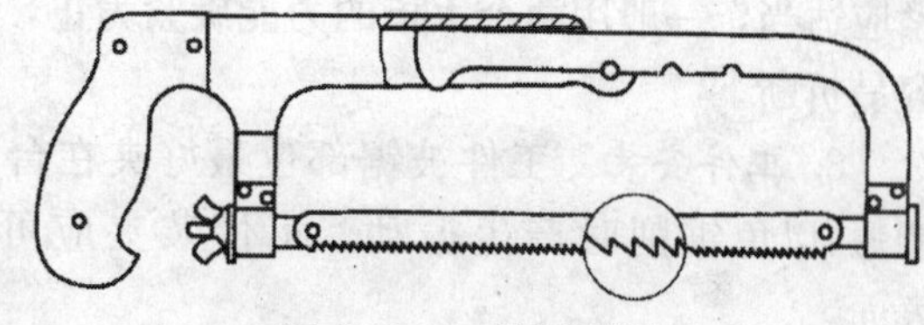

图 6-17　可调式锯弓

### （二）锯条

锯条用碳素工具钢制成，并经淬火处理。常用的锯条长度有 200mm、250mm 和 300mm 三种，宽度为 12mm，厚度为 0.8mm。每一个齿相当于一把錾子，起切削作用。锯条性能硬而脆，若使用不当很容易折断。

1. 锯齿　锯条按锯齿的齿距大小，可分为粗齿、中齿和细齿三种，锯条的齿距及用途见表 6-1。

**表 6-1　锯条的齿距及用途**

| 锯齿粗细 | 每 25 mm长度内含齿数目 | 用　　途 |
|---|---|---|
| 粗齿 | 14～18 | 锯低硬度钢、铝、纯铜等软金属及厚工件 |
| 中齿 | 24 | 锯普通钢、铸铁及中等厚度工件 |
| 细齿 | 32 | 锯硬钢、板料、小而薄的型钢及薄壁管子 |

2. 锯齿的形状及其排列

（1）锯齿的形状：一般前角 $\gamma_0$ 约为 0°，后角 $\alpha_0$ 为 40°～45°，楔角 $\beta$ 为 45°～50°，如图 6-18所示。

（2）锯齿的排列：锯齿的排列有交叉式排列和波形排列两种，如图 6-19 所示，这样可以减小锯口两侧面与锯条的摩擦。

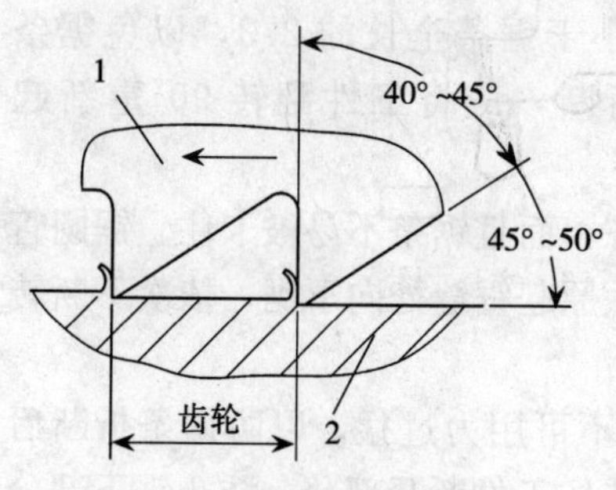


图 6-18　锯齿的形状

1. 锯齿　2. 工件

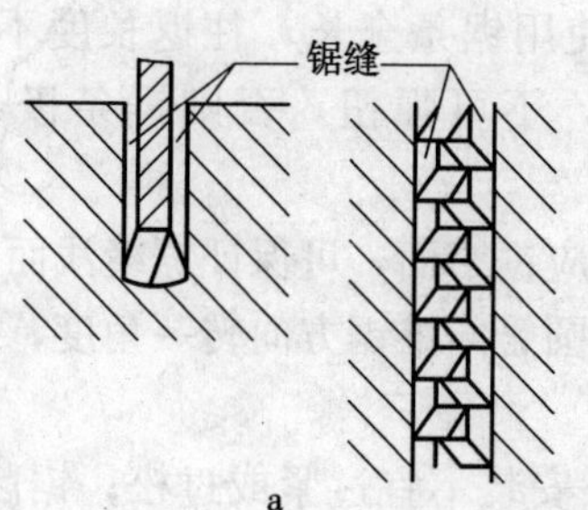


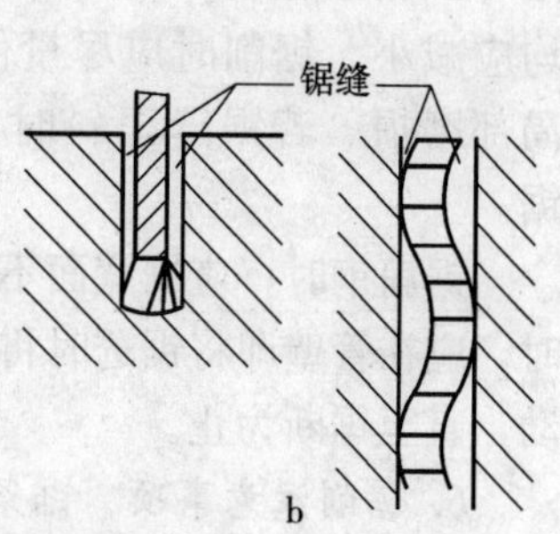


图 6-19　锯齿的排列

a. 交叉排列　b. 波形排列

(3) 锯齿粗细的选择：根据工件厚度选择，厚工件选粗齿，薄工件应选细齿。根据材料硬度选择，软工件选粗齿，硬工件应选细齿。

## 二、锯削方法

1. 选择锯条　根据工件材料的硬度和厚度选择合适齿数的锯条。

2. 锯条安装　将锯条装夹在锯弓上，锯齿安装方向应向前，保证前推时切削。锯条松紧应适当，一般用两个手指的力能旋紧为止，安装好后锯条不能有歪斜和扭曲，否则锯削时容易折断。

3. 工件安装　工件被锯部位最好夹在台虎钳左侧以便于操作，工件伸出钳口应尽可能短,以免锯削时产生振动。工件装夹应可靠，但要防止工件被夹变形和夹伤已加工表面。

4. 手锯的握法　右手握锯柄，左手轻扶锯弓架前端，如图 6-20 所示。

5. 锯削动作　起锯时，锯条应与工件表面稍倾斜一个角度，即起锯角 $\alpha$ (10°～15°)，但不宜过大，以免崩齿。起锯时为防止锯条横向滑动，可用手指甲挡住锯条，如图 6-21 所示。

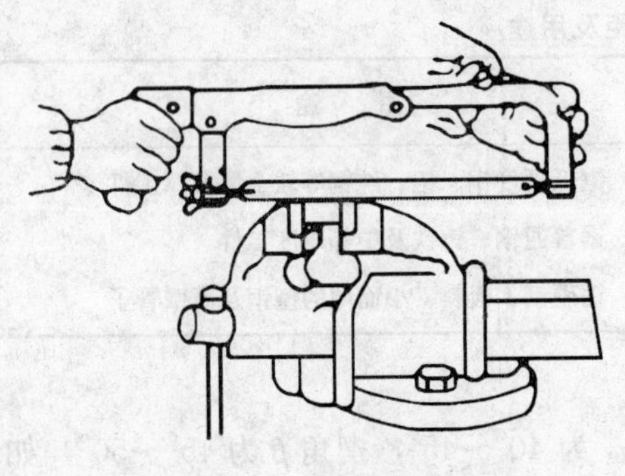

图 6-20　手锯的握法

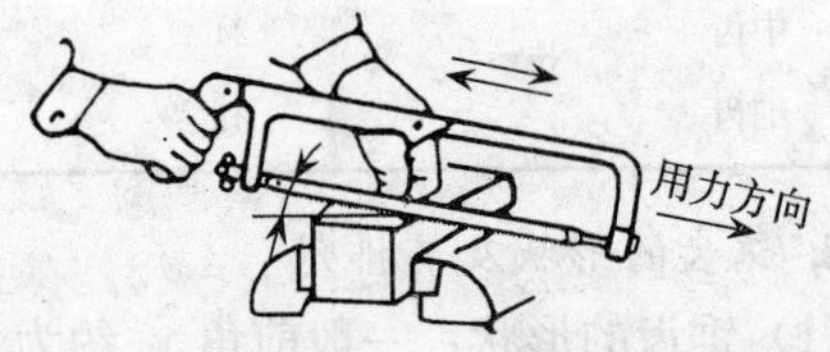


图 6-21　锯削动作

锯削时，锯弓做直线往复运动，不可摆动。左手施压，右手推进，施压要均匀；返回时，锯条轻轻滑过加工表面。往复运动不宜太快。锯削开始和终了前，压力和速度均应减小。锯削时应尽量使用锯条全长，往返长度不应小于锯条全长的 2/3，以免锯条局部磨损。若锯缝歪斜时，不可强扭，否则锯条极易折断，应将工件翻转 90°重新起锯。

锯扁钢时，应锯宽面不应锯窄面，可保证锯缝浅而整齐，而且锯条不易被卡住。锯圆管时，应在管壁即将锯透时将圆管向推锯方向转一角度，仍从原起锯缝处向下锯，依次不断转动，直至锯断为止。

6. 锯削注意事项　锯条安装不宜过紧或过松；锯削时不可用力过猛，以防锯条折断后弹出伤人；工件装夹应牢固。在工件即将锯断时要用左手扶住工件断开部分，防止锯下部分掉落时摔断或砸伤脚。

# 第四节 锉 削

用锉刀从工件表面锉掉多余金属，使工件达到所要求的尺寸、形状、位置和表面粗糙度，这种加工方法称为锉削。它是钳工中最基本的操作之一。锉削可以加工内外平面、曲面、台阶及沟槽等。锉削加工精度可达 IT7～IT8，其表面粗糙度值 $R_a$ 可达 0.8～1.6μm。

## 一、锉削工具

1. 锉刀的结构 锉刀是用来锉削的工具。常用材料为 T12A 或 T13A，淬火处理。锉刀由锉刀面、锉刀边、锉柄等组成，锉刀的结构如图 6-22 所示。工作部分的齿纹交叉排列，构成刀齿，形成存屑空隙，如图 6-23 所示。

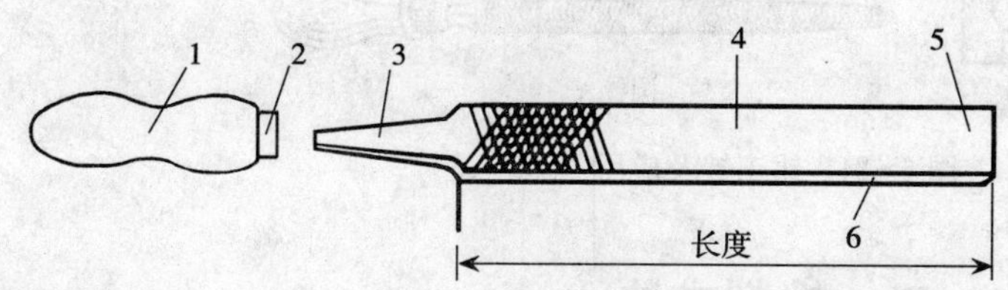


图 6-22 锉刀的结构

1. 锉刀柄 2. 铁箍 3. 锉刀舌 4. 锉刀面 5. 锉刀头 6. 锉刀边

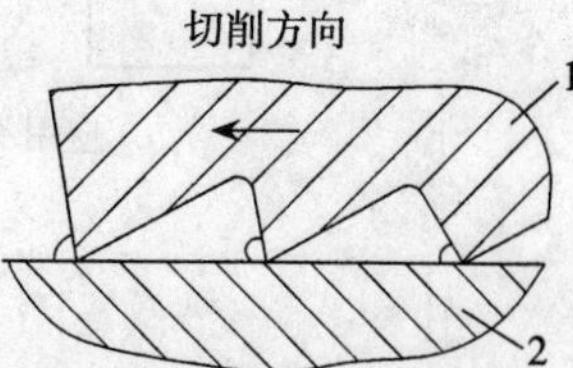


图 6-23 锉齿形状

1. 锉刀 2. 工件

2. 锉刀的种类

(1) 锉刀按每 10mm 长度锉面上齿数的多少可分为粗齿锉、中齿锉、细齿锉和油光锉。表 6-2 中列出了它们各自的特点和应用。

**表 6-2 锉刀刀齿粗细的划分及特点和应用**

| 锉齿粗细 | 齿纹条数（10mm 长度内） | 特点和应用 | 加工余量（mm） | 表面粗糙度值（μm） |
|---|---|---|---|---|
| 粗 齿 | 4～12 | 齿间大，不易堵塞，适宜加工或锉铜、铝等非铁材料（有色金属） | 0.5～1 | 12.5～50 |
| 中 齿 | 13～23 | 齿间适中，适用于粗锉后加工 | 0.2～0.5 | 3.2～6.3 |
| 细 齿 | 30～40 | 锉光表面或硬金属 | 0.05～0.2 | 1.6 |
| 油光齿 | 50～62 | 精加工时修光表面 | <0.05 | 0.8 |

注：粗齿相当于 1 号锉纹号；中齿相当于 2、3 号锉纹号；细齿相当于 4 号锉纹号；油光齿相当于 5 号锉纹号。

(2) 根据锉刀尺寸不同，又分为钳工锉和整形锉两种。钳工锉的形状及应用如图 6-24 所示，其中以平锉用得最多。整形锉尺寸较小，通常以 10 把形状各异的锉刀为一组，用于修锉小型工件以及某些难以进行机械加工的部位。钳工锉的规格以工作部分的长度表示，分为 100mm、150mm、200mm、250mm、300mm、350mm 和 400mm 七种。

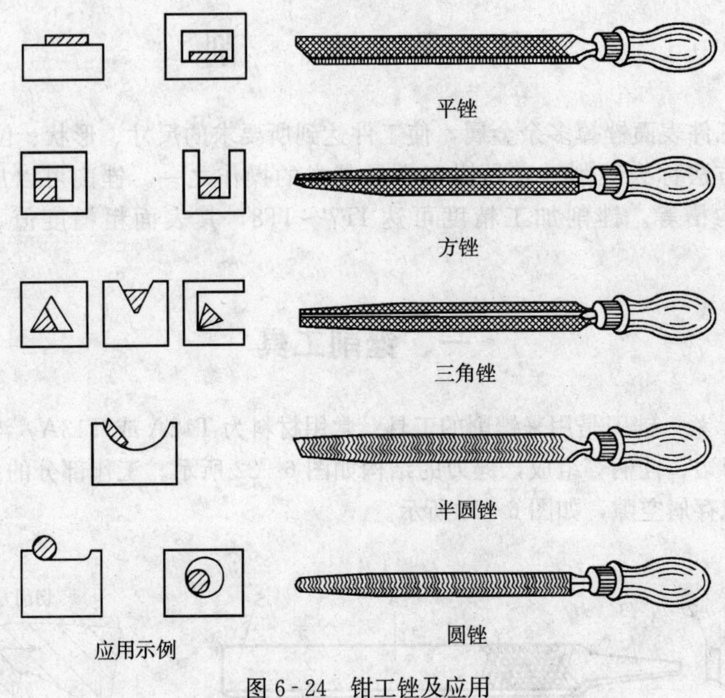

图 6-24　钳工锉及应用

## 二、锉削方法

### (一) 锉刀的使用方法

1. **把握方法**　锉刀的握法如图 6-25 所示，使用较大的平锉时，用右手握住锉刀柄，左手压在锉刀前端上，保持锉刀水平。使用中小型锉刀时，因需力较小，可用左手的大拇指和食指捏着锉端，引导锉刀水平移动。整形锉刀用右手握住即可。

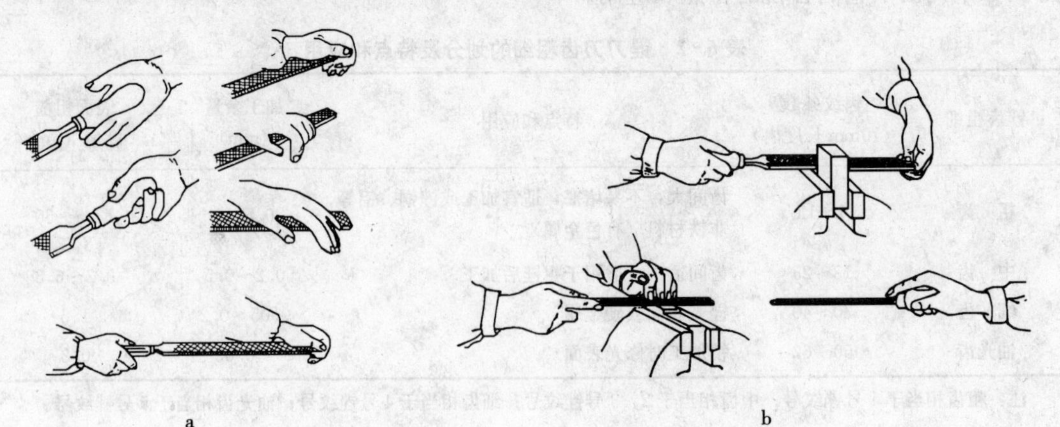

图 6-25　锉刀的握法
a. 大锉刀的握法　b. 中、小锉刀的握法

2. **锉削时左右手压力的要领**　为使锉出的平面表面平整，必须使锉刀在推锉过程中保

持水平位置而不上下摆动。刚开始往前推锉刀时，即开始位置，左手压力大，右手压力小，两力应逐渐变化，至中间位置时两力相等，再往前锉时右手压力逐渐增大，左手压力逐渐减小。这样使左右手的力矩平衡，使锉刀保持水平运动。否则，开始阶段锉柄下偏，后半段时前段下垂，会形成前后低而中间凸起的表面。锉平面时的施力图如图 6-26 所示。

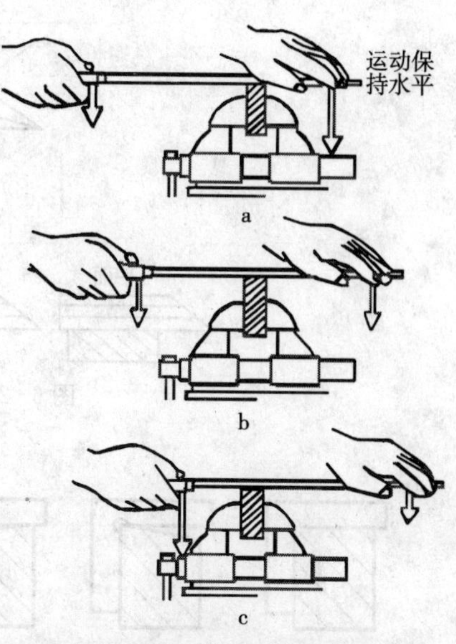

图 6-26　锉平面的施力图

a. 开始位置　b. 中间位置　c. 终了位置

**（二）平面的锉削方法**

1. 正确选择锉刀　通常先按加工面的形状和大小选择锉刀的截面形状和规格，再按工件的材料、加工余量、加工精度和表面粗糙度来选用锉刀齿纹的粗细。粗锉刀的齿间空隙大，不易堵塞，适宜加工铝、铜等硬度较低材料的工件，以及加工余量较大、精度较低和表面质量要求低的工件。细锉刀适宜加工钢材、铸铁以及精度和表面质量要求高的工件。油光锉一般只用来修光已加工表面。具体可参考表6-2。

2. 正确装夹工件　工件应装夹在台虎钳钳口中间位置，夹持牢固、可靠，但不致引起工件变形，锉削表面要略高于钳口。夹持已加工表面时，应在钳口处垫以铜片或铝片，以防夹伤已加工表面。

3. 正确选择和使用锉削方法　锉削平面的方法有交叉锉法、顺向锉法和推锉法三种，如图 6-27 所示。交叉锉法是先沿一个方向锉一层，然后转 90°左右再锉。其切削效率较高，因锉纹交叉，所以容易判断表面的不平整程度，有利于把表面锉平。加工余量较大时一般先采用交叉锉法。顺向锉法是始终沿锉刀长度方向锉削，其锉纹一致，一般用于锉平或锉光。推锉法是两手横握锉刀，推与拉均施力的锉削方法。其切削量较小，可获得较好的表面粗糙度。推锉法尤其适用于加工较窄的表面，以及用顺向锉法锉刀前进受到阻碍的情况。

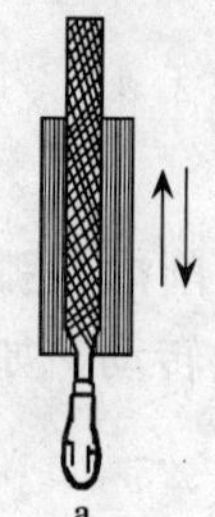

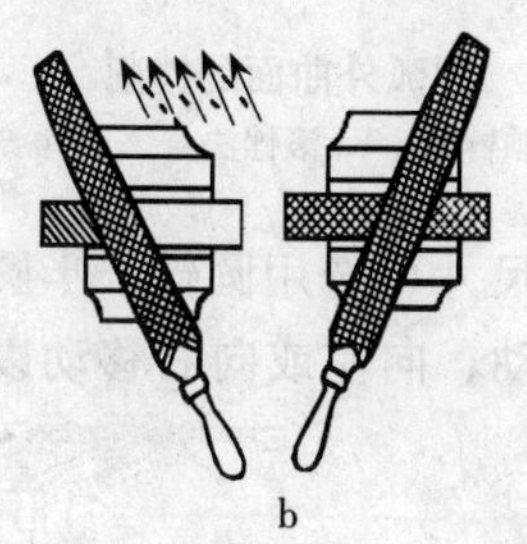

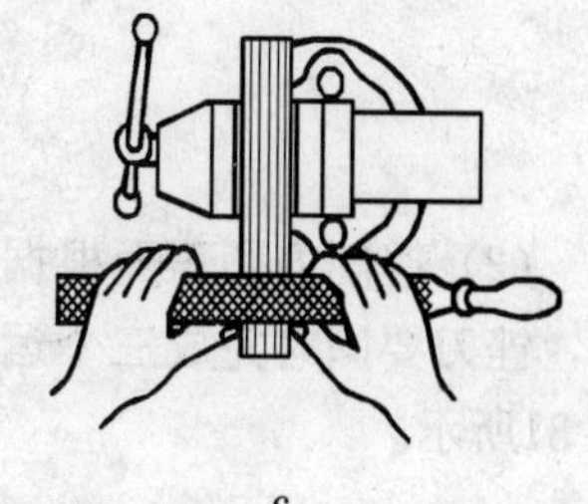


图 6-27　锉削平面方法

a. 顺向锉　b. 交叉锉　c. 推锉

4. 仔细检查反复修整　尺寸通常用游标卡尺和千分尺检查，直线度、平面度及垂直度可用刀口形直尺、90°角尺等来检查。根据是否透光来检查，检查方法如图 6-28 和图 6-29 所示。

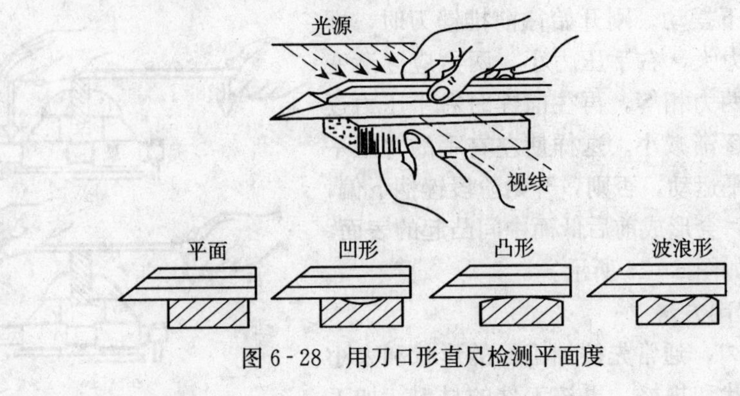


图 6-28　用刀口形直尺检测平面度

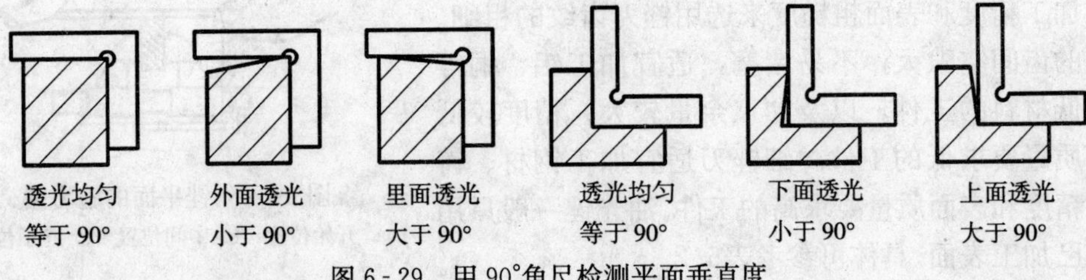


图 6-29　用 90°角尺检测平面垂直度

**（三）圆弧面的锉削方法**

（1）锉削外圆弧面可选用平锉，粗加工时可横着圆弧锉，叫顺锉法；精加工时则要顺着圆弧锉，叫滚锉法，此时锉刀的运动是前进运动和绕工件中心转动的组合，如图 6-30 所示。

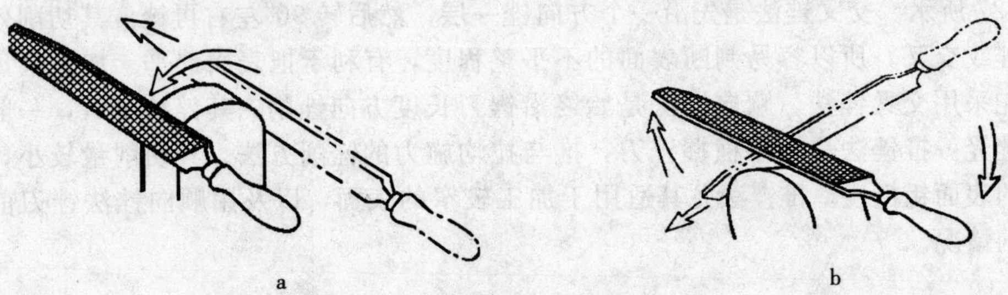


图 6-30　圆弧外曲面的锉削

a. 顺锉法　b. 滚锉法

（2）锉削内圆弧面根据不同的加工尺寸可选用圆锉、半圆锉或椭圆锉。锉削内圆弧面时，锉刀要同时完成三个运动：前进运动、向左或向右移动以及绕锉刀中心线转动，如图 6-31所示。

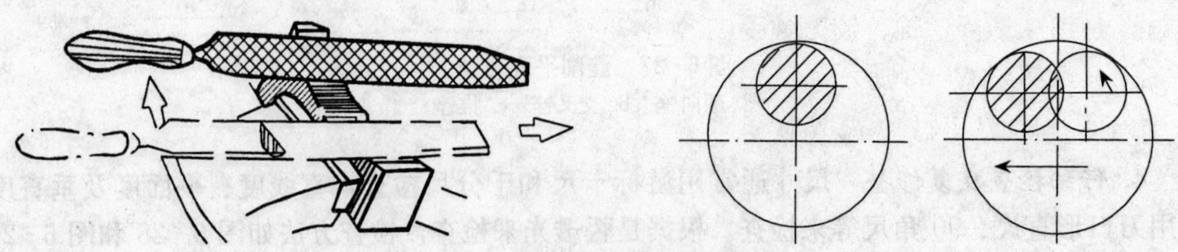

图 6-31　圆弧内曲面的锉削

**（四）锉削注意事项**

（1）锉刀必须装柄后使用，以免刺伤手心。

（2）锉削时不应触摸工件表面或锉刀表面，以免油污后再锉时打滑。

（3）不可用锉刀锉硬皮、氧化皮或淬硬的工件，以免锉齿过早磨损。

（4）锉刀被切屑堵塞，应用钢丝刷顺着锉纹方向刷去锉屑。

（5）锉刀材质脆硬，不可敲打撞击，锉刀放置在工作台上时不可伸出工作台面，以免碰落摔断或砸伤脚面。

## 第五节　攻螺纹和套螺纹

利用丝锥加工出内螺纹的操作称做攻螺纹（俗称攻丝）。用板牙在工件圆柱表面上加工出外螺纹的操作称作套螺纹（俗称套丝或套扣）。

### 一、攻 螺 纹

**（一）攻螺纹工具**

1. 丝锥　丝锥是加工螺纹的工具。丝锥一般用碳素工具钢 T12A 或合金工具钢 9SiCr 经滚牙（或切牙）、淬火回火制成。丝锥的结构如图 6-32 所示，工作部分有 3～4 条轴向容屑槽，可容纳切屑，并形成丝锥的刀刃和前角；切削部分呈圆锥形，故切削部分齿形不完整，且逐渐升高；校准部分的齿形完整，可校正已切出的螺纹，并起修光和导向作用；柄部末端有方头，以便用丝锥扳手装夹和旋转。

为减少切削阻力，提高丝锥使用寿命。丝锥通常做成 2～3 支一组。M6～M24 的丝锥 2 支一组，小于 M6 和大于 M24 的 3 支一组。小丝锥强度差，易折断，将切削余量分配在三个等径的丝锥上。大丝锥切削的金属量多，应逐渐切除，分配在三个不等径的丝锥上。

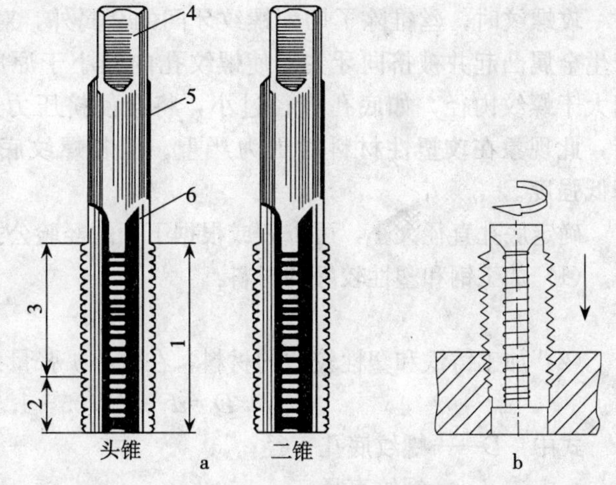


图 6-32　丝锥及其应用

a. 结构　b. 应用

1. 工作部分　2. 切削部分　3. 校准部分　4. 方头　5. 柄部　6. 槽

2. 丝锥扳手　丝锥扳手（俗语铰杠）是用来夹持丝锥、铰刀的手工旋转工具，如图 6-33 所示。常用的是可调式丝锥扳手，即转动一端手柄，可调节方孔大小，以便夹持各种不同尺寸的丝锥。

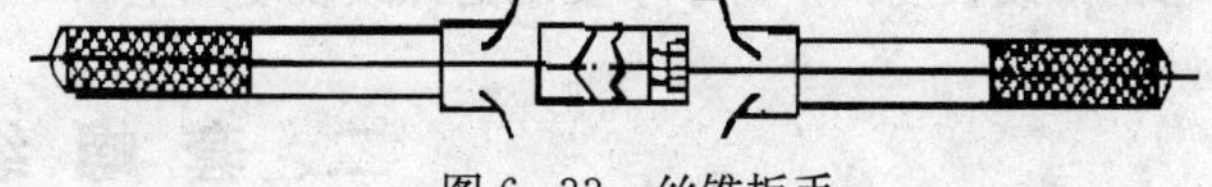

图 6-33　丝锥扳手

**（二）攻螺纹方法**

攻螺纹时，先用头锥起攻，将丝锥方头夹到丝锥扳手方孔内，丝锥垂直地插入孔口，双手均匀加压，转动丝锥扳手。当头锥拧入孔内1～2圈后，用90°角尺在两个垂直平面内进行检查，如图6-34和图6-35所示，以保证丝锥与工件表面垂直。旋入3～4圈后可只旋转不施压。此后每旋转半圈至一圈，应倒转1/4圈，以便断屑。头锥攻完后依次用二锥或三锥继续攻制螺纹，直到螺纹符合要求，此时只需旋转丝锥扳手，而不必施压。

攻不通孔螺纹时，要及时清除积屑。丝锥顶端接近孔底时，要特别留意扭矩变化，若扭矩明显增大，应头锥和二锥交替使用。

攻普通碳素钢工件时，可加机械油润滑；攻铸铁工件时，采用手攻不必加润滑油，机攻可加注煤油，以清洗切屑。

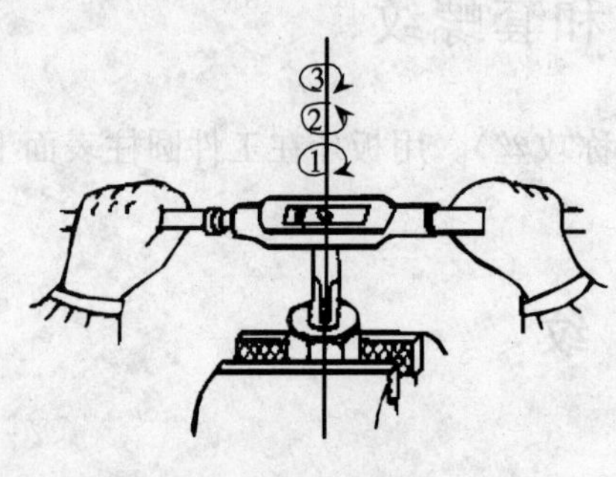

图6-34 攻螺纹

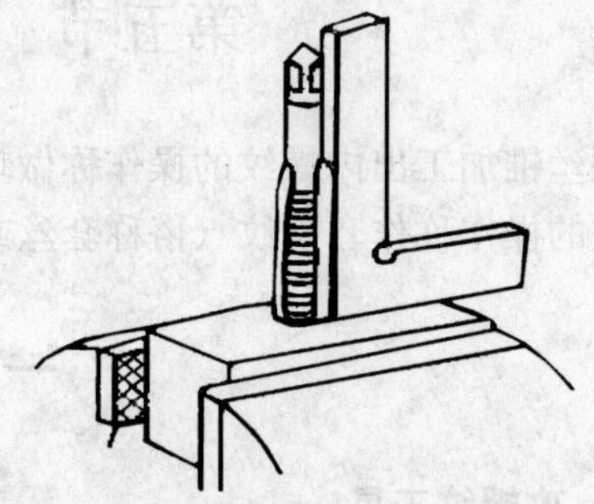
图6-35 用90°角尺检查丝锥位置

**(三) 螺纹底孔的确定**

攻螺纹时，丝锥除了切削螺纹牙间的金属外，对孔壁也有着严重的挤压作用，因此会产生金属凸起并被挤向牙尖，使螺纹孔内径小于原底孔直径。因此攻螺纹的底孔直径应稍大于螺纹内径，如底孔直径过小，将会使挤压力过大，导致丝锥崩刃、卡死，甚至折断，此现象在攻塑性材料时更为严重。但若螺纹底孔过大，又会使螺纹牙型高度不够，降低强度。

确定底孔直径大小，可查表或根据下面的经验公式计算。

(1) 加工钢和塑性较好的材料：

$$D=d-P$$

(2) 加工铸铁和塑性较差的材料，在较小扩张量条件下：

$$D=d-(1.05\sim1.1)P$$

式中 $D$——螺纹底孔直径；

$d$——螺纹直径；

$P$——螺距。

攻不通孔螺纹时，因丝锥不能在孔底部加工出完整的螺纹，所以螺纹底孔深度应大于所要求的螺纹长度，不得小于要求的螺纹长度加上0.7倍螺纹外径。

## 二、套螺纹

**(一) 套螺纹工具**

1. 板牙和板牙架

(1) 板牙：加工外螺纹的工具，用合金工具钢9SiCr、9Mn2V或高速钢并经淬火回火制成。板牙的构造如图 6-36 所示，由切削部分、校准部分和排屑孔组成。它本身就像一个圆螺母，只是在它上面钻有几个排屑孔，并形成切削刃。

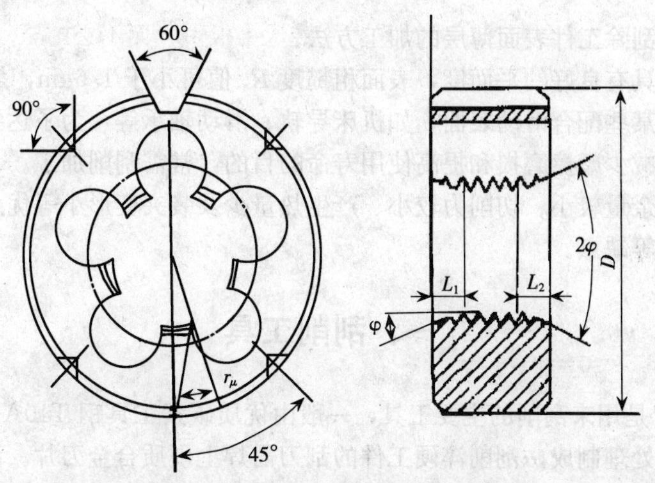


图 6-36　板牙（圆板牙）的构造

切削部分是板牙两端带有切削锥角（$2\varphi$）的部分，起着主要的切削作用。板牙的中间是校准部分，起着修光、导向和校准螺纹尺寸的作用。板牙的外圈有一条深槽和四个锥坑，深槽可微量调节螺纹直径大小，锥坑用来在板牙架上定位和紧固板牙。

（2）板牙架：板牙架是用来夹持圆板牙并传递扭矩的工具，如图 6-37 所示。

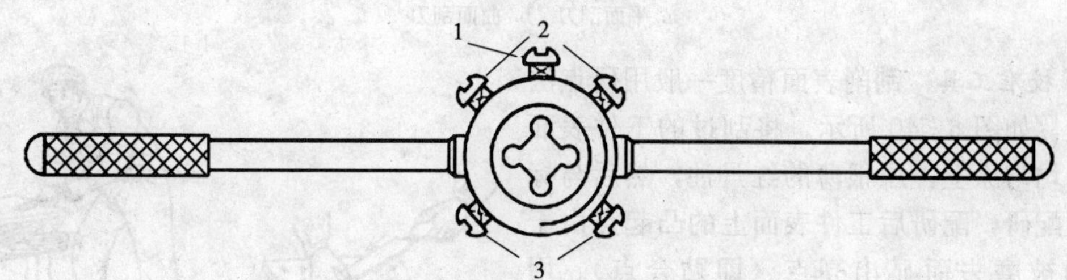


图 6-37　板牙架

1. 撑开板牙螺钉　2. 调整板牙螺钉　3. 紧固板牙螺钉

2. *套螺纹方法*　套螺纹前的圆杆端部应有 15°～40°倒角，使板牙容易切入，同时可避免螺纹加工完成后螺纹端部出现锋口，影响使用。工件伸出钳口的长度，在不影响螺纹要求长度的前提下，应尽量短一些。套螺纹过程与攻螺纹相似。

3. *套螺纹前圆杆直径的确定*　与攻螺纹的切削过程类似，板牙的切削刃除了起切削作用外，对工件的外表面同样起着挤压作用。所以圆杆直径不宜过大，过大会使板牙切削刃受损；太小则套出的螺纹不完整。圆杆直径 $d'$可用下面经验公式计算：

$$d' \approx d - 0.13P$$

式中　$d$——螺纹外径；

　　　$P$——螺纹的螺距。

# 第六节 刮 削

刮削是用刮刀刮除工件表面薄层的加工方法。

刮削后的表面具有良好的平面度，表面粗糙度 $R_a$ 值可小于 1.6μm，是钳工中的一种精密加工。零件上的某些配合滑动表面，如机床导轨、滑动轴承等，为了达到配合精度、增加接触表面的面积、减少摩擦磨损和提高使用寿命的目的，常需刮削加工。

刮削具有切削余量较小、切削力较小、产生热量少及装夹变形小等优点，但也存在劳动强度大、生产率低等缺点。

## 一、刮削工具

1. 刮刀　刮刀是用来刮削的主要工具，一般由优质碳素工具钢 T10A～T12A 或 GGr15 轴承钢锻造后经热处理制成。刮削淬硬工件的刮刀需焊上硬质合金刀片。刮刀分为平面刮刀和曲面刮刀，如图 6-38 所示。平面刮刀端部在砂轮上磨出锋利的刃口，必须用油石磨光，刮削时平面刮刀的握法如图 6-39 所示。曲面刮刀的形状很多，其中最为常用的是三角刮刀。

图 6-38 刮 刀

a. 平面刮刀 b. 曲面刮刀

2. 校准工具　刮削表面精度一般用研点法来检验，如图 6-40 所示。将刮过的工件表面擦净，均匀涂上一层很薄的红丹油，然后与标准平板配研，配研后工件表面上的凸起点由于红丹油被磨去而显出亮点（即贴合点）。用 25mm×25mm 的面积贴合点的点数与分布疏密程度来表示刮削表面的精度。普通机床导轨面为 12～16 点，精密机床导轨面为 16～20 点。

图 6-39 平面刮刀的握法

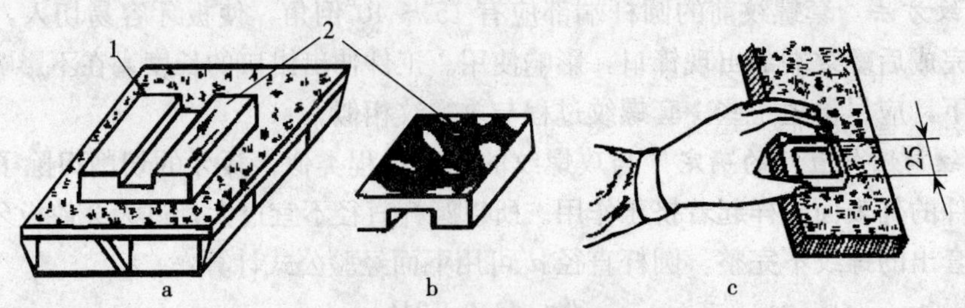


图 6-40 研点法检验

a. 配研 b. 显出的贴点数 c. 精度检验

1. 标准平板 2. 工件

## 二、刮削方法

### (一) 刮削平面

平面刮削是用平面刮刀刮削平面的操作，刮刀如图 6 - 38 所示，主要用于刮削平板、工作台、导轨面等。按其加工质量不同可分为粗刮、细刮、精刮和刮花。

1. 粗刮　当工件表面粗糙、有锈斑或加工余量较大（超出 0.05mm）时，应先进行粗刮。粗刮刮去的金属较多，行程较长，宜选用宽刃口的长刮刀，施用较大的压力。刮刀运动方向与工作表面残留的机械加工刀痕方向约成 45°，应多次交叉进行，直至机加工刀痕全部刮除。

2. 细刮　粗刮后选用较短的刮刀进行细刮，细刮的压力小、行程短，它将粗刮后的贴合点逐个刮去，经反复多次细刮，直至贴合点数达到要求。细刮时须同一方向刮削，刮第二遍时要与前一遍成 90°角交叉刮削，以消除原方向的刀迹。

3. 精刮　将大而宽的贴合点全部刮去，中等大小的贴合点在中部刮去一小块，小点子则不刮。经反复研点与刮削，使贴合点数目逐渐增多，直到符合要求为止。如精密机床导轨面贴合点数须达 24～30 个。精刮刀短而窄，刀痕也短（3～5mm）。

4. 刮花　在刮削平面上刮出花纹即刮花。刮花的目的有三个：一是使刮削平面美观；二是保证其表面有良好的润滑；三是可凭刀花在使用过程中的消失情况判断其磨损程度。

### (二) 刮削曲面

对于某些要求较高的滑动轴承的轴瓦、衬套等，也需进行刮削，以得到良好的配合精度。图 6 - 41 为用三角刮刀刮削轴瓦。研点方法是轴上涂色，然后与轴瓦配研。

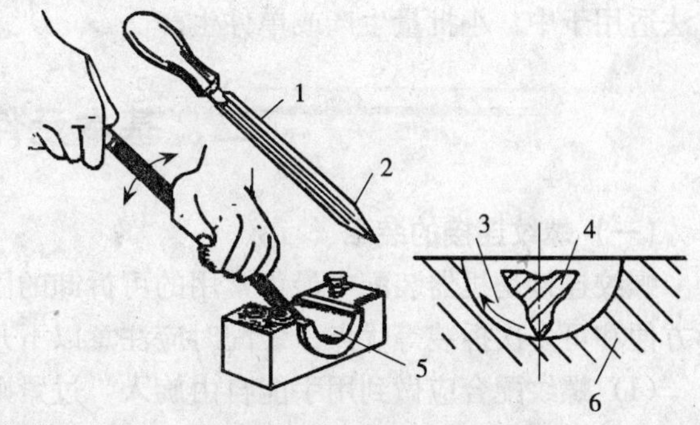


图 6 - 41　用三角刮刀刮削轴瓦

1. 三角刮刀　2. 切削部分　3. 刮削方向　4. 刮刀切削部分　5. 轴瓦　6. 工件

# 第七节　装　　配

将合格的零件按装配工艺组装起来，经过调试使之成为合格产品的过程称为装配。它是机器生产工艺过程的最后一道工序，对产品质量起决定性的作用。

## 一、常用的装配方法

为了使装配产品符合技术要求，对不同精度的零件装配，采用不同的装配方法。常用的装配方法有完全互换法、选配法、修配法和调整法。

1. 完全互换法　在同类零件中，任取一件不需经过其他加工就可以装配成符合规定要求的部件或机器的性能，称为零件的互换性。具有互换性的零件，可以用完全互换法进行装配，如自行车的装配方法。完全互换法操作简单，生产效率高，便于组织流水作业，零件更换方便。但对零件的加工精度要求比较高，一般在零件生产中需要专用工、夹、模具来保证零件的加工精度，适合大批量生产。

2. 选配法（分组装配法） 在完全互换法所确定的零件的基本尺寸和偏差的基础上，扩大零件的制造公差，以降低制造成本。装配前，可按零件的实际尺寸分成若干组，然后将对应的各组配合进行装配，以达到配合要求。例如柱塞泵的柱塞和柱塞孔的配合、内燃机活塞销与活塞销孔的配合、车床尾座与套筒的配合。选配法可提高零件的装配精度，而且不增加零件的加工费用。这种方法适用于成批生产中某些精密配合处。

3. 修配法 在装配过程中，修去某一预先规定零件上的预留量，以消除积累误差，使配合零件达到规定的装配精度。例如，车床的前后顶尖中心要求等高，装配时可将尾座底座精磨或修刮来达到精度要求。采用修配法装配，扩大了零件的公差，从而降低生产成本；但装配难度增加，时间增长，在单件、小批量生产中应用很广。

4. 调整法 装配中还经常利用调整件（如垫片、调整螺钉、楔形块等）的位置，以消除相关零件的积累误差来达到装配要求。例如，用楔铁调整机床导轨间隙。调整法装配的零件不需要进行任何加工，同样可以达到较高的装配精度。同时还可以进行定期再调整，这种方法适用于中、小批量生产或单件生产。

## 二、基本元件的装配

### （一）螺纹连接的装配

螺纹连接是机器装配中最为常用的可拆卸的固定连接，它具有结构简单、连接可靠、装拆方便和可多次拆装等优点。装配时应注意以下几点。

（1）螺纹配合应做到用手能自由旋入，过紧则会咬坏螺纹，过松受力后螺纹容易断裂。

（2）螺栓、螺母端面应与螺纹轴线垂直，以使受力均匀。

（3）零件与螺栓、螺母的配合面应平整光洁，否则螺纹易松动。为了提高贴合质量，可加平垫片。

（4）装配成组螺钉、螺母对时，为了保证零件的贴合面受力均匀，应按一定顺序拧紧，如图 6-42 所示。而且不要一次完全旋紧，应按图 6-42 中顺序分两次或三次旋紧。

（5）对有振动状态下工作的螺纹连接要有防松措施，常用的防松措施如图 6-43所示。

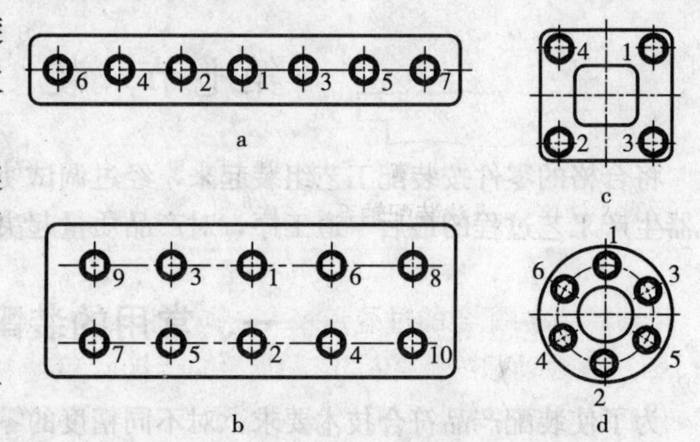

图 6-42 螺母拧紧顺序

a. 条形 b. 长方形 c. 方形 d. 圆形

### （二）滚动轴承的装配和拆卸

（1）滚动轴承的装配：滚动轴承工作时，多数情况是轴承内圈随轴转动，外圈在孔内固定不动。因此，轴承内圈与轴的配合要紧一些。滚动轴承的装配

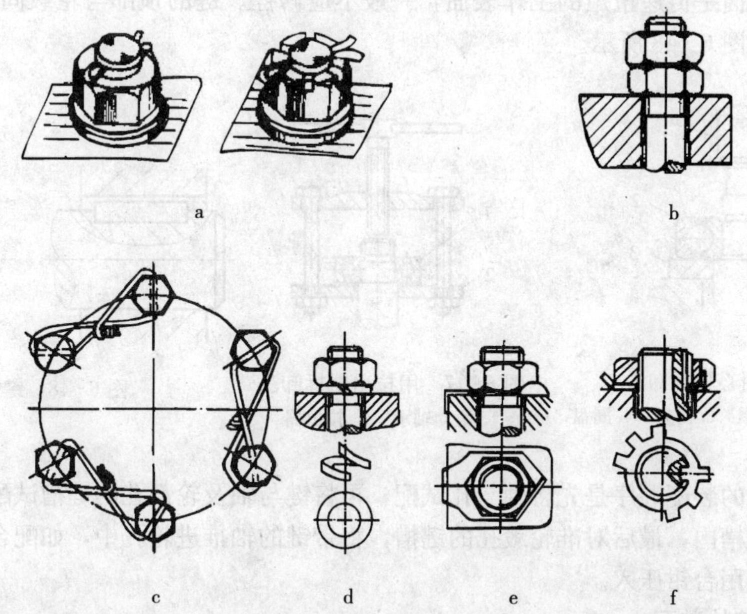


图 6-43　螺母连接的防松装置

a. 开口销　b. 自锁螺母　c. 钢丝　d. 弹簧垫圈　e. 止退垫圈　f. 带翅垫圈

多数为过盈量较小的过渡配合，常用手锤或压力机压装，如图 6-44 所示。为使轴承受力均匀，常采用垫套加压。轴承压到轴上时，应通过垫套施力于内圈端面，如图 6-45a 所示；轴承压到机体孔中时，则应施力于外圈端面，如图 6-45b 所示；若同时压到轴上和机体孔中时，则内、外圈端面应同时加压，如图 6-45c 所示。

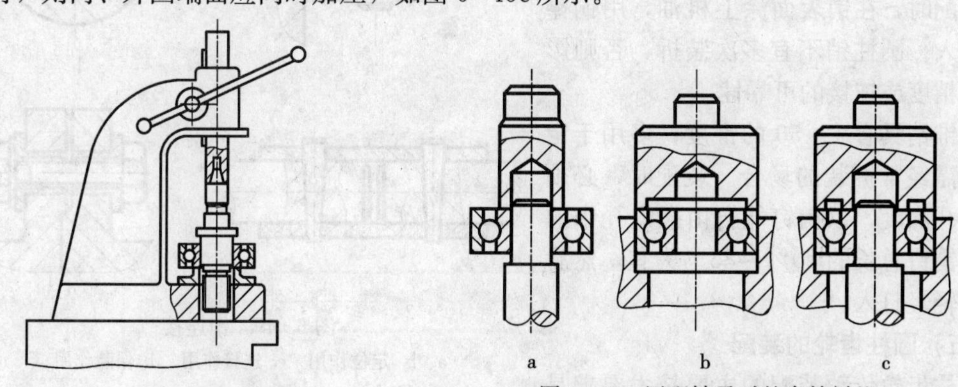


图 6-44　压入法装配轴系

图 6-45　压配轴承时的套筒衬垫

a. 内圈—轴颈的装配　b. 外圈—轴承孔的装配

c. 内外圈同时压入轴颈与轴承孔

若轴承与轴配合的过盈量较大，最好将轴承吊在 80～90℃热油中加热，然后趁热装入。

(2) 滚动轴承的拆卸：滚动轴承的拆卸常用两种方法：用心轴拆卸法，如图 6-46 所示；用拉出器拆卸法，如图 6-47 所示。

**(三) 键连接的装配**

键连接是用于传动扭矩的固定连接，如轴和轮毂的连接。键装配时应注意以下两点。

（1）键的侧面是传递扭矩的工作表面，一般不应修锉。键的顶部与轮毂间应有 0.1mm 左右的间隙，如图 6－48 所示。

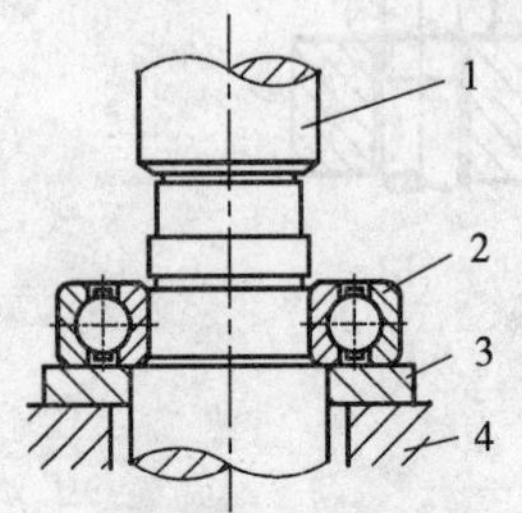


图 6－46　用心轴拆卸法

1. 心轴　2. 滚动轴承　3. 衬垫　4. 漏盘

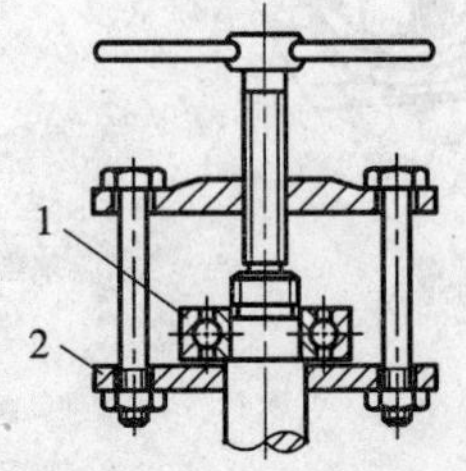


图 6－47　用拉出器拆卸法

1. 滚动轴承　2. 拉出器

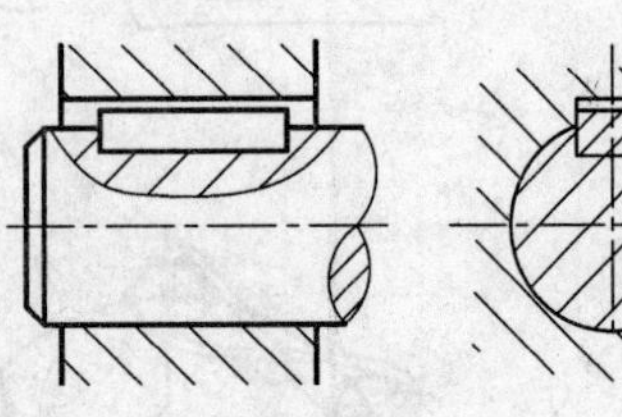

图 6－48　键连接

（2）键连接的装配顺序是先将轴与孔试配，再将键与轴及轮毂孔的键槽试配，然后将键轻轻打入轴的键槽内，最后对准轮毂孔的键槽，将带键的轴推进轮孔中，如配合较紧，可用铜棒敲击进入或用台钳压入。

**（四）销连接的装配**

销连接主要用来定位或传递不大的载荷，有时用来起保护作用，如图 6－49 所示。常用的销分为圆柱销和圆锥销两种。

销连接装配时，被连接的两孔需同时钻、铰，销孔实际尺寸必须保证销打入时有足够的过盈量。

圆柱销依靠其少量的过盈固定在孔中。装配时，在销表面涂上机油，用铜棒轻轻打入。圆柱销不宜多次装拆，否则影响定位精度或连接的可靠性。

圆锥销具有 1∶50 的锥度，多用于定位以及需经常拆装的场合。装配时，必须控制铰孔深度，以销钉能自由插入孔中的长度占销钉总长的 80%～85%为宜，然后用铜棒轻轻打入。

图 6－49　销连接

a、b. 定位作用　c. 连接作用　d. 保险作用

**（五）圆柱齿轮的装配**

圆柱齿轮传动装配的主要技术要求是保证齿轮传递运动的准确性、相啮合的轮齿表面接触良好以及齿侧间隙符合规定等。

为使装配后达到上述要求，齿轮装到轴上，首先应检查齿圈的径向跳动和端面跳动，确定这两项的值在公差范围内。单件、小批生产时，可把装有齿轮的轴放在两顶尖之间，用百分表进行检查，如图 6－50 所示。其次应检查轮齿表面接触是否良好，可用涂色法检验，先在主动齿轮的工作齿面涂上红丹油，将相啮合的齿轮试转几圈，察看被动齿轮啮合齿面上的接触斑点的位置、形状和大小，具体接触状况如图 6－51 所示。齿侧间隙的测量一般可用塞规插入齿隙中进行检查，也可用百分表进行测量，如图 6－52 所示。用百分表法测齿侧间隙

时，先固定一个齿轮，使百分表测头与另一齿轮齿面接触，转动可动齿轮，使其从一侧啮合到另一侧啮合，百分表的读数差即齿侧间隙的大小。

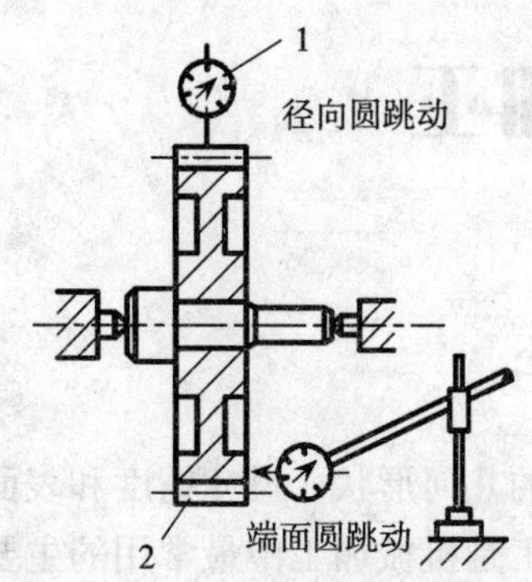


图 6-50　检查齿圈的径向跳动和端面跳动

1. 百分表　2. 齿轮

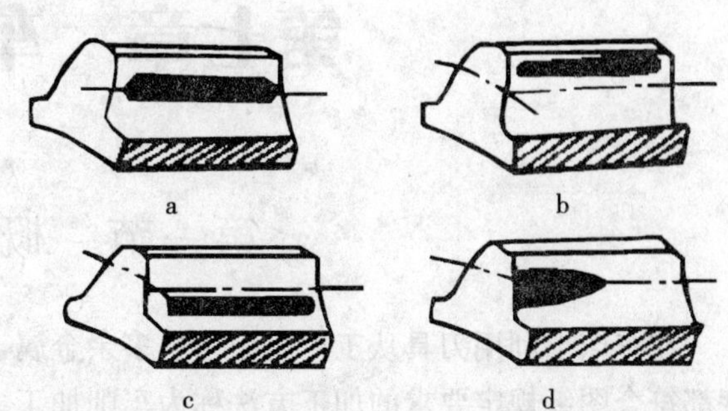


图 6-51　轮齿接触表面的检查

a. 接触良好　b. 中心距太大　c. 中心距太小　d. 中心线歪斜

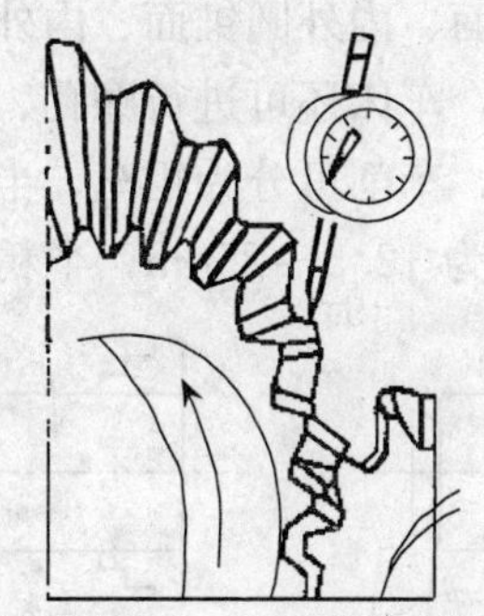

图 6-52　百分表法测齿侧间隙

## 复习思考题

1. 划线的作用是什么？有哪几种？如何选择划线基准？
2. 工件的水平位置和垂直位置如何找正？
3. 锯条如何选择？试分析崩齿和折断的原因。
4. 如何选择粗细锉刀？
5. 平面锉削的要点是什么？怎样检验工件的平面度和垂直度？
6. 攻螺纹前，怎样确定螺纹底径？
7. 攻不通孔螺纹时为什么丝锥不能攻到底？怎样确定孔的深度？
8. 攻螺纹前圆杆直径怎样确定？圆杆为什么要倒角？
9. 何谓刮削的研点法？如何进行？
10. 提高装配效率和质量的途径有哪些？

# 第七章　车削加工

## 第一节　概　　述

在车床上利用刀具从工件表面切去多余金属，使工件的几何形状、尺寸精度和表面粗糙度都符合图纸规定要求的加工方法称为车削加工。车削加工是机械加工中最常用的主要方法之一。在金属切削机床中，各类车床约占总数的50%。无论是在成批生产，还是在单件、小批量生产，以及在机械的维护、修理方面，车削加工都占有重要的地位。

车床的加工应用范围较广，如图7-1所示。在车床上使用不同的车刀或其他刀具，可以加工各种回转表面，如内外圆柱面、内外圆锥面、内外螺纹、回转成形面、回转沟槽、滚花及端面等；加上一些附件和夹具，车床还可进行磨孔、研磨、抛光和绕制弹簧等操作。当选用的刀具角度和切削用量不同时，车削可分为粗车、半精车和精车。粗车的尺寸公差等级为IT11～IT12，表面粗糙度 $R_a$ 值为12.5～25μm；半精车的尺寸公差等级为IT9～IT10，

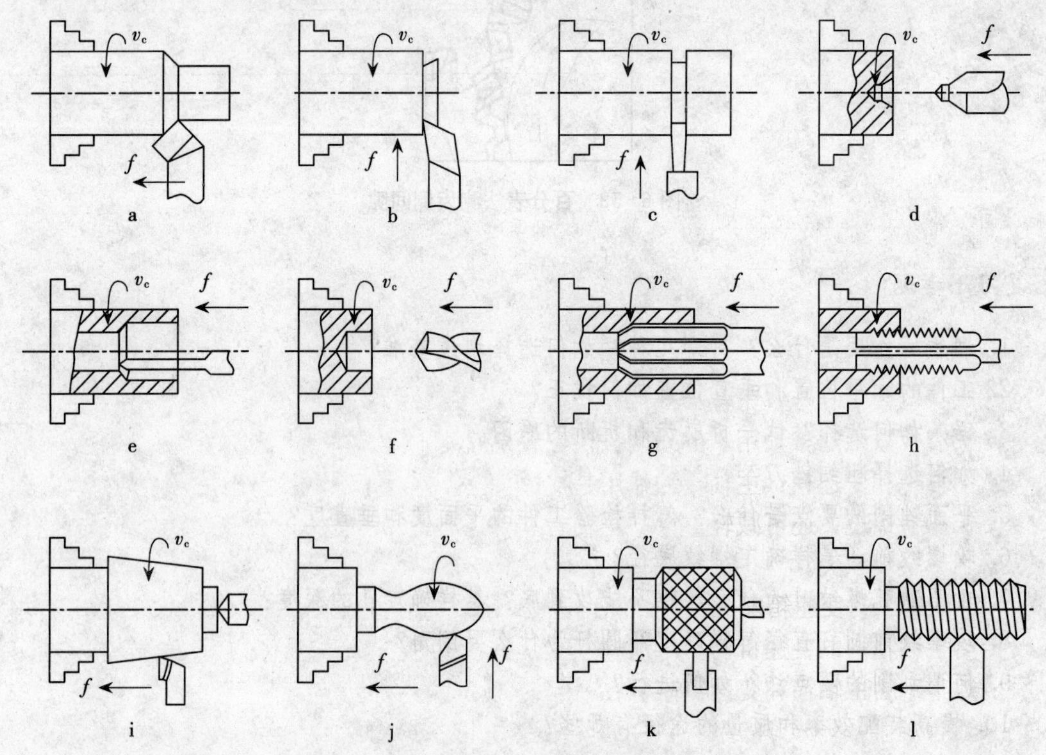


图7-1　车床的加工范围

a. 车外圆　b. 车端面　c. 切槽　d. 钻中心孔　e. 车孔（镗孔）　f. 钻孔　g. 绞孔　h. 攻螺纹　i. 车锥面　j. 车成形面　k. 滚花　l. 车螺纹

表面粗糙度 $R_a$ 值为 3.2～6.3μm；精车的尺寸公差等级为 IT7～IT8，表面粗糙度 $R_a$ 值为 0.8～1.6μm。

单件、小批量生产中，各种轴、盘、套等类零件多选用适应性广的卧式车床或数控车床进行加工；直径大而长度短（长、径比 $L/D$ 为 0.3～0.8）的重型零件，多用立式车床加工。

成批生产外形较复杂，且具有内孔及螺纹的中小型轴、套类零件，应选用转塔车床进行加工。

大批、大量生产形状不太复杂的小型零件，如螺钉、螺母、管接头、轴套类等零件，多选用半自动和自动车床进行加工，它的生产率很高，但精度较低。

# 第二节　普通车床

车床的种类很多，主要有卧式车床、转塔车床、立式车床、自动及半自动车床、仪表车床、数控车床等。其中应用最广泛的是卧式车床，适用于加工一般工件。

## 一、车床的型号及组成

目前实习常用卧式车床有 C6132、C6136、C6140 等几个型号。下面以 C6132 为例来说明其含义。

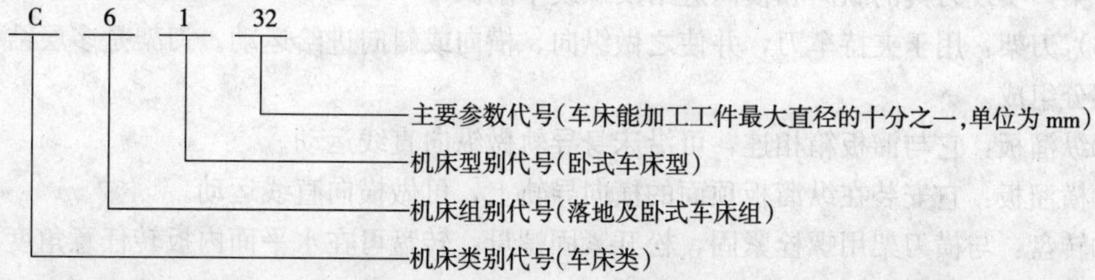


图 7-2 为 C6132 车床外形图。它是由床身、主轴箱、进给箱、溜板箱、尾座、刀架、光杠和丝杠等部分组成。

(1) 床身：用于安装车床各个部件，结构坚固，刚性好。床身上有四条平行导轨，外面两条供刀架溜板做纵向移动用，中间两条供安置尾座用。床身紧固在床腿上。

(2) 主轴箱和变速箱：主轴箱的作用是支撑主轴并使之以不同转速旋转。主轴是空心结构，以便长棒料穿过，还可减轻重量。主轴右端有外螺纹，用以连接卡盘、拨盘等附件，内有锥孔，用于安装顶尖。

C6132 型车床的变速箱安放在左床腿内腔中，车床电动机直接驱动齿轮变速机构，再经由皮带传给主轴箱内的变速机构，从而使主轴获得各种不同的转速。

大多数车床的主轴箱和变速箱是合在一起的，称为主轴变速箱或床头箱。C6132 型车床采用把主轴和变速系统分开的结构，称为分离驱动，这样可减小主轴振动，提高精度。

(3) 进给箱：固定在主轴箱下部的床身侧面，用于传递进给运动。改变进给箱外面的手柄位置，可使光杠或丝杠获得不同的转速。

(4) 溜板箱：它是车床进给运动的操纵箱，固定在刀架的下部。它把光杠和丝杠的转动

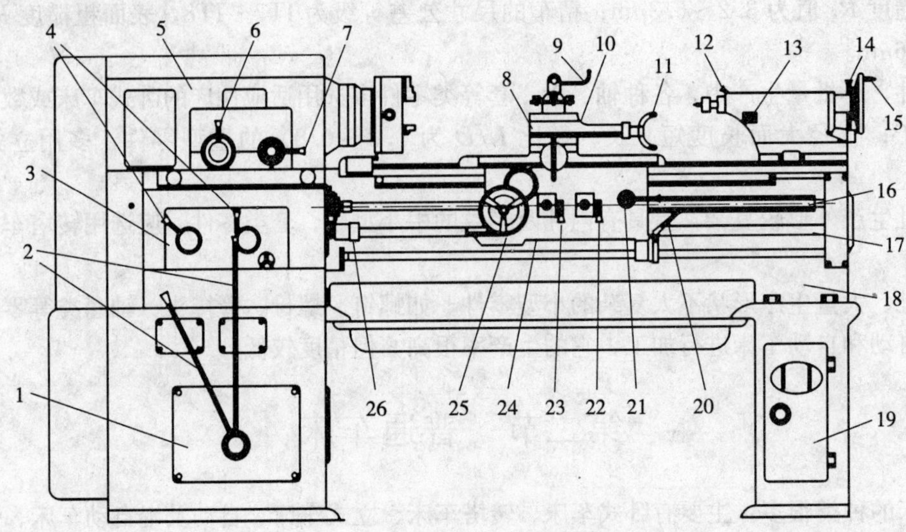


图 7-2　C6132 型车床的基本构造

1. 变速箱　2. 主运动变速手柄　3. 进给箱　4. 进给运动变速手柄　5. 主轴箱　6. 刀架移动换向手柄　7. 主运动变速手柄　8. 刀架横向移动手柄　9. 方刀架锁紧手柄　10. 刀架　11. 小刀架移动手柄　12. 尾架套筒锁紧手柄　13. 尾座　14. 尾座锁紧手柄　15. 尾架套筒移动手柄　16. 丝杠　17. 光杠　18. 床身　19. 床腿　20. 主轴正反转及停止手柄　21. 对开螺母开合手柄　22. 刀架横向自动手柄　23. 刀架纵向自动手柄　24. 溜板箱　25. 刀架纵向移动手轮　26. 光杠、丝杠切向离合器

传给刀架，实现刀具的纵向和横向进给及螺纹车削。

(5) 刀架：用于夹持车刀，并使之做纵向、横向或斜向进给运动。刀架是多层结构，由下列部分组成。

①纵溜板：它与溜板箱相连，可沿床身导轨做纵向直线运动。

②横溜板：它安装在纵溜板顶面的横向导轨上，可做横向直线运动。

③转盘：与横刀架用螺栓紧固，松开紧固螺母，转盘可在水平面内扳转任意角度，以加工圆锥面等。

④小溜板：它装在转盘上面的燕尾槽内，可做短距离的进给移动。

⑤方刀架：它固定在小溜板上可同时装夹四把车刀，松开锁紧手柄，即可转动方刀架，把所需要的车刀更换到工作位置。

(6) 尾座：尾座用于安装后顶尖以支持工件，或安装钻头、铰刀等刀具进行孔加工。它由套筒、尾座体、底座等几部分组成。转动手轮，套筒可前后伸缩。当套筒退到底时，便可顶出顶尖或钻头等工具。

## 二、C6132 车床的传动系统

机床的传动有机械、液压、气动、电气等多种形式，其中最常见的是机械传动和液压传动。

C6132 车床的传动是典型的机械传动。为了便于分析，按 GB 4460—84 国家标准规定的机构运动简图符号，将复杂的传动结构画成传动系统图，如图 7-3 所示，各传动元件按照运动传递的先后顺序，以展开图形式画出来，示意地表示出机床运动和传动情况，图 7-3 中罗马数字代表传动轴的编号，阿拉伯数字表示齿轮齿数和皮带轮直径，字母 M 表示离合器。

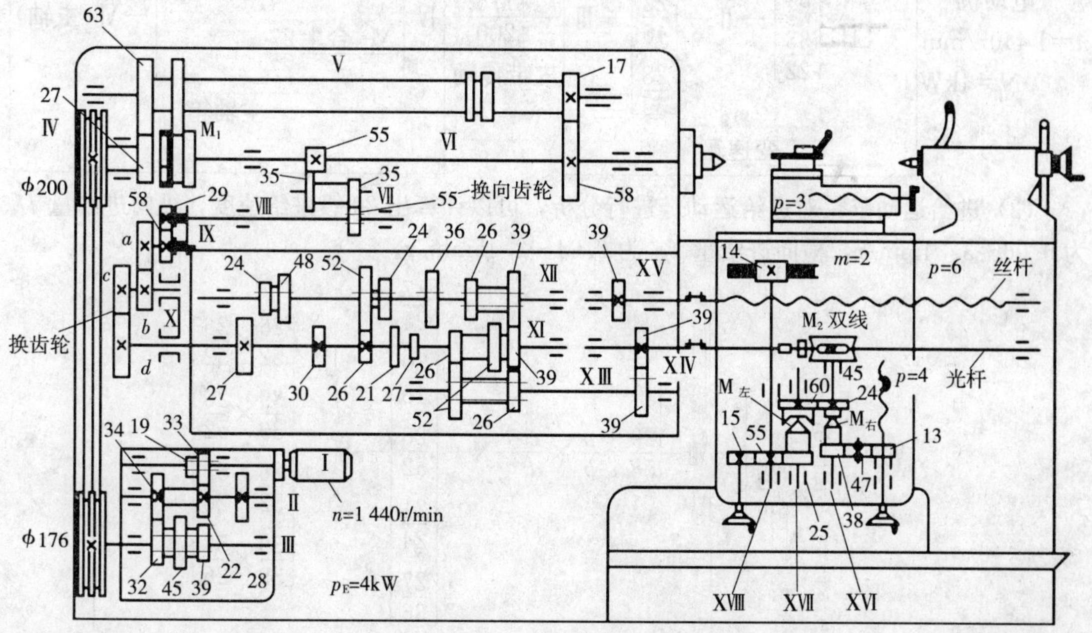


图 7-3　C6132 车床传动系统

1. 传动系统的组成　传动机构有齿轮传动、皮带传动、蜗轮蜗杆传动和丝杠螺母传动等。

（1）齿轮传动：系统中的齿轮传动有三种，即固定齿轮传动、滑移齿轮传动和交换齿轮传动，后两种用来改变机床部件的运动速度。齿轮传动的传动比为

$$i_{21}=\frac{n_2}{n_1}=\frac{Z_1}{Z_2}$$

式中　$n_1$，$Z_1$——主动轮的转速和齿数；

$n_2$，$Z_2$——被动轮的转速的齿数。

（2）皮带传动：用来在距离较大的变速箱输出轴和主轴箱输入轴之间传递运动，有缓和冲击、吸收振动的功效。

（3）蜗轮蜗杆传动：将光杠的转动改变方向，直角交错地传入溜板箱，同时进行减速。

（4）齿轮齿条传动：将溜板箱输出轴的转动变成大刀架的直线移动（纵向进给），当齿轮转动一周，大刀架移动量为 $\pi\times m\times Z$，其中，$m$ 及 $Z$ 为齿轮的模数和齿数。

（5）丝杠螺母传动：用来将转动变成刀架的直线移动，当丝杠转一周，螺母即移动一个螺距。

换向机构有两种，主轴的反转利用电动机直接反转获得，进给运动的方向通过换向齿轮来改变。

2. 机床的传动分析　由机床传动系统图可以写出主运动链和进给运动链，然后进行传动分析。

（1）主运动链：对主运动链进行分析，可以计算出 42～1 980 r/min 范围内的 12 级

转速。

$$\begin{matrix}\text{电动机}- \\ n=1\,440\text{r/min} \\ N=4\text{kW}\end{matrix}\underbrace{-\text{Ⅰ}-\left[\begin{matrix}\frac{19}{34}\\ \frac{33}{22}\end{matrix}\right]-\text{Ⅱ}-\left[\begin{matrix}\frac{34}{32}\\ \frac{22}{45}\\ \frac{28}{39}\end{matrix}\right]-\text{Ⅲ}}_{\text{变速箱}}-\underbrace{\frac{\phi176}{\phi200}}_{\text{皮带传动}}-\underbrace{\text{Ⅳ}\left[\begin{matrix}\text{M}_1\text{ 脱开}\frac{27}{63}-\text{Ⅴ}-\frac{17}{58}\\ \text{M}_1\text{ 合上}\frac{27}{27}\end{matrix}\right]}_{\text{主轴箱}}-\text{Ⅵ（主轴）}$$

（2）进给运动链：对进给运动链进行分析，可以计算出 20 级进给速度，纵向进给量 $f_{纵}$ 为 0.06～3.34mm/r，横向进给量 $f_{横}$ 为 0.04～2.45mm/r。

$$\underset{\text{（主轴）}}{\text{Ⅵ}}-\underset{\text{（换向齿轮）}}{\left[\begin{matrix}\frac{55}{55}\\ \frac{55}{35}\times\frac{35}{55}\end{matrix}\right]}-\text{Ⅷ}-\frac{29}{58}-\underset{\text{（配换齿轮）}}{\frac{a}{b}\times\frac{c}{d}}-\text{Ⅹ}-\left[\begin{matrix}\frac{27}{24}\\ \frac{30}{48}\\ \frac{26}{52}\\ \frac{21}{24}\\ \frac{27}{36}\end{matrix}\right]-\text{Ⅻ}-\underset{\text{（倍增机构）}}{\left[\begin{matrix}\frac{26}{52}\times\frac{26}{52}\\ \frac{39}{39}\times\frac{26}{52}\\ \frac{26}{52}\times\frac{52}{26}\\ \frac{39}{39}\times\frac{52}{26}\end{matrix}\right]}$$

$$-\text{Ⅷ}-\left[\begin{matrix}\frac{39}{39}-\text{ⅩⅤ}-\text{丝杠}\ (p=6)\ -\text{开合螺母}-\text{车削螺纹}\\ \frac{39}{39}-\text{ⅩⅣ}-\text{光杠}-\frac{2}{45}-\text{ⅩⅥ}-\left[\begin{matrix}\frac{24}{60}-\text{M}_{左}-\frac{25}{55}-\text{ⅩⅧ}-\frac{14}{\text{齿条}}-\text{纵向进给}\\ \text{M}_{右}-\frac{38}{47}\times\frac{47}{13}-\text{丝杠螺母}\ (p=4)\ -\text{横向进给}\end{matrix}\right]\end{matrix}\right]$$

## 三、机床的调整

机床调整的内容有选择主轴转速、选择进给量、选择螺距大小、采用手动进刀还是自动进刀等。这些调整是通过各种手柄的转换来实现的。车床上附有各种铭牌和指示牌，只要按照上面的指示来转换手柄位置即可实现机床的调整。

# 第三节　车　刀

## 一、车刀的种类及用途

车刀的种类很多，按用途可分为外圆车刀、端面车刀、车孔刀、切断刀、螺纹车刀和成形车刀等；按其形状分为直头刀、弯头刀、尖刀、圆弧车刀、左偏刀和右偏刀等，图 7-4 为常用车刀的形式。

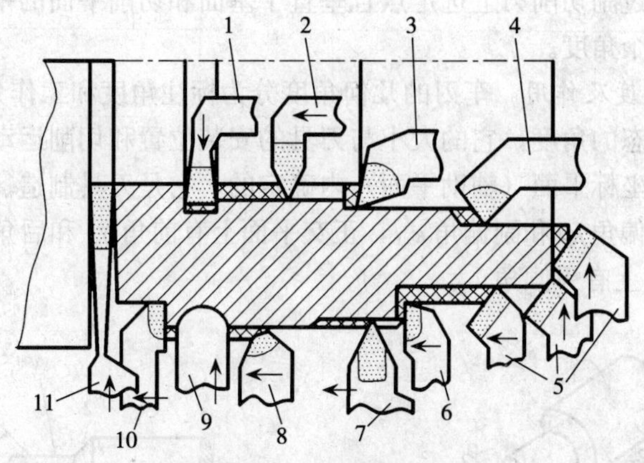


图 7-4　车刀的形式与用途

1. 内孔车槽车刀　2. 内螺纹车刀　3. 95°内孔车刀　4. 75°内孔车刀　5. 45°端面车刀弯头车刀　6. 90°偏刀外圆车刀　7. 外螺纹车刀　8. 75°外圆车刀　9. 成形车刀　10. 90°左切外圆车刀　11. 切断与车槽车刀

车刀按其结构可分为整体式、焊接式、机夹式和可转位式；按车刀刀头材料的不同，还可分为高速钢车刀和硬质合金车刀。

## 二、车刀的组成

车刀由刀杆和切削部分组成，如图 7-5 所示。刀杆用来将车刀固在车床方刀架上，切削部分则用来切削金属。切削部分由三面、两刃和刀尖组成。

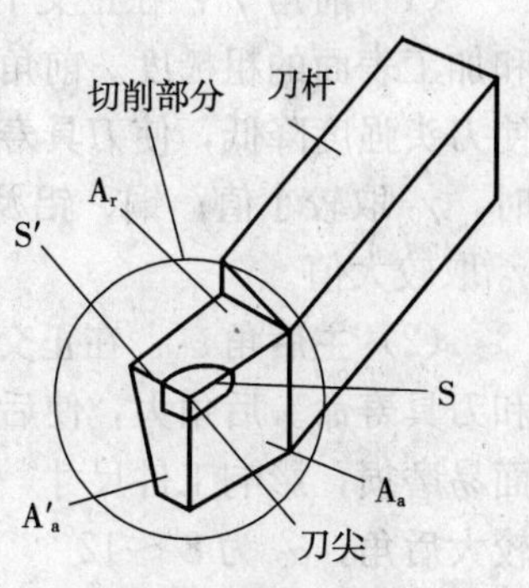


图 7-5　车刀的组成

前刀面 $A_r$，切屑沿前刀面流出；后刀面 $A_a$，对着过渡（加工）表面的刀面；副后刀面 $A'_a$ 对着已加工表面的刀面；主切削刃 S 为前刀面和后刀面的交线，它承担主要的切削工作；副切削刃 S′为前刀面与副后刀面的交线。在一般情况下，仅在靠近刀尖处的副切削刃参与少量切削工作，并起一定的修光作用；刀尖为主切削刃与副削刃的相交处，为了增加刀尖强度，实际上刀尖处都磨成一小段圆弧过渡刃。

## 三、车刀的几何角度

1. *车刀的辅助平面*　为了确定车刀的角度，需要建立辅助平面，车刀的辅助平面为基面、切削平面、正交平面与副正交平面（图 7-6）。

基面是通过切削刃上选定点且平行于刀杆底面的平面。车刀的基面平行于车刀底面，即水平面。

切削平面是通过主切削刃上选定点且与切削刃相切，并垂直于基面的平面，车刀的切削平面是垂直面。

正交平面是通过主切削刃上选定点且垂直于基面和切削平面的平面。

副正交平面是通过副切削刃上选定点且垂直于基面和切削平面的平面。在四个辅助平面上，车刀可以形成六个角度。

2. 车刀的几何角度及作用　车刀的几何角度分为标注角度和工作角度（图 7-7）。工作角度是刀具在工作状态的角度，它的大小与刀具的安装位置和切削运动有关。标注角度一般是在三个互相垂直的坐标平面（辅助平面）内确定的，它是刀具制造、刃磨和测量所要控制的角度。基面上有主偏角 $\kappa_r$ 和副偏角 $\kappa'_r$，正交平面上有前角 $\gamma_0$ 和后角 $\alpha_0$，副正交平面上有副后角 $\alpha'_0$，切削平面上有刃倾角 $\lambda_s$。

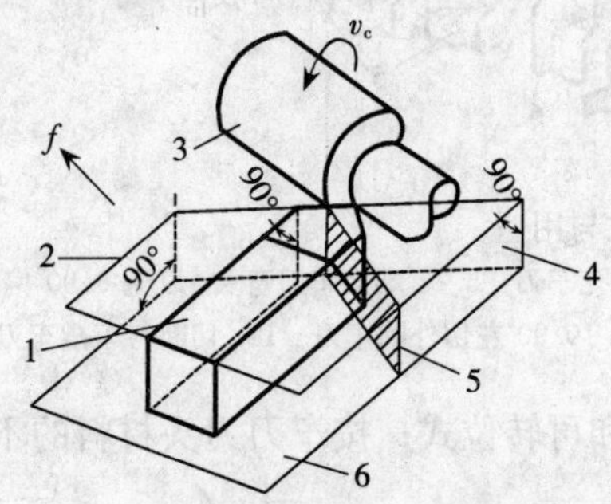


图 7-6　车刀的辅助平面

1. 车刀　2. 基面　3. 工件　4. 切削平面　5. 正交平面　6. 底平面

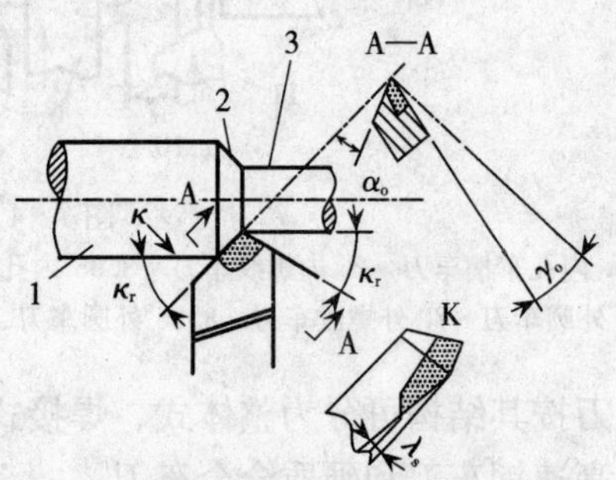


图 7-7　车刀的主要角度

1. 待加工面　2. 加工面　3. 已加工面

(1) 前角 $\gamma_0$：在正交平面内，基面与前刀面的夹角。它主要影响切削变形、刀具寿命和加工表面的粗糙度。前角大，车刀锋利，切削力小，加工表面粗糙度值小。但前角过大会使刀头强度降低，使刀具寿命下降。一般选取 $\gamma_0$ 为$-5°\sim30°$。当工件材料和刀具材料较硬时，$\gamma_0$ 取较小值；铜、铝及其合金的加工和精加工时，$\gamma_0$ 取大值；一般强度的钢加工时，$\gamma_0$ 取较大值。

(2) 主后角 $\alpha_0$：在正交平面内，切削平面与后刀面之间的夹角。它主要影响加工质量和刀具寿命。后角大，使后刀面与切削表面间的摩擦减小，提高了已加工表面质量；但后刀面易磨损，影响工件尺寸，降低刀具寿命。粗加工时选较小后角，$\alpha_0$ 为 $6°\sim8°$；精加工时选较大后角，$\alpha_0$ 为 $8°\sim12°$。

(3) 主偏角 $\kappa_r$：主切削刃与进给方向在基面上投影间的夹角。其大小对切削有以下影响：影响刀具的强度与寿命（刀具两次刃磨间纯切削的时间）；影响加工表面粗糙度；影响切削力的分配；影响断屑效果。例如，在同样的进给量 $f$ 或背吃刀量 $a_p$ 情况下，较小的主偏角可使主切削刃参加切削的长度增加，切屑变薄，使刀刃单位长度上的切削负荷减轻，切削较快；同时，也加强了刀尖强度，增大了散热面积，使刀具寿命延长。但主偏角小会引起径向切削力增大，工件易产生振动，断屑效果也较差。主偏角大，可使径向切削力减小，适合加工细长轴，且断屑容易。主偏角一般由车刀类型决定，常用的有 45°、60°、75°与 90°等（图 7-8 和图 7-9）。

(4) 副偏角 $\kappa'_r$：副切削刃与进给反方向在基面上投影间的夹角，它主要影响加工表面粗糙度和刀具的强度。副偏角小，则刀具的强度高，但会增加副后刀面与已加工表面之间的摩擦。选用合适的过渡刃尺寸，能改善上述不利因素，粗加工时起到提高刀具强度、延长刀具耐用度的作用，精加工时起到减小表面粗糙度的作用（图 7-10），一般选 $\kappa'_r$ 为 $5°\sim15°$。

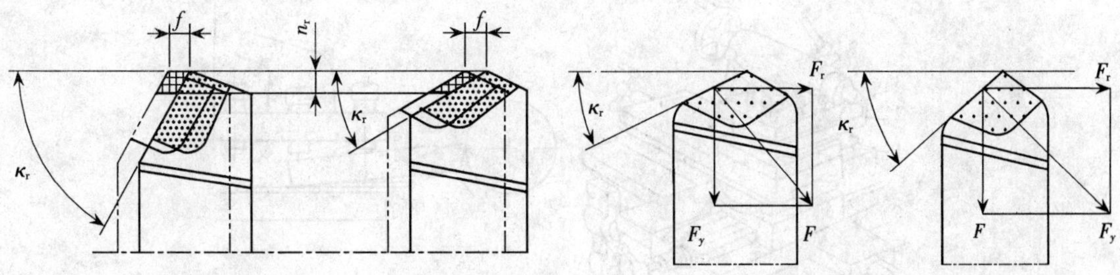


图 7-8 主偏角对切削宽度和厚度的影响　　图 7-9 主偏角对径向力的影响

(5) 刃倾角 $\lambda_s$：主切削刃与基面在切削平面上的投影间的夹角（图 7-11）。它主要影响切屑的流向和刀头强度。刃倾角为正值（刀尖位置最高）时，切屑向远离加工表面的方向流动；而刃倾角为负值时，切屑向加工表面的方向流动，受到该表面的阻碍而形成发条状的切屑。

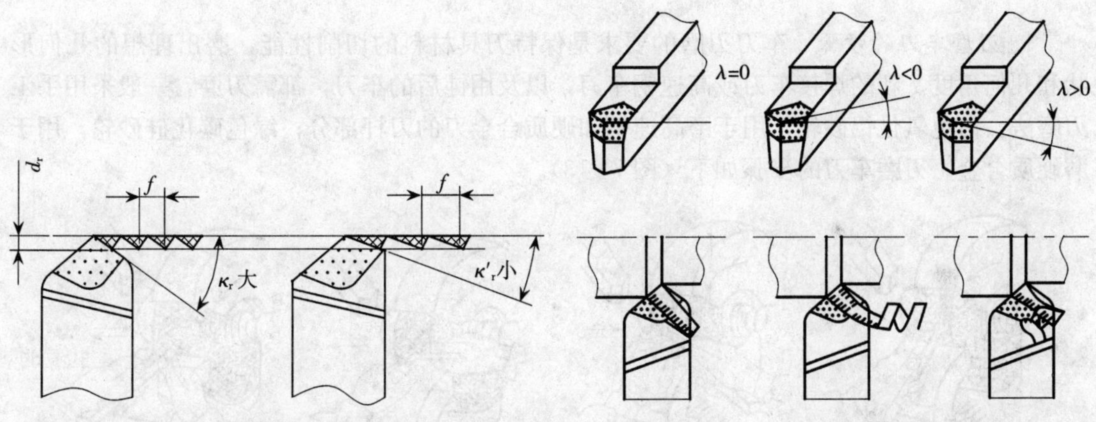


图 7-10 副偏角对残留面积的影响　　图 7-11 刃倾角对排屑方向的影响

(6) 副后角 $\alpha'_0$：在副正交平面内，副切削平面与副后面间的夹角。它用来表示副后刀面的方位，作用与后角 $\alpha_0$ 基本相同，除切断刀的副后角选得较小外（一般为 1°～2°），其他刀具的副后角数值与后角相同。

## 四、车刀的安装

车刀必须正确、牢固地安装在刀架上，如图 7-12 所示。安装车刀时应注意以下几点。

(1) 车刀伸出长度不能太长，在不影响观察的前提下，应尽量短，一般不超过刀杆厚度的两倍；否则易产生振动。

(2) 刀尖应与车床主轴中心线等高。车刀装得太高，后面与工件摩擦加剧；装得太低，切削时工件会被抬起。刀尖的高低，可根据尾座顶尖的高低来调整。

(3) 车刀底面的垫片要平整，并尽可能用厚垫片，以减少垫片数量。

(4) 车刀刀杆应与车床主轴轴线垂直，否则主副偏角均发生变化。

(5) 车刀至少要用两个螺钉压紧在刀架上，并交替逐个拧紧。

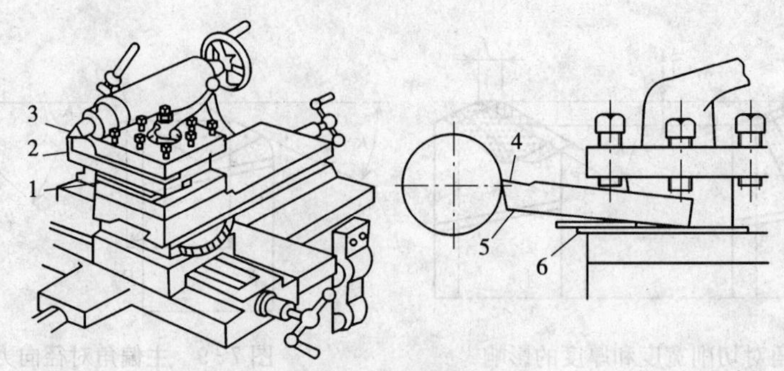


图 7-12 车刀的安装

1. 垫片 2. 车刀 3. 后顶尖 4. 刀尖与工件不等高 5. 刀尖伸出过长 6. 垫片放置不平整

## 五、车刀的刃磨

1. *刃磨车刀的步骤* 车刀刃磨的要求是保持刀具材料的切削性能，磨出理想的几何形状和几何角度。新的焊接车刀或高速钢车刀，以及用钝后的车刀，都需刃磨，一般采用手工刃磨法。白色氧化铝砂轮，用于磨高速钢和硬质合金刀的刀杆部分；绿色碳化硅砂轮，用于磨硬质合金。刃磨车刀的步骤如下（图 7-13）。

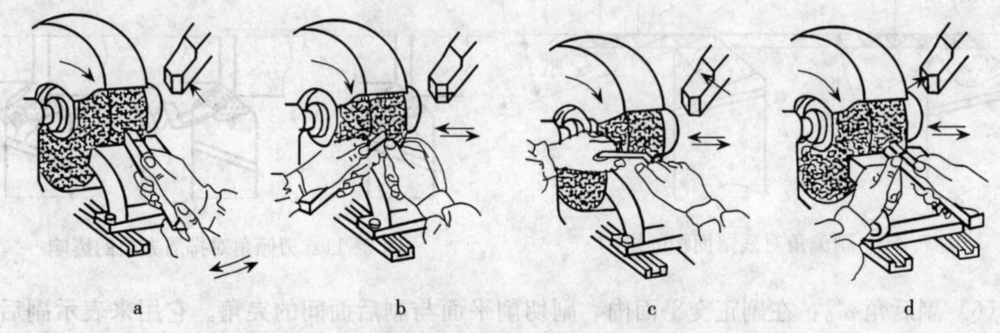


图 7-13 车刀刃磨

a. 磨主后刀面 b. 磨副后刀面 c. 磨前刀面 d. 磨刀尖圆弧

(1) 粗磨：磨后刀面（磨出车刀的主偏角 $\kappa_r$ 和后角 $\alpha_0$）、副后刀面（磨出车刀的副偏角 $\kappa'_r$ 和副后角 $\alpha'_0$）、前刀面（磨出车刀的前角 $\gamma_0$ 和刃倾角 $\lambda_s$）和卷屑槽，达到所需的后角、副后角及卷屑槽的深度、宽度和槽形。

(2) 精磨：除了对粗磨过的表面进行精磨外，还需进行负倒棱和磨刀尖圆角。若没有精磨砂轮，可用油石对刀具进行手工研磨，经过精磨的刀具，其寿命大大提高。

粗磨车刀选用粒度号小的砂轮，精磨选用粒度号大的砂轮。

2. *车刀刃磨时的注意事项*

(1) 操作者应站在砂轮的侧面，双手握稳刀具，车刀与砂轮接触时用力要均匀，压力不宜过大。

(2) 应使用砂轮的圆周面磨刀，并要左右移动刀具，以免砂轮被磨出沟槽。不可在砂轮的侧面用力粗磨车刀。

(3) 刃磨高速钢刀具时，要经常沾水冷却，以防刀具被退火而变软；磨硬质合金刀具时，不得沾水冷却，否则刀片会碎裂。

(4) 刃磨刀具时，要注意刀具温度的变化，不可用布、棉纱等包着刀具去磨，以免使手无法正确感觉刀具温度的变化。

3. *车刀和工件的冷却及润滑* 在切削过程中，由于绝大部分的切削功都转变为热能，故使工件、刀头以及切屑具有很高的温度。为了改善散热条件，延长刀具的使用寿命，防止工件因热变形而影响加工精度，避免灼热的切屑飞出伤人，必须使用切削液。切削液的主要作用是冷却和润滑，此外它还具有防锈和清洗的作用，是控制加工质量的重要措施之一。切削液包括以下三种。

(1) 水溶液：主要成分是水，它的比热容大，冷却性能好，为防止机床和工件生锈，常在水溶液中加入一定的防锈剂等添加剂，用于粗加工，且有一定的润滑性能。

(2) 乳化液：是将乳化油用95%～98%的水稀释而成，具有较好的流动性和冷却作用，并有一定的润滑作用。为了提高其润滑性能和防锈性能，可加入一定量的油性极压添加剂，配制极压乳化液和防锈乳化液。根据配制浓度的不同，可用于粗车、粗磨、精车、精磨、精镗和拉削等。

(3) 切削油：主要是矿物油，少数采用动植物或混合油。这类切削液比热容小，流动性差，主要起润滑作用，也有一定的冷却作用。常用于精加工工序，如精车、精刨、精磨、精铰等工序。

切削和刃磨时应当根据工件材料、刀具材料、加工方法和加工要求等选择切削液。高速钢粗加工时，应选用以冷却作用为主的切削液来降低切削温度；硬质合金刀具粗加工时，可以不用切削液，必要时采用低浓度的乳化液和水溶液，必须连续、充分地浇注。精加工时，主要提高加工表面质量和改善摩擦条件，应选用润滑作用较好的切削液，如高浓度乳化液或切削油等，以免腐蚀工件。加工铸铁、青铜、黄铜等脆性材料一般不用切削液，但在精加工时，为降低表面粗糙度，可采用煤油作为切削液。

## 第四节 工件的安装

在车床上安装工件，要求定位准确，夹紧可靠，能承受合理的切削力，便于加工，以达到预期的加工质量。适宜在车床上加工的工件可分为轴类工件、盘套类工件及其他类工件。车削不同类型工件时，应选用不同的附件来安装工件，常用的附件有三爪自定心卡盘、四爪单动卡盘、顶尖、中心架、跟刀架、花盘和弯板等。

### 一、轴类工件的安装

#### (一) 短轴的安装

三爪自定心卡盘（图7-14）是车床上最常有的附件。它的三个小锥齿轮与大锥齿轮啮合，大锥齿轮背面的平面螺纹又与三个卡爪背面的平面螺纹相啮合。当用卡盘扳手转动任何一个小锥齿轮时，大锥齿轮都将随之转动，从而带动三个卡爪在卡盘体的径向槽内同时做向心或离心运动，以夹紧或松开工件。在夹紧过程中，工件回转轴线可实现与车床回转轴线的

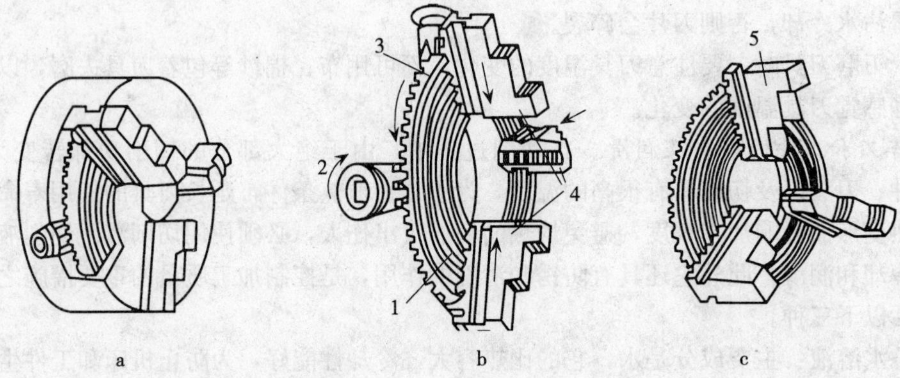


图 7-14　三爪自定心卡盘的构造

a. 外形　b. 结构　c. 反爪

1. 平面螺纹　2. 小锥齿轮（共三个）　3. 大锥齿轮（背面有平面螺纹）　4. 卡爪　5. 反爪

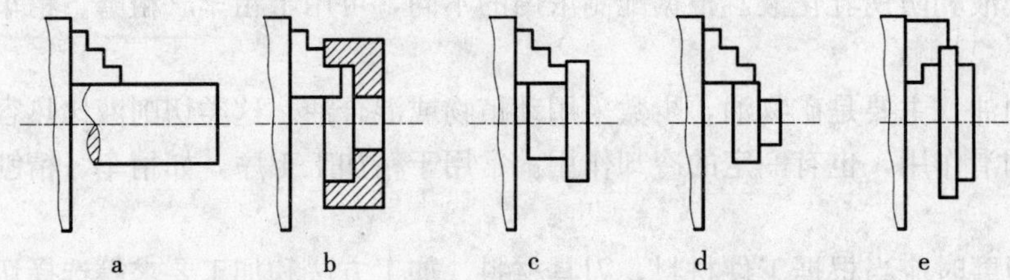


图 7-15　三爪卡盘安装工件的举例

a、c、d. 正爪装夹　b. 正爪反撑装夹　e. 反爪装夹

自动对中，其对中准确度一般为 0.05～0.15mm。用三爪自定心卡盘安装工件一般不需找正，故安装方便、迅速。但因其夹紧力较小，生产中主要用来安装截面为圆形或正六边形的中、小型工件，如图 7-15 所示。生产中加工短轴常在卧式车床上进行，采用三爪自定心卡盘安装工件。加工短轴（图 7-16）的常用刀具有外圆车刀、偏刀及切槽、切断刀等。

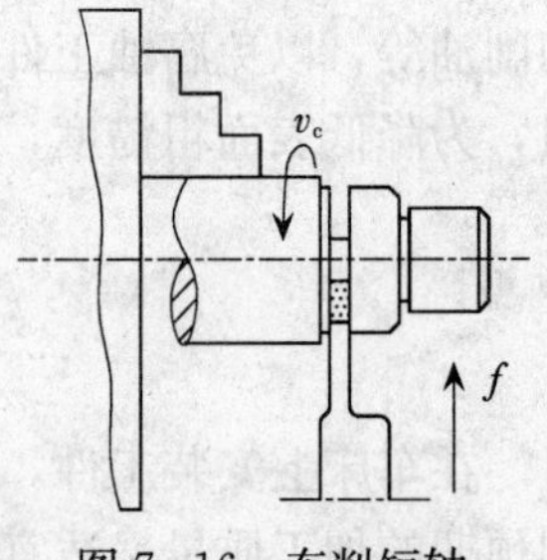


图 7-16　车削短轴

**（二）台阶轴（或长轴）的安装**

生产中常见的台阶轴有传动轴、主轴、偏心轴以及凸轮轴等。这类轴用以传递运动和扭矩，通常结构较复杂，加工工序较多，加工精度要求较高。

1. *工件安装方法*　台阶轴或长轴的安装方法是一端用卡盘、另一端用顶尖，或工件两端采用顶尖的安装方法（图 7-17 和图 7-18）。

用顶尖安装工件，必须先车平端面，并用中心钻在端面上钻出中心孔。常用中心孔的种类如图 7-19 所示。钻削中心孔时因其孔径尺寸小，为获得较小的表面粗糙度值，工件应选用较高的转速，中心钻应缓慢而均匀地做纵向进给。

顶尖分普通顶尖和活顶尖两种。普通顶尖（又称死顶尖）如图 7-20 所示，用它安装工件比较稳定，刚度较好，但由于工件与顶尖之间有相对运动，顶尖容易磨损。用普通顶尖安装工件时，中心孔中应填入黄油，再用顶尖顶住。顶紧力大小要适当，顶紧力过小，则刚度

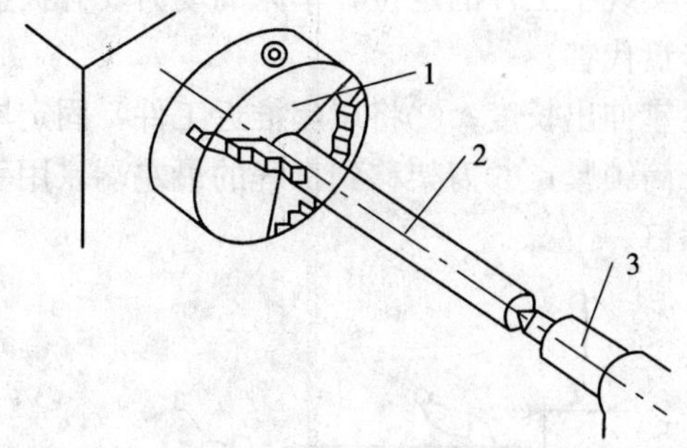


图 7-17　一端用卡盘、另一端用顶尖的安装方法
1. 三爪自定心卡盘　2. 工件　3. 尾顶尖

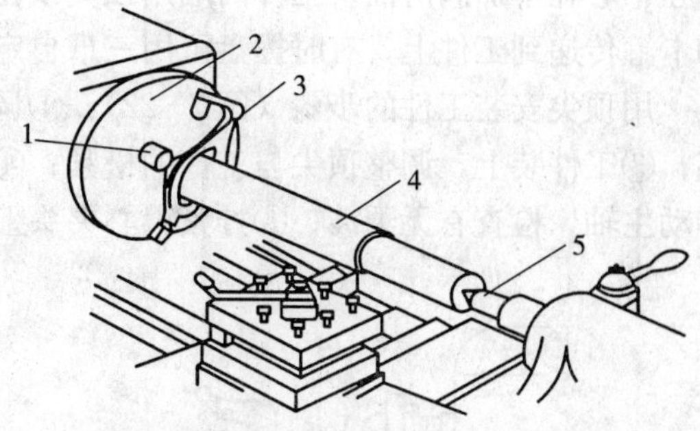


图 7-18　工件两端采用顶尖的安装方法
1. 前顶尖　2. 拨盘　3. 卡箍　4. 工件　5. 后顶尖

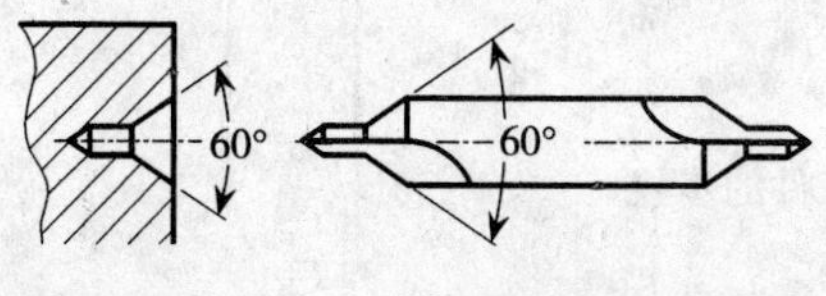


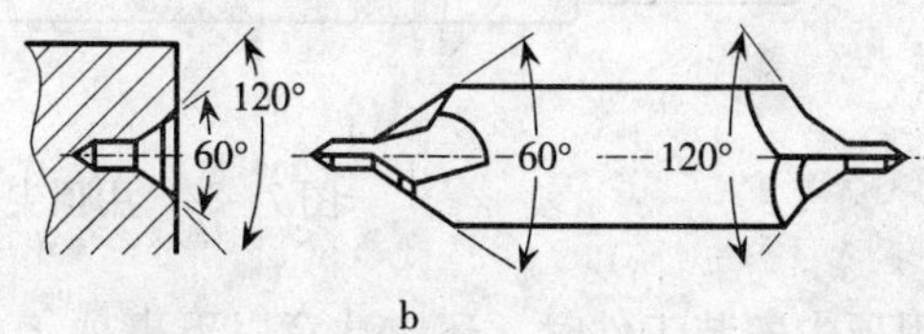


图 7-19　中心钻与中心孔
a. A 型中心孔　b. B 型中心孔

不好，工件转动时，容易出现晃动现象；顶紧力过大，会导致工件与顶尖之间摩擦力过大，严重时会导致顶尖的毁坏。当工件两端用顶尖顶住安装好时，用手用力转动工件，工件能自由转动 1～2 圈，这时认为顶紧力是合适的。

高速车削时，为了防止中心孔与顶尖之间由于摩擦而发热过大，一般采用活顶尖。活顶尖如图 7-21 所示，由于活顶尖内部有轴承，在车削时顶尖与工件一起转动，因此避免了工件中心孔与顶尖之间的摩擦。但它的刚度较差，一般适用于粗车和半精车。安装工件时，不

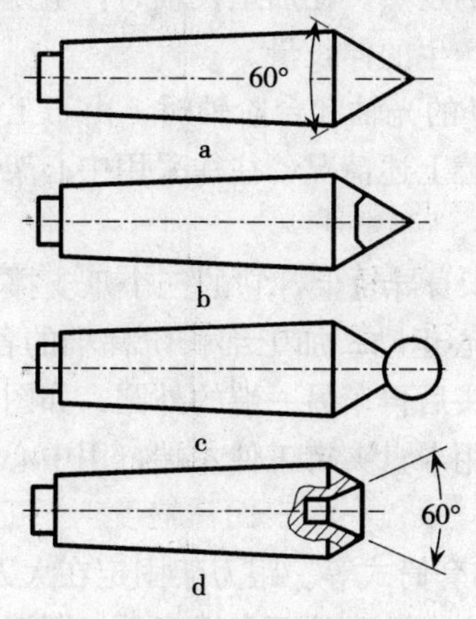


图 7-20　普通顶尖的类型
a. 普通顶尖　b. 硬质合金顶尖
c. 球头顶尖　d. 反顶尖，用于不能钻孔的工件

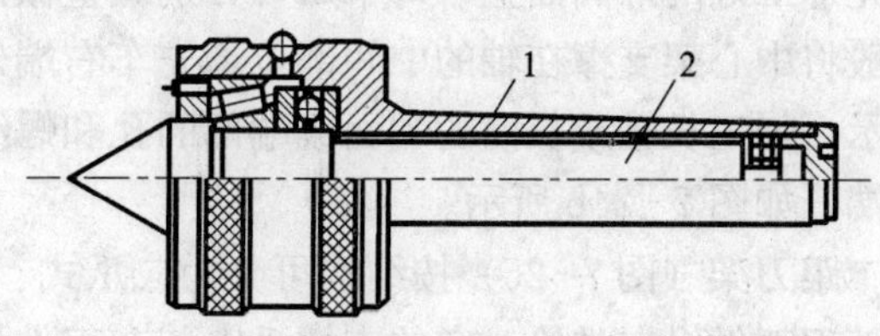


图 7-21　活顶尖
1. 顶尖外壳　2. 顶尖

需在中心孔中加润滑油。工件两端用顶尖顶住后，实现了工件的定位，车床的动力要有拨盘和卡箍传递到工件上，有时拨盘可用三爪自定心卡盘代替。

用顶尖安装工件的步骤（图 7-22)：①调整尾座伸出长度；②将尾座推近工件，固定尾座；③工件装上，调整顶尖与工件的松紧；④将套筒锁紧；⑤刀架移到行程的最左端，用手转动主轴，检查有无干涉；⑥拧紧鸡心夹头上的螺钉。

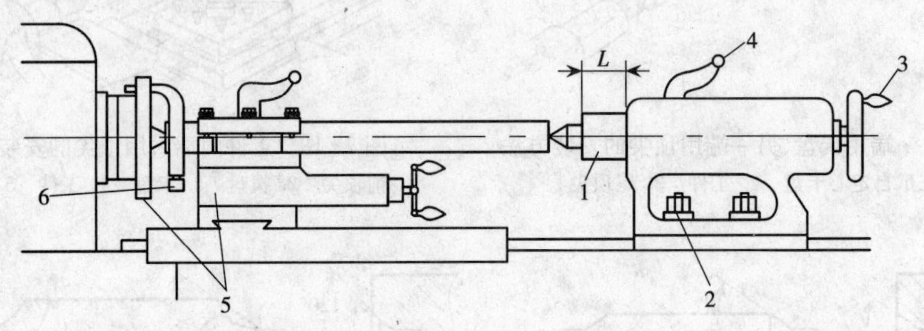


图 7-22　用顶尖安装工件的步骤

用顶尖安装工件时，还应注意以下事项。

(1) 由于顶尖是靠尾部的锥面与主轴或尾座内孔配合而装紧的，因此安装顶尖时，先要把顶尖尾部的锥面对应的锥孔擦干净，再用力将顶尖推入装紧。

(2) 前后顶尖应调整到与主轴轴线同轴，否则车出的工件将呈锥形。当前后顶尖不共线时，一般可调节尾座体的横向位置。调节时，可把尾座推至前后顶尖相近，调节到用目测观察前后顶尖基本对准，然后通过试车，测量外圆的锥度情况，再进一步微调，直到满足要求。

(3) 安装前要先检查工件端面的中心孔，要求中心孔形状正确，孔内光洁且无杂物。

(4) 尾座套筒伸出长度 $L$ 一般为 30～60mm，不宜过长，以免降低刚度。

(5) 用顶尖安装的工件在加工时，工件会因切削发热而伸长，导致顶紧力过大。因此，车削过程中应使用冷却液对工件进行冷却，以减少工件的发热。在加工长轴时，中途必须经常松开后顶尖，再重新顶上，以释放长轴因温度升高而产生的伸长量。

2. *常用附件*　加工长度与直径之比（$L/D$）大于 10 的光轴和台阶轴时，由于工件的刚度差，受径向切削分力的作用容易产生弯曲变形。为改善上述情况，往往采用中心架或跟刀架做辅助支撑。

中心架的结构如图 7-23 所示。中心架固定在车床床身导轨上，它的三个爪支撑在工件预先加工好的外圆面上，每个爪可分别调整做向心或离心运动。加工细长阶梯轴的各外圆，一般将中心架支撑在轴的中间部位，先车右端外圆，调头后再车另一端的外圆，如图 7-24a 所示。加工长轴或长筒的端面或端部的孔和螺纹等，可用卡盘夹持工件左端，用中心架支撑右端，如图 7-24b 所示。

跟刀架（图 7-25）按结构可分为二爪式、三爪式和套筒式等。跟刀架固定在大刀架上，并随刀架做纵向进给。它的支撑爪安装在工件易变形的方向上，从而支撑工件。跟刀架的安装及应用实例如图 7-26 所示。

车削细长光轴时，工件的安装及附件的选用与台阶轴相同。

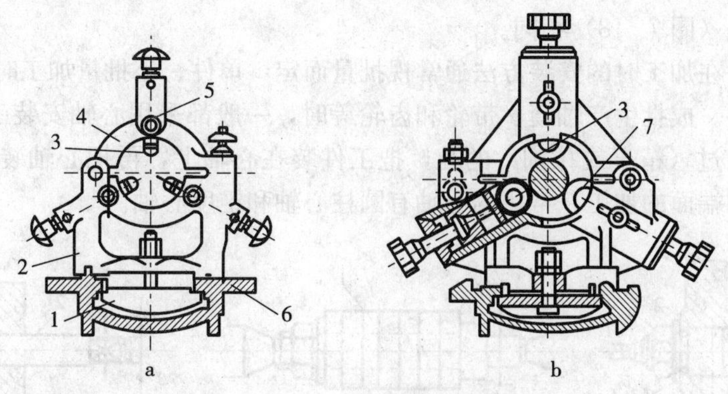


图 7 - 23　中心架的结构

a. 支撑爪中心架　b. 用滚珠轴承做支撑爪的中心架

1. 压板　2. 架座　3. 支撑爪　4. 架盖　5. 紧固螺钉　6. 床身导轨　7. 滚珠轴承

图 7 - 24　中心架的应用

a. 用中心架车外圆　b. 用中心架车端面

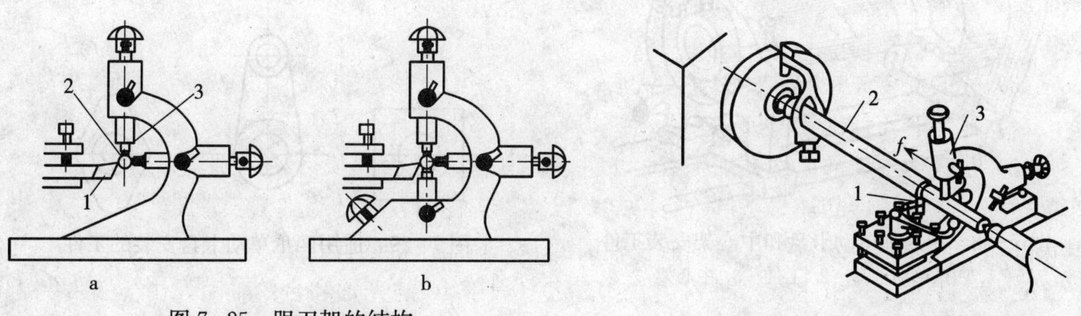


图 7 - 25　跟刀架的结构

a. 二爪式跟刀架　b. 三爪式跟刀架

1. 车刀　2. 工件　3. 支撑爪

图 7 - 26　跟刀架的安装及应用实例

1. 车刀　2. 工件　3. 跟刀架

## 二、盘套类工件的安装

通常生产中把长径比（$L/D$）较小、带有孔的回转体称为盘套类零件。盘套类零件的外圆相对于孔的轴线常有径向圆跳动的公差；两个端面相对于孔的轴线常有端面圆跳动公差。如果有关表面无法在三爪自定心卡盘的一次装夹中与孔同时精加工，则需在孔精加工之后，再装到心轴上进行精车，来保证上述位置精度要求。作为定位面的孔，其精度不应低于 IT8，表面粗糙度 $R_a$ 值不应大于 1.6$\mu$m。心轴在前后顶尖上安装方法与轴类零件两端采用顶尖的安装方法（图 7－18）相同。

盘套类工件在加工时的安装方法通常视批量而定，单件、小批量加工时，常用三爪自定心卡盘安装工件。成批生产轴套、带轮和齿轮等时，一般都采用心轴安装工件（图 7－27），此时利用精加工过（精车或拉削）的孔，把工件装在心轴上，再把心轴装在车床的两顶尖间，进行外圆和端面的加工。常用的心轴有圆柱心轴和锥度心轴。

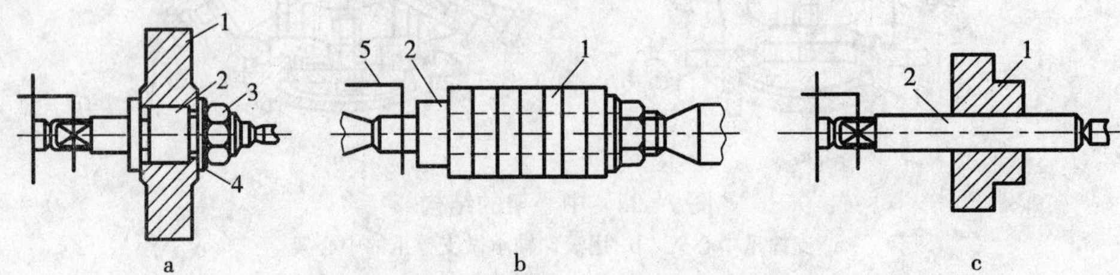


图 7－27　用心轴安装工件

a. 单个工件的安装　b. 多个工件的安装　c. 用锥度心轴安装工件

1. 工件　2. 心轴　3. 螺母　4. 垫圈　5. 拨盘

当加工较大尺寸的圆形截面工件时，常采用夹紧力较大的四爪单动卡盘，或将卡盘和中心架合用来安装工件（图 7－28）。此外，四爪单动卡盘还常用来安装截面为方形、长方形、椭圆或不规则形状的带有孔的工件（图 7－29）。

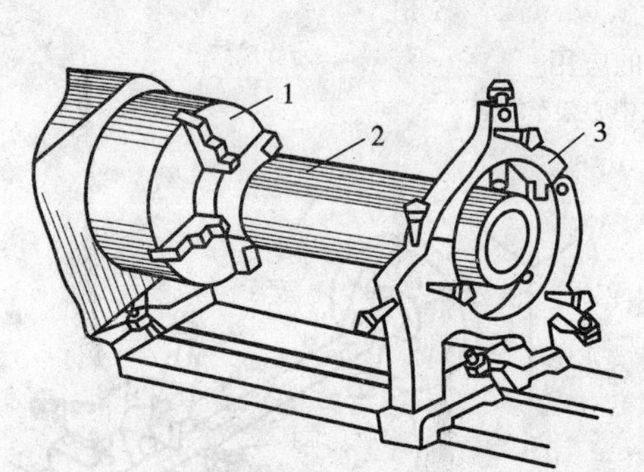


图 7－28　用四爪单动卡盘和中心架安装工件

1. 四爪单动卡盘　2. 工件　3. 中心架

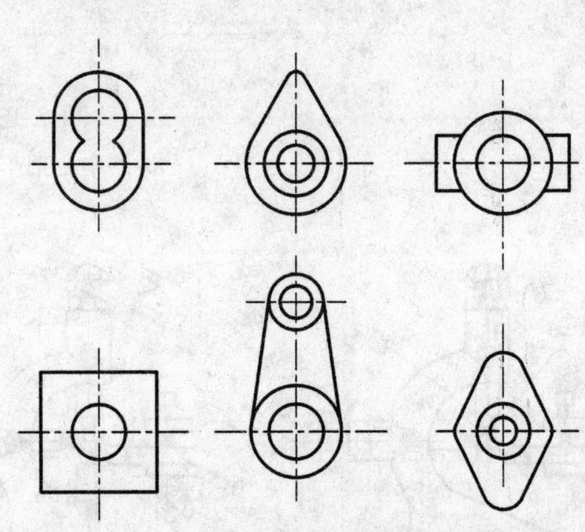

图 7－29　适用四爪单动卡盘安装的工件

四爪单动卡盘的四个卡爪都能单独做向心或离心移动。安装工件时，为使工件的回转轴线与车床主轴的轴线重合，必须仔细找正（图 7－30），其找正精度取决于所用的找正方法。

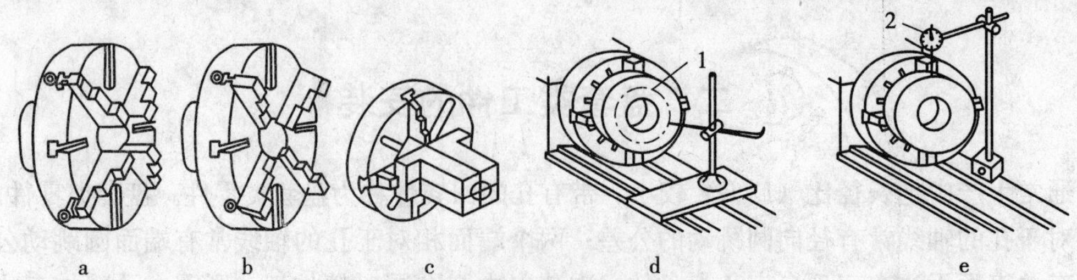


图 7－30　四爪单动卡盘及工件找正

a. 正爪　b. 反爪　c. 用四爪单动卡盘安装工件　d. 用划线盘找正　e. 用百分表找正

1. 孔的加工线　2. 百分表

## 三、其他工件的安装

车削加工时，往往会遇到一些不能直接用三爪自定心卡盘和四爪单动卡盘安装的外形复杂或不规则的工件（图 7-31），这时必须用花盘或花盘—弯板来安装工件。

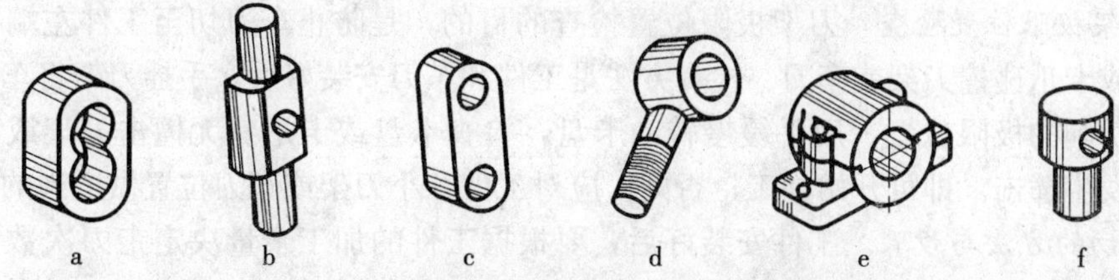


图 7-31　需采用花盘或花盘—弯板安装工件

a. 齿轮泵泵体　b、f. 十字孔工件　c. 双孔连杆　d. 环首螺钉　e. 对开轴承座

花盘是一个直径较大的铸铁圆盘，可直接装在车床主轴上。其端面有许多长槽，用以穿放螺栓、压板和角铁以卡紧工件。花盘端面应平整，装在主轴上时应保证端面与主轴轴线垂直。它主要用来安装大而扁或形状不规则的工件（图 7-32）。

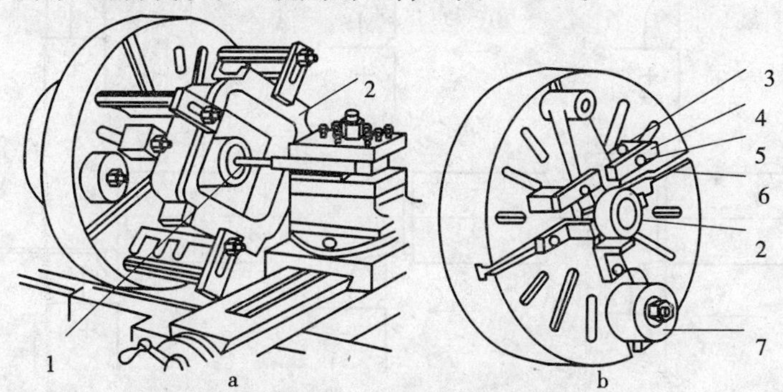


图 7-32　用花盘安装工件

a. 安装缸形工件　b. 安装连杆工件

1. 镗刀　2. 工件　3. 垫铁　4. 压板　5. 螺钉　6. 螺钉槽　7. 平衡块

当工件表面间有平行度或垂直度要求时，就应选用花盘配以弯板来安装工件。弯板安装在花盘上，两工作面间应有较高的垂直度，安装工件的平面应与车床主轴的回转轴线平行。用花盘或花盘—弯板安装工件时，由于重心偏在一边，应在对应的另一边安放平衡铁，以避免加工时出现冲击振动。适宜用花盘—弯板安装的工件实例如图 7-33 所示。

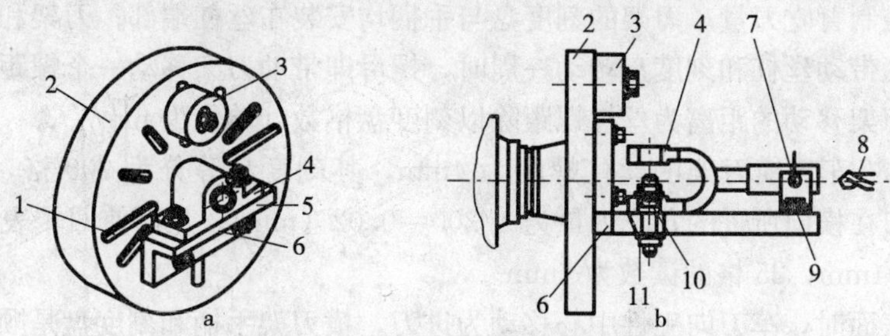


图 7-33　用花盘—弯板安装工件

a. 安装轴承座　b. 安装 U 形工件

1. 螺钉槽　2. 花盘　3. 平衡铁　4. 工件　5. 定位基面　6. 弯板　7. 可调定位螺钉　8. 钻头　9. 小弯板　10. 心轴　11. 螺母

# 第五节 基本车削加工

## 一、车床操作要点

1. *刀架极限位置检查* 刀架极限位置检查的目的，是防止车刀切至工件左端极限位置时，卡盘或卡爪碰撞刀架或车刀。检查方法是工件和车刀安装好后，手摇刀架将车刀移至工件左端应切削的极限位置，用手缓慢转动卡盘，检查卡盘或卡爪有无撞击刀架或车刀的可能。若不发生撞击，即可开始加工；否则，应对工件、小刀架或车刀位置做适当的调整。

2. *试切的方法与步骤* 工件安装好后，要根据工件的加工余量决定走刀次数和背吃刀量。为了准确地确定背吃刀量，粗车和精车开始后，必须进行试切。试切的方法与步骤如图 7-34 所示。

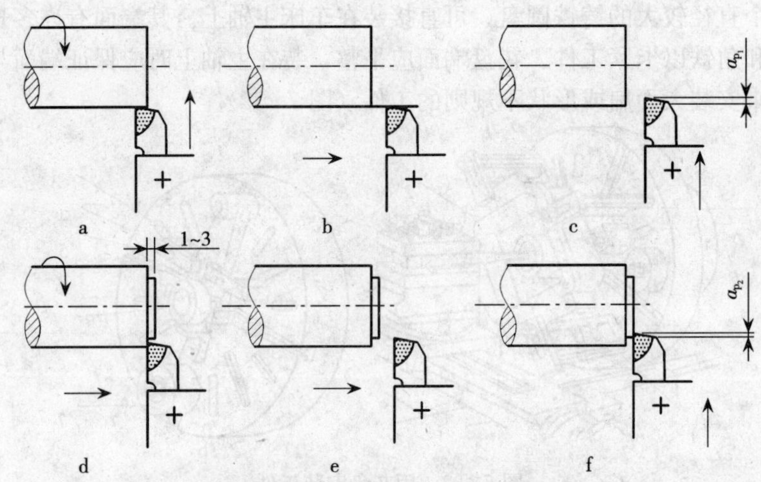


图 7-34 试切的方法与步骤

a. 开车对刀，使车刀与工件轻微接触 b. 向右退出车刀 c. 横向进刀 $a_{p_1}$ d. 切削 1～3mm

e. 退出车刀，进行度量 f. 如果尺寸不到再进刀 $a_{p_2}$

其中 a～e 步是试切的一个循环。如果尺寸合格了，就按这个切深将整个表面加工完毕。如果尺寸还大，就要自步骤 f 重新进行试车，直到尺寸合格才能继续车下去。

3. *刻度盘的使用* 横刀架及小刀架有刻度盘。刻度盘的作用是为了在车削工件时能准确移动车刀，控制背吃刀量。刀架的刻度盘与手柄均安装在丝杠端部；刀架和丝杠螺母紧固在一起，当手柄带动丝杠和刻度盘转动一周时，螺母即带动刀架移动一个螺距。因此，刻度盘每转一格，刀架移动的距离为丝杠螺距除以刻度盘格数（单位为 mm）。

例如，C6132 车床横刀架的丝杠螺距为 4mm，其刻度盘等分为 200 格，故每转一格，横刀架带动车刀在横向所进的背吃刀量为 4/200＝0.02（mm），从而使回转表面车削后直径的变动量为 0.04mm，25 格的读数为 1mm。

加工外圆表面时，车刀向工件中心移动为进刀，横刀架手柄和刻度盘是顺时针旋转；加工内圆表面时，情况则完全相反。小刀架刻度盘一般用来控制工件端面切深量，利用刻度盘移动小刀架的距离就是工件长度的变动量。

进刻度时，如果刻度盘手柄转过了头，或试切后发现尺寸不正确而需将车刀退回时，由于丝杠与螺母之间有间隙，车刀实际不能直接退回到刻度盘所示的刻度，而应是多反转一些，再进到所要求的格位。如图 7-35 所示。

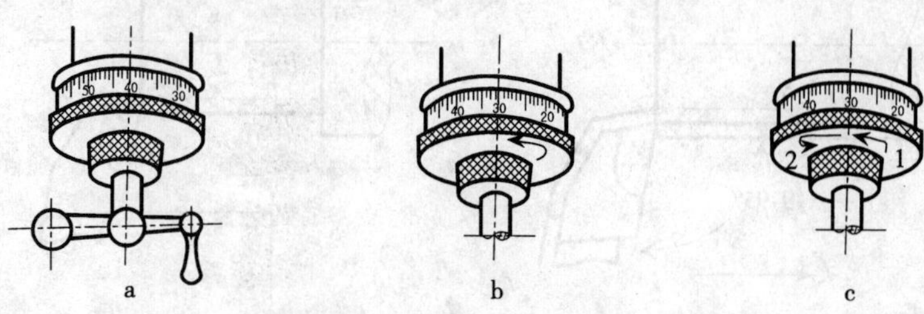


图 7-35　手柄摇过后的纠正方法

a. 要求手柄转至 30，但摇到了 40　b. 错误：不能直接回退至 30　c. 正确：反转约 1 圈后，再转至 30

## 二、车外圆和台阶

车削外圆及台阶是车削加工中最基本的工作，由于技术要求不同，所采用的刀具和切削用量都有区别。外圆及台阶车刀有尖刀、弯头刀、90°偏刀、圆头精车刀和宽刃精车刀等。

尖刀用于精车外圆（图 7-36a）和车无台阶或台阶不大的外圆。尖刀也可用于车倒角。

弯头刀不仅能车外圆（图 7-36b），还能车端面、倒角和有 45°斜面的外圆。

90°偏刀车外圆时径向力很小（图 7-36c），常用于车细长轴外圆和有直角台阶的外圆，也可以车端面。

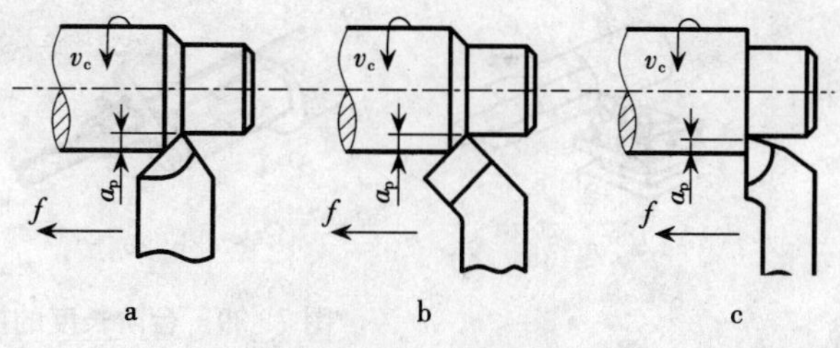


图 7-36　外圆车削

a. 尖刀车外圆　b. 弯头刀车外圆　c. 偏刀车外圆

圆头精车刀的刀尖圆弧半径大，用于精车无台阶的外圆。带直角台阶的外圆可以用 90°精车刀车削。采用宽刃精车刀可以得到较小表面粗糙度。

车台阶同车外圆相似，主要区别是车台阶要控制好其长度及直角。一般采用偏刀车削。

高度小于 5mm 的台阶称低台阶，应使偏刀的主切削刃与工件轴线垂直，用一次走刀车完并形成直角，如图 7-37 所示。一般要采用直角尺借助工件外圆的母线找正。长度采用刻线痕方法控制，也就是先用尺子量出所要加工台阶的距离并用刀尖轻划一个记号，然后参照记号车削。也可以采用大拖板刻度盘控制切削长度。

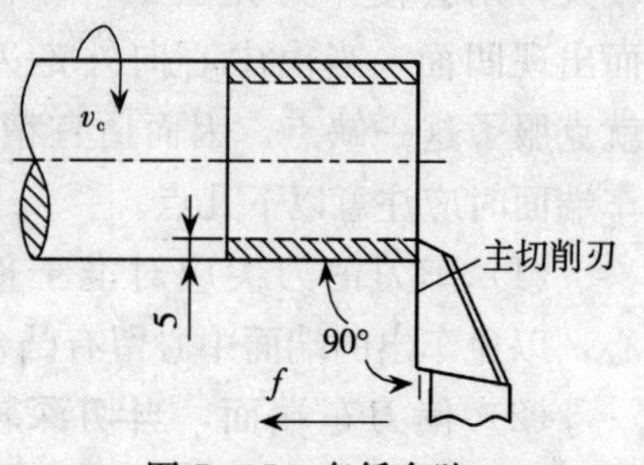


图 7-37　车低台阶

高度大于 5mm 的台阶称高台阶，它要分层车削。车刀的安装应使主切削刃与工件轴线呈 93°～95°，而不再是 90°角。台阶的长度依然用刻线痕法控制，但要留出车直角的余量。图 7-38 是车高台阶的示意图。图 7-38a 表明要分多次进刀车削。图 7-38b 表明末次纵向进给后用手摇动横溜板，使刀慢慢地均匀退出，以形成台阶的直角。

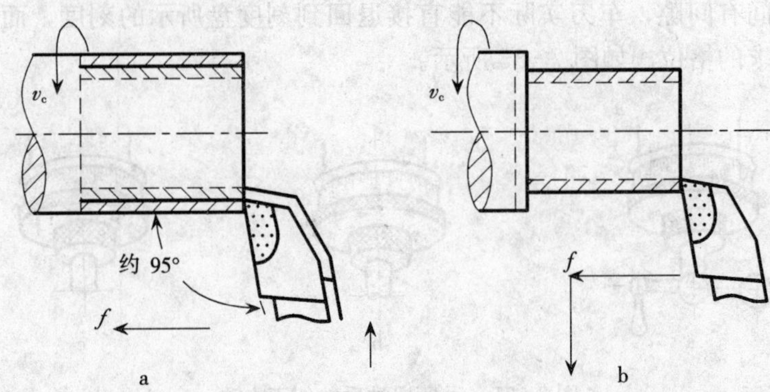


图 7-38　车高台阶

a. 偏刀主切削刃和工件轴线约成 95°，分多次纵向进给车削　b. 在末次纵向送进后，车刀横向退出，车出 90°台阶

台阶长度的测量如图 7-39 所示。对于未注长度公差的台阶长度可用钢直尺测量（图 7-39a）；对于尺寸公差要求高的台阶长度，需用深度游标卡尺测量（图 7-39b）；对于大批生产的台阶长度，可用样板检验（图 7-39c）。

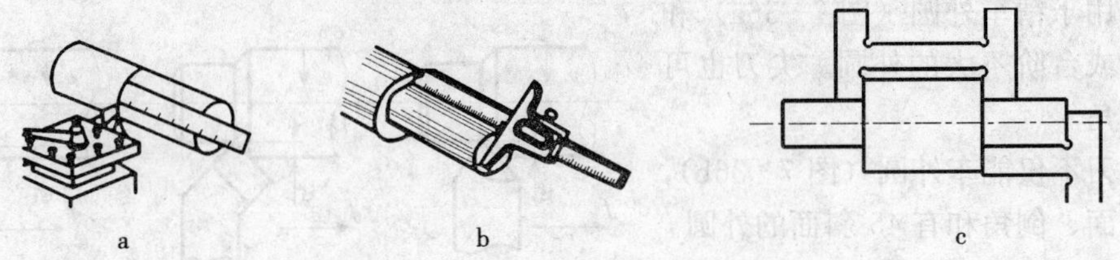


图 7-39　台阶长度的控制与测量

a. 用钢直尺　b. 用深度游标卡尺　c. 用样板

## 三、车端面

车端面一般采用弯头刀和右偏刀。图 7-40 为常用的端面车刀和车端面的方法。

弯头刀应用广泛，刀尖强度高，适宜车削较大的端面。右偏刀车端面有两种进刀方法，且两种方法所使用的切削刃以及切削力的方向均不同。当由外缘向中心进刀时，若切削深度较大，则会使车刀扎入工件中，从而出现凹面。当由中心向外走刀时就克服了这一缺点，因而适宜精车。车端面时应注意以下几点。

（1）车刀的刀尖应对准工件中心，以免车出的端面中心留有凸台。

（2）偏刀车端面，当切深较大时，容易扎刀。而且到工件中心时

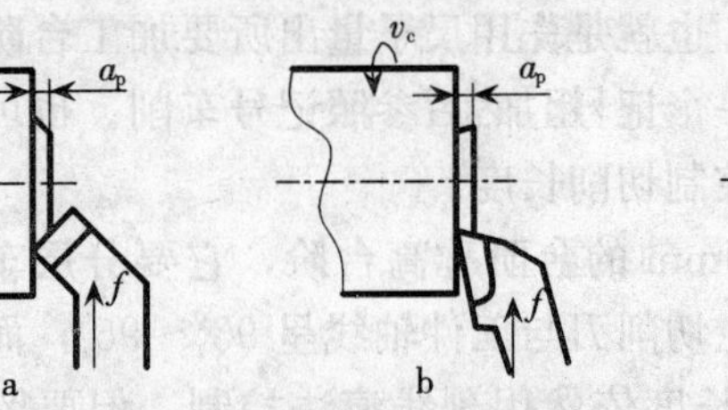


图 7-40　车端面

a. 弯头刀车端面　b. 偏刀车端面（由外向中心）

c. 偏刀车端面（由中心向外）

是将凸台一下子车掉的，因此也容易损坏刀尖。弯头刀车端面，凸台是逐渐车掉的，所以车端面用弯头刀较为有利。

(3) 端面的直径从外到中心是变化的，切削速度也在改变，不易车出较低的粗糙度，因此工件转速可比车外圆时选择得高一些。为降低端面粗糙度，可由中心向外切削。

(4) 车直径较大的端面，若出现凹心或凸肚时，应检查车刀和方刀架是否锁紧，以及大刀架的松紧程度。为使车刀准确地横向进给而无纵向松动，应将大刀架锁紧在床面上，此时可用小刀架调整切深。

## 四、孔 加 工

车床上可以用钻头、车孔刀、扩孔钻、铰刀进行钻孔、车孔、扩扎和铰孔。

1. 钻孔　在车床上钻孔的方法如图 7 - 41 所示，过程如下。

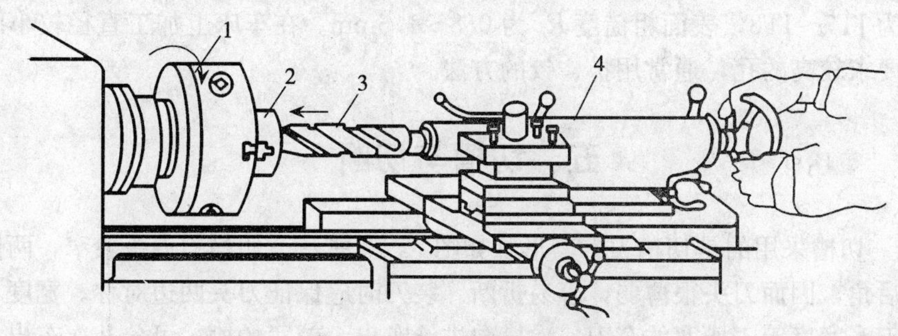


图 7 - 41　在车床上钻孔

1. 三爪自定心卡盘　2. 工件　3. 钻头　4. 尾座

(1) 用卡盘装夹工作，对于长轴要用卡盘和中心架一起安装。

(2) 钻头装在尾座上。钻头的柄部为圆锥形，只要将钻头插入尾座孔中即可。若锥度不相符可以加过渡套。对于较细的麻花钻，柄部是圆柱形，这时要借助钻夹头夹持后再安装于尾座的套筒之中。

(3) 钻孔前要先车端面，必要时先用短钻头或中心钻在工件中心预钻出小坑，以免钻偏。

(4) 由于钻头刚度差，孔内散热和排屑较困难，因此钻孔时的进给不能太快，切削也不宜太快，要经常退出钻头排屑冷却；钻钢件时要加切削液冷却，钻铸铁时一般不加切削液。

(5) 钻通孔时，在即将钻通时要减小进给量，以防折断钻头。孔被钻通后，先退钻头后停车。钻盲孔时，可以利用尾座刻度或做记号来控制孔的深度。

2. 车孔　车孔是对锻出、铸出或钻出的孔的进一步加工。车孔可以较好地纠正原来孔轴线的偏斜，可以进行粗加工、半精与精加工。车孔工作如图 7 - 42 所示。

车不通孔或台阶孔时，当车孔刀纵向进给至末端时，需做横向进给运动来加工内端面，以保证内端面与孔轴线垂直。

车孔刀杆应尽可能粗些。安装车孔刀时，伸出刀架的长度应尽量小。刀尖装得要略高于主轴中心，以减少颤动和扎刀现象。此外，如刀尖低于工件中心，也往往会使车孔刀下部碰坏孔壁。由于车孔刀刚性较差，容易产生变形与振动，车孔时往往需要较小的进给量 $f$ 和背吃刀量 $a_p$，进行多次走刀，因此生产率较低。但车孔刀制造简单，大直径和非标准直径

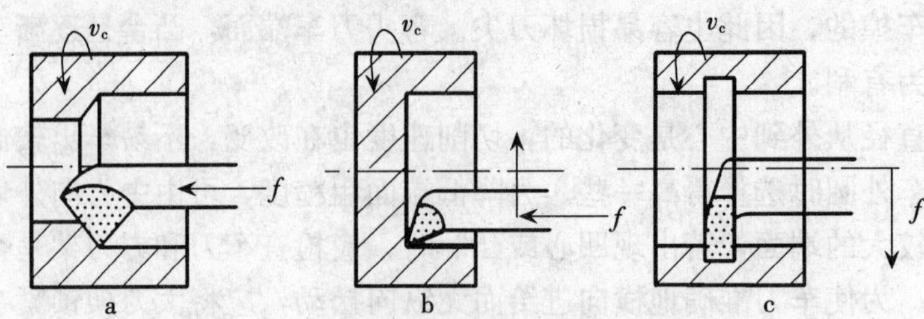


图 7-42　车孔工作

a. 车通孔　b. 车不通孔　c. 车槽

的孔加工都可使用，通用性强。

3. *扩孔和铰孔*　扩孔是用扩孔钻进行钻孔后半精加工，公差等级可达 IT9～IT10，表面粗糙度 $R_a$ 为 3.2～6.3$\mu$m。扩孔的余量与孔径大小有关，为 0.5～2mm。

铰孔是用铰刀进行扩孔后或半精车孔后的精加工。铰孔的余量一般为 0.1～0.2mm，公差等级一般为 IT7～IT8，表面粗糙度 $R_a$ 为 0.8～1.6mm。在车床上加工直径较小而精度和表面粗糙度要求较高的孔，通常用扩、铰的方法。

## 五、切槽与切断

1. *切槽*　切槽采用的是切槽刀，其形状如图 7-43 所示。切槽刀刀头较窄，两侧还磨出副偏角和副后角，因而刀头很薄弱，容易折断。装刀时应保证刀头两边对称。宽度不大的沟槽，可以用刀头宽度等于槽宽的车刀一次横向进给车出。较宽的槽，可分几次车出，最后一刀精车槽的两个侧面和底面。切槽时，刀具移动应缓慢、均匀连续。刀头伸出的长度应尽可能短些，以避免引起振动。

2. *切断*　切断的方法如图 7-44 所示。切断刀与切槽刀相似，只是刀头更窄更长。切断时，刀头切入工件较深，切削条件较差，加工困难，切削用量应选取得更加合适。工件上的切断位置应尽可能靠近卡盘。切断刀必须安装正确，刀尖应通过工件中心；否则工件端面将留有凸台，又容易折断刀具。切断钢料时应加切削液。

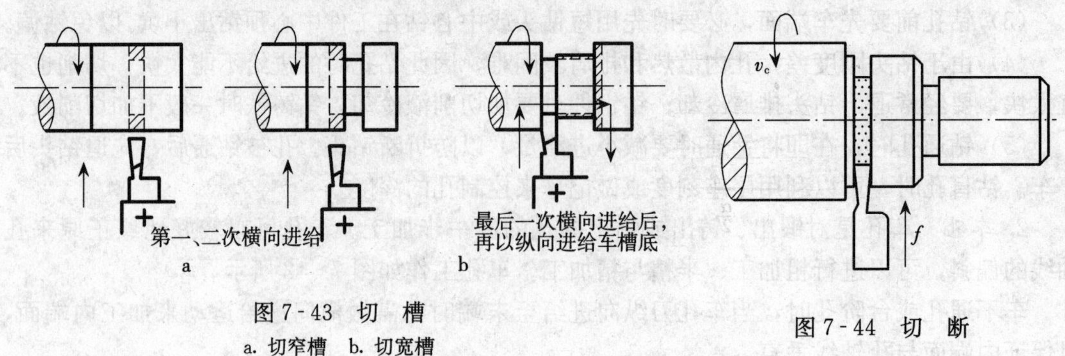


图 7-43　切　槽

a. 切窄槽　b. 切宽槽

图 7-44　切　断

## 六、车圆锥面

圆锥面的车削方法有小刀架转位法、尾座偏移法、靠模法和宽刀法等。

1. **小刀架转位法** 小刀架转位法如图 7-45 所示，当内、外锥面的圆锥角为 $\alpha$ 时，将小刀架板转 $\alpha/2$ 即可加工。此法可车外锥面又可车内锥面，锥角的大小不受任何限制，故应用广泛。不足之处是，加工锥面的长度因受小刀架行程长度的限制而不能太长（小于 100mm），而且只能手动进给，故锥体表面粗糙度值较大（$R_a$ 为 3.2～12.5$\mu$m）。

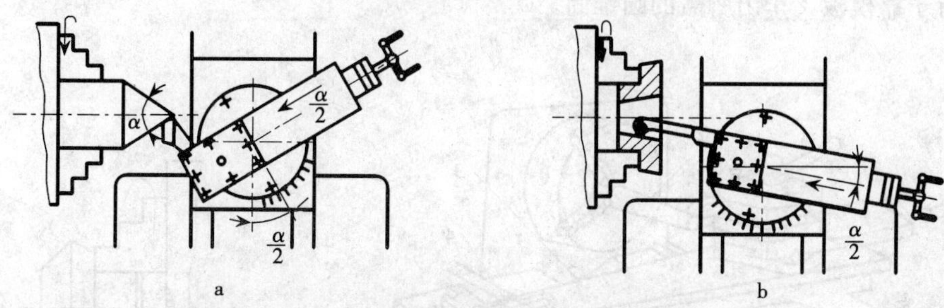


图 7-45 小刀架转位法车内、外锥面

a. 车外锥面 b. 车内锥面

2. **尾座偏移法** 尾座偏移法（图 7-46a）用来加工轴类零件或安装在心轴上的盘套类零件锥角不大的锥面。工件或心轴安装在前、后顶尖之间，将后顶尖向前或向后偏移一定的距离 $S$，使工件回转轴线与车床主轴线的夹角等于工件圆锥半角 $\alpha/2$，当刀架自动或手动纵向进给时，即可车出所需的锥面。此法加工的表面粗糙度 $R_a$ 为 1.6～6.3$\mu$m。

后顶尖偏移的步骤为（图 7-46b）松开固定螺钉，拧松调节螺钉，拧紧调节螺钉，尾座体即沿尾座导轨向右移动；反之则向左移动。尾座体偏移量为

$$S=\frac{D-d}{2l}L=L\tan\frac{\alpha}{2}$$

式中 $L$——工作总长度，mm；

$l$——锥面长度，mm；

$D$、$d$——锥面大端与小端的直径，mm；

$\alpha$——锥面的圆锥角，°。

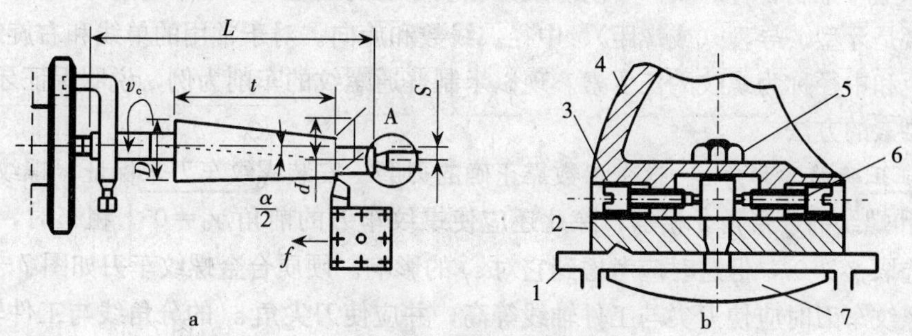


图 7-46 尾座偏移法车圆锥面

a. 加工原理 b. 偏移尾座的方法

1. 床身 2. 底座 3. 调节螺钉 4. 尾座体 5. 锁紧螺栓 6. 调节螺钉 7. 压板

3. **靠模法** 如图 7-47 所示，靠模板装置是车床加工圆锥面所用的附件。对于较长的外圆锥和圆锥孔，当其精度要求较高而批量又较大时常采用这种方法。靠模板装置底座固定在

床身的后面，底座上面装有锥度靠模板，它的偏转角度可按需要进行调节，使其等于锥面的半锥角。滑板可自由地沿着靠模板滑动，而滑板又用固定螺栓与中滑板连接在一起。为了使中滑板能自由地滑动，必须将中滑板上的丝杠与螺母脱开。为了便于调整切削深度，小滑板必须转过 90°。当溜板做纵向自动进给运动时，中滑板就沿靠模板横向滑动，从而使车刀的运动平行于靠模板，车出所需的圆锥面。

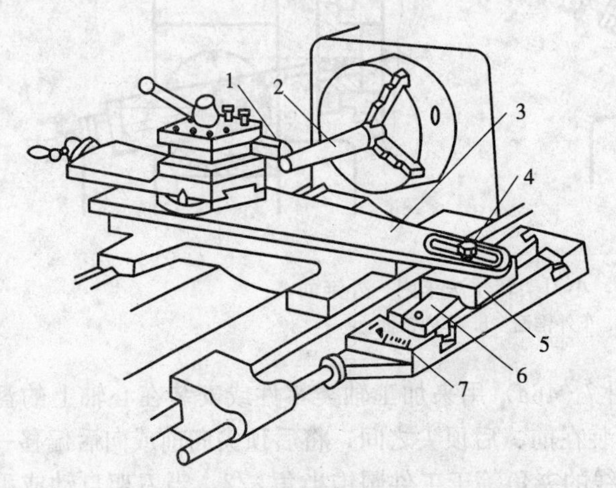


图 7-47　用靠模板装置车圆锥面

1. 车刀　2. 工件　3. 中拖板　4. 固定螺钉　5. 滑板　6. 靠模板　7. 托架

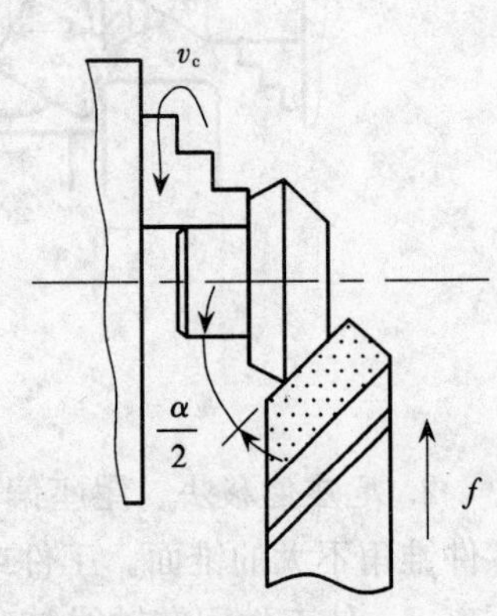


图 7-48　宽刀法车圆锥面

4. *宽刀法*　如图 7-48 所示，它是直接用偏斜的主切削刃切出工件上的外圆锥面。车刀的主偏角就是所切锥面的半锥角。但是只能加工很短的锥面，切削刃太长会引起振动。宽刀法车锥面迅速、快捷，主要用来加工工件上的各种短锥面和倒角。

## 七、车螺纹

在车床上可车制各种螺纹。车削螺纹是螺纹加工的最基本、最常用的方法。决定螺纹的最基本要素是牙型、导程（或螺距）、中径、线数和旋向。对于常用的单线和右旋螺纹而言，牙型、螺距和中径称为螺纹的三要素。现以米制普通螺纹的车削为例，说明保证牙型、螺距及中径三要素的方法。

1. *保证正确的牙形角* $\alpha$　这个参数靠正确的刃磨、安装螺纹车刀来保证。螺纹车刀的刀尖角 $\varepsilon_\gamma$ 应和螺纹的牙形角 $\alpha$ 相等，除此还应使螺纹车刀的前角 $\gamma_0=0°$。粗车时，为使切削轻快，可选取 $\gamma_0>0°$，但这时应考虑到它对 $\varepsilon_\gamma$ 的影响。硬质合金螺纹车刀如图 7-49 所示。

安装螺纹车刀时应使刀尖与工件轴线等高，并应使刀尖角 $\varepsilon_\gamma$ 的分角线与工件轴线垂直。为此，要用对刀样板安装车刀（图 7-50）。

2. *保证准确的工件螺距* $P_工$

（1）调整车床和配换齿轮：为了获得所需要的工件螺距 $P_工$，必须调整车床和配换齿轮，以保证工件与车刀的正确运动关系。如图 7-51 所示，工件由主轴带动，车刀由丝杠带动。主轴与丝杠之间是通过“三星轮” $z_1$、$z_2$ 和 $z_3$（或其他换向机构），配换齿轮 a、b、c

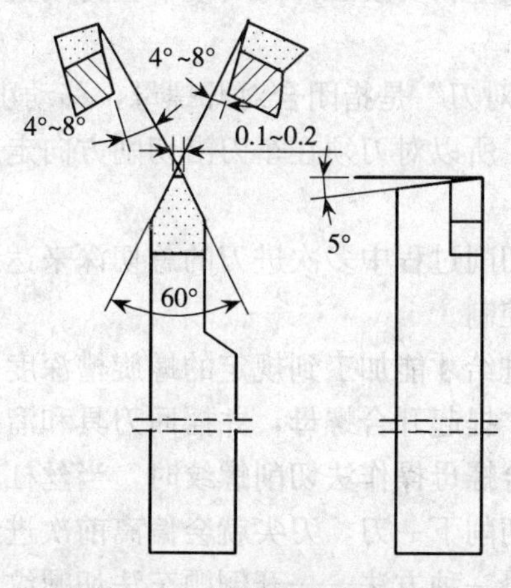


图 7-49　螺纹车刀

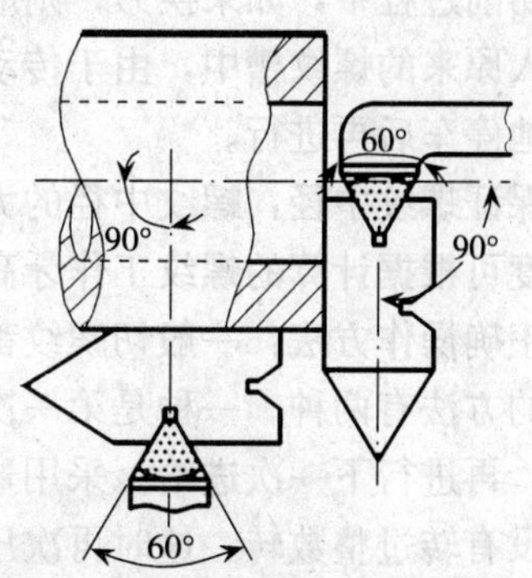


图 7-50　螺纹车刀的对刀方法

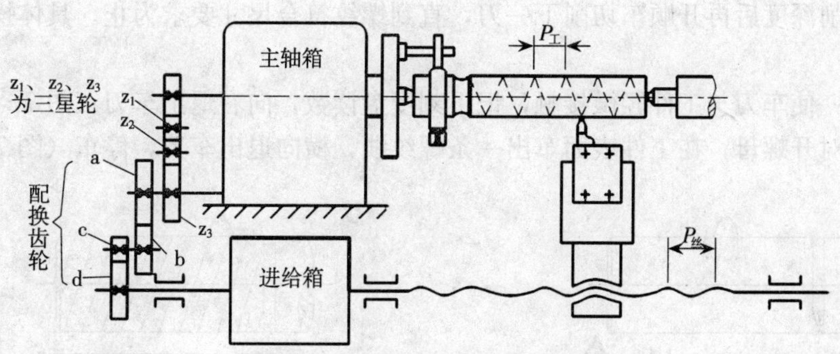


图 7-51　车螺纹时车床传动图

和 d 及进给箱连接起来的。三星轮可改变丝杠旋转方向，通过调整它可车右旋螺纹或车左旋螺纹。在这一传动系统中，必须保证主轴带动工件转一转时，丝杠要转 $P_{工}/P_{丝}$ 转。车刀纵向移动的距离等于丝杠转过的转数乘以丝杠螺距，即 $S=(P_{工}/P_{丝})\cdot P_{丝}=P_{工}$，正好是所需要的工件螺距。关键是要得到丝杠与主轴的转速比 $P_{工}/P_{丝}$，这决定于配换齿轮 a、b、c、d 的齿数和进给箱里传动齿轮的齿数。其计算公式如下：

$$i=\frac{n_{丝杠}}{n_{主轴}}=i_{配}\times i_{进}=\frac{z_a}{z_b}\times\frac{z_c}{z_d}\times i_{进}=\frac{P_{工}}{P_{丝}}$$

一般加工前根据工件的螺距 $P_{工}$，查机床上的标牌，然后调整进给箱上的手柄位置及配换齿轮的齿数即可。

(2) 避免乱扣：车螺纹时，需经过多次走刀才能切成。在多次的切削中，必须保证车刀总是落在已切出的螺纹槽内，否则就叫“乱扣”。如果乱扣，工件即成废品。

如果车床丝杠的螺距 $P_{丝}$ 是工件螺距 $P_{工}$ 的整数倍时（$P_{丝}/P_{工}=N$，$N$ 为整数），可任意打开对开螺母。当再合上对开螺母时，车刀仍会切入原来已切出的螺纹槽内，不会乱扣。若 $P_{丝}/P_{工}$ 不为整数，则产生“乱扣”。车螺纹的过程中，为了避免乱扣现象，需注意以下几点。

①调整中、小刀架的间隙（调镶条）时，不要过紧或过松，以移动均匀、平稳为好。

②如从顶尖上取下工件度量，不能松开卡箍。在重新安装工件时要使卡箍与拨盘（或卡盘）的相对位置保持与原来的一致。

③在切削过程中，如果换刀，则应重新对刀。“对刀”是指闭合对开螺母，移动小刀架，使车刀落入原来的螺纹槽中，由于传动系统有间隙，所以对刀须在车刀沿切削方向走一段以后，平稳地停车后再进行。

(3) 保证螺纹中径：螺纹中径的大小是靠控制切削过程中多次进刀的总切深来达到。进刀的总深度可根据计算的螺纹工作牙高由刻度盘来控制。

(4) 正确操作方法：一般切螺纹都需经过多次进给才能加工到规定的螺旋槽深度。进行多次切削的方法有两种。一种是第一次进给完毕后，提起开合螺母，并摇回刀具和溜板，调整切深后，再进行下一次进给。采用这种提合、开合螺母操作法切削螺纹时，当丝杠转过一转，工件没有转过整数转，这时再次压下开合螺母切削下一刀，刀尖就会偏离前次进给已切出的螺旋槽而乱扣。遇到乱扣这种情况，就要改用另一种方法——开倒顺车法切螺纹，即在第一次进给结束时，不提起开合螺母，而采取开倒车（将主轴反转）的方法使车刀返回原位，调整切削深度后再开顺车切削下一刀，直到螺纹符合尺寸要求为止。具体操作步骤（图 7-52）如下。

①开车，使车刀与工件轻微接触，记下刻度盘读数，向右退出车刀（图 7-52a）。

②合上对开螺母，在工件表面车出一条螺纹线，横向退出车刀，停车（图 7-52b）。

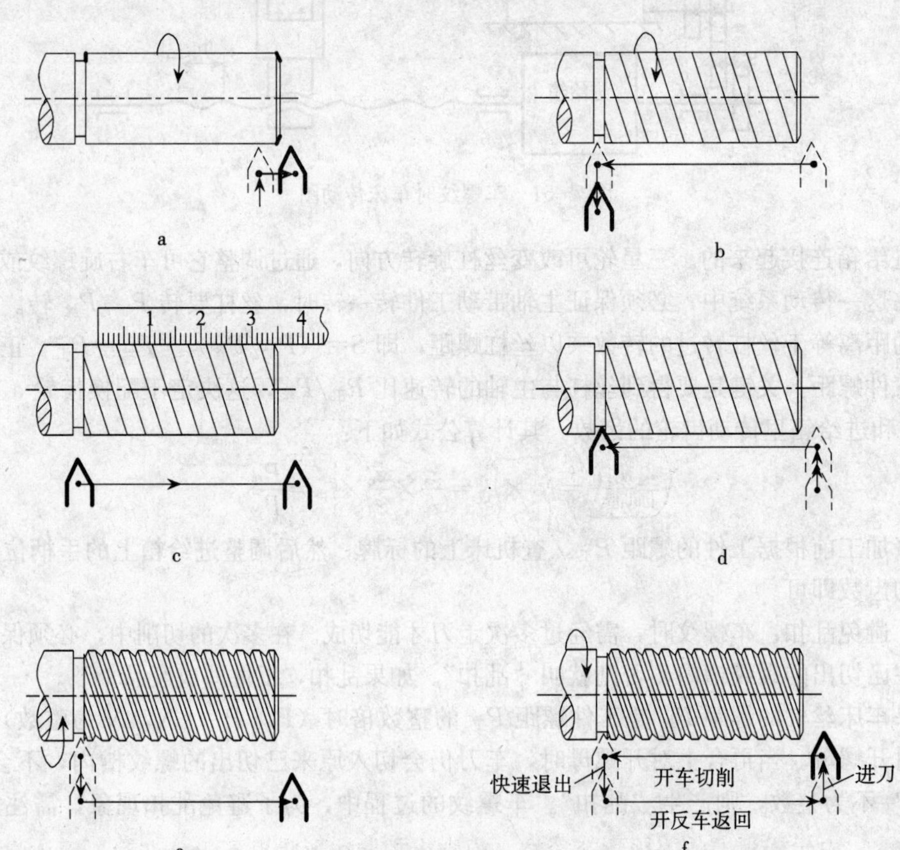


图 7-52 螺纹车削方法及步骤

③开反车使车刀退出工件右端，停车，用钢尺检查螺距是否正确（图 7-52c)。

④利用刻度盘调整切深，开车切削，车钢料时加机油润滑（图 7-52d)。

⑤车刀将至行程终了时，应做好退刀停车准备，先快速退出车刀，然后停车，开反车退回刀架（图 7-52e)。

⑥再次横向切入，继续切削，其切削过程的路线如图 7-52f 所示。

## 八、车成形面

在车床上可以加工各种截形的回转体成形表面（图 7-53)。常用的方法有下列三种。

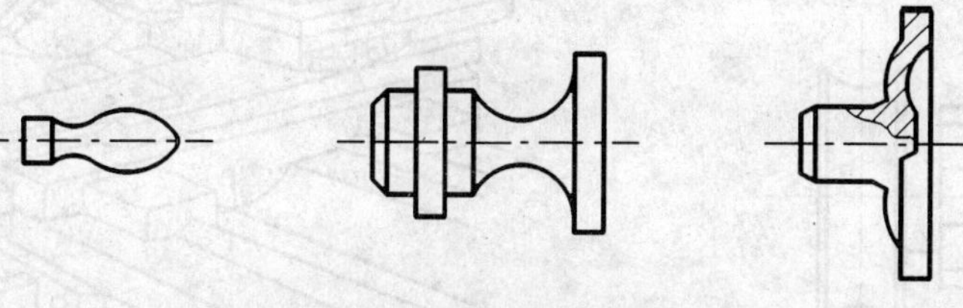

图 7-53　回转体成形面

1. *双向车削法*　如图 7-54 所示。首先用外圆车刀 1 把工件粗车出几个台阶（图 7-54a)，然后双手控制车刀 2 依纵向和横向的综合进给车掉台阶的峰部，得到大致的成形轮廓，再用精车刀 3 按同样的方法做成形面的精加工（图 7-54b)，再用样板检验成形面是否合格（图 7-54c)。一般需经多次反复度量修整，才能得到所需的精度及表面粗糙度。这种方法操作技术要求较高，但由于不要特殊的设备，生产中仍被普遍采用，多用于单件、小批量生产。

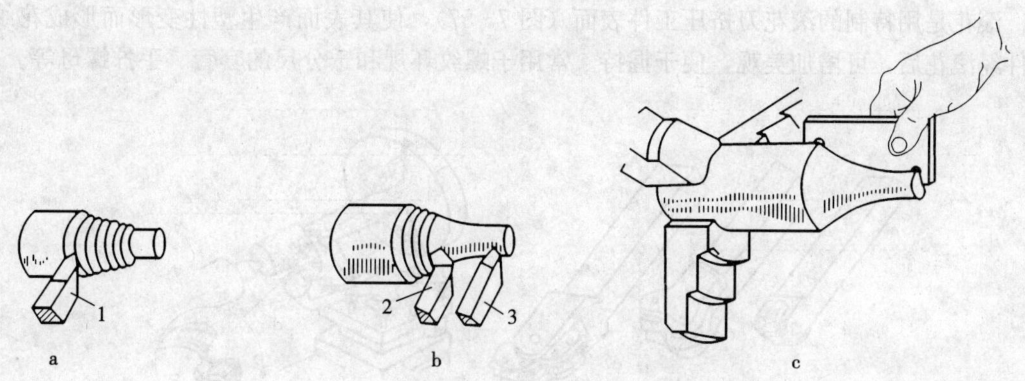


图 7-54　双向车削法加工成形面

a. 粗车台阶　b. 车成形轮廓　c. 用样板检测

1. 外圆车刀　2. 车刀　3. 精车刀

2. *成形刀法*　成形刀（又称样板刀）法的刀刃是曲线，与零件的表面轮廓相一致，如图 7-55 所示。由于样板刀的刀刃不能太宽，刃磨出的曲线形状也不十分准确，因此常用于加工形状比较简单、形面不太精确的成形面。

3. 靠模法　靠模法车成形面与靠模法车圆锥面相似，如图 7-56 所示，工作时用该法将靠模安装在床身后面，刀架横向滑板需与横丝杆脱开，其前端连接板上装有滚柱。当大拖板纵向自由进给时，滚柱即沿靠模的曲线槽移动，从而带动横刀架和车刀进行曲线走刀来车出成形面。车削前小刀架应转 90°，以便用它做横向移动，调整车刀位置和控制背吃刀量。此法操作简单，生产率高，但需制造专用靠模，故只在大批量生产中车削长度较大、形状较为简单的成形面。

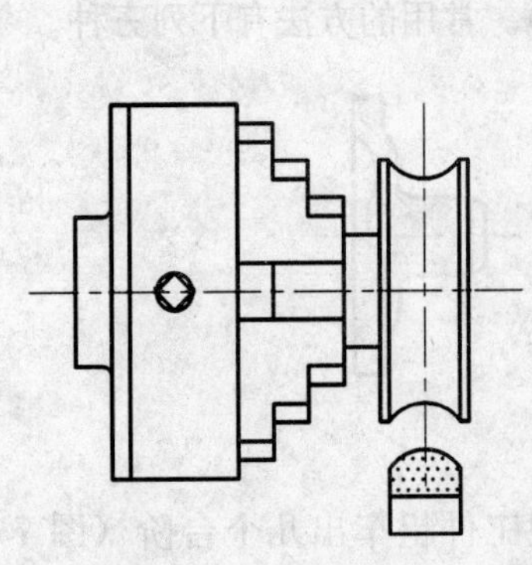

图 7-55　成形刀法加工成形面

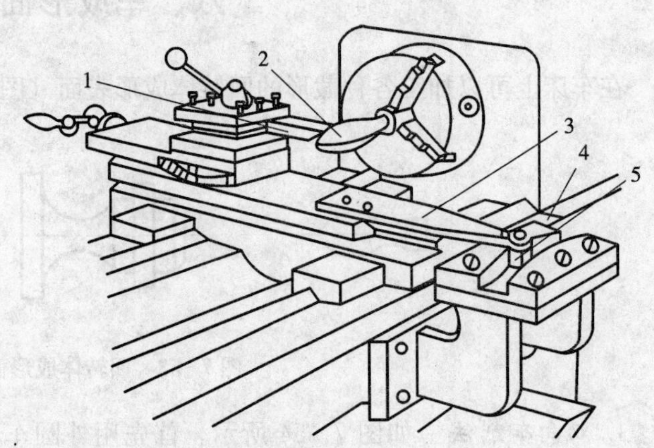


图 7-56　靠模法加工成形面

1. 车刀　2. 手柄（工件）　3. 拉杆　4. 靠模板　5. 滚柱

## 九、滚　　花

滚花是用特制的滚花刀挤压工件表面（图 7-57），使其表面产生塑性变形而形成花纹。工件经滚花后，可增加美观，便于握持。常用于螺纹环规和千分尺的套管、手拧螺母等。

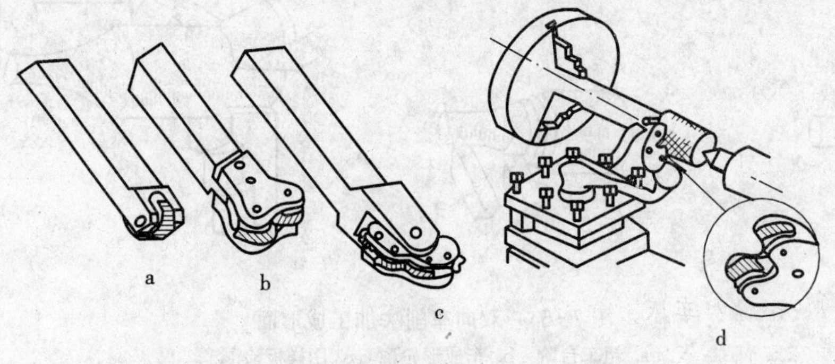


图 7-57　滚花刀及滚花方法

a. 单轮滚花刀　b. 双轮滚花刀　c. 三轮滚花刀　d. 滚花方法

花纹有直纹和网纹两种。滚花刀也有直纹和网纹区别。滚花时，滚花刀表面要与工件轴线等高。滚花必须用较大的压力，切入一定深度后再进行纵向自动进给，滚花时转速要低，还要充分供给切削液。滚花方法如下。

（1）安装工件：由于滚花时压力很大，工件一般采用一夹一顶的安装方法，以保证工件刚度，并且工件应夹得特别紧。

（2）车出外圆：由于滚花挤压变形后，工件直径会增大，根据花纹的粗细，外圆可车细0.15～0.8mm，并要使要滚花处的外圆周长能被滚花刀的节距整除，以防止乱纹。

（3）调整车床，选用较低的转速、中等的进给量。

（4）装好滚花刀：使单轮滚花刀的滚轮轴线或双轮六轮滚花刀的滚轮架转动中心与工件轴线等高。

（5）开车滚花：先横向进刀，使滚花刀与工件接触。当滚花刀接触工件时，滚花刀的挤压力要大一些，动作要适当快些，用力要大，否则容易出现乱纹。直到吃刀较深，表面花纹较清晰后，再纵向自动走刀。根据纹路的深浅，一般来回滚压2～3次，即可滚好花纹。为了减小开始挤压时所需的正压力，可采用先将滚花刀的一半与工件表面接触或将滚花刀与工件轴线偏斜2°～3°的方法。滚花时，应加机油充分冷却、润滑，以防止滚花刀的损坏和因滚花刀堵屑而造成乱纹。

## 复习思考题

1. C6132车床有哪三个箱体？它们的主要作用是什么？

2. 车削时工件和刀具须做哪些运动？切削用量包括哪些内容？用什么单位表示？

3. 车床上可以完成哪些工作？

4. 刀架由哪几部分组成？其中小刀架的功能是什么？

5. 粗车与精车的目的和加工要求是什么？切削用量的选择有何不同？

6. 车刀的刀头由哪些部分组成？什么是刀具的基准面？如何做出刀具的基准面？

7. 如何刃磨车刀？针对不同的刀具材料，刃磨时如何合理选用砂轮？

8. 三爪自定心卡盘与四爪单动卡盘有何不同？各适用于哪些场合？

9. 切断刀有何特点？如何进行切断操作？

10. 工件安装有哪些方法？各适用于哪些场合？

11. 车锥度有哪些方法？小刀架转位法车锥度时，如何操作？为什么此时工件切削速度要选得比较高？

12. 车螺纹时应如何保证螺纹牙型和螺距的精度？什么是乱扣？如何防止？

13. 决定螺纹的最基本要素是什么？

14. 车削用量三要素用什么来表示？它们对加工质量、生产率及加工成本有怎样的影响？

15. 何谓成形面？车床上加工成形面有几种方法？各适用于什么情况？

16. 车孔刀有何特点？车通孔与不通孔各如何操作？

17. 在车床上钻孔与在台钻上钻孔有何不同？

18. 车削时为什么要用试切法？简述其步骤。

19. 刀架为什么要做成多层结构？转盘的作用是什么？

20. 制订图7-58所示零件的车削工艺（加工顺序、工件的安装方法及工具名称）。

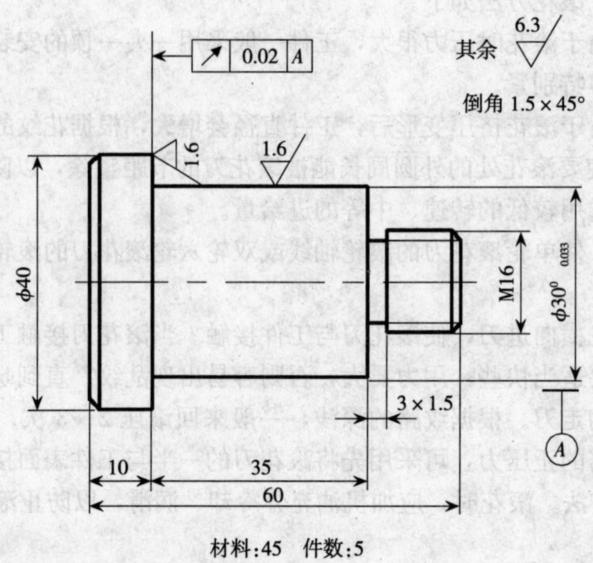


材料:45　件数:5

图 7-58　销轴零件样图

# 第八章　铣削加工

## 第一节　概　　述

### 一、铣削要素

铣削加工是在铣床上利用铣刀的旋转运动和工件的移动来完成工件的加工。它是切削加工中常用的方法之一。在一般情况下，它的切削运动是刀具做高速的旋转运动，即主运动。工件做缓慢的直线移动，即进给运动。一般工件可有纵向、横向和垂直方向的进给运动。图8-1表示了铣削的主要要素。

1. 铣削速度 $v_c$　铣削速度即为铣刀切削处最大直径点的线速度，可用下式计算：

$$v_c=\frac{\pi Dn}{1\,000}\ (\text{m/s 或 m/min}) \tag{8-1}$$

式中　$D$——铣刀直径，mm；

$n$——铣刀转速，r/s。

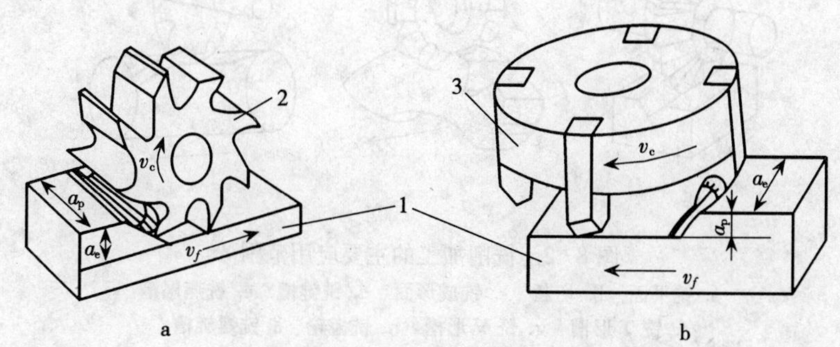


图8-1　铣削运动及要素

a. 在卧铣上铣平面　b. 在立铣上铣平面

1. 工件　2. 圆柱铣刀　3. 端铣刀

2. 进给量　铣削进给量有三种表示方式。可用进给速度 $v_f$（m/s）、每转进给量 $f$（mm/r）和每齿进给量 $a_f$（mm/z）表示，这三者的关系为

$$v_f=fn=a_f zn \tag{8-2}$$

式中　$z$——铣刀齿数；

$n$——铣刀转速，r/s。

3. 铣削深度（背吃刀量）$a_p$　铣削深度 $a_p$ 为沿铣刀轴线方向上测量的切削层尺寸。

4. 铣削宽度（侧吃刀量）$a_e$　铣削宽度 $a_e$ 为垂直铣刀轴线方向上测量的切削层尺寸。

## 二、铣削加工范围与特点

1. 铣削加工范围　铣床的加工范围很广，在铣床上利用各种铣刀可加工平面（水平面、垂直面和斜面）、沟槽（键槽、燕尾槽、T形槽、圆弧槽和螺旋槽）和成形表面，与分度头配合可进行分度加工。有时钻孔和镗孔加工也可在铣床上进行，如图8-2所示。

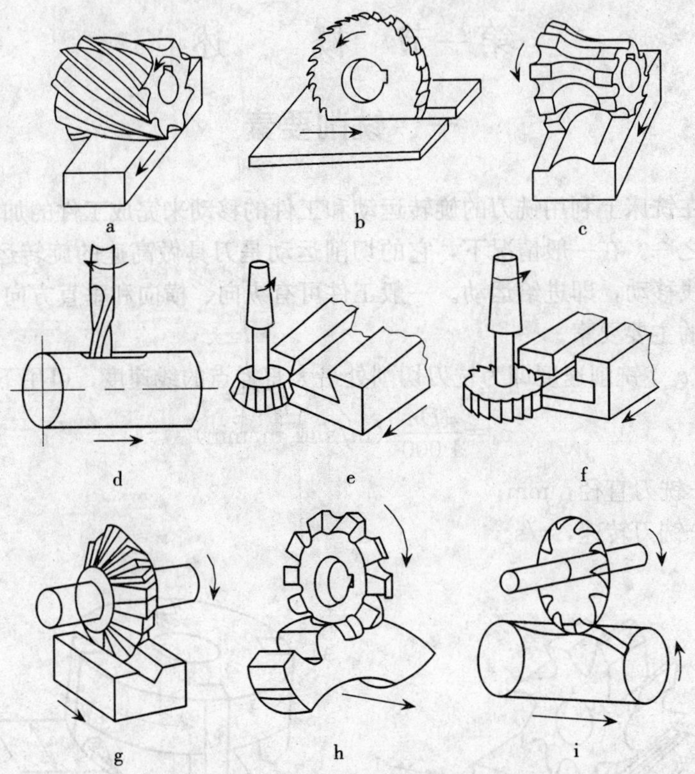


图8-2　铣削加工的主要应用范围

a. 铣平面　b. 切断　c. 铣成形面　d. 铣键槽　e. 铣燕尾槽　f. 铣T形槽　g. 铣V形槽　h. 铣齿轮　i. 铣螺旋槽

在切削加工中，铣床的工作量仅次于车床，在成批大量生产中，除加工狭长的平面外，铣削几乎可以代替刨削。铣削加工的尺寸精度一般为IT8～IT11级，表面粗糙度 $R_a$ 值为1.6～12.5μm。

2. 铣削加工的特点

(1) 生产率高：铣刀是典型的多齿刀具，铣削时刀具同时参加工作的刀齿数较多，可以利用硬质合金镶片刀具，其切削用量较大，且切削运动是连续的。因此，与刨削相比，铣削生产率较高。

(2) 刀齿散热条件较好：铣削时，每个刀齿是间歇地进行切削，切削刃的散热条件好，但切入、切出时热的变化及力的冲击，将加速刀具的磨损，甚至可能引起硬质合金刀片的碎裂。

（3）容易产生振动：由于铣刀刀齿不断切入、切出，使铣削力不断变化，因而容易产生振动，这限制了铣削生产率和加工质量的进一步提高。

（4）加工成本高：由于铣床结构较复杂，铣刀制造和刃磨比较困难，加工成本较高。

# 第二节　铣床与铣刀

## 一、铣　床

铣床种类很多，常用的有卧式铣床、立式铣床和龙门铣床等。

1. 卧式铣床　主轴与工作台平行的铣床称为卧式铣床。下面以 X6132 型卧式万能铣床为例，介绍铣床的组成及功用。图 8-3 所示为其外形图。在型号中，X 为铣床类代号；6 为机床组别代号，表示卧式升降台铣床；1 为机床系别代号，表示万能升降台铣床；32 为主参数工作台面宽度的 1/10，即工作台面宽为 320mm。卧式万能升降台铣床的主要组成部分如下。

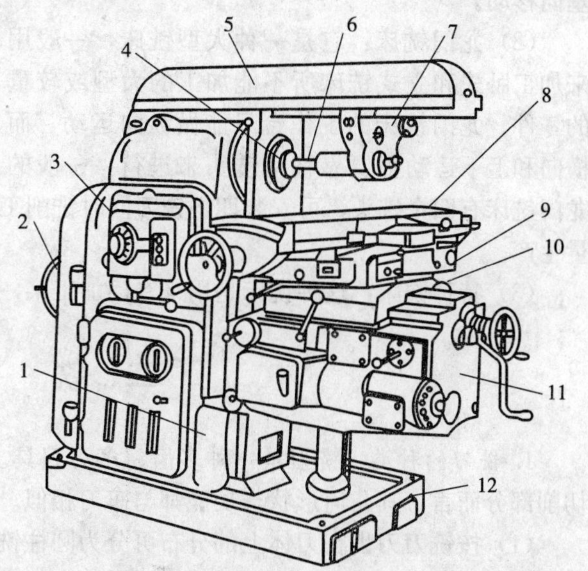

图 8-3　X6132 卧式万能铣床外形图
1. 床身　2. 电动机　3. 变速机构　4. 主轴　5. 横梁　6. 刀杆　7. 吊架　8. 纵向工作台　9. 转台　10. 横向工作台　11. 升降台　12. 底座

（1）床身：床身 1 用来固定和支撑铣床上所有部件。顶面上有供横梁移动的水平导轨，前壁有供升降台上下移动的垂直导轨。床身内部装有主轴、主轴变速箱、电器设备及润滑油泵等部件。

（2）横梁：横梁 5 用于安装吊架 7，以便支撑刀杆外端，增强刀杆的刚度。横梁可以沿床身的水平导轨移动，以适应不同长度的刀杆。

（3）主轴：主轴 4 是空心轴，前端有 7：24 的精密锥孔与刀杆的锥柄相配合，其作用是安装铣刀刀杆并带动铣刀旋转。拉杆可以穿过主轴孔把刀杆拉紧。主轴的转动是由电动机经主轴变速箱传动，改变手柄的位置，可使主轴获得各种不同的转速。

（4）纵向工作台：纵向工作台 8 用于装夹夹具和工件，可在转台的导轨上由丝杠带动做纵向移动运动，以带动台面上的工件做纵向进给运动。

（5）横向工作台：横向工作台 10 位于升降台上面的水平导轨上，可带动转台和纵向工作台一起横向移动。

（6）转台：转台 9 位于纵、横工作台之间，它的作用是将纵向工作台在水平面内扳转一个角度（正、反均为 0°～45°），以便铣削螺旋槽等。具有转台的卧式铣床称为卧式万能铣床。

（7）升降台：升降台 11 可使整个工作台沿床身的垂直导轨上下移动，以调整工作台面到铣刀的距离，并做垂直进给运动。

(8) 底座：底座用来固定和支撑床身和升降台，是整个铣床的基础，内部装有切削液。

2. 其他铣床

(1) 立式升降台铣床：立式升降台铣床简称立式铣床，如图 8-4 所示。立式铣床与卧式铣床的主要区别是立式铣床主轴与工作台面垂直，此外，它没有横梁、吊架和转台。有时根据加工的需要，可以将主轴（立铣头）向左或向右倾斜一定的角度。铣削时铣刀安装在主轴上，由主轴带动做旋转运动，工作台带动工件做纵向、横向或垂向移动。

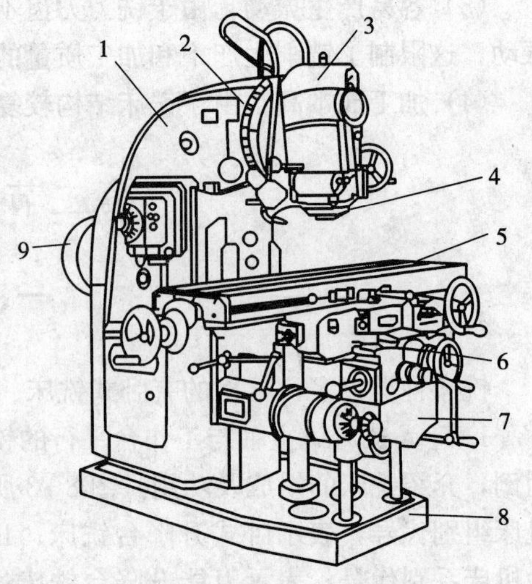

图 8-4 立式升降台铣床

1. 床身 2. 回转盘 3. 立铣头 4. 主轴 5. 工作台 6. 滑板 7. 升降台 8. 底座 9. 电动机

(2) 龙门铣床：它是一种大型铣床，一般用来加工卧式和立式铣床所不能加工的大型或较重的零件。龙门铣床的工作台只能做纵向运动，而横向和上下运动都要靠移动铣头来进行。一般的龙门铣床有四个铣头，可安装四把铣刀同时铣削工件的几个表面，故生产率高，适合成批大量生产。

(3) 特种铣床：这种铣床是用来专门加工某一类工件的，如键槽铣床、仿形铣床等。

## 二、铣　　刀

1. 铣刀的种类　铣刀是一种多齿、多刃刀具。铣刀整体虽然很复杂，但就一个刀齿的切削部分而言，其几何形状与功能都与车刀相似。刀齿材料有高速钢和硬质合金两种。

(1) 按铣刀刀齿在刀体上的分布可分为圆柱铣刀和端铣刀两类，如图 8-5 所示。

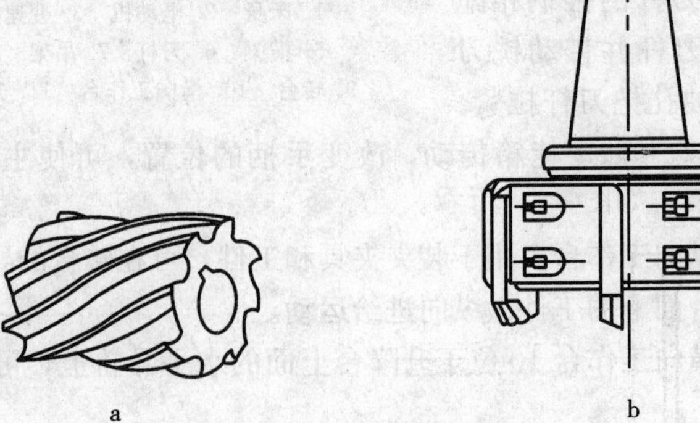

图 8-5 铣刀种类

a. 圆柱铣刀 b. 端铣刀

①圆柱铣刀：刀齿在刀体圆周上均布，刀齿又有直齿和螺旋齿之分。

②端铣刀：刀齿主要分布在刀体端面上。

（2）按铣刀的结构和安装方法可分为带柄铣刀和带孔铣刀两类。

①带柄铣刀：常用的带柄铣刀有立铣刀、键槽铣刀、T形槽铣刀等，如图8-6所示。其共同特点是都有供夹持用的刀柄。带柄铣刀又有直柄和锥柄两种，直柄铣刀的直径较小，一般小于20mm，直径较大的为锥柄，大直径的锥柄铣刀多为镶齿式。带柄铣刀多用于立式铣床上。

②带孔铣刀：常用的带孔铣刀有圆柱铣刀、圆盘铣刀（如三面刃铣刀，图8-7a所示）、面铣刀（图8-7b）、成形铣刀等。带孔铣刀多用于卧式铣床上。带孔铣刀的刀齿形状和尺寸可以适应所加工的零件形状和尺寸。

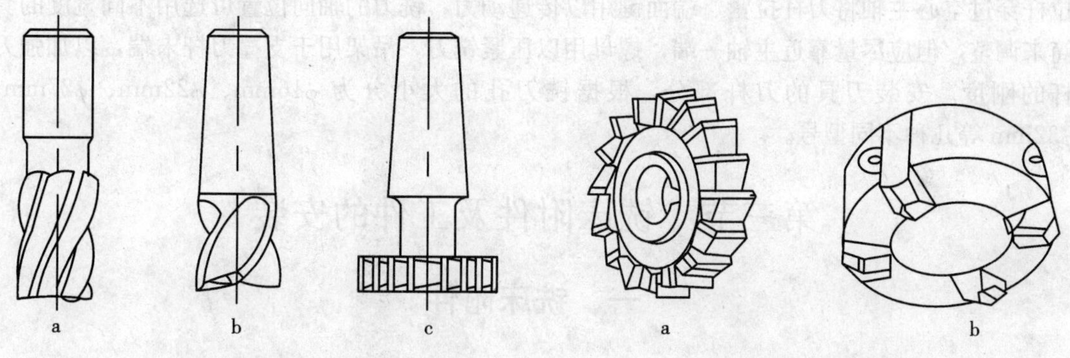


图8-6　带柄铣刀
a. 立铣刀　b. 键槽铣刀　c. T形槽铣刀

图8-7　带孔铣刀
a. 三面刃铣刀　b. 面铣刀

2. 铣刀的安装

（1）带柄铣刀的安装：

①直柄铣刀的安装：如图8-8a所示，这类铣刀多用弹簧夹头安装，铣刀的直径插入弹簧套的孔中，用螺母压紧弹簧套的端面，使弹簧套的外锥面受压而缩小孔径，即可将铣刀夹紧。弹簧套上有三个开口槽，故受力时能收缩，弹簧套有多种孔径，以适应不同直径的直柄铣刀。

②锥柄铣刀的安装：如果锥柄铣刀的锥柄尺寸与主轴孔内锥尺寸相同，则可直接装入铣床主轴中并用拉杆将铣刀拉紧；如果铣刀锥柄尺寸与主轴孔内锥尺寸不同，则根据铣刀锥柄的大小，选择合适的过渡锥套，将配合表面擦净，然后用拉杆把铣刀和过渡变锥套一起拉紧在主轴上，如图8-8b所示。

（2）带孔铣刀的安装：面铣刀一般用短刀杆安装，而圆柱铣刀、圆盘铣刀、角度铣刀及成形铣刀多用长刀杆安装，如图8-9所示。刀杆的外锥与铣床主轴的锥孔精密配合，螺纹

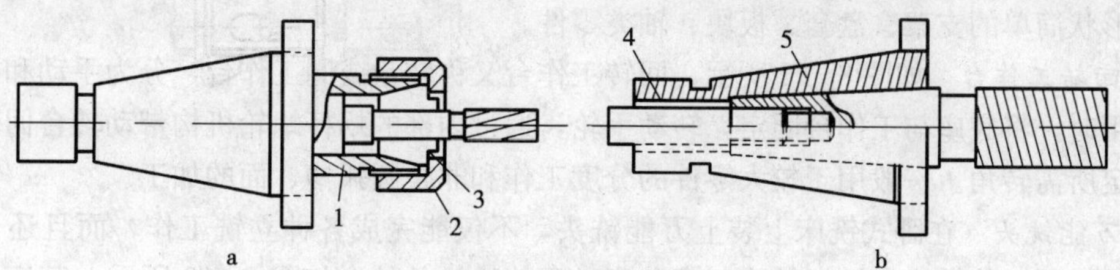


图8-8　带柄铣刀的安装
a. 直柄铣刀　b. 锥柄铣刀
1. 夹头体　2. 螺母　3. 弹簧套　4. 拉杆　5. 过渡锥套

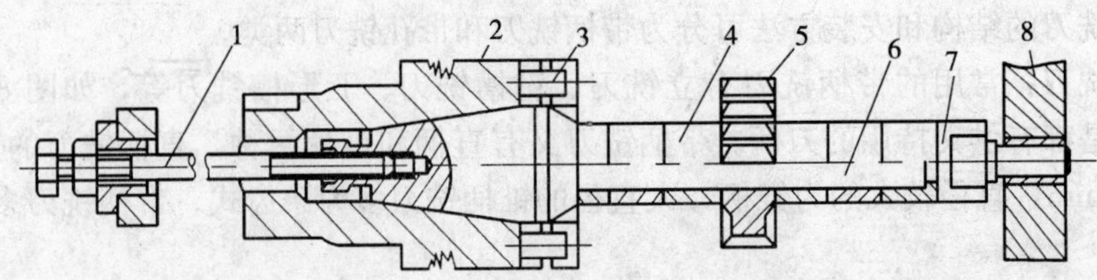


图 8-9 带孔铣刀的安装

1. 拉杆 2. 主轴 3. 端面键 4. 套筒 5. 铣刀 6. 刀杆 7. 压紧螺母 8. 吊架

拉杆穿过空心主轴将刀杆拉紧，端面键用以传递动力，铣刀的轴向位置可选用不同宽度的套筒来调整，但应尽量靠近主轴一端，螺母用以压紧铣刀，吊架用于支撑刀杆末端，以加强刀杆的刚度。安装刀具的刀杆部分，根据铣刀孔的大小分为 $\phi$16mm、$\phi$22mm、$\phi$27mm、$\phi$32mm 等几种不同型号。

# 第三节 铣床附件及工件的安装

## 一、铣床附件

铣床的主要附件有平口虎钳、回转工作台、分度头和万能铣头等。其中前三种附件用于安装工件，万能铣头用于安装刀具。当工件较大或形状特殊时，可以用压板、螺栓、垫铁和挡铁把工件直接固定在工作台上进行铣削。当生产批量较大时，可采用专用夹具或组合夹具安装工件，这样既能提高生产率，又能保证加工质量。

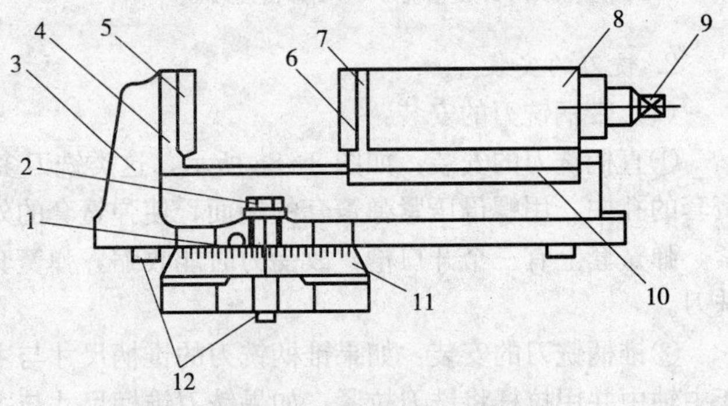


图 8-10 机床用平口虎钳

1. 钳体零线 2. 螺栓 3. 钳体 4. 固定钳口 5. 固定钳口铁 6. 活动钳口铁 7. 活动钳口 8. 活动钳身 9. 丝杆方头 10. 压板 11. 底座 12. 定位键

1. 平口虎钳　机床用平口虎钳是一种通用夹具，也是铣床常用的附件之一，它安装使用方便，应用广泛。如图 8-10 所示，带转台平口虎钳底座上有一定位键，与工作台 T 形槽相配合，获得正确位置，用两个 T 型螺栓将其固定在工作台上。平口虎钳用于安装尺寸较小和形状简单的支架、盘套、板块、轴类零件。

2. 回转工作台　如图 8-11 所示，回转工作台又称转盘或圆工作台，分为手动和机动两种。使用时，将底座与工作台固定，转动手轮，通过内部的蜗杆蜗轮机构带动转台回转，由刻度确定所需转角。一般用于较大零件的分度工作和非整圆弧槽、面的加工。

3. 万能铣头　在卧式铣床上装上万能铣头，不仅能完成各种立铣工作，而且还可以根据铣削的需要，将铣头主轴扳转成任意角度。万能铣头的外形如图 8-12 所示。其底座用螺栓固定在铣床的垂直导轨上。铣床主轴的运动通过铣头内的两对齿数相同的锥齿轮传到铣头主轴上，因此铣头主轴的转速级数与铣床的转速级数相同。壳体可绕铣床主轴轴线偏转任意

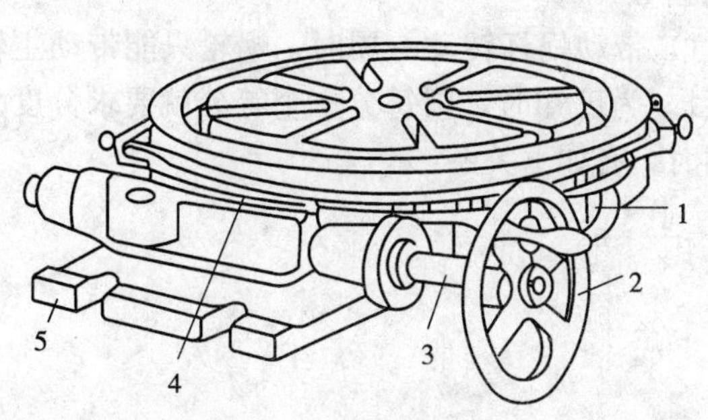

图 8-11　回转工作台
1. 螺钉　2. 手轮　3. 蜗杆轴　4. 转台　5. 底座

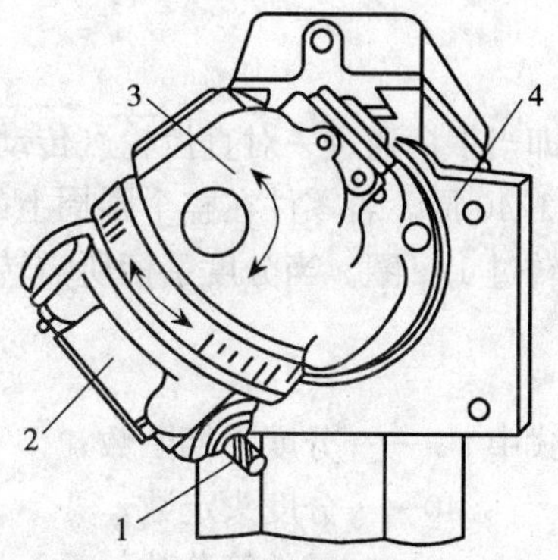

图 8-12　万能铣头
1. 铣刀　2. 铣头主轴壳体
3. 壳体　4. 底座

角度，壳体还能相对铣头主轴壳体偏转任意角度。因此，铣头主轴就能带动铣刀在空间偏转所需要的任意角度，从而扩大了卧式铣床的加工范围。

4. 分度头　在铣削加工中，经常遇到铣方头、花键槽、铣齿轮等。这时，工件每铣过一个面或一个槽之后，都需转过一个角度，再铣第二面或第二槽，依此类推，这种工作叫分度。在铣床上用来分度的机构就是分度头。它可以对工件在水平、垂直或倾斜位置上进行分度。分度头还可以配合工作台的移动使工件连续转动，从而铣出螺旋槽，如铣螺旋齿轮、麻花钻等。

分度头的种类很多，有简单分度头、万能分度头、光学分度头、自动分度头等，其中用得最多的是万能分度头。

如图 8-13 所示，万能分度头的基座 1 上装有回转体 5，分度头主轴 6 可随回转体 5 在垂直平面内转动－6°～90°，主轴前端锥孔用于装顶尖，外部定位锥体用于装三爪自定心卡盘 9。分度时可转动分度手柄 4，通过蜗杆 8 和蜗轮 7 带动分度头主轴旋转进行分度。

图 8-14 所示为其传动示意图。分度头中蜗杆和蜗轮的传动比为

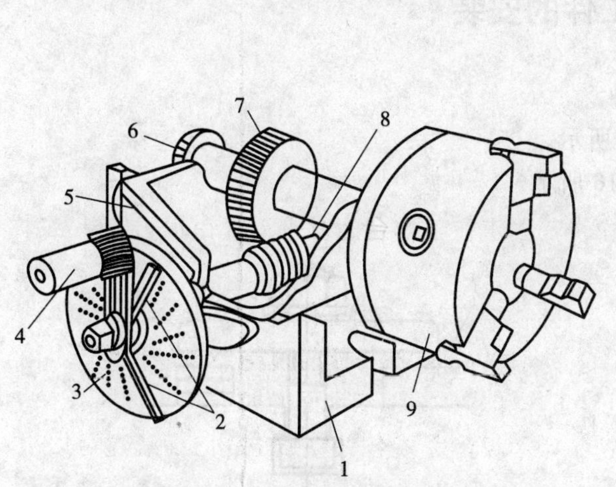

图 8-13　万能分度头的外形
1. 基座　2. 扇形叉　3. 分度盘　4. 手柄　5. 回转体
6. 分度头主轴　7. 蜗轮　8. 蜗杆　9. 三爪自定心卡盘

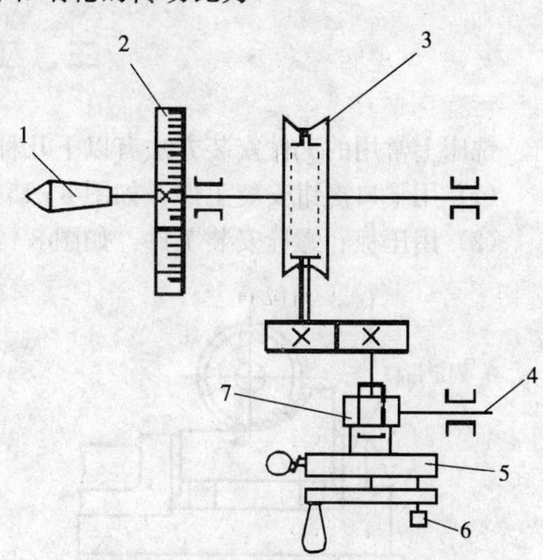

图 8-14　万能分度头传动示意图
1. 主轴　2. 刻度环　3. 蜗杆蜗轮分度盘
4. 挂轮轴　5. 分度盘　6. 定位销　7. 螺旋齿轮

$$i=\frac{蜗杆的头数}{蜗轮的齿数}=\frac{1}{40}$$

即当手柄通过一对直齿轮（传动比为 1∶1）带动蜗杆转动一周时，蜗轮只能带动主轴转过 1/40 周。若零件在整个圆周上的分度数目 $z$ 为已知时，则每分一个等分就要求分度头主轴转过 $1/z$ 圈。当分度手柄所需转数为 $n$ 圈时，有如下关系：

$$1:40=\frac{1}{z}:n$$

式中 $n$——分度手柄圈数；

40——分度头定数；

$z$——零件等分数。

即简单分度公式为 $$n=\frac{40}{z}$$

分度头分度的方法有直接分度法、简单分度法、角度分度法和差动分度法等。这里仅介绍最常用的简单分度法。上式表示的方法即为简单分度法。

当算得 $n$ 不是整数而是分数时，可用分度盘上的孔数来进行分度（把分子、分母根据分度盘上的孔圈数同时扩大或缩小某一倍数）。国产 FW250 型分度头备有两块分度盘，其各圈孔数如下。

第一块正面：24、25、28、30、34、37；反面：38、39、41、42、43。

第二块正面：46、47、49、51、53、54；反面：57、58、59、62、66。

例如，当 $n=4\frac{4}{9}$ 圈时，先将分度盘固定，再将分度手柄调整到孔数为9的倍数的孔圈上，若在孔数为54的孔圈上，此时手柄转过4圈后，再沿孔数为54的孔圈上转过24个孔距即可。

为了避免手柄转动时发生差错和节省时间，可调整分度盘上的两个扇形叉间的夹角（图 8-13），使之正好等于孔距数，这样依次进行分度时就可准确无误，如果分度手柄不慎转多了孔距数，应将手柄退回1/3圈以上，以消除传动件之间的间隙，再重新转到正确的孔位上。

## 二、工件的安装

铣床上常用的工件安装方法有以下几种。

（1）用平口虎钳安装工件：如图 8-15 所示。

（2）用压板、螺栓安装工件：如图 8-16 所示。

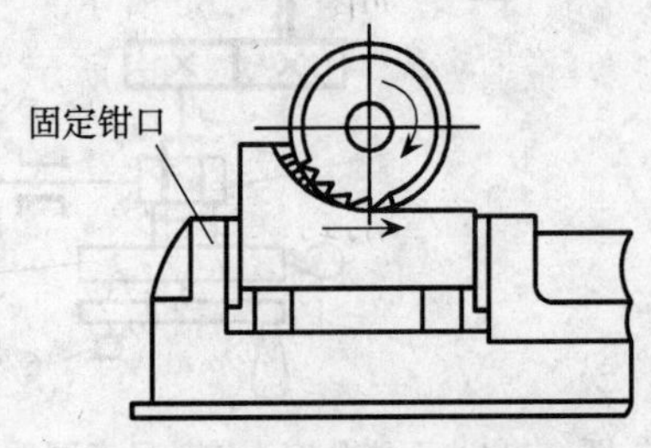


图 8-15 用平口钳安装工件

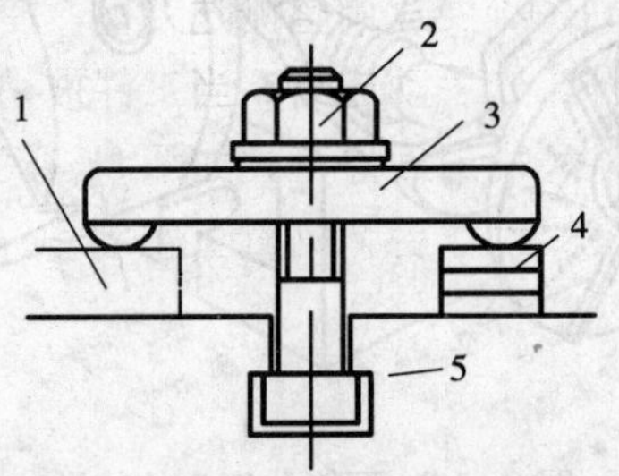


图 8-16 用压板、螺栓安装工件

1. 工件 2. 螺母 3. 压板 4. 垫铁 5. 工作台

(3) 用分度头安装工件：如图 8-17 所示。

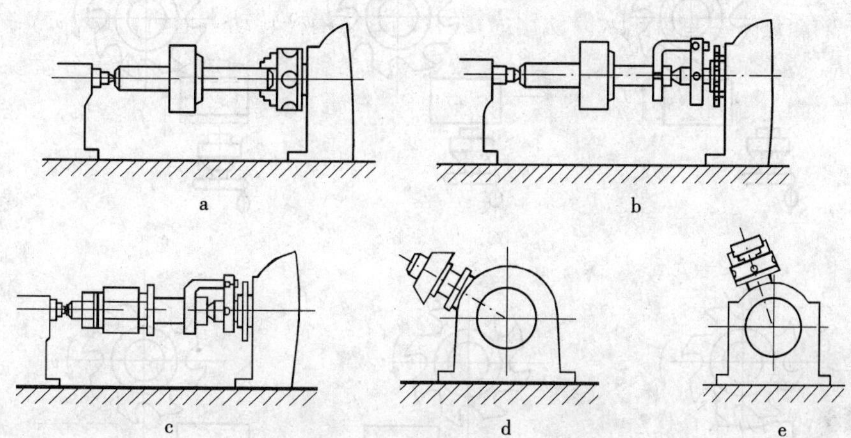


图 8-17　用分度头安装工件

a. 一夹一顶　b. 双顶尖夹顶工件　c. 双顶尖夹顶心轴　d. 心轴装夹　e. 卡盘装夹

(4) 用专用夹具安装：当零件的生产批量较大时，可采用专用夹具安装工件。专用夹具具有专门的定位和夹紧装置，零件无须进行找正即可迅速、准确地安装，既提高了生产率，又可保证加工精度。但设计和制造专门夹具的费用较高。

# 第四节　铣削工艺

在铣床上借助于各种附件和选用不同的铣刀能对多种表面进行加工，如铣平面、铣沟槽和铣成形表面等。

## 一、铣 平 面

铣平面可以采用周铣和端铣两种方法铣平面，如图 8-1 所示。铣削平面的步骤如下。

(1) 开车使铣刀旋转，升高工作台，使工件和铣刀稍微接触，记下刻度盘读数，如图 8-18a 所示。

(2) 纵向退出工件，停车，如图 8-18b 所示。

(3) 利用刻度盘调整侧吃刀量，使工作台升高到规定的位置，如图 8-18c 所示。

(4) 开车先手动进给，当工件被稍微切入后，可改为自动进给，如图 8-18d 所示。

(5) 铣完一刀后停车，如图 8-18e 所示。

(6) 退回工作台，测量工件尺寸，并观察表面粗糙度，重复铣削到规定要求，如图 8-18f 所示。

## 二、铣 斜 面

图 8-19 为铣削斜面的几种方法，使用时，可视现场实际情况选择。

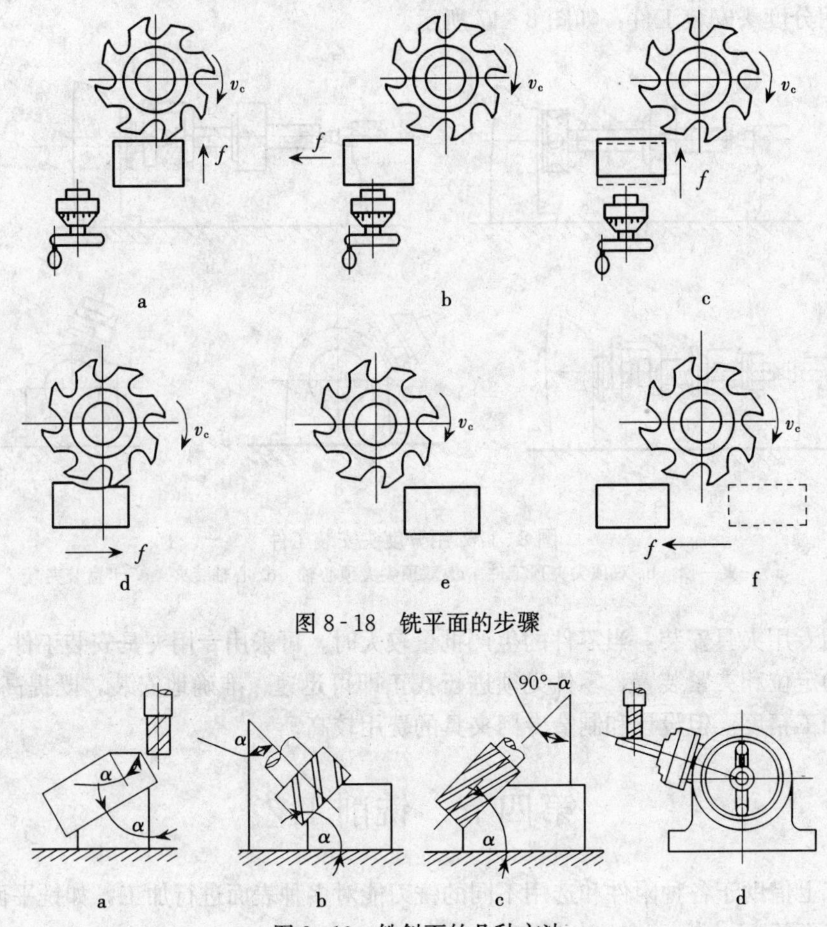


图 8-18　铣平面的步骤

图 8-19　铣斜面的几种方法

a. 用垫铁支撑　b. 转动立铣头端铣　c. 转动立铣头周铣　d. 转动分度头主轴

## 三、铣 沟 槽

（1）铣键槽：键槽有敞开式键槽、封闭式键槽和花键三种。敞开式键槽一般用三面刃铣刀在卧式铣床上加工，封闭式键槽一般在立式铣床上用键槽铣刀或立式铣刀加工，批量大时用键槽铣床加工。

（2）铣 T 形槽和燕尾槽：铣 T 形槽步骤如图 8-20 所示，铣燕尾槽步骤如图 8-21 所示。

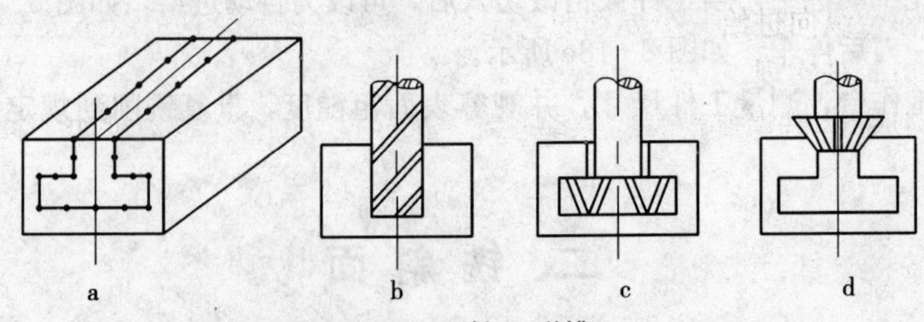


图 8-20　铣 T 形槽

a. 划线　b. 铣直槽　c. 铣 T 形槽　d. 倒角

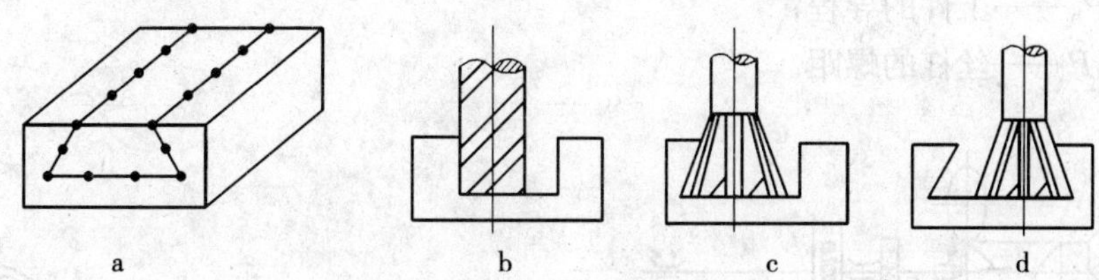


图 8-21　铣燕尾槽

a. 划线　b. 铣直槽　c. 铣左燕尾槽　d. 铣右燕尾槽

## 四、铣台阶面

铣台阶面可以用单刀加工，如图 8-22a、b 所示，适合加工台阶面较小的工件，选用三面刃盘铣刀或立铣刀。在成批生产时，铣台阶面一般采用组合铣刀加工（图 8-22c）。

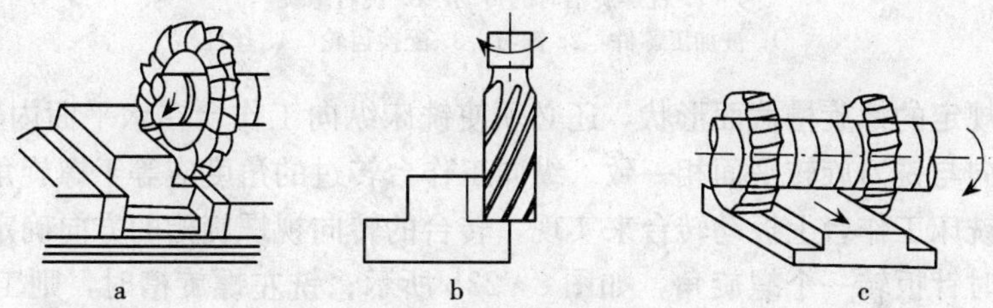


图 8-22　铣台阶面

a. 三面刃铣刀加工　b. 立铣刀加工　c. 组合铣刀加工

## 五、铣成形面

在铣床上铣成形面通常采用与成形面形状相吻合的成形铣刀，如图 8-2c 所示。

## 六、铣螺旋槽

在斜齿轮、麻花钻、螺旋铣刀等零件上均有螺旋槽，螺旋槽可在卧式万能铣床上用分度头配合进行铣削。铣削时，刀具做旋转运动；工件一方面随工作台做匀速直线运动，同时又被分度头带动做等速旋转运动。根据螺旋线形成原理，要铣削出一定导程的螺旋槽，必须保证当工件随工作台纵向进给一个导程时，工件刚好转过一圈。这可以通过工作台丝杠和分度头之间的配换齿轮来实现。

图 8-23a 所示为铣螺旋槽时的传动系统，配换挂轮的选择应满足如下关系：

$$\frac{P_{\mathrm{h}}}{P}\frac{z_1}{z_2}\frac{z_3}{z_4}\times\frac{1}{1}\times\frac{1}{1}\times\frac{1}{40}=1$$

则传动比 $i$ 的计算公式为

$$i=\frac{z_1}{z_2}\frac{z_3}{z_4}=\frac{40P}{P_{\mathrm{h}}}$$

式中　$P_h$——工件的导程；

$P$——丝杠的螺距。

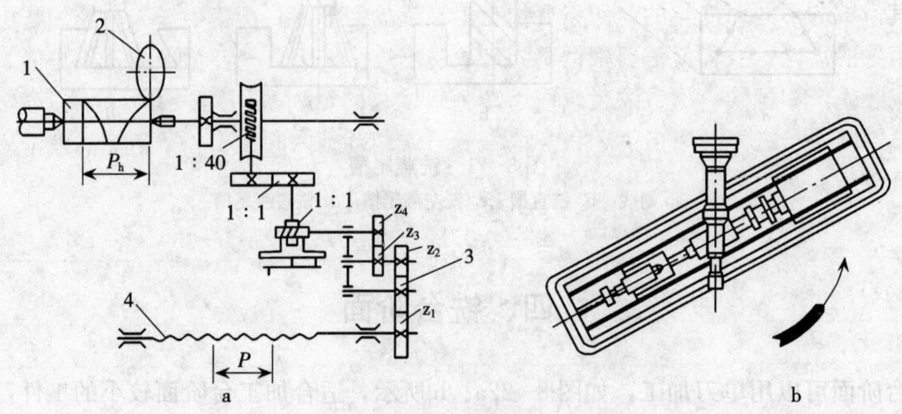


图 8-23　铣螺旋槽

a. 铣螺旋槽时的传动　b. 铣右螺旋

1. 被加工零件　2. 铣刀　3. 配换齿轮　4. 丝杠

为了获得规定的螺旋槽截面形状，还必须使铣床纵向工作台在水平面内转过一个角度，使螺旋槽的槽向与铣刀旋转平面相一致。纵向工作台转过的角度应等于螺旋角度，这项调整可在卧式万能铣床工作台上扳动转台来实现，转台的转向视螺旋槽的方向确定。铣右螺旋槽时，工作台逆时针扳转一个螺旋角，如图 8-23b 所示；铣左螺旋槽时，则工作台顺时针扳转一个螺旋角。

## 第五节　齿形加工

齿轮齿形的切削加工，按原理分为成形法和展成法两大基本类型。

### 一、成 形 法

成形法是用与被切齿轮齿槽形状相似的成形刀具切出齿形的方法。常见的有铣齿、拉齿等，其中铣齿用得最为普遍。

铣齿时，工件在卧式铣床上通过心轴安装在分度头和尾座顶尖之间，用一定模数和压力角的盘状或指状铣刀进行铣削。当铣完一个齿槽后，将工件退出，进行分度，再铣下一个齿槽，直到铣完所有的齿槽为止，如图 8-24 所示。

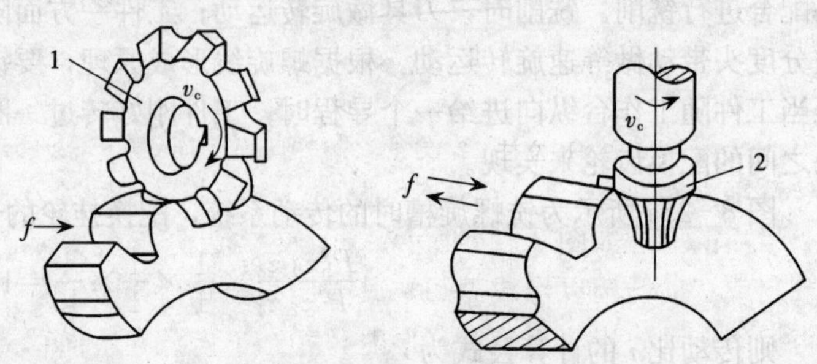


图 8-24　成形铣刀加工齿轮

1. 盘状铣刀　2. 指状铣刀

成形法加工的特点如下。

（1）生产成本低：铣齿可以在普通铣床上进行，所用的刀具也比较简单。

(2) 生产效率低：每铣一齿都要重复进行切入、切出、退刀和分度，辅助工作时间长。

(3) 加工精度低：加工的齿轮精度只能达到 IT9～IT11 级。这是因为同模数齿轮的齿形是随其齿数的不同而变化的，所以要加工出精确的齿形，一把模数铣刀只能加工出同模数的一种齿数的齿轮，这样就需要根据不同齿数制出很多铣刀，这在生产中很不方便，也不经济。在实际生产中把同一模数的齿轮按齿数分组，在同组内采用同一刀号的铣刀进行加工，见表 8-1。而每号铣刀的刀齿齿廓只与该号铣刀铣切范围内的最小齿数齿槽的理论齿廓相一致，对其他齿数的齿形只能获得近似齿形。

**表 8-1　齿轮铣刀刀号与加工齿数范围**

| 刀号 | 1 | 2 | 3 | 4 | 5 | 6 | 7 | 8 |
|---|---|---|---|---|---|---|---|---|
| 加工齿数范围 | 12～13 | 14～16 | 17～20 | 21～25 | 26～34 | 35～54 | 55～134 | 135 以上及齿条 |

所以成形法铣齿轮多用于单件、小批及修理生产中加工某些转速低、精度要求不高的齿轮。

## 二、展成法

展成法是利用齿轮刀具与被切齿轮的啮合运动，在专用齿轮加工机床上切出齿形的一种方法，它比成形法铣齿应用广泛。滚齿和插齿是展成法中最常用的两种方法。

1. **滚齿加工**　滚齿在滚齿机上进行。滚齿机主要由工作台、刀架、支撑架、立柱和床身等部分组成，如图 8-25 所示。

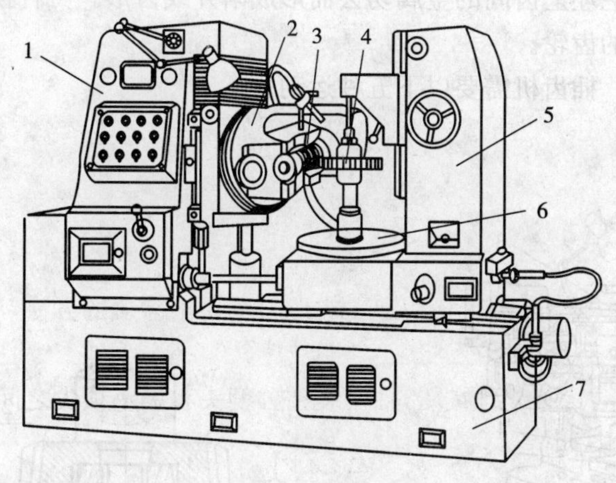


图 8-25　滚齿机

1. 立柱　2. 刀架　3. 滚刀　4. 工件　5. 支撑架　6. 工作台　7. 床身

滚齿的原理如图 8-26 所示，滚刀的刀齿分布在螺旋线上，且多为单线右旋，沿螺旋线的轴向或法向开槽以形成刀刃，其法向截面呈齿条齿形。滚齿可近似看做是无啮合间隙的齿轮与齿条传动。当滚刀旋转一周时，相当于齿条在法向移动一个刀齿，滚刀连续转动，犹如一个无限长的齿条在连续移动。当滚刀与齿轮毛坯之间严格按照齿条与齿轮的传动比强制啮合传动时，滚刀刀齿在一系列位置上的包络线就形成了工件的渐开线齿形。随着滚刀的垂直进给，即可加工出渐开线齿形。

由于滚刀刀齿的齿向与刀轴成一定角度，为保证刀齿旋转平面与齿轮毛坯的齿槽方向一致，滚齿时刀轴轴线也必须偏转相应的角度。同一种模数的滚齿刀可以切出同一模数的各种齿数的齿轮。

滚切直齿轮需要以下三个运动（图 8-26）。

（1）主运动：滚刀的旋转运动（切削运动）。

（2）分齿运动：强制滚刀与齿轮毛坯保持齿条与齿轮的啮合关系的运动，即滚刀（单线）转一转（相当于齿条轴向移动一个齿距），被切齿轮转过一个齿。

（3）垂直进给运动：滚刀沿被切齿轮轴向向下的移动，其目的是切出整个齿宽上的齿形。工作台带动工件每转一转滚刀沿工件轴向移动的距离称为垂直进给量（mm/min）。

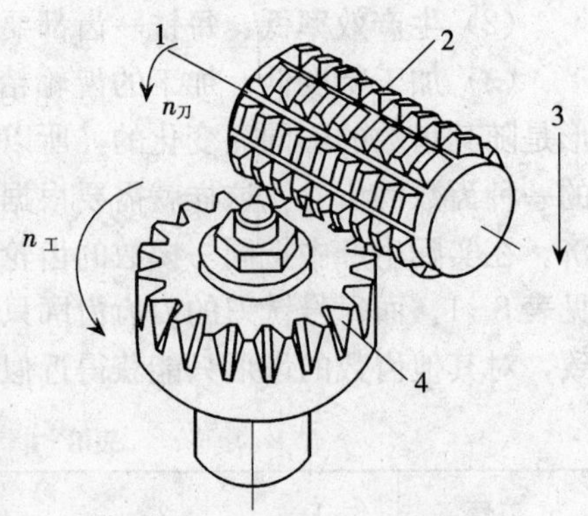

图 8-26　滚齿工作原理

1. 主运动　2. 滚刀
3. 垂直进给运动　4. 齿轮毛坯

滚齿可以加工直齿轮、螺旋齿轮、蜗轮和链轮等，其加工精度一般为 IT7～IT8 级，表面粗糙度 $R_a$ 的值为 1.6～3.2μm。

2. 插齿加工　插齿是在插齿机上进行的。插齿机主要由工作台、刀架、横梁和床身等部分组成，如图 8-27 所示。

插齿的原理如图 8-28 所示，其加工过程相当于一对齿轮啮合传动。插齿刀的形状类似一个齿轮，在轮齿上磨出前、后角，从而使它具有锋利的刀刃。插齿时要求插齿刀做上下往复切削运动，同时强制插齿刀和被加工齿轮之间严格保持着一对渐开线齿轮的啮合关系。这样插齿刀就能把齿轮毛坯上齿间的金属切去而形成渐开线齿形。一种模数的插齿刀可以切出同一模数的各种齿数的齿轮。

为完成插齿加工，插齿机需要以下五种运动。

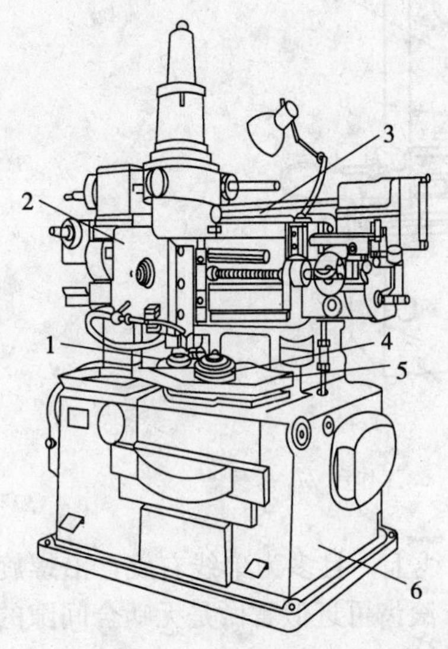

图 8-27　插齿机

1. 插齿刀　2. 刀架　3. 横梁
4. 工件　5. 工作台　6. 床身

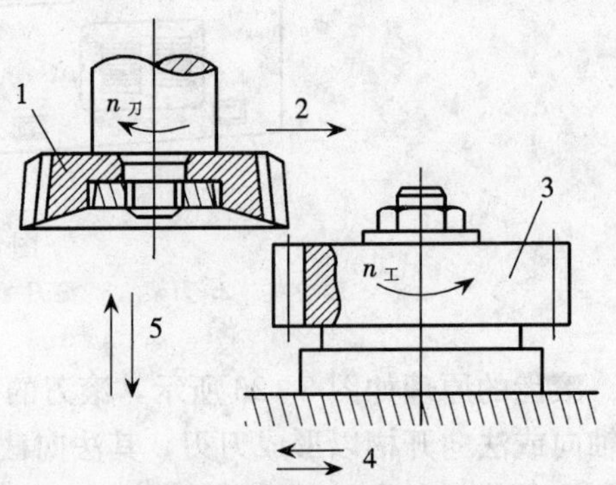

图 8-28　插齿工作原理

1. 插齿刀　2. 径向进给运动　3. 齿坯
4. 让刀运动　5. 主运动

(1) 主运动：插齿刀上下往复直线运动（切削运动）。

(2) 分齿运动：插齿刀与齿轮毛坯之间保持一对齿轮的啮合关系的强制运动。

(3) 圆周进给运动：在分齿运动中，插齿刀的旋转运动。插齿刀每上下往复一次，在其分度圆周上所转过的弧长称为圆周进给量（mm/str）。

(4) 径向进给运动：在插齿开始阶段，插齿刀沿齿坯半径方向的移动。其目的是使插齿刀逐渐切至全齿深。插齿刀每上下往复一次，沿径向移动的距离称为径向进给量（mm/str）。

(5) 让刀运动：插齿刀上下往复运动中，向下是切削行程，向上是退回行程。为了避免插齿刀回程时与工件表面摩擦，以免擦伤已加工表面和减少刀具磨损，要求插齿刀在回程时，工作台带动工件让开插齿刀，而在插齿时又恢复原来位置的运动。

插齿可以加工内、外圆柱齿轮以及相距很近的双联齿轮和三联齿轮，其加工精度一般为IT7～IT8级，齿面粗糙度 $R_a$ 值一般可达 1.6μm。

对IT6级精度以上、齿面粗糙度值小于 0.4μm 的齿轮，在一般的滚、插加工之后，还需要进行精加工。齿轮精加工的方法主要有剃齿、珩齿、磨齿和研齿等。

## 复习思考题

1. X6132卧式万能升降台铣床主要由哪几部分组成？各部分的主要作用是什么？

2. 铣床的主运动是什么？进给运动是什么？

3. 铣床的附件主要有哪些？各有什么功用？

4. 拟铣一与水平面成20°的斜面，其加工方法有哪几种？试分别叙述之。

5. 在轴上铣键槽，可选用什么机床和刀具？

6. 拟铣一齿数为30的直齿圆柱齿轮，试用简单分度法计算出每铣一齿，其分度头手柄应在孔圈上的孔数，以及孔圈转过的圈数和孔距。已知分度盘的各圈孔数为38、39、41、42和43。

7. 顺铣和逆铣有何不同？目前生产中常用哪种方式？

8. 在铣床上用什么方法加工齿轮？此方法有何特点？

9. 插齿和滚齿的工作原理有什么不同？各适宜加工什么样的齿轮？

# 第九章　磨削加工

## 第一节　概　述

磨削是用磨具（砂轮、砂带、油石、研磨剂等）以较高的线速度对工件表面进行加工的方法。可用于加工各种表面，如内外圆柱面、内外圆锥面、平面及各种成形面等，可以刃磨刀具或者进行切断等；另外，磨床可以加工其他机床不能或者很难加工的高硬材料，特别是淬硬零件的精加工，应用范围十分广泛。

磨削加工的特点：比较容易获得高加工精度和低表面粗糙度值，在一般加工条件下，尺寸公差等级为IT5～IT6，表面粗糙度 $R_a$ 为0.25～0.32μm。

## 第二节　磨　床

磨床的种类很多，有外圆磨床、内圆磨床、平面磨床、导轨磨床、工具磨床、精密磨床、砂带磨床以及其他磨床等。

### 一、外圆磨床

外圆磨床包括普通外圆磨床、万能外圆磨床等。最常用的是万能外圆磨床，可以磨削加工零件的外圆柱面、外圆锥面、内圆锥面以及端面等。如图9-1所示是M1432A万能外圆磨床。M1432中，M表示磨床的代号；1表示外圆磨床组；4表示万能外圆磨床型；32表示最大磨削直径的1/10，即320mm；A表示在性能和结构上做过第一次重大改进。

1. 主要组成部分及其功能　M1432A由床身、工作台、头架、尾座和砂轮等部件组成，如图9-1所示。

(1) 床身：床身用于安装各种部件，上部有工作台和砂轮架，内部装有液压传动系统。

(2) 工作台：工作台有两层，下工作台沿床身导轨作纵向往复运动，上工作台相对于下工作台能做一定的角度回转，以便磨削圆锥面。

(3) 头架：头架上有主轴，可用顶尖或者三爪自定心卡盘夹持工件旋转。头架由双速电动机带动，可使工件获得不同转速。

(4) 尾座：尾座是磨削细长工件时支持工件的，它可以在工作台上做纵向调整，当调整到所需范围时将其紧固。扳动尾座上手柄时，顶尖套筒可以推出或者缩进，以便装夹或者卸下工件。

(5) 砂轮架：砂轮架在砂轮架的主轴上，有单独的电动机经V带直接带动旋转，砂轮架可沿着床身后部的横向导轨前后移动，移动的方式有自动周期进给、快速引进和退出及手

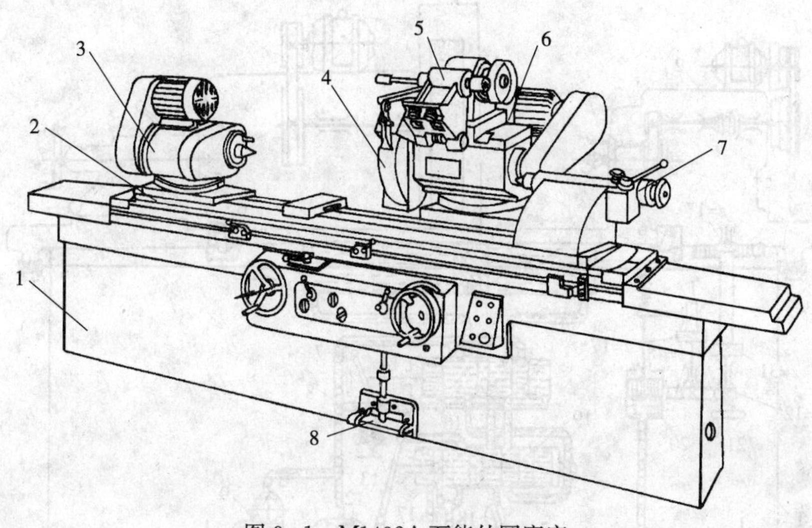


图 9-1　M1432A 万能外圆磨床

1. 床身　2. 工作台　3. 头架　4. 砂轮　5. 内磨头　6. 砂轮架　7. 尾座　8. 脚踏操纵板

动三种，前两种是通过液压实现的。

万能外圆磨床与普通外圆磨床所不同之处是，前者在砂轮架、头架和工作台上都装有转盘，能回转一定的角度，并增加了内圆磨具等附件，因此，它不但可以磨削外圆柱面，还可以磨削内圆柱面以及较大的内、外圆锥面和端面。

2. *外圆磨床磨削运动*　在外圆磨床上进行外圆磨削时，有以下几种运动。

(1) 砂轮的高速旋转运动是磨削外圆的主运动。

(2) 工件随工作台的纵向往复运动是磨外圆的纵向进给运动。

(3) 工件由头架主轴带动旋转是磨削外圆的圆周进给运动。

(4) 砂轮做周期性的横向进给运动。

3. *磨床的液压传动系统*　液压传动在各种磨床中得到广泛应用。其特点如下。

(1) 在相同功率情况下，液压传动装置体积小，重量轻，结构紧凑。

(2) 转向无冲击，无振动，运动平稳，在规定的范围内能实现无级变速。

(3) 零件在油压中工作可减少磨损，延长寿命，以实现工作循环的自动化，如图 9-2 所示。

磨床液压传动系统主要由油箱 11、齿轮液压泵 12、换向阀 14、节流阀 18、安全阀 9、液压缸 15 等组成。工作时，压力油从液压泵 12 经管路输送到换向阀 14，由此流到液压缸 15 的右端或者左端，使工作台 3 向左或者向右做进给运动。此时，液压缸 15 的另一端的油经换向阀 14、滑阀 17 以及节流阀 18 流回油箱。节流阀 18 是用来调节工作台运动速度的。

工作台的往复换向动作是通过挡块 6 使换向阀 14 的活塞自动转向实现的，挡块 6 固定在工作台 3 的侧面槽内，按照所要求的工作台行程长度来调整两挡块之间的距离。工作台每到行程终了时，挡块 6 先推动杠杆 7 到垂直位置；然后借助作用在杠杆 7 上的弹簧帽 8 使杠杆 7 以及活塞继续向前移动，从而完成换向动作。换向阀 14 的活塞转向快慢由液压阀 16 来调节，它将决定工作台换向的快慢和平稳性。

用手向右扳动操纵杆 13，滑阀 17 的油腔 19 使液压缸 15 的导管左、右连通，因此就停

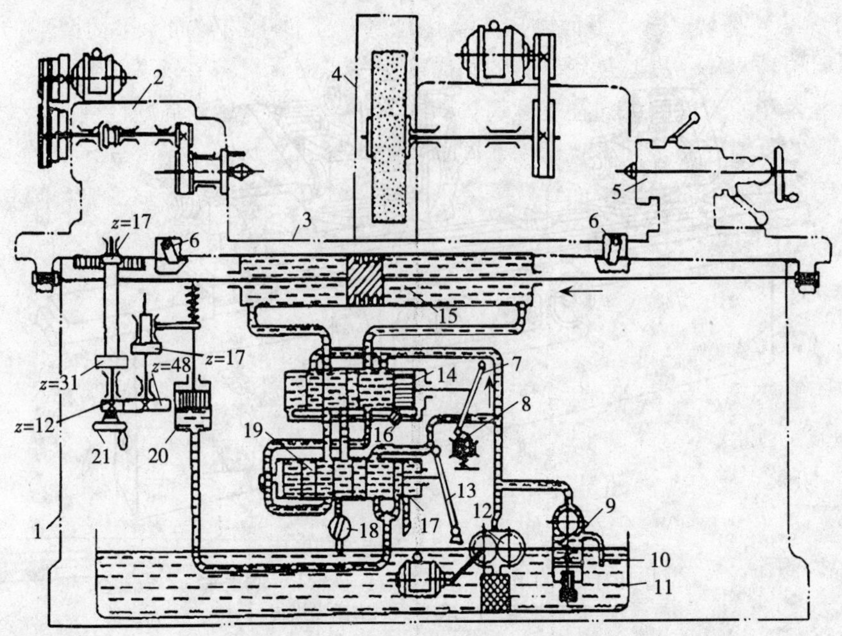


图 9-2　外圆磨床液压传动示意图

1. 床身　2. 头架　3. 工作台　4. 砂轮架　5. 尾座　6. 挡块　7、13. 杠杆　8. 弹簧帽　9. 安全阀　10. 回油管　11. 油箱　12. 液压泵　14. 换向阀　15、20. 液压缸　16. 液压阀　17. 滑阀　18. 节流阀　19. 油腔　21. 手轮

止了工作台的移动。此时，液压缸 20 中的油在弹簧活塞的压力作用下经油管流回油箱。活塞被弹簧压下后，齿数 $z=17$ 的齿轮与 $z=31$ 的齿轮啮合，因此，利用手轮 21 亦可移动工作台。

## 二、平面磨床

M7120A 平面磨床如图 9-3 所示。

1. **主要组成部分及功用**　M7120A 平面磨床由床身、工作台、立柱、磨头以及砂轮修整器等部件组成。

(1) 工作台：工作台 3 装在床身 1 的导轨上，由液压驱动做往复运动，也可用手轮 11 操纵，以进行必要的调整。工作台上装有电磁吸盘或其他夹具，用来装夹工件。

(2) 磨头：它沿滑板 9 的水平导轨做横向进给运动，也可由液压传动或由手轮 8 操纵。滑板 9 可沿立柱 6 的导轨做垂直移动，以调整磨头的高低位置及完成垂直进给运动，这一运动是通过转动垂直进给手轮 2 来实现的。砂轮 5 由装在壳体内的电动机直接驱动旋转。

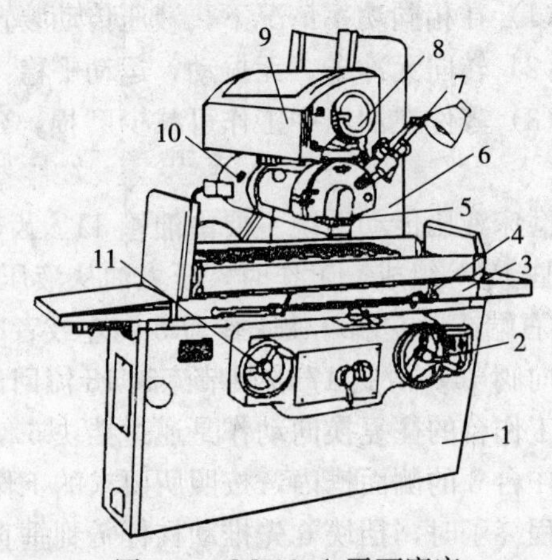


图 9-3　M7120A 平面磨床

1. 床身　2. 垂直进给手轮　3. 工作台　4. 行程挡块　5. 砂轮　6. 立柱　7. 砂轮休整器　8. 横向进给手轮　9. 滑板　10. 磨头　11. 驱动工作台手轮

2. *平面磨床的磨削运动* 平面磨床主要用于磨削工件上的平面。平面磨削的方式通常可分为周磨和端磨两种。周磨是用砂轮的圆周面磨削平面，它需要以下几个运动：砂轮的高速旋转，即主运动；工件的纵向往复运动，即纵向进给运动；砂轮周期性横向运动，即横向进给运动；砂轮对工件做定期垂直运动，即垂直进给运动。

端磨是用砂轮的端面磨削平面。它需要下列运动：砂轮高速旋转；工作台圆周进给；砂轮垂直进给。

## 三、内圆磨床

M2120 内圆磨床如图 9-4 所示。

内圆磨床主要用于磨削圆柱孔、圆锥孔及其端面等，M2120 内圆磨床由床身、工作台、头架、磨具架、砂轮修整器等部分组成。

头架可绕垂直轴线转动一个角度，以便磨削圆锥孔。磨具架 5 安放在工作台 6 上，工作台由液压传动作往复运动，每往复一次便能使磨具作微量横向进给一次。工作台及其磨具架移动也可由手轮 8 和 7 来操纵。

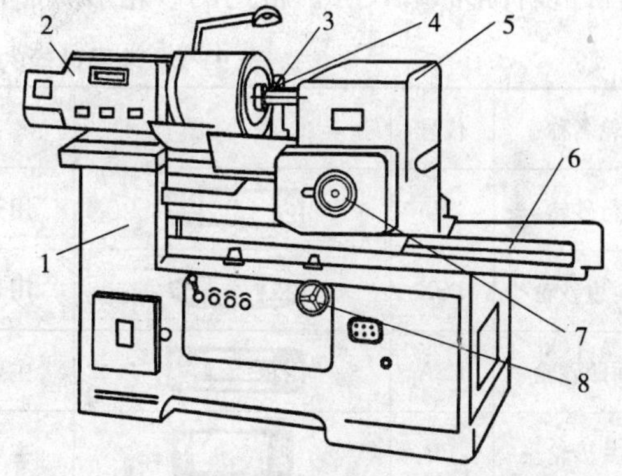


图 9-4 M2120 内圆磨床

1. 床身 2. 头架 3. 砂轮修整器 4. 砂轮 5. 磨具架 6. 工作台 7. 操纵磨具架手轮 8. 操纵工作台手轮

# 第三节 砂 轮

磨削的工具是砂轮。它是由磨料和结合剂两种材料经过压制和烧结而形成的多孔体，如图 9-5 所示。每一磨粒都有切削刃，磨削的切削过程与铣削相似。

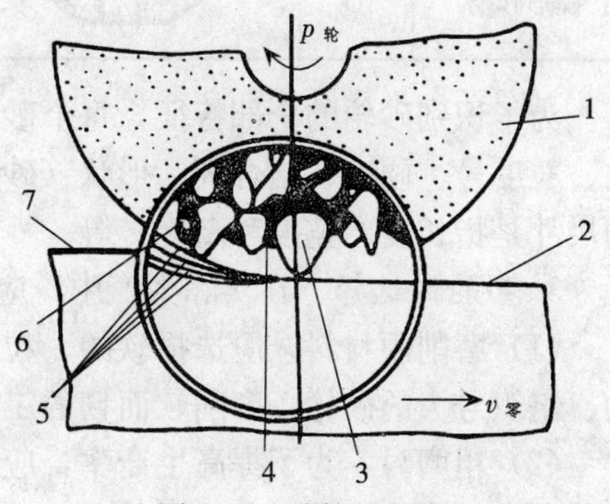


图 9-5 砂轮的组成

1. 砂轮 2. 已加工表面 3. 磨粒 4. 结合剂 5. 切削表面 6. 空隙 7. 待加工表面

## 一、砂轮的组成要素及选择

1. *砂轮的组成要素*

(1) 磨料：磨料直接参加磨削工作，必须具有硬度高、耐热性好、锋利的棱边和一定的强度的特点。常用的磨料有两类：刚玉类，其韧性大，适宜磨削各种钢材及可锻铸铁；碳化硅类，其硬度高，质脆而锋利，用于磨削铸铁、黄铜等脆性材料及硬质合金刀具。

(2) 结合剂：结合剂在砂轮中起黏结作用，它的性能决定了砂轮的强度、耐冲击性、腐蚀性和耐热性。此外，其对磨削温度和磨削表面质量也有一定的影响。常用的结合剂有陶瓷结合剂、树脂结合剂、橡胶结合剂等。

（3）粒度：粒度是指磨料颗粒大小。粒度号越大，颗粒越小。可用筛选法或者显微镜测量法来区别。

（4）硬度：砂轮的硬度是指结合剂黏结磨粒的牢固程度，也就是指磨粒在切削力的作用下从砂轮表面脱落的难易程度。砂轮的硬度对磨削的生产率和磨削的表面质量都有很大的影响。

（5）组织：组织是指砂轮的松紧程度。即指磨粒、结合剂和气孔三者所占体积的比例。组织分为紧密、中等和疏松三大类，共16级（0～15）。

2. *砂轮的形状和尺寸*　为了适应在不同类型的磨床上磨削各种形状和尺寸工件的需要，砂轮有许多种形状和尺寸。常用的砂轮形状、代号及用途见表9-1。

**表9-1　常用砂轮的形状、代号及用途**

| 砂轮名称 | 代号 | 简　图 | 主　要　用　途 |
|---|---|---|---|
| 平行砂轮 | P | | 用于磨外圆、内圆、平面、螺纹及无心磨等 |
| 双斜边砂轮 | PSX | | 用于磨削齿轮和螺纹 |
| 双面凹砂轮 | PSA | | 主要用于外圆磨削和刃磨刀具、无心磨砂轮和导轮 |
| 薄片砂轮 | PB | | 主要用于切断和开槽等 |
| 筒形砂轮 | N | | 用于立轴端面磨 |
| 杯形砂轮 | B | | 用于磨平面、内圆及刃磨刀具 |
| 碗形砂轮 | BW | | 用于导轨磨及刃磨刀具 |
| 碟形砂轮 | D | | 用于磨铣刀、绞刀、拉刀等，大尺寸的用于磨齿轮端面 |

为了识别砂轮的全部特征，每个砂轮上均有一定的标志印在砂轮的端面上。其顺序是磨粒、粒度号、硬度、结合剂、形状（砂轮与磨头的尺寸是指外径、厚度和内径；油石与砂瓦的尺寸是指长度、宽度和高度）等。

3. *砂轮的选择*　在实际生产中，应从实际情况出发加以分析，选用比较适合的砂轮。

（1）磨削硬材料，应选择软的、粒度号大的砂轮；磨削软材料，应选择硬的、粒度号小的、组织号大的砂轮。磨削软而韧的工件时，应选择大气孔的砂轮。

（2）粗磨时，为了提高生产率，应选择粒度号小、软的砂轮；精磨时，为了提高工件表面质量，应选择粒度号大、硬的砂轮。

（3）大面积磨削或者薄壁件磨削时，应选择粒度号数小、组织号小和软的砂轮。

（4）成形磨削时，应选择粒数号大、组织号小和硬的砂轮。一般选用100#～250#、ZR2～Z1、组织号3～4的砂轮。磨淬硬钢选用R2～ZR1的砂轮；磨未淬硬钢选用ZR2～Z2的砂轮。

（5）刃磨刀具，一般选用3#～100#的砂轮；刃磨高速钢刀具，一般选用R3～ZR1的砂轮；刃磨硬质合金刀具，一般选用ZR2～Z2的砂轮。

## 二、砂轮的检查、安装、平衡和修整

砂轮工作时，转速很高，安装前必须经过检查，首先要仔细检查砂轮是否有裂纹。有裂纹或者用木锤轻敲时发出嘶哑声音的砂轮禁止使用，否则会引起破裂后飞出而发生工伤事故。

安装砂轮时，要求砂轮不松不紧地套在轴上。在砂轮和法兰盘之间应使用皮革或者橡胶弹性垫板，以便压力均匀分布，螺母的拧紧力不能过大，否则会导致砂轮破裂。砂轮的安装如图 9-6 所示。

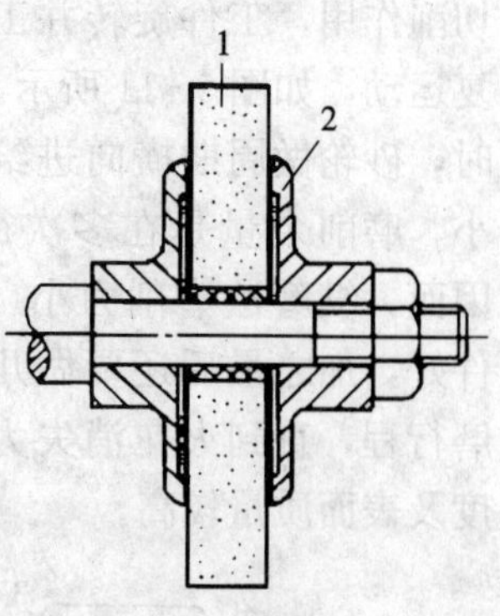


图 9-6　砂轮的安装

1. 砂轮　2. 弹性垫板

为了使砂轮平稳工作，一般砂轮直径大于 125mm 都要进行平衡，如图 9-7 所示。

砂轮工作一段时间后，磨粒逐渐变钝，砂轮工作表面的空隙被堵塞，这时必须进行修整，切去砂轮表面上的一层变钝的磨粒，使砂轮重新露出锋利的磨粒，以恢复切削能力和外形精度。砂轮常用金刚石修整，如图 9-8 所示。修整时，要大量使用冷却液，以免金刚石因温度急剧升高而碎裂。

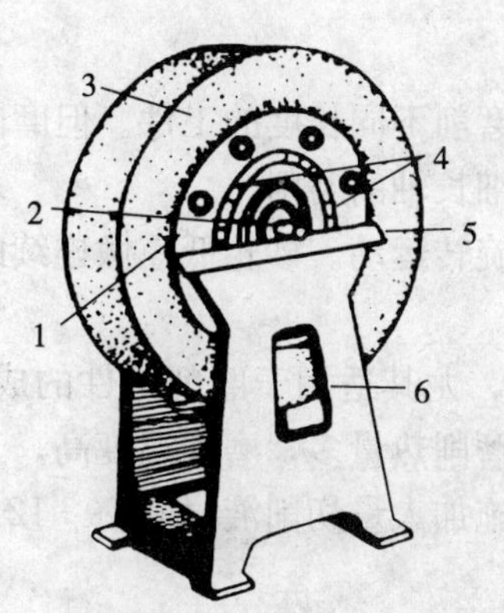


图 9-7　砂轮的平衡

1. 平衡套筒　2. 心轴　3. 砂轮
4. 平衡铁　5. 平衡轨道　6. 平衡架

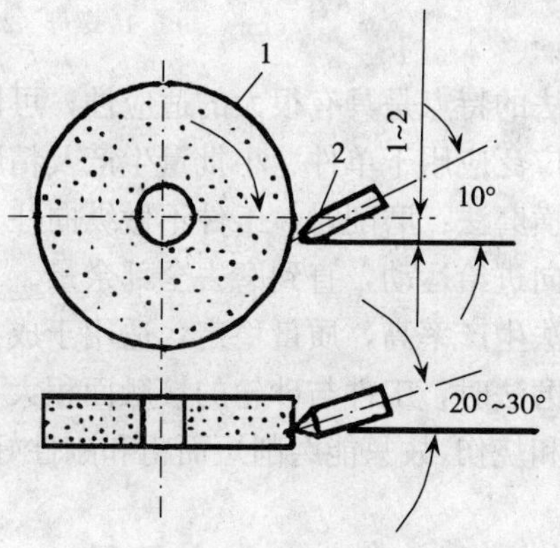


图 9-8　砂轮的修整

1. 砂轮　2. 金刚石

# 第四节　磨削加工

## 一、外圆磨削

外圆磨削是一种基本的磨削方法。它适用于轴类及外圆锥工件的外表面磨削，如机床主轴、活塞杆等。其安装方法有顶尖安装（图 9-9）、三爪自定心卡盘安装和心轴安装（图 9-10）等。

在外圆磨床上磨削外圆，常用的有纵磨法和横磨法两种，其中又以纵磨法用得最多。

（1）纵磨法：磨削时，砂轮高速旋转起切削作用，工件旋转并工作台一起做纵向往复运动，如图 9-11 所示。每当一次往复终了时，砂轮做周期横向进给。每次磨削深度很小，磨削余量是在多次往复行程中磨去的。因而，纵磨法磨削力小、磨削热少、散热条件好，加之最后还要做几次无横向进给的光磨行程，直到火花消失为止，所以工件的精度及表面质量较高。

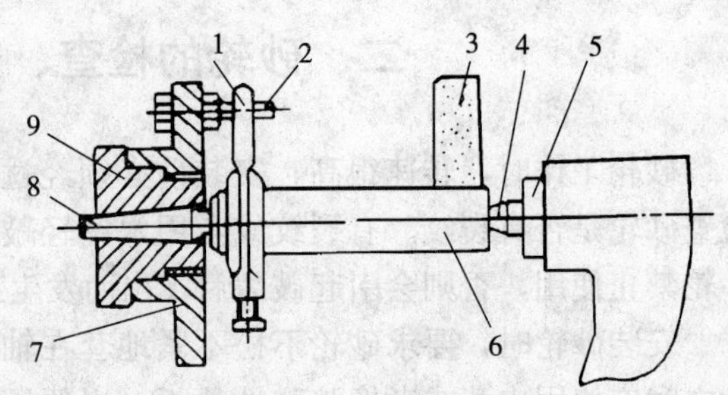

图 9-9 顶尖安装

1. 鸡心夹头 2. 拨杆 3. 砂轮 4. 后顶尖 5. 尾座套筒 6. 工件 7. 拨盘 8. 前顶尖 9. 头架主轴

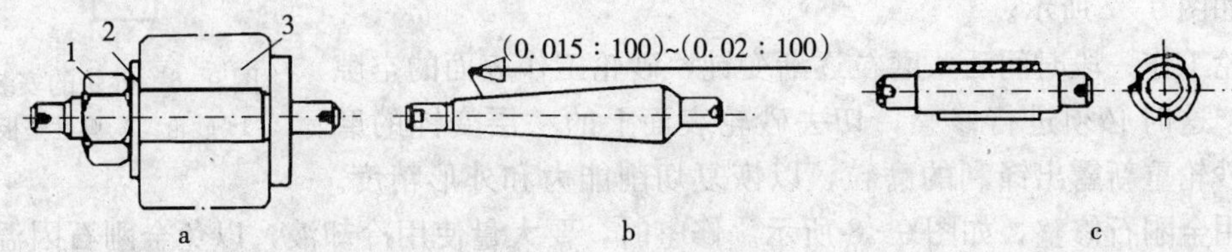

图 9-10 心轴安装

a. 带台肩心轴装夹工件 b. 锥形心轴 c. 胀力心轴

1. 螺母 2. 垫圈 3. 工件

纵磨法的特点是具有很大的适应性，可以用一个砂轮磨削不同长度的工件。但磨削效率较低，故广泛应用于单件、小批量生产及精磨，特别是对细长轴的磨削。

（2）横磨法：磨削时，工件不做纵向往复运动，只做旋转运动。砂轮低速做连续的或者间断的横向进给运动，直到磨去全部余量。

横磨法生产率高，质量稳定，适用于成批及大量生产，尤其适用于磨削工件的成形面。但使用横磨法时，工件与砂轮的接触面积大，磨削力大，磨削热量多，磨削温度高，工件易发生变形和烧伤，故只能磨削短而粗和刚性好的工件，并要施加大量切削液，如图 9-12 所示。

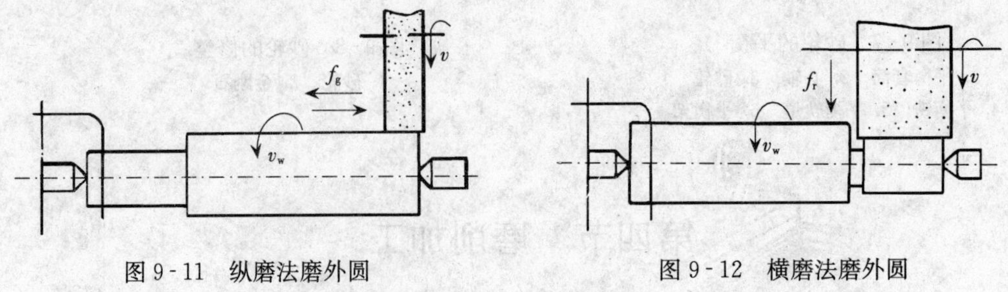

图 9-11 纵磨法磨外圆　　图 9-12 横磨法磨外圆

## 二、平面磨削

平面磨削可以通过电磁吸盘对钢、铸铁等导磁工件的磁力，直接将其安装在工作台上。磨削尺寸小或薄壁的零件时，因零件和吸盘接触面小、吸力弱，易被磨削力弹出而造成事故。所以，装夹这类工件时，必须在工件的四周用挡铁围住，如图 9-13 所示。

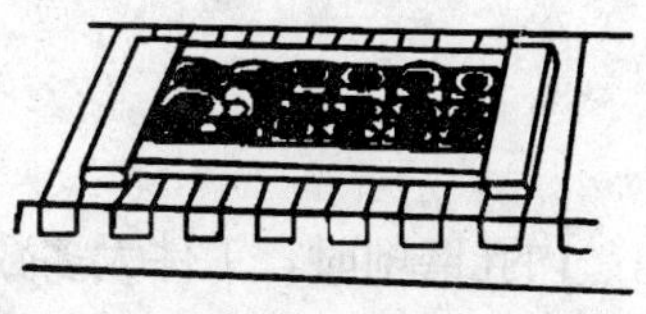
图 9-13　用挡铁围住工件

平面磨削也可由压板安装，对磨削大型工件的平面时，可直接利用磨床工作台的 T 形槽和压板装置来安装工件，如图 9-14所示。

平面磨削还可用辅助夹具安装，如图 9-15 所示用 V 形块装夹。

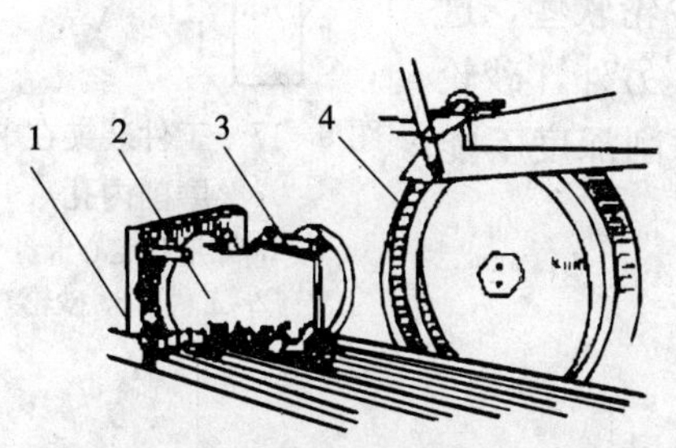

图 9-14　用压板和弯板装夹工件
1. 弯板　2. 工件　3. 压板　4. 砂轮

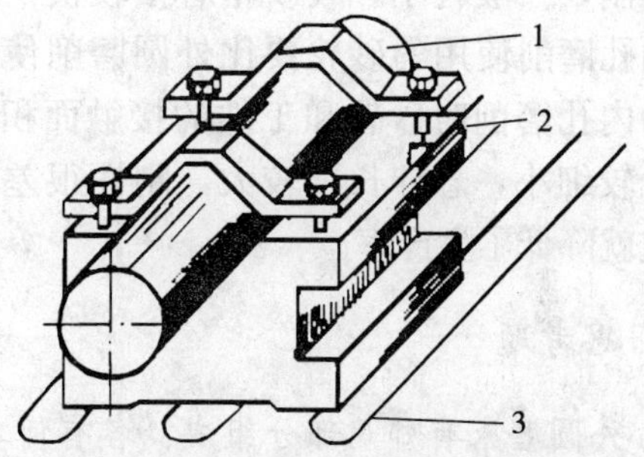

图 9-15　在磁性吸盘上用 V 形块装夹
1. 工件　2. V 形块　3. 磁性吸盘

根据磨削时砂轮工作表面的不同，磨削平面有周磨和端磨两种方法。

(1) 周磨：周磨是以砂轮四周表面来磨削工件的。磨削时，砂轮与工件的接触面很小，排屑及冷却条件好，工件不易变形，砂轮磨损均匀，所以能得到较高的加工精度及较好的表面质量；但磨削效率低，适用于精磨，如图 9-16a 所示。

(2) 端磨：端磨是以砂轮端面来磨削工件的。磨削时，砂轮轴伸出较短，主要受轴向力，所以刚性好，能用较大的磨削用量；并且砂轮与工件接触面积大，金属材料磨去较快，生产率高。但磨削热大，切削液又不容易进入磨削区，容易发生工件被烧伤的现象，因此加工质量较周磨低，适用于粗磨，如图 9-16b 所示。

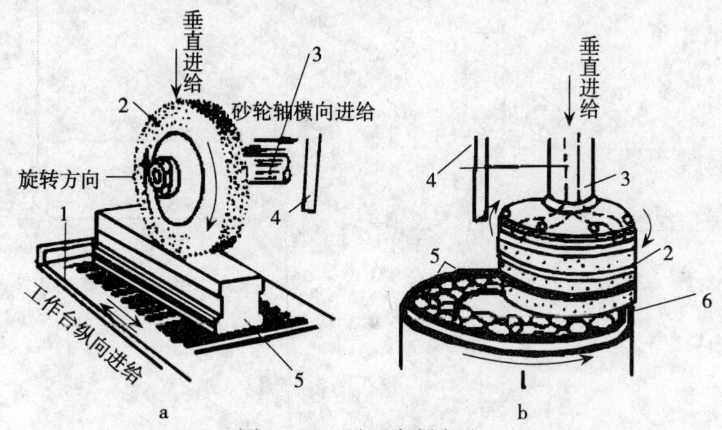

图 9-16　平面磨削方法
a. 周磨　b. 端磨
1. 磁性吸盘　2. 砂轮　3. 砂轮轴　4. 冷却液管　5. 工件　6. 砂轮端面

## 三、内孔磨削

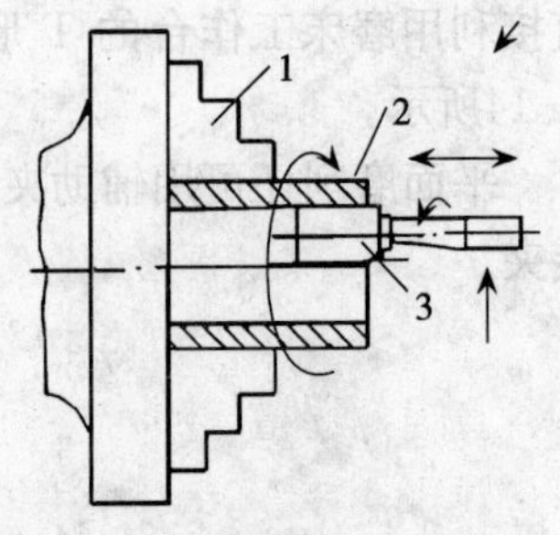


图 9-17 工件装夹在卡盘上磨削内孔
1. 三爪自定心卡盘 2. 工件 3. 砂轮

内孔磨削时，工件大多数以外圆或者端面作为定位基准，装夹在三爪自定心卡盘上进行磨削，如图 9-17 所示，磨内圆锥面时只需将主轴（床头）偏转一个圆锥角即可。

与外圆磨削不同，内孔磨削时，砂轮的直径受到工件孔径的限制，一般较小。故砂轮磨损较快，需要经常修整和更换。内孔磨削使用的砂轮要比外圆磨削使用的砂轮软些，这是因为内孔磨削时砂轮和工件的接触面积较大。另外，砂轮轴直径较细小，悬伸长度较大，刚性很差，故磨削深度不能大，这就降低了生产率。

### 复习思考题

1. 外圆磨床有哪几部分组成？各有何功用？
2. 磨削外圆及平面时，工件和砂轮各做哪些运动？
3. 试述磨削加工安全操作注意事项。
4. 平面磨削方法有几种？各有何特点？如何选用？
5. 外圆面磨削方法有几种？各有何特点？如何选用？
6. 磨削加工的特点有哪些？
7. 圆锥磨削有哪些方法？各有什么特点？
8. 对照示教板，分析磨床工作台往复运动的液压传动系统。
9. 磨削轴类零件和盘套类零件时，应如何装夹？
10. 内圆磨削有什么特点？

# 第十章　刨削加工

在刨床上用刨刀对工件进行切削称为刨削。刨削主要用来加工水平面、垂直面、斜面和各种直通的沟槽，亦可按划线加工成形面，其加工精度一般可达 IT8～IT9，表面粗糙度 $R_a$ 值可达 1.6～3.2μm。常用的刨床类机床有牛头刨床、龙门刨床和插床等。

在牛头刨床上加工水平面时，主运动是刨刀的往复直线运动，进给运动是工件的间歇移动；刨削垂直面时，主运动不变，进给运动则是刨刀的垂直移动（手动）（图 10-1）。

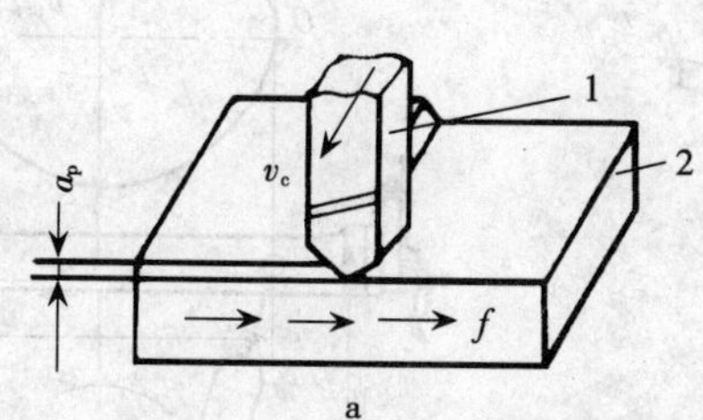


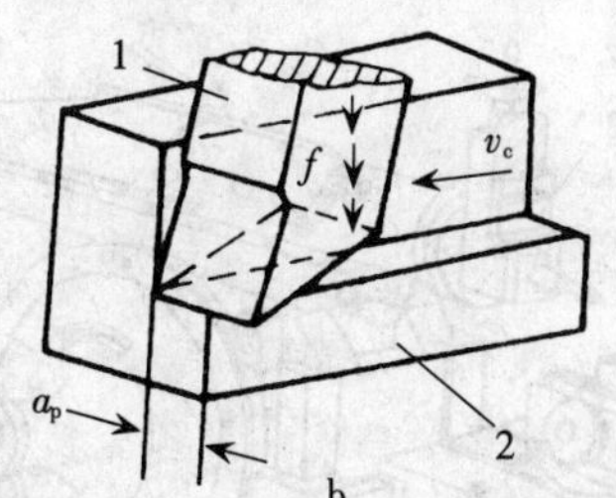


图 10-1　牛头刨的切削运动

a. 刨水平面　b. 刨垂直面

1. 刨刀　2. 工件

刨削用量包括背吃刀量 $a_p$、进给量 $f$ 和切削速度 $v_c$。背吃刀量 $a_p$ 是指已加工面和待加工面之间的垂直距离，进给量 $f$ 是指刨刀往复一次工件移动的距离，单位是 mm/str，一般 $f$ 为0.33～3.3mm。切削速度 $v_c$ 是指主运动的平均速度（刨削过程中速度是变化的，始末两端速度为零，中间最大），一般按下列公式计算：

$$v=\frac{2n_rL}{1\,000}\qquad (\text{m/min})$$

式中　$L$——行程长度，mm；

$n_r$——滑枕每分钟的行程次数。

一般 $v_c$ 为 17～50m/min。

由于刨刀是单刃刀具，刨削速度低，并有冲击，回程又不切削，所以生产效率较低，故刨削已逐渐被铣削所代替。但由于刨刀制造、刃磨简单，刨床也便于操作，而且适应性也较强，尤其适宜加工一些窄而长的表面，因此，目前在单件、小批量生产和修理车间中仍然使用较普遍。

## 第一节　牛头刨床及其作业

牛头刨床是刨削类机床中应用较广泛的一种，主要用于加工中、小型工件，加工长度不超过 1m。其中 B665 型为常用的牛头刨床。

## 一、牛头刨床的结构

牛头刨床由床身、滑枕、变速机构、刀架、工作台、横梁和进给机构等部分组成（图10-2）。

1. 床身　床身是一个固定在底座上的箱形铸铁件，用于支撑和固定刨床零部件。顶面上的燕尾槽是滑枕做往复运动的导轨，前端面的竖直导轨供工作台升降用，床身内部装有传动及摆杆机构。

2. 滑枕　滑枕是一长条形空心铸件，其前端安装刀架，由摆杆机构带动做往复直线运动。

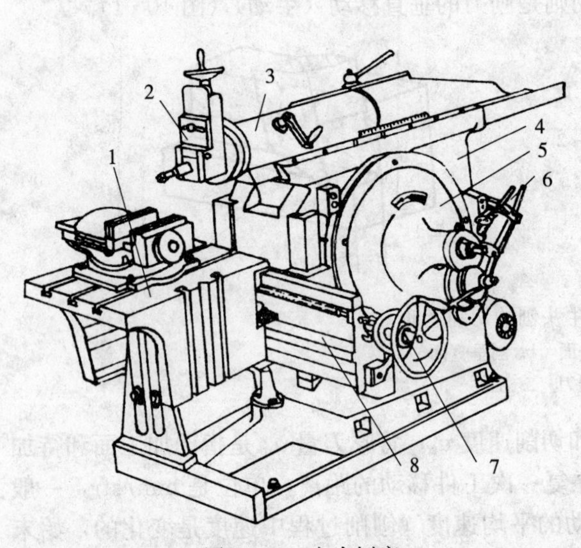


图 10-2　牛头刨床

1. 工作台　2. 刀架　3. 滑枕　4. 床身　5. 摆杆机构　6. 变速机构　7. 进给机构　8. 横梁

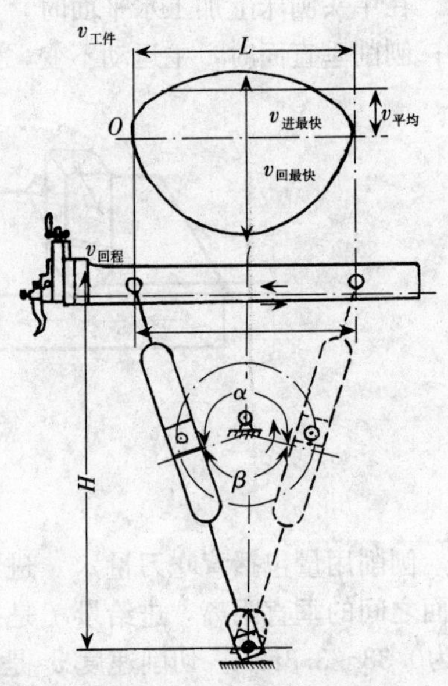


图 10-3　牛头刨床摆杆机构及运动图

3. 摆杆机构　摆杆机构是牛头刨床实现直线往复运动的主要机构（图10-3），大齿轮旋转后，通过滑块带动摆杆摆动，摆杆的上端通过压紧螺母、丝杠与滑枕相连，于是滑枕便带动刨刀做往复运动。

4. 刀架　刀架的结构如图 10-4 所示。刨刀装夹在刀夹上，旋转手柄，刨刀可做上下移动的调刀或手动进给。松开转盘上的螺母，转动转盘，滑板能带着刨刀偏转所需的角度，以实现斜向进给。滑板上的刀座也能左、右各偏转 15°，用此可把刨刀装成所需的主、副偏角。此外，安装在刀架上的抬刀板还能绕 A 轴转动，以便在刨削回程时抬起刨刀，减少刀具与工件的摩擦。

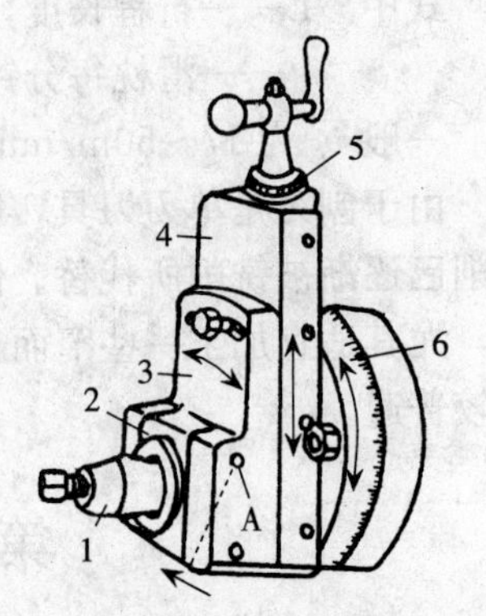


图 10-4　刀架

1. 刀夹　2. 抬刀板　3. 刀座　4. 滑板　5. 刻度盘　6. 转盘

5. 工作台和横梁　刨削时，可把工件直接或通过平口虎钳固定在工作台的台面或两侧面上。工作台可随横梁上下移动，以调整工件和刨刀的相对距离，并可以沿横梁做水平间歇移动的进给运动。

6. 进给机构　牛头刨床上的进给可以手动也可以机动。机动进给是通过棘轮机构实现的。棘轮机构（图 10-5）由连杆、棘爪、棘轮和丝杆等组成。运动经齿轮、销子和连杆使棘爪产生摆动，当棘爪插入棘轮的齿槽时，则使棘轮连同进给丝杆转动一个角度，从而使工作台实现一次进给。棘爪只能单方向带动棘轮旋转，回程时则从棘轮的齿槽中滑出，间歇地实现横向进给。进给的大小是通过控制棘轮缺口位置、改变棘爪每次拨过棘轮的齿数来实现的。

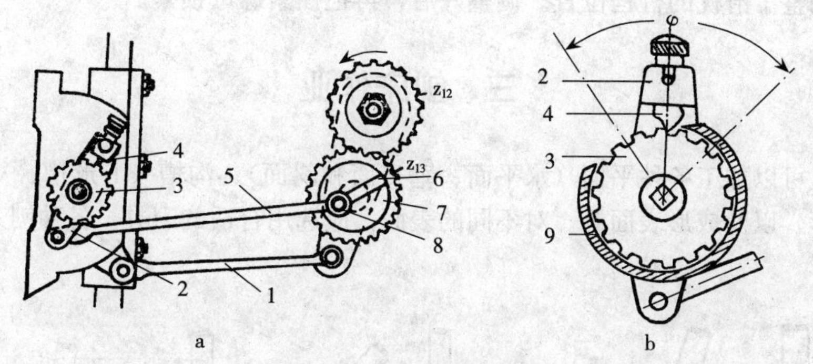


图 10-5　棘轮进给运动

1. 顶杆　2. 棘爪架　3. 棘轮　4. 棘爪　5. 连杆　6. 销子槽　7. 圆盘　8. 销子　9. 棘轮罩

## 二、牛头刨床的调整

刨削时，应根据加工要求和工件长短，对刨刀行程长度、行程位置、刨削和进给量等需要进行调整。

1. 行程长度的调整　在装夹好工件以后，为使刨刀能够平稳地切入和顺利地切出，滑枕（刨刀）的行程长度一般要比工件长 20～40mm，即要在工件行程的切入和切出两端留出一定的空行程 $l_1$ 和 $l_2$，如图 10-6 所示。调整行程时，先松开小轴 1 上的锁紧螺母（图 10-7），转动小轴 1，经锥齿轮 2 和 3，小丝杠 4 使偏心滑块 5 移动，曲柄销 6 带动滑块 5 在摆

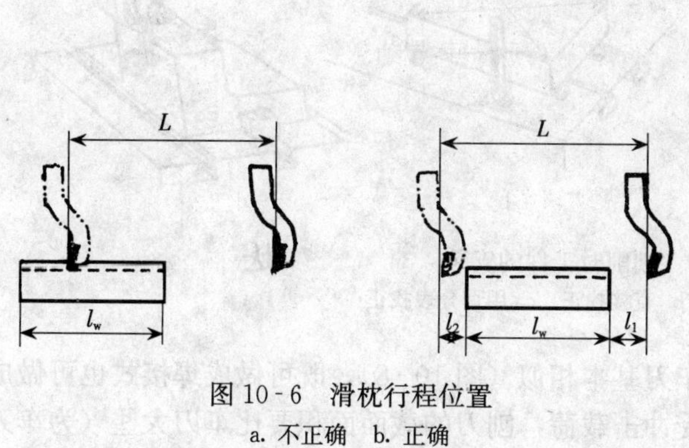


图 10-6　滑枕行程位置

a. 不正确　b. 正确

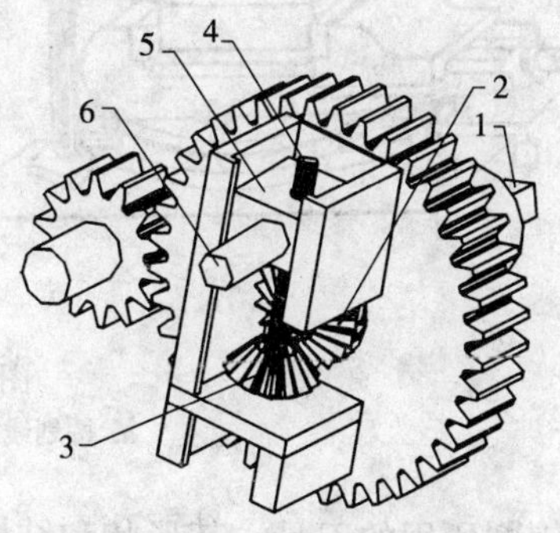


图 10-7　滑枕行程长度的调整

1. 小轴　2、3. 锥齿轮　4. 小丝杠

5. 偏心滑块　6. 曲柄销

杆的摆槽内移动，从而改变了滑块偏移大齿轮轴心的偏心位置。偏心距越大，摆杆的摆动角度越大，滑枕的行程长度也就越长；反之，则变短。行程调整好后将锁紧螺母拧紧。

2. 刨削速度　刨刀通过变速箱塔轮变速可获得六种转速。刨削转速的大小则要根据工件材料、加工要求、刨刀类型及刨削长度来选择。一般来说，行程越长，则选取的刨削转速越低。由于刨削时冲击严重，刨削速度不宜太高。

3. 滑枕位置的调整　刨刀的行程长度和刨削速度调整好以后，还必须调整刨刀与工件的相对刨削位置（行程位置），如图 10-6 所示。松开锁紧螺母，转动小轴，通过锥齿轮带动丝杠转动，由于固定在摆杆上端的丝母位置不变，则丝杠便带动滑枕改变了和摆杆的连接位置，从而调整了滑枕的行程位置。调整好后，再把锁紧螺母锁紧。

## 三、刨床作业

在刨床上可以加工各种平面（水平面、垂直面和斜面）、沟槽（T 形槽、V 形槽、燕尾槽和直角槽等）以及成形表面等。对不同的表面，应选用合适的刀具。各种刨刀的应用如图 10-8 所示。

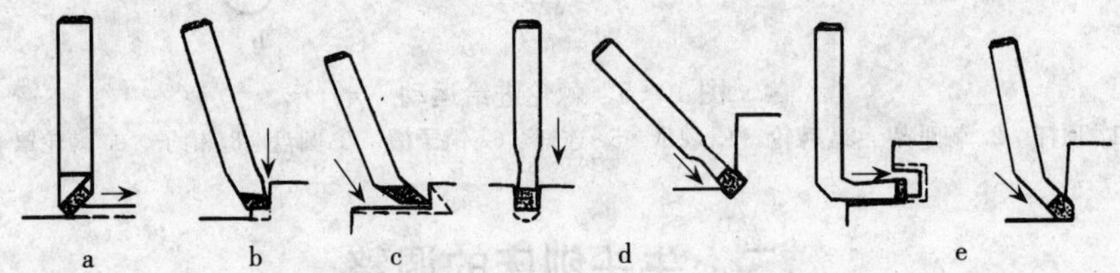


图 10-8　各种刨刀应用

a. 平面刨刀　b. 偏刀　c. 角度刨刀　d. 切刀　e. 弯切刀

刨削的步骤包括工件的安装、刨刀的选择和安装、刨削用量的选择以及机床的调整等。

1. 刨平面　刨平面时，首先把工件安装在虎钳上或直接压紧在工作台上，并用划线盘进行找正，对已加工过的表面可用百分表找正（图 10-9c）。

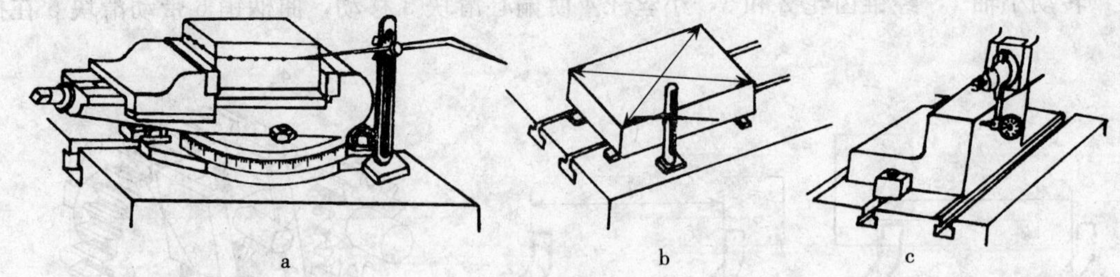


图 10-9　刨削时工件的安装

a. 按划线找正　b. 直接找正　c. 用百分表找正

刨削所用的刀具，其形状和结构与车刀基本相似（图 10-8），既可做成焊接式也可做成机夹式。但因刨削是断续的，刨刀要承受冲击载荷，刨刀的截面面积要比车刀大些（为车刀的 1.25～1.5 倍），刨刀的前角、后角也要小些；此外，为了避免在刨削过程中由于刀杆变形扎伤工件表面，刨刀刀杆一般做成弯头的（图 10-10），刨刀的切削角度一般选取值为 $\gamma_0=5°\sim10°$、$\alpha_0=4°\sim8°$、$\lambda_s=-20°\sim-10°$、$\kappa_r=30°\sim75°$。粗加工和加工脆性材料前角 $\gamma_0$ 取小值；精加工和加工塑性材料前角 $\gamma_0$ 可取大值。另外粗刨时，一般选用弯头刨刀。

刨刀安装不宜伸出太长，直头刨刀伸出长度一般为刀杆高度的 1.5 倍，弯头刨刀可稍长些。

将工件及刨刀安装好以后，即可根据工件的长度和加工要求来调整机床以及选择合理的刨削用量。

2. 刨垂直面和斜面　垂直面和斜面的刨削与平面相似，但不如刨平面方便，而且均需手动进给，因此，多用于不能采用水平刨削的情况下。为了避免刨刀在回程时划伤工件的已加工表面，须将刀夹偏转适当的角度（10°～15°），以形成所需的主、副偏角（图 10-11）。

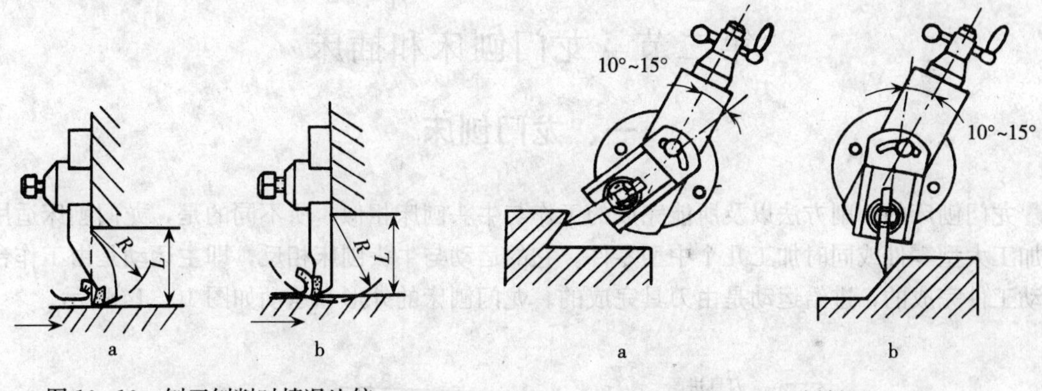


图 10-10　刨刀刨削时情况比较

a. 弯头刨刀　b. 直头刨刀

图 10-11　刨斜面

a. 刨内斜面　b. 刨外斜面

刨斜面时，还必须根据斜面要求的角度将刀架转盘转成一定的角度（斜面与垂线间夹角），使刨刀的进给方向和加工表面一致。

3. 刨燕尾槽　燕尾槽的加工包括刨直槽和刨斜槽两个步骤（图 10-12）。首先用切刀切出直槽，然后用左、右偏刀刨两侧斜面（同刨斜面），最后再用切刀刨空刀槽清根。

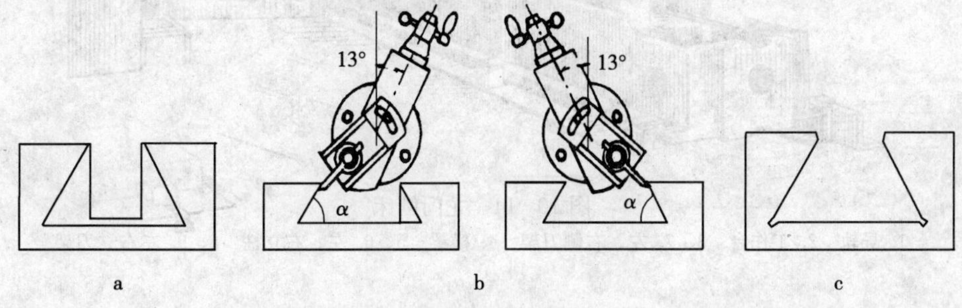


图 10-12　刨燕尾槽

a. 刨直槽　b. 刨左、右斜面　c. 清根

4. 刨 T 形槽　T 形槽的加工步骤是先将有关的平面加工完毕，在平台上画出 T 形槽的轮廓线，然后按画好的线找正夹紧，先刨出直槽，再用弯头刨刀刨左、右凹槽，最后用 45°

刨刀倒角（图 10-13）。

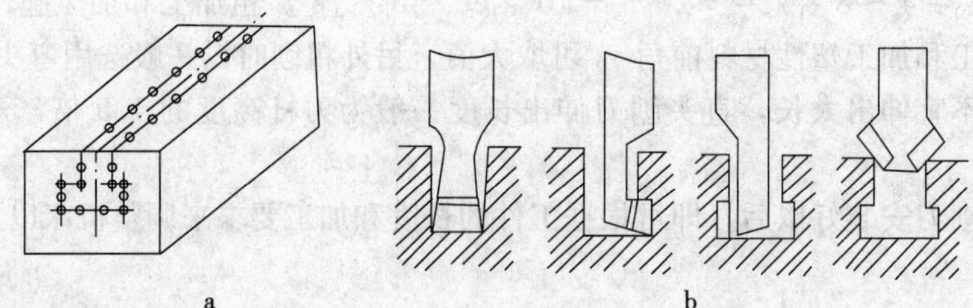


图 10-13　刨 T 形槽

a. 画线图　b. 刨槽顺序

# 第二节　龙门刨床和插床

## 一、龙门刨床

龙门刨床的刨削方法以及所能完成的工作与牛头刨床相似。所不同的是，龙门刨床适用于加工大型零件或同时加工几个中型零件。它的运动与牛头刨床相反，即主运动是由工作台带动工件完成的，进给运动是由刀具完成的。龙门刨床的外形和运动如图 10-14 所示。

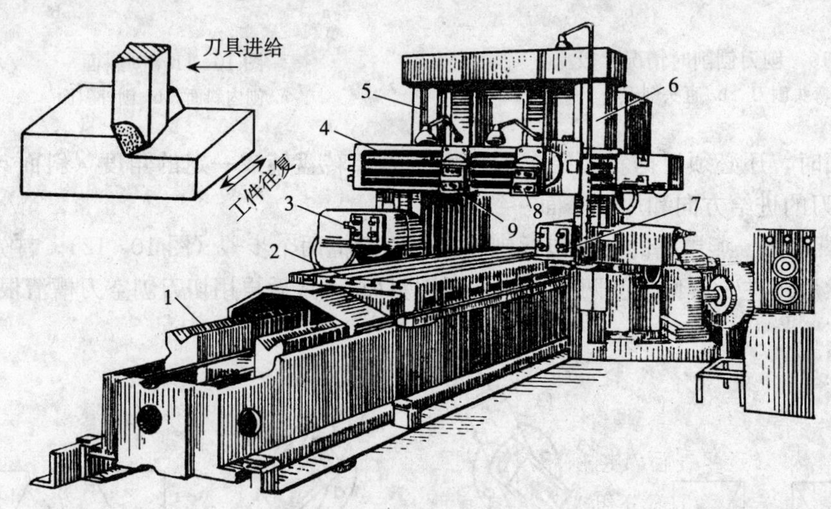


图 10-14　龙门刨床

1. 导轨　2. 工作台　3、7. 左、右侧刀架　4. 横梁　5、6. 左、右立柱　8、9. 左右立刀架

刨削时，安装在工作台上的工件做直线往复运动（主运动），装在横梁上的刀架做横向（刨水平面）或垂直（刨垂直面）的进给运动。侧刀架 7 可以和横梁上的刀架同时工作，用以加工垂直的侧平面。

刨斜面时，是把横梁上的刀架旋转一个角度，手动进给，装在立柱上的横梁还可做上、下移动以调整刀具与工件间的相对距离。

## 二、插　　床

插床相当于一种立式的刨床（图 10-15）。插床的滑枕在垂直方向上做直线往复运动（主运动），工作台完成进给运动。工作台由下拖板、上拖板及圆工作台三部分组成。下拖板做横向进给运动，上拖板做纵向进给运动，圆工作台做圆周进给运动。

插床主要用于加工工件的内表面，如方孔、长方形孔以及孔内键槽等，而用得最多的是加工孔内键槽（图 10-16）。

插床附件除了平口虎钳以外还有三爪自定心卡盘、四爪单动卡盘和分度头等。

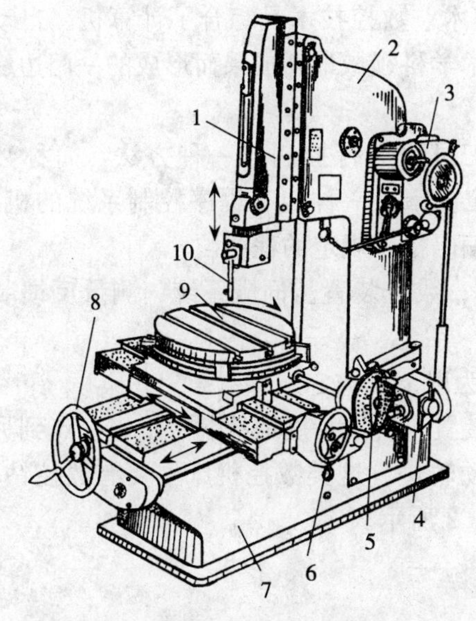


图 10-15　插　床

1. 滑枕　2. 床身　3. 变速箱　4. 进给箱　5. 分度盘　6. 手轮（使工作台纵向移动）　7. 底座　8. 手轮（使工作台横向移动）　9. 工作台　10. 插刀

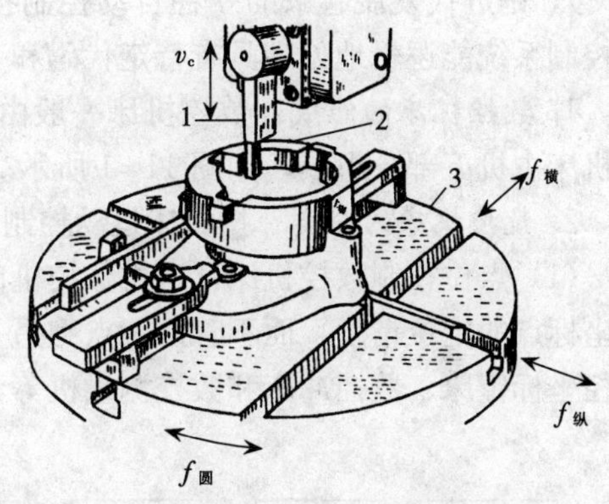


图 10-16　插孔内键槽

1. 插刀　2. 工件　3. 圆工作台

### 复习思考题

1. 刨床刨削时，刀具和工件须做哪些运动？与车削相比，刨削运动有何特点？
2. 削能加工哪些表面？刨削精度和表面粗糙度如何？
3. 牛头刨床由哪几部分组成？各自有何功用？
4. 刨削前，机床需做哪些方面的调整？如何调整？
5. 刨斜面时，如何调整刀架？怎样调整吃刀量和进给量？
6. 牛头刨床上工件的常用装夹方法有哪些？工件如何找正？
7. 简述刨削 V 形块的操作过程。
8. 龙门刨床的结构有何特点？它适用于加工哪些工件？
9. 插削与刨削相比有何异同？
10. 孔内键槽常用什么方法加工？

# 第十一章 数控车削

## 第一节 概 述

数控技术是20世纪中期发展起来的机床控制技术。数控技术是综合了计算机、自动控制、电机、电气传动、测量、监控、机械制造等技术学科领域最新成果而形成的一门边缘科学技术，是现代机械制造业中的高新技术之一。

数字控制是用数字化信号对机床的运动及加工过程进行控制的一种方法，简称数控(NC)，是近代发展起来的一种自动控制技术。数控机床是一种装有程序控制系统的机床，其控制系统能逻辑地处理具有特定代码和其他符号编码指令规定的程序。

1. *数控机床的组成* 数控机床一般由控制介质、数控装置、伺服系统、测量反馈装置和机床主机五部分组成，如图11-1所示。

2. *数控机床的分类* 按机床运动控制轨迹可分为以下三类。

(1) 点位控制数控机床：这类数控机床的数控装置只要求精确地控制一个坐标点到另一个坐标点的定位精度，而不管从一点到另一点的运动轨迹。这类数控机床主要有数控钻床、数控坐标镗床、数控冲床和数控测量机等，如图11-2所示。

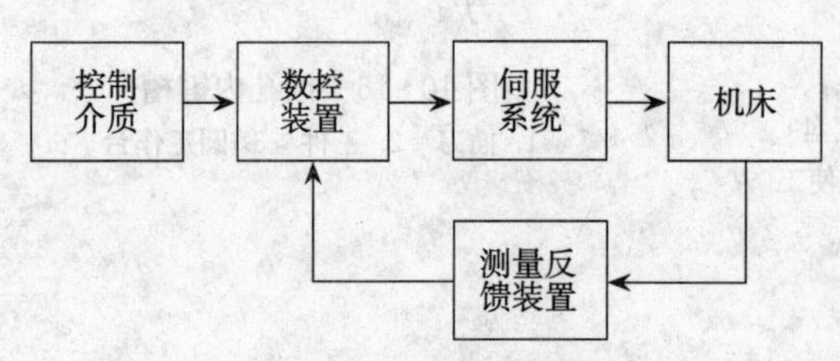


图11-1 数控机床组成示意图

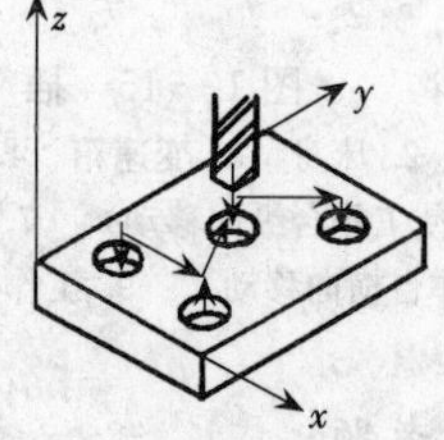


图11-2 点位控制数控加工示意图

(2) 直线控制数控机床：这类数控机床不仅要求具有准确的定位功能，而且要求从一点到另一点之间按直线运动进行切削加工。其路线一般是由与各轴线平行的直线段组成，也包括45°的斜线。这类数控机床包括数控车床、数控镗铣床和加工中心等，如图11-3所示。

(3) 轮廓控制数控机床：这类数控机床的数控装置能同时控制两个或两个以上坐标轴，具有插补功能。对位移和速度能进行严格的不间断控制；具有轮廓控制功能，可以加工曲线或曲面零件。这类机床有二坐标及二坐标以上的数控车床、数控铣床和加工中心等，如图11-4所示。

按数控机床控制方式可分为以下三类。

(1) 开环数控机床：开环数控机床对实际传动机构的动作情况是不进行检查的，指令发送出去不再反馈回来，称为开环控制。开环进给系统由功率步进电机驱动。

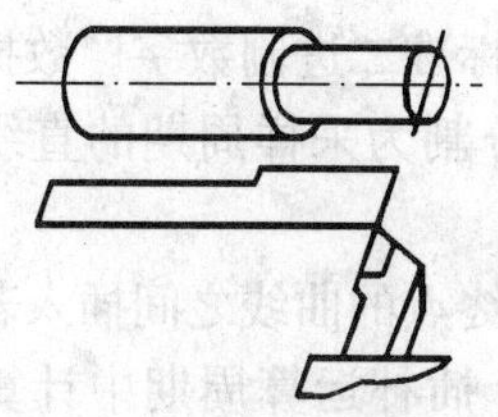
图 11-3　直线控制数控加工示意图

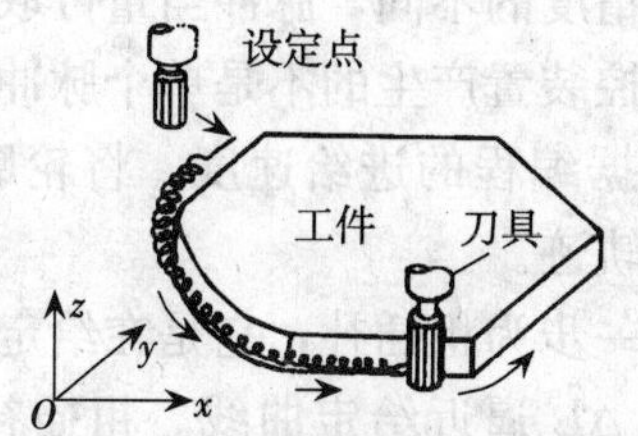


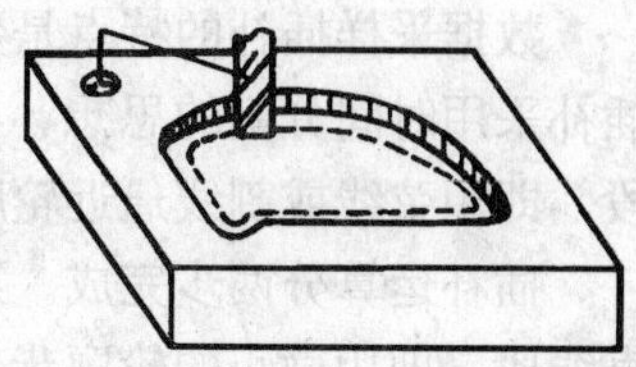
图 11-4　轮廓控制数控加工示意图

（2）闭环数控机床：闭环数控机床的进给伺服系统是按闭环原理工作的。数控装置将位移及速度指令与位置及速度检测装置测得的实际位置及速度的反馈信号，随时进行比较，根据其差值不断控制运动，进行误差修正，直至差值消除时为止。闭环控制方式的优点是精度高、速度高。

（3）半闭环数控机床：将位置检测装置安装在驱动电机或传动丝杠的端部，间接测量执行部件的实际位置或位移，这种系统就是半闭环进给系统。半闭环伺服系统的精度比开环高，而比闭环低。

按加工工艺用途又可将数控机床分为以下两类。

（1）一般数控机床：这类机床和传统的通用机床种类一样，有数控车床、数控铣床、数控镗床、数控钻床、数控磨床等。这类机床的工艺性和通用机床相似，所不同的是，它能加工复杂形状的零件。

（2）数控加工中心机床：它是在一般数控机床上加装一个刀库和自动换刀装置而构成的一种带自动换刀装置的数控机床，习惯上称之为加工中心，常见的有车削中心和镗铣加工中心。

# 第二节　数控加工原理及编程基础

## 一、数控系统插补原理

1. 概述　机床数字控制的核心问题就是怎样控制刀具或工件的运动轨迹。对于平面曲线的运动轨迹需要两个运动坐标协调的运动，对于空间曲线或立体曲面则要求三个或三个以上运动坐标产生协调的运动，才能走出所需轨迹。

一般情况是已知运动轨迹的起点与终点坐标和轨迹的曲线方程，由数控系统实时地计算出各个中间点的坐标，即需要“插入、补上”运动轨迹各个中间点的坐标，这个过程称为“插补”。插补结果是输出运动轨迹的中间点坐标值，机床伺服系统根据此坐标值控制各坐标轴的相互协调的运动，走出预定的轨迹。

2. 插补方法的分类　大多数数控机床的数控装置都具有直线插补和圆弧插补。目前应用的插补方法分为两类：基准脉冲插补和数据采样插补。

基准脉冲插补的基本思想是采用折线来逼近曲线，包括直线，如图 11-5 所示。这种插补算法的特点是，每次插补结束，数控装置向每个运动坐标输出基准脉冲序列，每个脉冲代表了最小位移，这个最小位移称为脉冲当量。脉冲序列的频率代表了坐标运动速度，而脉冲的数量表示移动量。根据加工精度的不同，脉冲当量可取 0.001～0.01mm。

数据采样插补的特点是数控装置产生的不是单个脉冲，而是标准二进制数字。数据采样插补采用时间分割的思想，根据编程的进给速度，将轮廓曲线分割为采样周期的直线进给段，即用弦线或割线逼近轮廓轨迹。

插补运算分两步完成。第一步为粗插补，它是在给定起点和终点的曲线之间插入若干个直线段，即用微小的轮廓步长 $\Delta L$ 逼近给定曲线。粗插补在每个插补运算周期中计算一次 $\Delta L=FT$。第二步为精插补，它是在粗插补算出的每一微小直线段的基础上再做基准脉冲插补的工作，如图 11-6 所示。

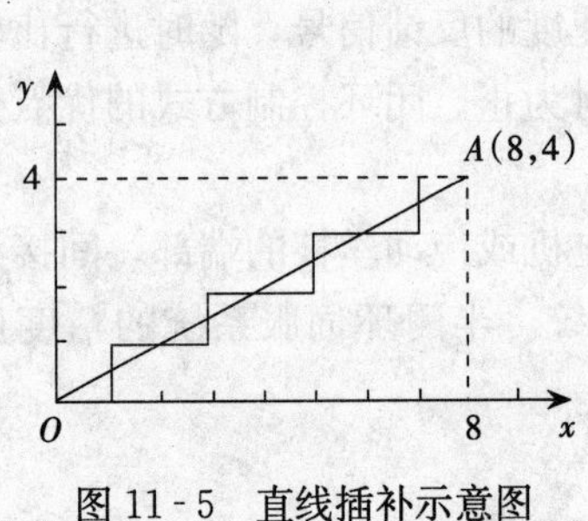


图 11-5　直线插补示意图

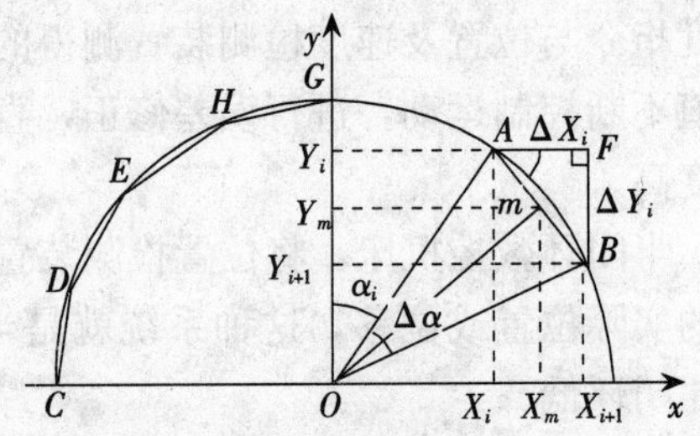


图 11-6　数据采样插补示意图

## 二、数控加工的程序编制

数控机床是按照事先编制好的加工程序自动地对工件进行加工的高效自动化设备。在数控机床上加工零件时，要把加工零件的全部工艺过程、工艺参数和位移数据，以信息的形式记录在控制介质上，用控制介质上的信息来控制机床，实现零件的全部加工过程。从零件图纸到获得数控机床所需控制介质的全部过程，称为程序编制。

程序格式采用可变文字地址格式，各指令字顺序如下，对其中不用的功能可省略。

N _ G _ X(U)± _ Y(V)± _ Z(W)± _ I _ J _ K _(R _)F _ S _ T _ M _；

其中，_代表数字。

程序格式是指程序段书写规则，它包括程序名、程序段号、机床要求执行的各种功能、运动所需要的几何参数和工艺数据。每个程序由以下几部分组成。

| | |
|---|---|
| O | 程序名以 O 或%开头。在 FANUC 系统中，一般用字母“O”；在 SIEMENS 系统中一般用“%”； |
| N | 程序顺序号； |
| G | 准备功能，指令动作方式，范围为 00～99； |
| X、Y、Z | 绝对坐标运动指令； |
| U、V、W | 相对坐标运动指令； |
| I、J、K | 圆弧中心坐标； |
| R | 圆弧半径； |
| S | 主轴功能，指定主轴转速； |
| T | 刀具功能，指定刀具和偏移量； |

M　　辅助功能，指定机床辅助动作，范围为 00～99；
F　　进给速度或螺纹导程；
X　　暂停功能；
；　　程序段结束符号。

数控机床程序编制具体内容主要包括分析零件图纸、工艺处理、数学处理、编写程序单、制备控制介质及程序校验，如图 11-7 所示。其具体步骤与要求如下。

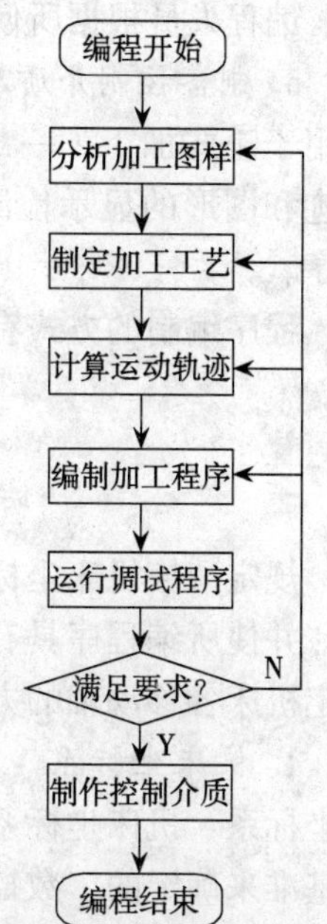


图 11-7　程序编制的内容和过程

1. 分析零件图纸　首先要分析零件图纸。根据零件的材料、形状、尺寸、精度、毛坯形状和热处理要求等确定加工方案，选择合适的数控机床。

2. 工艺处理　工艺处理需要考虑如下几点。

（1）确定加工方案：应按照能充分发挥数控机床功能的原则，使用合适的数控机床，确定合理的加工方法。

（2）刀具工夹具的设计和选择：数控加工一般不需要专用和复杂的夹具。在设计和选择夹具时，应特别注意要迅速完成工件的定位和夹紧过程，以减少辅助时间。

使用组合夹具，生产准备周期短，夹具零件可以反复使用，经济效益好。

（3）选择合适的对刀点和换刀点：程序编制时正确地选择对刀点是很重要的。对刀点是工件在机床上找正夹紧后，通过对刀方式确定刀具在工件坐标系下开始运动的位置，用于确定工件坐标系在机床坐标系中位置的基准点。这一基准点即为程序执行时刀具相对于工件运动的起点，所以称起刀点或程序起始点。这一点也常作为加工结束的终点。

对刀点的选择原则：所选的对刀点便于数学处理和简化程序编制；对刀点应选在找正容易、便于确定工件原点的位置；对刀点的位置应在加工时检查方便、可靠；引起的加工误差小。

对刀点可选在工件上或装夹定位元件上，但对刀点与工件坐标点必须有准确、合理、简单的位置对应关系，以方便计算工件坐标原点在机床上的位置。

为了提高零件的加工精度，对刀点应尽量设置在零件的设计基准或工艺基准上。

数控加工过程中需要换刀时应该设定换刀点。换刀点应设定在换刀时工件、夹具、刀具和机床相互之间没有任何碰撞和干涉的位置上。换刀点和对刀点可以选为同一点，也可选为不同点。

（4）确定加工路线：加工路线的选择主要应该考虑的是，尽量缩短走刀路线，减少空走刀行程，提高生产效率；保证加工零件对精度和表面粗糙度的要求；有利于简化数值计算，减少程序段的数目和编程工作量。

（5）确定切削用量：切削用量的具体数值应根据数控机床使用说明书的规定、被加工工件材料、加工工序以及其他工艺要求，并结合实际经验来确定。

3. 数学处理　在工艺处理工作完成后，根据零件的几何尺寸和加工路线来计算数控机床所需的输入数据。

4. 编写零件加工程序单　在完成工艺处理和数值计算工作后，可以编写零件加工程序单，编程人员根据所使用数控系统的指令和程序段格式，逐段编写零件加工程序。

5. 制备控制介质及程序检验　将编写好的程序制备成控制介质后，还需要经过检测才可用于正式加工。一般采用空走刀检测、空运转画图检测和在显示屏上模拟加工过程的轨迹和图形的显示检测，以及采用铝件、塑料或石蜡等易切材料进行试切等方法来检验程序。

程序编制的方式有手工编程和自动编程两种。

## 三、数控机床的坐标系

规定数控机床坐标轴及运动方向，是为了准确地描述机床的运动，简化程序的编制方法，并使所编程序具有互换性。特别规定：永远假定刀具相对于静止的工件坐标系而运动来确定机床各移动轴的方向。

1. 机床坐标系　机床坐标系是机床上固有的坐标系，机床坐标系的方位是参考机床上的一些基准来确定的。数控机床上的坐标系是采用右手直角迪卡儿坐标系，如图 11-8 所示。

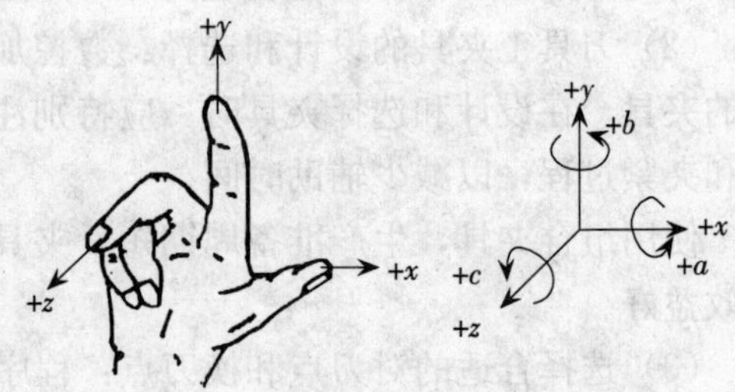

图 11-8　右手直角迪卡儿坐标系

在标准中，规定平行于机床主轴的刀具运动坐标轴为 $z$ 轴，取刀具远离工件的方向为正方向。

$x$ 轴为水平方向，垂直 $z$ 轴并平行于工件的装夹面。对于工件做旋转运动的机床，如车床、磨床等，$x$ 坐标的方向是在工件的径向上，且平行于横向滑座。取刀具远离工件的方向为 $x$ 轴的正方向。对于刀具做旋转运动的机床，如铣床、镗床、钻床等，当 $z$ 轴为水平时，沿刀具主轴后端向工件方向看，向右的方向为 $x$ 轴的正方向；如 $z$ 轴是垂直的，则从主轴向立柱方向看，$x$ 轴的正方向指向右边。

在确定了 $z$ 轴和 $x$ 轴的正方向后，可按右手直角笛卡儿坐标系确定 $y$ 轴的正方向，常见机床的坐标方向如图 11-9、图 11-10 和图 11-11 所示。

机床原点是机床坐标系的原点，它的位置一般是在各坐标轴的正向最大极限处，如图 11-12 所示。

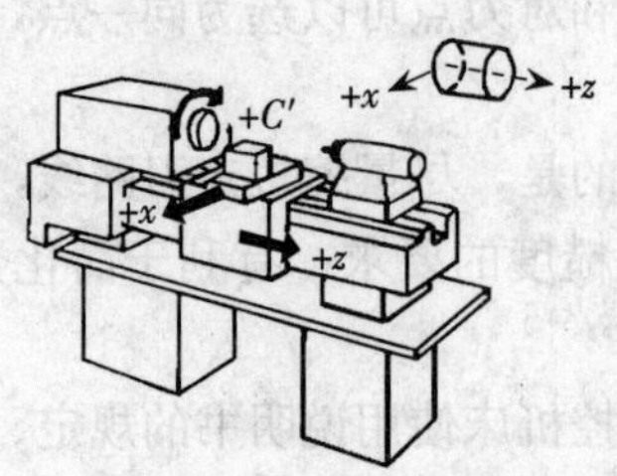

图 11-9　数控车床坐标系

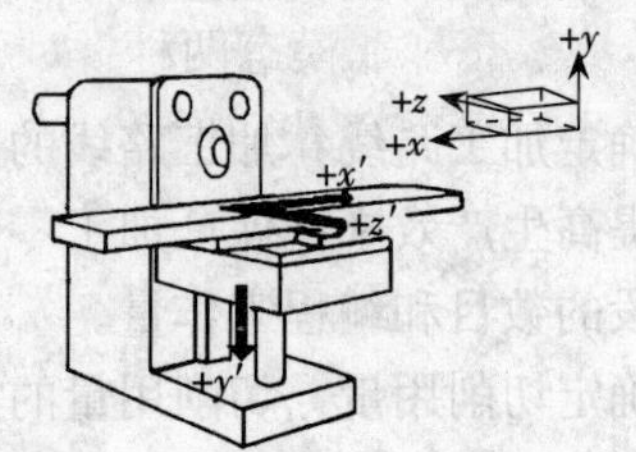

图 11-10　卧式数控铣床坐标系

2. 工件坐标系　工件坐标系是编程人员在编程时使用的坐标系，是程序的参考坐标系，也称编程坐标系。工件坐标系和机床坐标系通过机床零点发生联系，一般在一个机床中可以

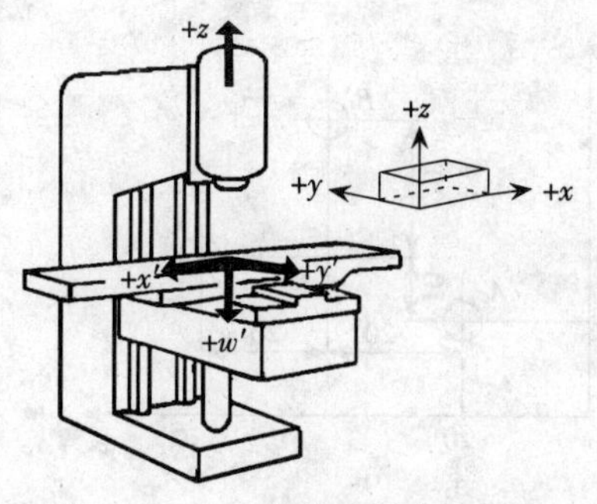


图 11-11 立式数控铣床坐标系

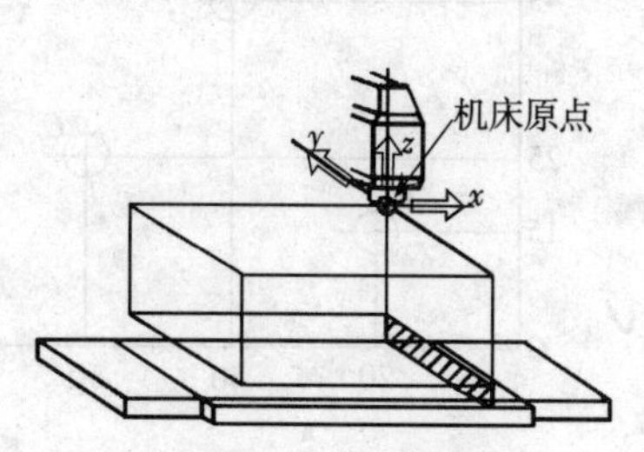


图 11-12 机床原点

设定六个工件坐标系。编程人员以工件图样上的某点为工件坐标系的原点，称工件原点。而编程时的刀具轨迹坐标点是按工件轮廓在工件坐标系中的坐标确定。在加工时，工件随夹具安装在机床上，这时工件原点与机床原点间的距离称做工件原点偏置，如图 11-13 所示。该偏置值需预存到数控系统中，在加工时，工件原点偏置便能自动加到工件坐标系上，使数控系统可按机床坐标系确定加工时的绝对坐标值。因此，编程人员可以不考虑工件在机床上的实际安装位置和安装精度，而利用数控系统的原点偏置功能，通过工件原点偏置值，补偿工件在工作台上的位置误差。

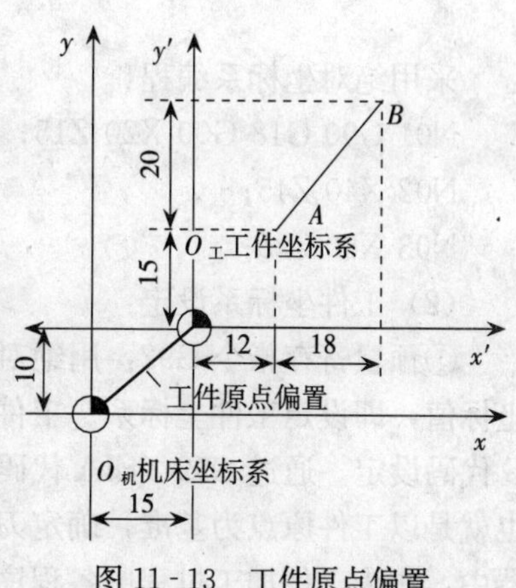


图 11-13 工件原点偏置

## 四、常用编程指令

国际上通用的有 EIA（美国电子工业协会）和 ISO（国际标准化协会）两种代码。对于不同的数控系统和不同的数控设备，有些代码的含义是不同的，在编程时必须根据具体数控设备的说明书进行编写。

下面对常用编程指令做简要的介绍。

1. 准备功能 G 指令　准备功能 G 指令，是使数控机床做某种操作的指令，是准备性工艺指令，如插补、机床坐标系、坐标平面、刀具补偿、坐标偏置等多种加工操作。G 指令由字母 G 及其后面的两位数字组成。

G 指令有模态和非模态两种类型。模态指令，表示该代码一经在一个程序段中指定，直到出现同组的另一个 G 代码时才失效；非模态指令，只有在它所在的程序段中有效。

（1）绝对坐标系与相对坐标系：

①绝对坐标系：刀具或机床运动轨迹的坐标值是以相对于固定的坐标原点 $O$ 给出的，称为绝对坐标。该坐标系称为绝对坐标系。采用绝对坐标编程方式，用 G90 指定。

②增量坐标系：刀具或机床运动轨迹的坐标值是相对于前一位置来计算的，称为增量坐标，该坐标系称为增量坐标系。采用增量坐标编程方式，用 G91 指定。

现以图 11-14 所示坐标系为例进行说明。刀具从 $O$ 点开始，分别走过 $A$、$B$ 和 $C$ 三点，分别采用绝对坐标方式和增量坐标方式进行编程。

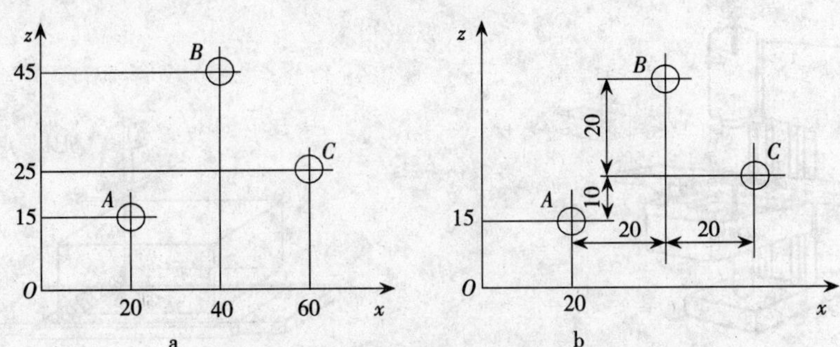


图 11-14　绝对坐标系与相对坐标系

a. 绝对坐标系　b. 相对坐标系

采用绝对坐标系编程：

N01 G90 G18 G00 X20 Z15；

N02 X40 Z45；

N03 X60 Z25；

采用增量坐标系编程：

N01 G91 G18 G00 X20 Z15；

N02 X20 Z30；

N03 X20 Z-20；

(2) 工件坐标系设定：

①预置寄存指令 G92：用绝对尺寸编程时，必须先设定刀具起始点相对于工件坐标系的坐标值，即设定工件坐标系。工件坐标系可以用设定系统参数方法设定，在编程中也可以用 G 代码设定。通过 G92（EIA 代码中用 G50）指令可设定程序原点，从而建立工件坐标系。也就是以工件原点为基准，确定刀具起始点的坐标值，并把这个设定值预置寄存在程序存储器中，作为工件加工过程中各程序绝对尺寸的基准。

用 G92 指令建立工件坐标系的标准编程格式为：

N__ G92 X__ Y__ Z__；

其中，X、Y、Z 用来指定起刀点相对于工件原点的位置。

本指令只能用 X、Y、Z 指定绝对坐标值，且 X、Y、Z 值必须齐全。程序中使用该指令，应放在程序的第一段。

例如，图 11-13 中，刀具从 $A$ 点加工到 $B$，其工件坐标系设定程序为：

N01 G92 X-15 Y-10；

N02 G90 G17 G00 X12 Y15；

N03 G01 X30 Y35 F140；

②原点偏置指令 G54～G59：工件加工坐标系设定的另一种常用方法是采用原点偏置指令。此指令用于设置数控镗或铣床工件原点的偏置。

事先用手动输入 MDI 或者程序设定各轴参考点到机床各轴坐标系零点的距离，然后用 G54～G59 调用。可分别用来指定六个不同的工作零点的偏置。

零点偏置的作用与 G92 基本相同，实质上也是把编程坐标系平移。

(3) 基本移动指令：

①快速定位指令 G00：刀具以点位控制方式从当前所在位置按数控系统预先设定的速度快速移动到指令给出的目标位置。该指令只能用于快速定位，不能用于切削加工。G00 指令是模态指令。

例如，语句“G00 X0 Y50 Z100 ；”的功能是使刀具快速移动到坐标为（0，50，100）

的位置。

②直线插补指令 G01：刀具以指定的进给速度进行直线插补式运动。在第一次使用 G01 指令时，需要由 F 指令指定进给速度，单位为 mm/min（或 mm/r）。G01 指令是模态指令。

例如，语句“G01 X10 Y20 Z30 F80；”的功能是使刀具从当前位置以 80mm/min 的进给速度沿直线运动到坐标为（10，20，30）的位置。

③圆弧插补指令 G02、G03：刀具在指定的坐标平面内以指定的进给速度进行圆弧插补运动，从圆弧的起点沿圆弧移动到指令给出的目标位置，切削出圆弧轮廓。G02、G03 为模态指令。圆弧插补有用圆心坐标表示和用半径表示两种格式。

指令格式：N＿ G02/03 X＿ Y＿ Z＿ I＿ J＿ K＿（R＿）F＿；

G02 为顺时针圆弧插补指令；G03 为逆时针圆弧插补指令。

按绝对坐标编程时，X、Y、Z 为圆弧终点的绝对坐标值；按增量坐标编程时，X、Y、Z 为圆弧终点相对于起点的增量坐标值。

I、J、K 均为圆弧中心相对于圆弧起点的坐标值。

R 为圆弧半径值。当圆弧小于或等于 180°时，R 取正值；圆弧大于 180°时，R 取负值。

圆弧方向的判断：从垂直于圆弧所在平面的坐标轴正方向往负方向看，刀具相对于工件的旋转方向为顺时针方向时，则为顺时针圆弧插补；反之，为逆时针圆弧插补。

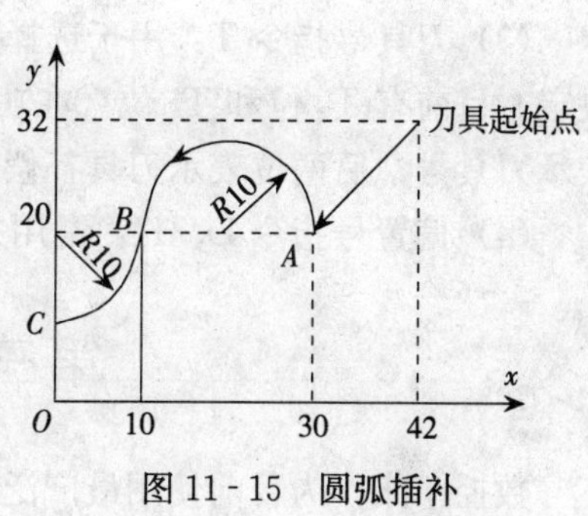

图 11 - 15　圆弧插补

例如，刀具加工轨迹如图 11 - 15 所示，分别用绝对坐标方式和增量坐标方式编程、用圆心坐标和半径方程编程，则加工程序（使用 I、J、K 编程）如下：

| 绝对方式： | 增量方式： |
|---|---|
| G90 G00 X30 Y20； | G91 G00 X－12 Y－12； |
| G03 X10 I－10 J0 F50； | G03 X－20 Y0 I－10 J0 F50； |
| G02 X0 Y10 I－10 J0； | G02 X－10 Y－10 I－10 J0； |

使用 R 编程：

| | |
|---|---|
| G90　G00　X30　Y20； | G91　G00　X－12　Y－12； |
| G03　X10　R10　F50； | G03　X－20　Y0　R10　F50； |
| G02　X0　Y10　R10； | G02　X－10　Y－10　R10； |

（4）延时（暂停）指令 G04：

指令格式：N＿ G04 X（U/P）＿；

程序执行到此指令后即停止，延时 X（U/P）所指定时间后继续执行。X/U 的单位为 s；P 的单位为 ms。该指令可使刀具做短时间的无进给光整加工，常用于切槽、锪孔和加工尖角，以减少表面粗糙度数值。G04 为非模态指令。

2. 辅助功能 M 指令　辅助功能 M 指令，是数控机床开关功能的一种指令，如主轴正反转、冷却泵启停、程序结束等。M 指令也有模态指令与非模态指令之分。现介绍几个常用的 M 指令。

（1）程序结束指令 M02：当全部程序结束后，用此指令使主轴、进给和冷却全部停止，并使机床复位。该指令必须出现在程序的最后一个程序段中。

(2) 主轴运动指令 M03、M04、M05：分别为主轴正向旋转指令、反向旋转指令和停止指令。

(3) 冷却液泵开关指令 M07、M08、M09：M07 为 2 号冷却液开，用于雾状（高压）冷却液开；M08 为 1 号冷却液开，用于液状（低压）冷却液开；M09 为冷却液关指令，同时注销 M07、M08 指令。

(4) 穿孔纸带结束指令 M30：它与程序结束指令功能相同，但会自动返回到程序开头或穿孔纸带倒带到程序开始处停止。

3. 其他指令

(1) 进给速度指令 F：用于指定刀具中心运动时的进给速度，单位是 mm/r 或 mm/min。单位取决于数控系统所采用的进给速度的指定方法。如 F100 表示进给速度为 100mm/min。

(2) 主轴转速指令 S：用于指定主轴转速，单位为转速单位（r/min）。如 S100 表示主轴转速为 100r/min。

(3) 刀具号指令 T：用于选择所需的刀具，数字是指定的刀号。数字的位数由所用系统决定，目前有 $T_2$ 位和 $T_4$ 位。在功能完善的数控系统中，地址码 T 后跟四位数字，前两位表示刀具号，后两位表示刀具补偿值组别号。

(4) 偏置号指令 D、H：常用来表示刀具半径补偿和刀具长度补偿。

## 第三节　数控车床简介

数控车床作为目前使用最广泛的数控机床之一，主要加工轴类、盘套类等回转体零件。

数控车种类很多，按数控系统的功能和机械构成可分为简易数控车床、经济型数控车床和全功能数控车床。

CJK1630 是一种两轴联动的经济型数控车床，如图 11-16 所示，其数控系统为 FANUC Power Mate 0。它采用开环控制系统，编程简单，加工操作方便，适合轴、盘、套类及锥面、圆弧和球面加工，加工稳定，精度较高，适合中、小批量生产。

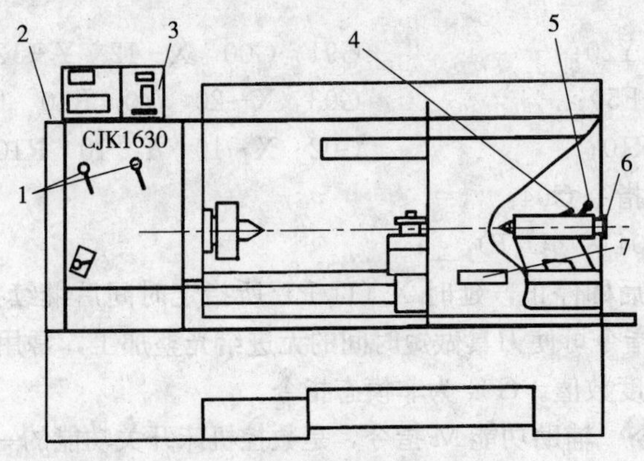


图 11-16　CJK1630 数控车床外形图

1. 主轴变速箱手柄　2. 电柜　3. 微机系统控制箱　4. 尾座套筒锁紧手柄
5. 尾座锁紧手柄　6. 尾座套筒进给手柄　7. 活动门把手

# 第四节　数控车削加工工艺基础

## 一、零件图工艺分析

分析零件图是工艺制订中的首要工作，它主要包括以下内容。

（1）结构工艺性分析：在数控车床上加工零件时，应根据数控车削的特点，认真审视零件结构的合理性。如图 11-17a 所示的零件，需用三把不同宽度的切槽刀切槽，如无特殊需要，这显然是不合理的。若改成图 11-17b 所示的结构，只需一把刀即可切出三个槽，既减少了刀具数量，少占了刀架刀位，又节省了换刀时间。

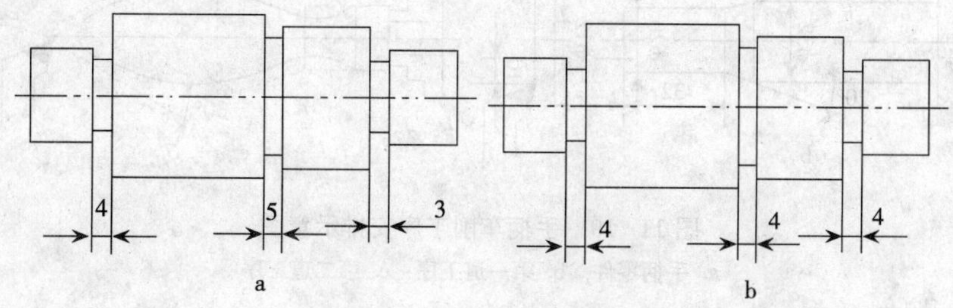


图 11-17　结构工艺性示例

（2）轮廓几何要素分析：由于设计等多方面的原因，可能在图样上出现构成加工轮廓的条件不充分、尺寸模糊不清及尺寸封闭等缺陷，增加了编程工作难度，有时甚至无法编程。

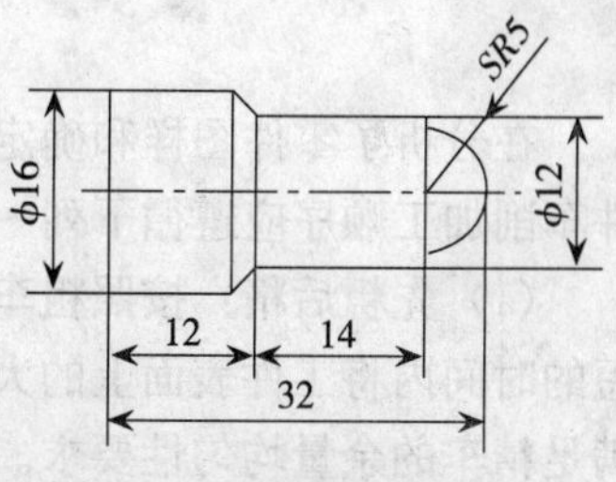


图 11-18　几何要素的缺陷

如图 11-18 所示，图样上给定的几何条件自相矛盾，图上各段长度之和不等于其总长。也时常有图表示为圆弧与直线相切，但经计算得知却是相交关系。

（3）精度及技术要求分析：精度及技术要求分析的主要内容包括精度及各项技术要求是否齐全和合理；本工序的数控车削加工精度能否达到图样要求，若达不到，需采取其他加工方法，如磨削，则应给后续工序留有加工余量；找出图样上有位置精度要求的表面，这些表面应在一次安装下完成。

## 二、工序和装夹方式的确定

在数控车床上加工零件时，应按工序集中的原则划分工序，在一次安装下尽可能完成大部分甚至全部表面的加工。根据零件的结构形状的不同，通常选择外圆、端面或内孔、端面装夹，并力求设计基准、工艺基准和编程原点的统一。

如图 11-19a 所示的手柄零件工序安排示意图，所用坯料为 $\phi$32mm 的棒料，批量生产，加工时用一台数控车床。其工序的划分及装夹方式如下。

第一道工序，如图 11-19b 所示。夹住棒料外圆柱面。先车出 $\phi$12mm 和 $\phi$20mm 两圆柱面和一圆锥面。转刀后再按总长要求留下加工余量切断。

第二道工序，如图 11－19c 所示，用 $\phi12$ mm 外圆及 $\phi20$mm 端面装夹。先车削包络 $SR7$mm 球面的圆锥面，然后对全部圆弧表面半精车，留少量的精车余量，最后换精车刀将全部圆弧表面一次精车成形。

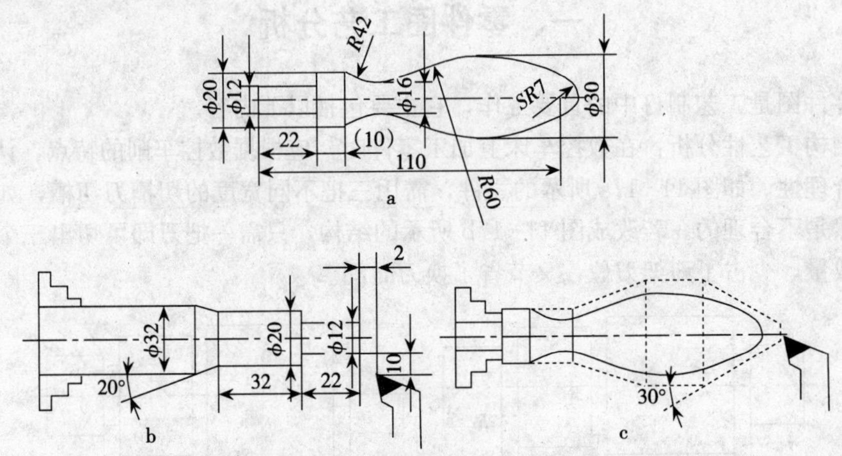


图 11－19　手柄车削工序安排示意图

a. 手柄零件　b. 第一道工序　c. 第二道工序

## 三、加工顺序的确定

在分析了零件图样和确定了工序、装夹方式之后，接下来确定零件的加工顺序。制订零件车削加工顺序应遵循下列一般性原则。

（1）先粗后精：按照粗车→半精车→精车的顺序进行，逐步提高加工精度。粗车可在较短的时间内将工件表面上的大部分加工余量切掉，一方面可以提高金属的切除率，另一方面满足精车的余量均匀性要求。若粗车后所留余量的均匀性满足不了精加工的要求时，则要安排半精车。精车要保证加工精度，按图样尺寸，一刀切出零件轮廓。

（2）先近后远：所谓的远近是按加工部位相对于对刀点的距离大小而言的。在一般情况下，离对刀点远的部位后加工，以缩短刀具移动距离，减少空行程时间。对于车削而言，先近后远还有利于保持坯件或半成品的刚性，改善其切削条件。

（3）内外交叉：对既需加工内表面又需加工外表面的零件，安排加工顺序时，应先进行内表面粗加工，再进行外表面粗加工，然后进行内表面及外表面精加工。

（4）基准先行原则：用做精基准的表面应优先加工出来。如轴类零件加工时，总是先加工中心孔，再以中心孔为精基准加工外圆表面和端面。

## 四、进给路线的确定

进给路线是指刀具从对刀点或机床固定原点开始运动，直至回到该点并结束加工程序所经过的路径，包括切削加工的路径及刀具切入、切出等非切削空行程路径。

确定刀具进给路线的工作重点，主要在于确定粗加工及空行程的进给路线，这是因为精加工切削过程的进给路线基本上都是沿其零件轮廓顺序进行的。

确定进给路线的原则是在保证加工质量的前提下，使加工程序具有最短的进给路线。这样不仅能节省加工过程的执行时间，还能减少不必要的刀具消耗及机床进给机构的磨损。

图 11-20 为粗车零件时几种不同切削进给路线的安排示意图。其中图 11-20a 为利用数控系统具有的封闭式复合循环功能控制车刀沿着工件轮廓进行进给的路线，图 11-20b 为利用其程序循环功能安排的“三角形”进给路线，图 11-20c 为利用其矩形循环功能安排的“矩形”进给路线。

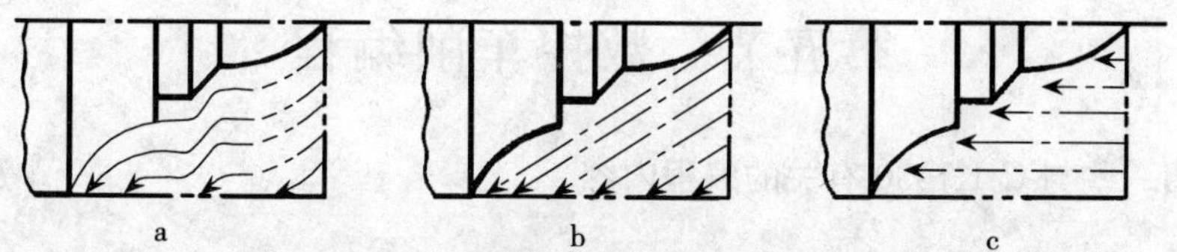


图 11-20 手柄车削工序安排示意图

对以上三种切削进给路线，经分析和判断后可知矩形循环进给路线的进给长度总和最小。因此，在同等条件下，其切削所需时间（不含空行程）最短，刀具的损耗最少。但因其留给精车的余量不均匀，当精度要求高时，在精车前最好沿工件轮廓半精车一刀。

## 五、刀具和切削用量的选择

1. *刀具的选用* 数控车削用的车刀一般分为三类，即尖形车刀、圆弧形车刀和成形车刀。

(1) 尖形车刀：以直线形切削刃为特征的车刀一般称为尖形车刀。这类车刀的刀尖（同时也为其刀位点）由直线形的主、副切削刃构成，如 90°内、外圆车刀，左、右端面车刀，切断、车槽车刀及刀尖倒棱很小的各种外圆和内孔车刀。

(2) 圆弧形车刀：圆弧形车刀是较为特殊的数控加工用车刀，如图 11-21。其特征是：构成主切削刃的刀刃形状为一圆度误差或线轮廓度误差很小的圆弧，该圆弧刃每一点都是圆弧形车刀的刀尖，因此，刀位点不在圆弧上，而在该圆弧的圆心上，车刀圆弧半径在理论上与被加工零件的形状无关。

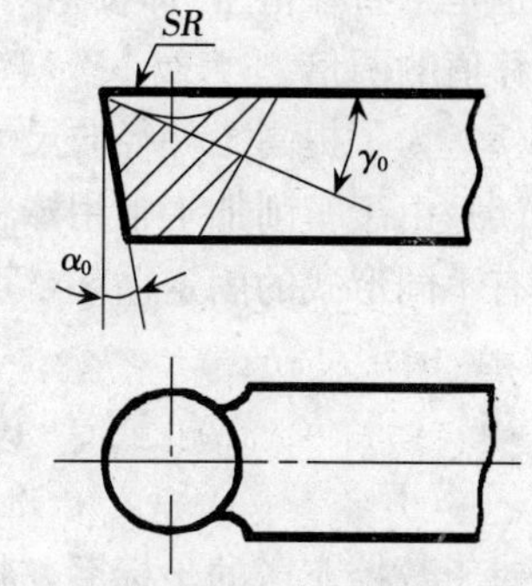


图 11-21 圆弧形车刀

当某些尖形车刀或成形车刀（如螺纹车刀）的刀尖具有一定的圆弧形状时，也可作为这类车刀使用。

(3) 成形车刀：成形车刀也叫样板车刀，其加工零件的轮廓形状完全由车刀刀刃的形状和尺寸决定。

数控车削加工中，常见的成形车刀有小半径圆弧车刀、非矩形车槽刀和螺纹车刀等。在数控加工中，应尽量少用或不用成形车刀。

2. *切削用量的选用*

(1) 背吃刀量的确定：在机床刚性和功率允许的条件下，尽可能选取较大的背吃刀量，以减少进给次数。粗加工一般留 1～2mm，半精加工一般留 0.3～0.5mm。当零件的精度要求较高时，则应考虑适当留出精车余量，常取 0.1～0.5mm。

（2）主轴转速的确定：主轴转速应根据零件被加工部位的直径，并考虑零件和刀具的材料及加工性质等条件所允许的切削速度来确定。切削速度除了计算和查表选取外，还可根据实践经验确定。一般粗加工时取中低速，精加工时取中高速。车削螺纹时取低速。

（3）进给速度的确定：粗车时一般取 0.3～0.8mm/r，精车时常取 0.1～0.3mm/r，切断时常取 0.05～0.2mm/r。

# 第五节　数控车削编程

下面介绍一些与 CJK1630 有关的编程内容。

## 一、编程特点

数控车削编程时，除了按前面论述的程序编制内容，进行分析零件图纸、工艺处理、数学处理、编写程序单、制备控制介质及程序校验等外，数控车削编程有其自己的特点。

（1）一般采用 G50 进行设定工件坐标系。

（2）工件的成形是由刀具在 $zx$ 平面内的插补运动形成的，插补时可不用指定平面。

（3）在一个程序段内，根据图样上标注的尺寸，可以采用绝对方式编程，坐标字用 X、Z 表示，也可采用增量方式编程，坐标字用 U、W 表示，也可两者混用。在程序中不使用 G90、G91 代码来指定。

（4）由于车削加工图纸及测量径向尺寸使用的均是直径值，因此加工程序中的 X、U 坐标值也是“直径值”，即按绝对坐标编程时，X 为直径值；按增量坐标编程时，U 为径向实际位移值的两倍。

（5）为了提高工件径向尺寸精度，X 向脉冲当量取 Z 向的一半。

（6）由于车削加工常用棒料或锻件作为毛坯，加工余量大，所以为简化编程，数控装置常备有不同形式的固定循环，可进行多次重复循环切削。

## 二、设置对刀点和建立工件坐标系

对于数控车床的坐标系，按有关规定，车床主轴中心线是 $z$ 轴，垂直于 $z$ 轴的为 $x$ 轴，车刀远离工件的方向为两轴的正方向，可参见图 11-9。

在数控车床上设定一个对刀点，通常在此位置进行刀具交换以及设定坐标系，如图 11-22 所示。建立工件坐标系使用 G50 指令。

N01 G50 X120 Z130;

执行该指令后，显示器则显示所设定的坐标值。

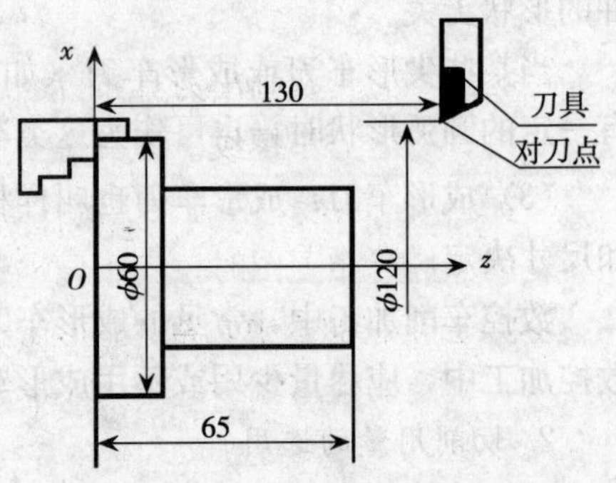

图 11-22　用 G50 指令设定工件坐标系

## 三、其他常用车削编程指令

1. 进给速度方式指令 G98、G99　由 G98 指定每分钟的进给量，进给速度单位是 mm/min，由 G99 指定每转的进给量，单位是 mm/r。若不指定，系统默认为 G99。

2. 等螺距螺纹切削指令 G32　用 G32 螺纹切削指令可进行如图 11-23 所示的普通螺纹、锥螺纹和端面螺纹的加工。

指令格式：N＿ G32 X＿ Z＿ F＿；

X、Z 为螺纹加工终点 $x$、$z$ 轴的坐标值，可以为正值，也可为负值；F 为螺纹导程；可加工左旋螺纹，也可加工右旋螺纹。加工中，每一刀切削深度要逐一给定。

在程序设计时，应将车刀的切入、切出和返回均应编入程序中。如图 11-24 所示。

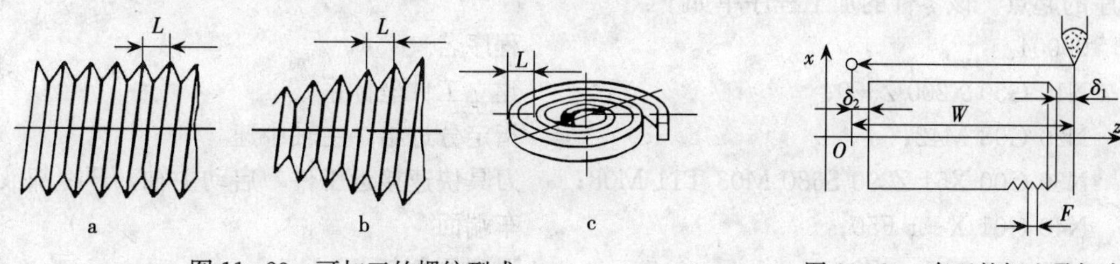


图 11-23　可加工的螺纹型式　　　　图 11-24　车刀的切入及切出

## 四、手工编程举例

如图 11-25 所示的零件，为 45 号钢材，需进行精加工，所有外圆及右端面预留有 1mm 余量。其中 $\phi$85 不加工，编制精加工程序。

根据图样要求，确定工艺方案及工艺路线。

(1) 按先主后次的加工原则，确定其工艺路线：

①先切削外轮廓面，自右向左加工，加工路线为先倒角→切削螺纹实际外圆 $\phi$47.8mm→切削锥度部分→车削 $\phi$62mm 外圆→倒角→车削 $\phi$80 外圆→切削圆弧部分→车削 $\phi$80mm 外圆。

②切槽。

③车螺纹。

(2) 选择刀具及画出刀具布置图：根据加工的要求，选用三把刀具。Ⅰ号刀车外圆，Ⅱ号刀切槽，Ⅲ号刀车螺纹。刀具布置如图 11-26。采用对刀仪对刀，螺纹刀尖相对于Ⅰ号刀尖在 $z$ 向偏置 15mm，由Ⅲ号刀的程序进行补偿，保持刀尖位置一致。

在绘制刀具布置图时，应正确地选择换刀点，以便在换刀过程中，刀具与工件、机床和夹具不会碰撞，取 A 点为换刀点（图 11-25）。

(3) 确定切削用量：选用 TK40A 数控车床，该机床主轴可实现无级调速。

车外圆，主轴转速确定 $S=630$r/min，进给速度选为 F50。切槽时，主轴转速为 $S=315$r/min，进给速度选为 F10。切削螺纹时，主轴转速为 $S=200$r/min.

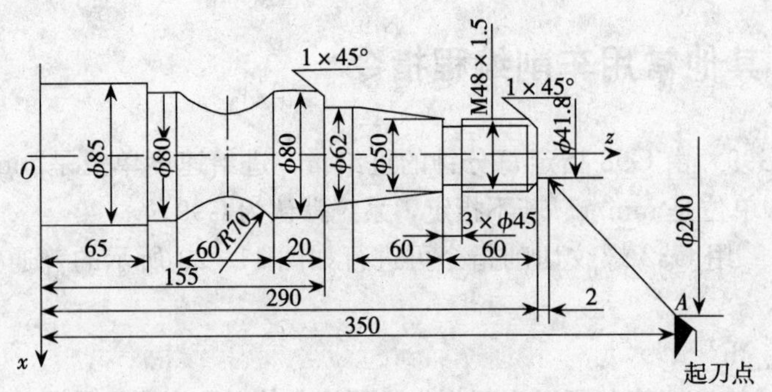


图 11-25　车削加工零件图

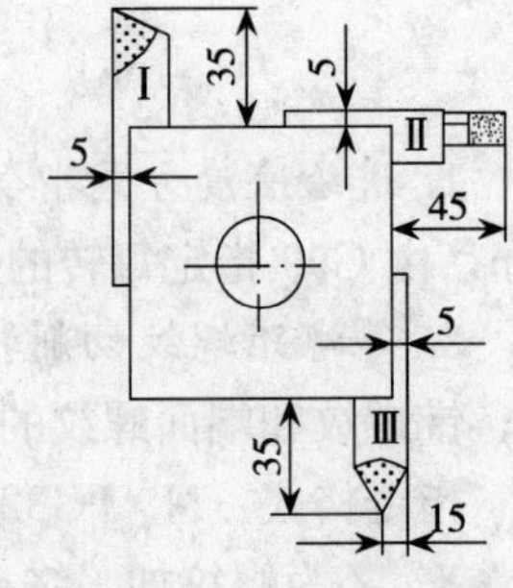


图 11-26　刀具布置图

(4) 编写程序单：确定 $O$ 为工件坐标系的原点（图 11-25），并将 $A$ 点作为对刀点，即程序的起点。该零件的加工程序单如下：

| 00004 | 程序名 |
|---|---|
| N10 G50 X200 Z350； | 建立工件坐标系 |
| N20 G98 M42； | 指定分进给，主轴中速 |
| N30 G00 X51 Z290 S630 M03 T11 M08； | 刀具快速接近工件，启动主轴，开冷却液 |
| N40 G01 X－1 F50； | 车端面 |
| N50 G00 X41.8 Z292； | 退到倒角起点 |
| N60 G01 X47.8 Z289； | 倒角 |
| N70 U0 W－59； | 车 φ47.8mm 外圆，增量坐标编程 |
| N80 X50 W0； | 退刀，绝对与增量坐标混合编程 |
| N90 X62 W－60； | 车锥度，绝对与增量坐标混合编程 |
| N100 U0 Z155； | 车 φ62mm 外圆，绝对与增量坐标混编 |
| N110 X78 W0； | 退刀，绝对与增量坐标混合编程 |
| N120 X80 W－1； | 倒角，绝对与增量坐标混合编程 |
| N130 U0 W－19； | 车 φ80mm 外圆，绝对与增量坐标混编 |
| N140 G02 U0 W－60 I63.25 K－30； | 车圆弧 |
| N150 G01 U0 Z65； | 车 φ80mm 外圆 |
| N160 X89 W0； | 退刀 |
| N170 G00 X200 Z350； | 快速退回到起刀点 |
| N180 X54 Z230 S315 T22； | 换 2 号刀具，快速接近工件 |
| N190 G01 X45 WO F10； | 切槽 |
| N200 G04 X2； | 延时 2s |
| N210 G00 X54； | 退刀 |
| N220 X200 Z350； | 快速退回到起刀点 |
| N230 G00 X47 Z296 S200 T33； | 换 3 号刀具，快速移到螺纹起始点 |
| N240 G32 Z231.5 F1.5； | 车螺纹的第一刀 |
| N250 G00 X52； | 退刀 |
| N260 Z296； | |

N270 X46.4；　　进到螺纹的第二刀起始点
N280 G32 Z231.5 F1.5；　　车螺纹的第二刀
N290 G00 X52；　　退刀
N300 Z296；
N310 X46.18；　　进到螺纹的第三刀起始点
N320 G32 Z231.5 F1.5；　　车螺纹的第三刀
N330 G00 X52；　　退刀
N340 X200 Z350 T10 M02；　　快速退回到起刀点，程序结束

当采用螺纹切削复合循环 G76 编程时，N240～N330 代码可简化如下：

N240　G76　X46.18　Z231.5　K0.81　D0.4　F1.5　A60；

## 五、自动编程软件 CAXA 数控车 XP 简介

### （一）CAXA 的图形输入

CAXA 数控车基本应用界面如图 11-27 所示，和 Windows 中其他软件的风格一样，各种应用功能通过菜单栏和工具条选择，状态栏指导用户进行操作并提示当前状态和所处位置，绘图区显示各种绘图操作的结果。同时，绘图区和参数栏为用户实现各种功能提供数据的交互。

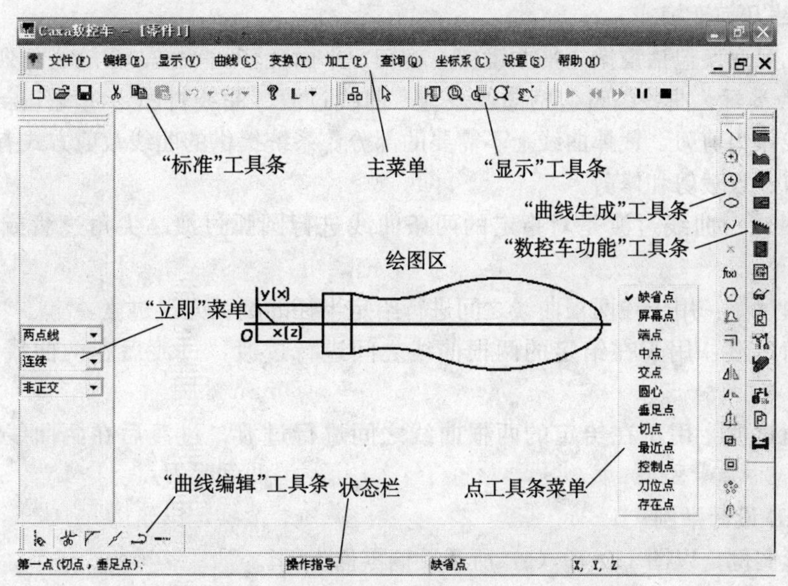


图 11-27　CAXA 数控车基本应用界面

软件系统可以实现自定义界面布局。工具条中每一个图标都对应一个菜单命令，选择某一功能，既可单击工具条中的图标，也可选择菜单中的命令。

1. 窗口布置　CAXA 数控车 XP 工作窗口分为绘图区、菜单区、工具条、“立即”菜单（参数输入栏）和状态区五个部分。

屏幕最大的部分是绘图区，该区用于绘制和修改图形。主菜单位于屏幕的顶部。

工具条分为“曲线编辑”工具条、“曲线生成”工具条、“数控车功能”工具条、“标准”工具条和“显示”工具条。“曲线编辑”工具条位于绘图区的下方，“曲线生成”工具条和“数控车功能”工具条位于屏幕的右侧，“标准”工具条和“显示”工具条位于主菜单的下方。

“立即”菜单位于屏幕的左边中部。状态栏位于屏幕的底部，指导用户进行操作，并提示当前状态及所处位置。

2. 主菜单　菜单条包括系统所有功能项，这方便学习和使用，将 CAXA 数控车 XP 的主菜单项按功能进行分类。

3. 弹出菜单　CAXA 数控车 XP 可通过空格键弹出的菜单作为当前命令状态下的子命令。在执行不同命令状态下，有不同的子命令组，主要有点工具组、矢量工具组、轮廓拾取工具组和岛拾取工具组。如果子命令是用来设置某种子状态，软件在状态条中会显示提示命令。

4. 工具条　CAXA 数控车 XP 提供的工具条有“标准”工具条、“显示”工具条、“曲线生成”工具条、“数控车功能”工具条和“曲线编辑”工具条。

**（二）CAXA 数控车 XP 的 CAD 功能**

CAXA 数控车 XP 软件，具有 CAD 软件的强大绘图功能和完善的外部数据接口，可以绘制二维零件任意复杂的图形，并可对图形进行编辑与修改，通过 DXF、IGES 等数据接口与其他系统进行数据交换。

**（三）曲线几何变换**

曲线的几何变换包括镜像、平面镜像、旋转、平面旋转、平移、缩放、阵列等。

1. 曲线的编辑　曲线编辑包括曲线裁剪、曲线过渡、曲线打断、曲线组合和曲线延伸等。使用曲线作为剪刀，裁掉曲线上不需要的部分。系统提供的曲线裁剪方式有四种：快速裁剪、线裁剪、点裁剪和修剪。

2. 曲线过渡　曲线过渡是对指定的两条曲线进行圆弧过渡、尖角过渡或对两条直线导角。

（1）圆角过渡：用于在两根曲线之间进行给定半径的圆弧光滑过渡。

（2）尖角过渡：用于在给定的两根曲线之间进行过渡，过渡后在两曲线的交点处呈尖角。

（3）倒角过渡：用于在给定的两根曲线之间进行过渡，过渡后在两曲线之间倒一条直线。

**（四）CAD 设计举例**

绘制图形实例，以图 11-19（a）所示手柄零件为例。

1. 作水平线　从菜单栏中选择“曲线”→“直线”命令或单击“曲线生成”工具条中的“直线”按钮，在“立即”菜单中选择“两点线”中的“连续”，如图 11-28 所示，根据状态栏提示输入直线的“第一点（切点、垂足点）”，用鼠标捕捉原点：状态栏提示“第二点（切点、垂足点）”，按回车（Enter）键，在屏幕上出现坐标输入条，输入坐标（120，0）。作出如图 11-29 所示直线。

作水平线 $L_1$ 的等距线，从菜单栏中选择“曲线”→“等距线”命令或单击“曲线生成”工具条中的“等距”按钮，在“立即”菜单中选择“等距”，在距离栏中输入“10”，按回

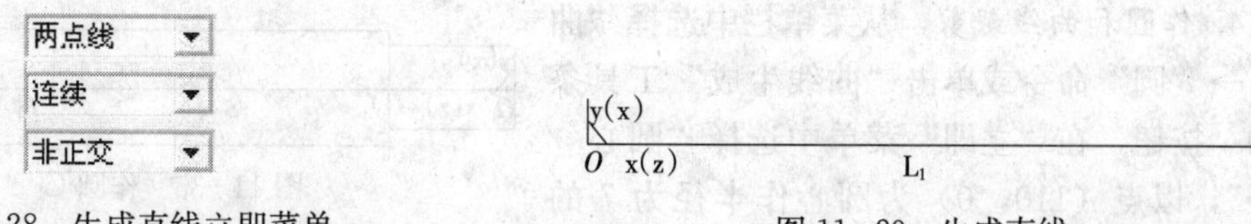


图 11-28　生成直线立即菜单　　　图 11-29　生成直线

车键。状态栏提示“拾取直线”，用鼠标点取直线 $L_1$，状态栏提示“选择等距方向”，如图 11-30a 所示，用鼠标点取向上的箭头，生成直线 $L_2$，如图 11-30b 所示。用同样的方法在直线 $L_1$ 的下方生成第三条直线 $L_3$，如图 11-30c 所示。用同样的方法作与直线 $L_1$ 相距 6mm 的两条直线，如图 11-30d 所示。

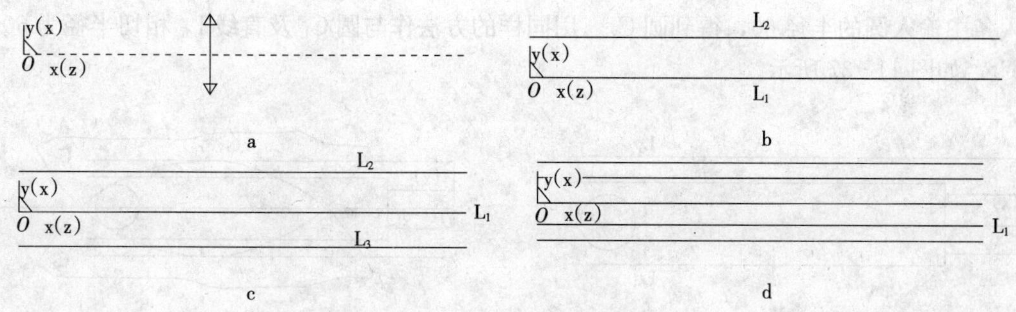


图 11-30　作等距离线

2. 作垂直线　从菜单栏中选择“曲线”→“直线”命令或单击“曲线生成”工具条中的“直线”按钮，在“立即”菜单中选择“水平/铅垂线”中的“铅垂”，如图 11-31 所示，根据状态栏提示输入直线中点，用鼠标拾取原点，生成第一条垂直线 $L_4$，如图 11-32 所示。

用等距的方法作与第一条垂直线距离为 22mm 的等距线，如图 11-33 所示。也可采用输入直线中点坐标的方法作垂直线。

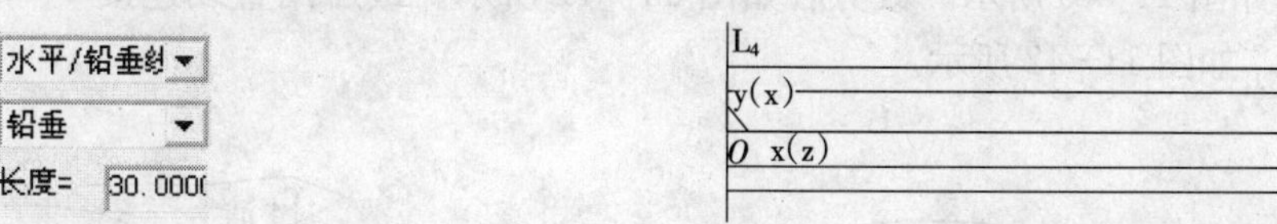


图 11-31　生成垂直线“立即”菜单　　　图 11-32　生成垂直线

3. 曲线裁剪和删除　从菜单栏中选择“曲线”→“曲线裁剪”命令或单击“曲线编辑”工具条中的“曲线裁剪”按钮，选择“编辑”→“删除”命令或单击“曲线编辑”工具条中的“曲线删除”按钮，修改图形至如图 11-34 所示。

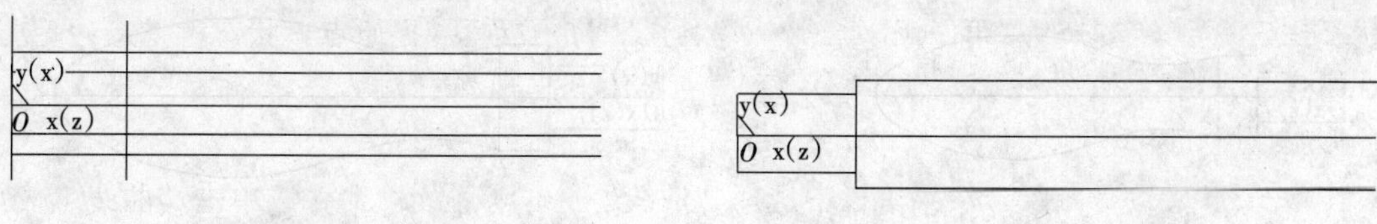


图 11-33　作垂直线 $L_4$ 的等距离线　　　图 11-34　生成垂直线

4. 作圆和曲线裁剪　从菜单栏中选择“曲线”→“圆”命令或单击“曲线生成”工具条中的⊙按钮，在“立即”菜单中选择“圆心_半径”，以点（110，0）为圆心作半径为 7 的圆 $C_1$，如图 11-35 所示。

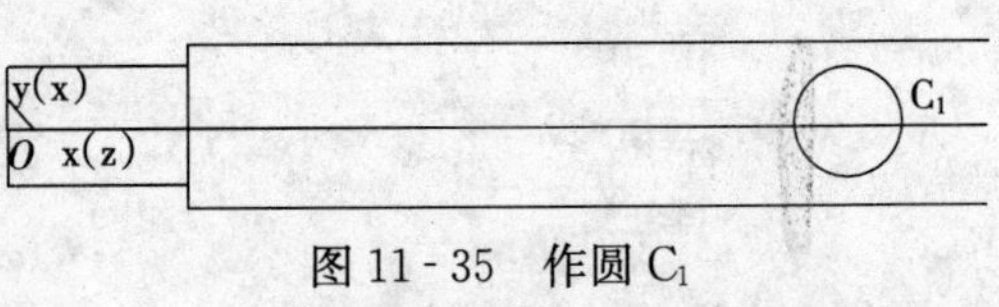


图 11-35　作圆 $C_1$

过原点作两条水平线，分别向上、向下平行移动，使之与原点距离均为 15mm，如图 11-36所示。从菜单中选择“曲线”→“圆”命令或单击“曲线生成”工具条中的⊙按钮，在“立即”菜单中选择“两点_半径”。根据状态栏提示“第一点（切点）”，按空格键在弹出菜单中选取“切点”或从键盘输入快捷键“T”，选取圆 $C_1$，状态栏提示输入“第二点(切点)”，选取直线 $L_5$；状态栏提示输入“第三点（切点）或半径”，按回车键，在弹出的输入条中输入圆的半径 60，得到圆 $C_2$。用同样的方法作与圆 $C_1$ 及直线 $L_6$ 相切半径为 60 的圆 $C_3$，如图 11-37 所示。

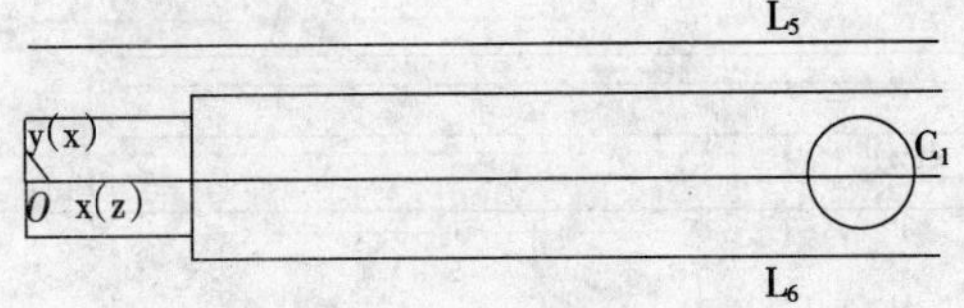


图 11-36　作等距离线 $L_5$、$L_6$

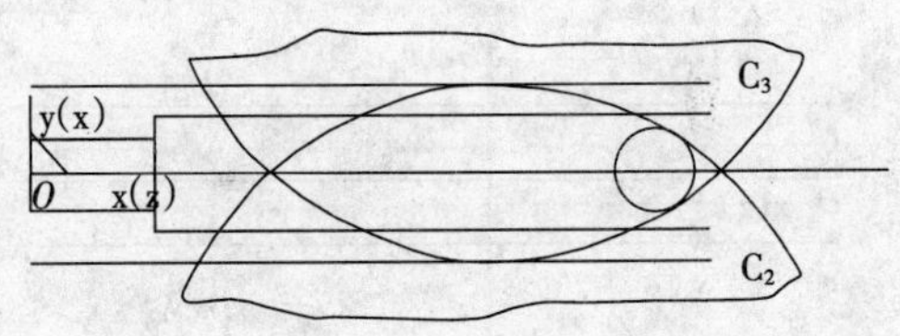


图 11-37　作圆 $C_2$、$C_3$

从菜单栏中选择“曲线”→“曲线裁剪”命令或单击“曲线编辑”工具条中的“曲线裁剪”按钮，并选择“编辑”→“删除”命令或单击“曲线编辑”工具条中的“曲线删除”按钮，修改图形至如图 11-38 所示。

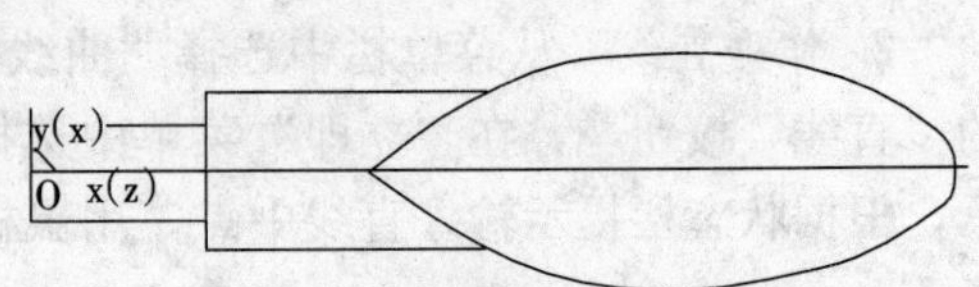


图 11-38　曲线裁剪后的图形

同理，再作上、下与原点距离均为 8mm 的水平线 $L_7$、$L_8$，如图 11-39 所示。再作圆 $C_4$ 及 $C_5$，如图 11-40 所示。裁剪后如图 11-41 所示。最后用直线连接 $P_1$ 和 $P_2$ 点，完成 CAD 设计，如图 11-42 所示。

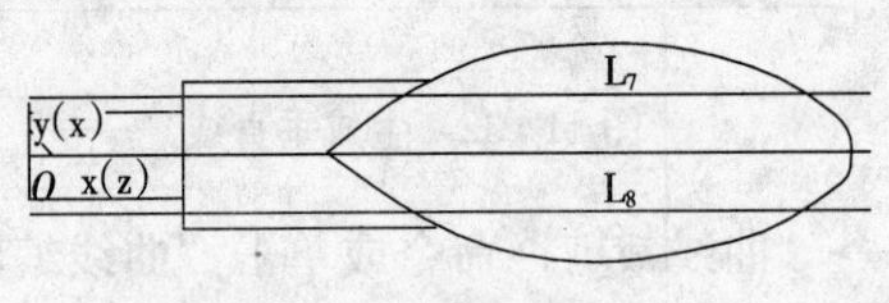


图 11-39　作等距离线 $L_7$、$L_8$

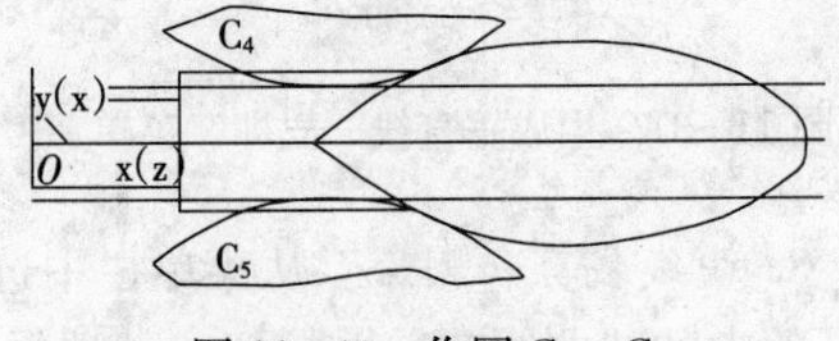


图 11-40　作圆 $C_4$、$C_5$

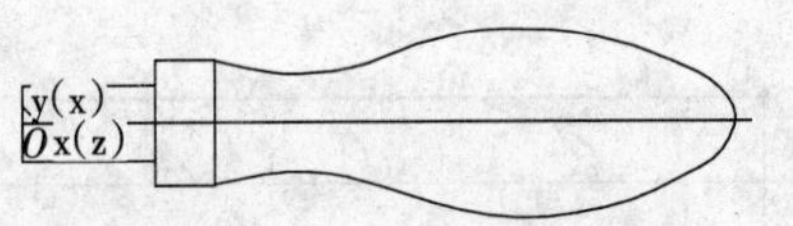


图 11-41　曲线裁剪后的图形

图 11-42　完成后的图形

### (五) CAXA 数控车的加工功能

CAXA 数控车 XP 软件提供了轮廓粗车、轮廓精车、切槽、钻中心孔、车螺纹及螺纹固定循环等功能。

1. 编程步骤　编程步骤如下。

①几何造型。

②设置刀具参数。

③设置加工参数。

④机床和后置处理设置。

⑤后处理生成加工程序（NC 代码），根据不同的数控系统对 NC 代码做适当修改。

⑥将正确的 NC 代码传送数控系统。

2. 设置刀具参数　从菜单栏中选择“加工”→“刀具库管理”命令或单击“数控车功能”工具条中的按钮，将弹出“刀具库管理”标签，其中有轮廓车刀、切槽刀具、钻孔刀具和螺纹车刀四种工具，可根据加工要求对已有刀具的参数进行修改，更换使用的当前刀具等。

3. 设置加工参数

(1) 设置轮廓粗车参数：轮廓粗车功能用于实现对工件外轮廓表面、内轮廓表面和端面的粗车加工，用来快速清除毛坯的多余部分。

从菜单栏中选择“加工”→“轮廓粗车”或单击“数控车功能”工具条中的按钮，系统“弹出粗车参数表”对话框。然后按加工要求确定其他各加工参数。

轮廓粗车参数包括加工参数和进退刀方式。

(2) 设置轮廓精车参数：轮廓精车实现对工件外轮廓表面、内轮廓表面和端面的精车加工。

从菜单栏中选择“加工”→“轮廓精车”命令或单击“数控车功能”工具条中的按钮，系统弹出精车参数表”对话框。轮廓精车参数可参考轮廓粗车参数进行设置。

(3) 拾取加工轮廓：在上述轮廓粗车或轮廓精车参数设置退出后，系统会提示“拾取被加工工件表面轮廓”，鼠标左键拾取后，系统将拾取到的轮廓线变红，鼠标右键确定；系统又会提示“拾取定义的毛坯轮廓”，再鼠标左键拾取后，鼠标右键确定。如图 11-43 所示。

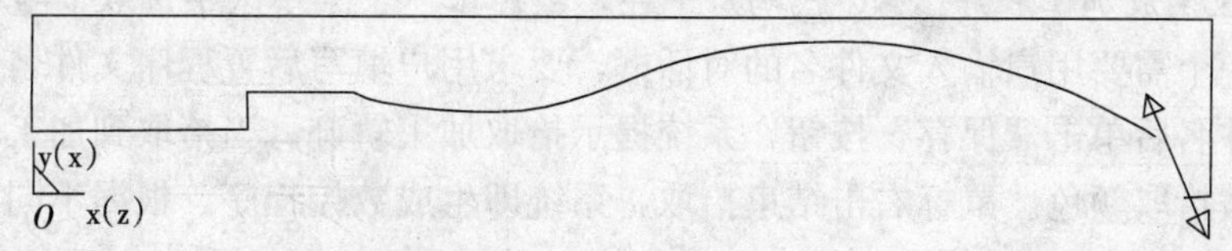


图 11-43　粗加工轮廓的拾取

此时要注意，粗加工时，加工轮廓与毛坯轮廓必须构成一个封闭区域，被加工轮廓和毛坯轮廓可绘制成单独闭合或自交的。但链拾取方式不同，闭合时，选用“单个拾取”，然后依次拾取被加工工件表面轮廓或毛坯轮廓；自交时，则选用“链拾取”，然后拾取被加工工件表面轮廓或毛坯轮廓。当加工轮廓与毛坯轮廓绘成相交时，系统能自动求出其封闭区域。

轮廓精车时，被加工轮廓就是加工结束后的工件表面轮廓，此时被加工轮廓不能闭合或自交。

(4) 生成粗、精加工轨迹：在拾取加工轮廓后，系统提示“输入进退刀点”，在工件外合适的地方鼠标左击一下，则生成了粗、精加工轨迹，如图 11-44 所示。

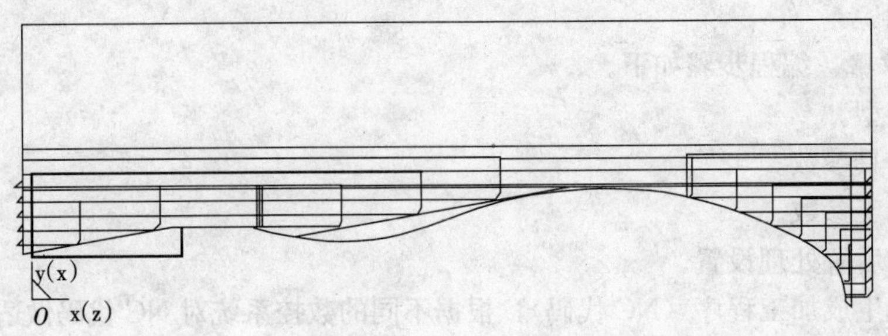


图 11-44 粗加工轨迹

4. *加工仿真* 在生成粗、精加工轨迹后，可以进行轨迹仿真。从菜单栏中选择“加工”→“轨迹仿真”命令，在“立即”菜单中选定选项：动态、缺省毛坯轮廓，步长为 1。按系统提示同时拾取刀具轨迹，按鼠标右键确定，系统将进行仿真加工。如图 11-45 所示。

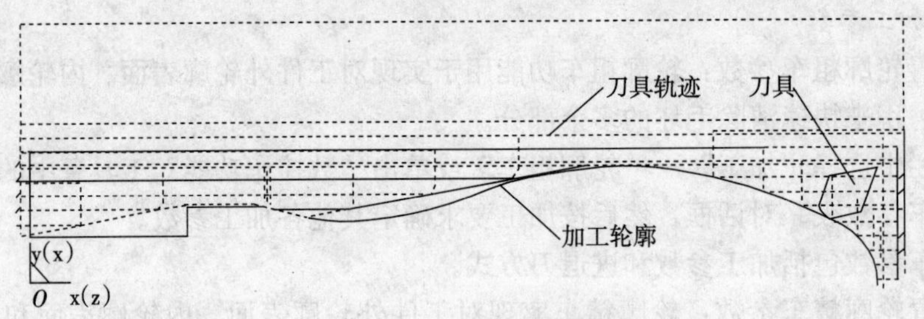


图 11-45 粗加工的仿真

5. *机床和后置处理设置* CAXA 数控车 XP 自动编程软件，在生成程序代码前，针对所使用机床的数控系统，先进行后置处理设置和机床设置。机床设置给用户提供了一种灵活方便的设置系统配置的方法。通过设置系统配置参数，后置处理所生成的数控程序可以直接输入数控机床或加工中心进行加工，而无需进行修改。如果已有的机床类型中没有所需的机床，可增加新的机床类型以满足使用需求，并可对新增的机床进行设置。

6. *后处理生成加工程序（NC 代码）* 在“数控车”子菜单区中选取“生成代码”功能项，则弹出一个需要用户输入文件名的对话框，要求用户填写后置程序文件名。

输入文件名后单击“保存”按钮，系统提示拾取加工轨迹。当拾取到加工轨迹后，该加工轨迹变为被拾取颜色。鼠标右击结束拾取，系统即生成数控程序。根据不同的数控系统对 NC 代码做适当修改。

# 第六节 数控车削加工操作

## 一、操作面板

如图 11-46 所示是 CJK1630 车床上的操作面板示意图。

手动进给（快速）：可将机床（刀具）连续移动到极限位置。

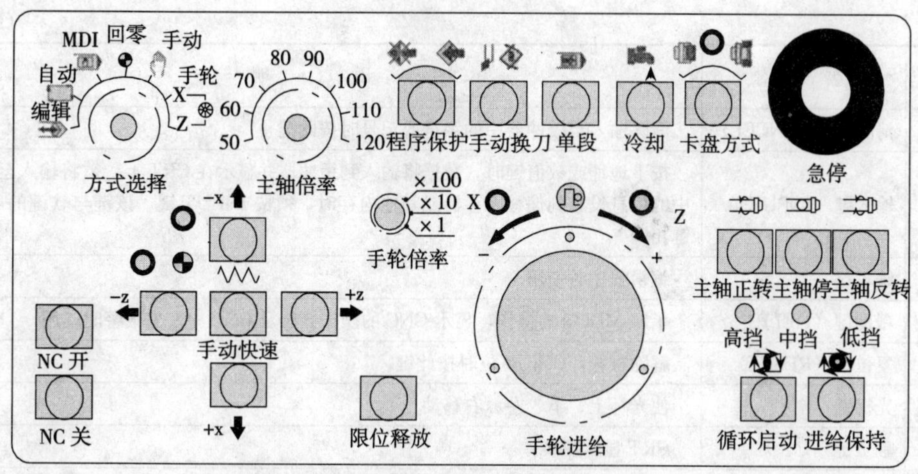


图 11-46　CJK1630 数控车床操作面板示意图

手轮进给：可使机床微量进给，以完成对刀等操作。

主轴转动：手动方式下，主轴可实现正转、反转和停止操作。

手动：手动方式下操作。如果开关打到手动位置时，冷却泵开；如果开关打到自动位置时，冷却泵开关由 M08、M09 控制；如果开关打到关位置时，冷却泵关。

循环启动：执行连续程序时按下此按钮后，机床循环操作。

进给保持：此钮按下后，循环启动按钮指示灯灭，减速后进给停止。

MDI 控制面板外形图如图 11-47 所示，MDI 键盘说明见表 11-1。

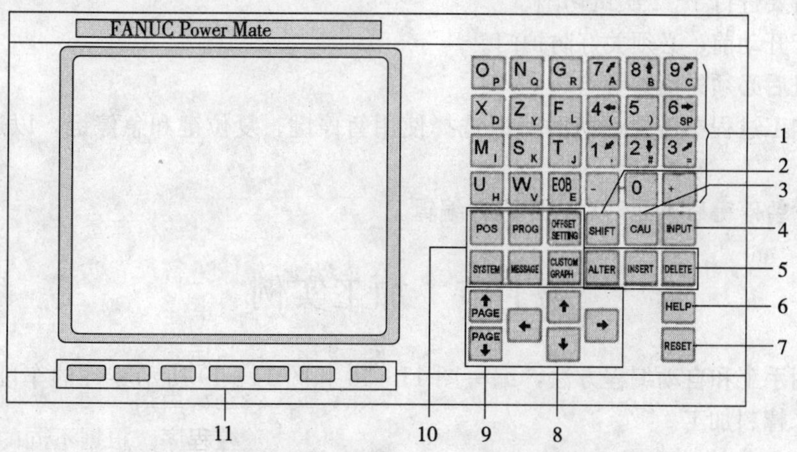


图 11-47　CRT/MDI 面板外形图

1. 地址/数值键　2. 换挡键　3. 清除键　4. 输入键　5. 编辑键　6. 帮助键　7. 复位键
8. 光标键　9. 翻页键　10. 功能键　11. 软键

**表 11-1　MDI 键盘说明**

| 序号 | 名　称 | 说　明 |
| --- | --- | --- |
| 1 | 地址/数值键 | 用于输入字母、数字等字符 |
| 2 | 换挡键（SHIFT） | 按换挡键可以实现字符切换 |

（续）

| 序号 | 名　称 | 说　　明 |
| --- | --- | --- |
| 3 | 清除键（CANCEL） | 清除输入至缓冲器中的字符或记号时按此键 |
| 4 | 输入键（INPUT） | 按下地址或数值键时，数据将输入到缓冲器并显示在 CRT 上。欲将输入至缓冲器中的信息设定到偏移寄存器或其他内存时，须按 INPUT 键。该键与软键的“输入”键相同 |
| 5 | 编辑键 | 编辑程序时使用 |
| 6 | 帮助键（HELP） | 了解 MDI 键的操作、显示 CNC 的操作方法及 CNC 中发生报警时使用 |
| 7 | 复位键（RESET） | 解除报警，CNC 复位时按此键 |
| 8 | 光标键 | 使光标上、下、左、右移动 |
| 9 | 翻页键 | CRT 显示切换 |
| 10 | 功能键 | 显示各功能时使用 |
| 11 | 软键 | 软键具有各种功能；CRT 的最下方显示了软键具有的功能 |

## 二、操作要点

（1）遵守机械加工安全操作规程。

（2）必须清楚程序控制机床的动作和相应的刀具移动轨迹，确保程序正确后方可输入。

（3）工作前应注意刀具与机床允许规格相符，调整刀具用的工具不要遗忘在机床上，刀具安装调整后要进行 1～2 次试切削。

（4）机床开动前，必须关好防护门。

（5）开机后必须先回参考点。

（6）在加工过程中需要停机时可以选择使用暂停键、复位键和急停键，以避免事故的发生。

（7）按下暂停键后不允许对程序进行编辑。

# 第七节　加工实例

分别采用手工和自动编程方法，编写图 11－48 和图 11－49 所示零件的车削加工程序，毛坯采用 $\phi$32 棒料加工。

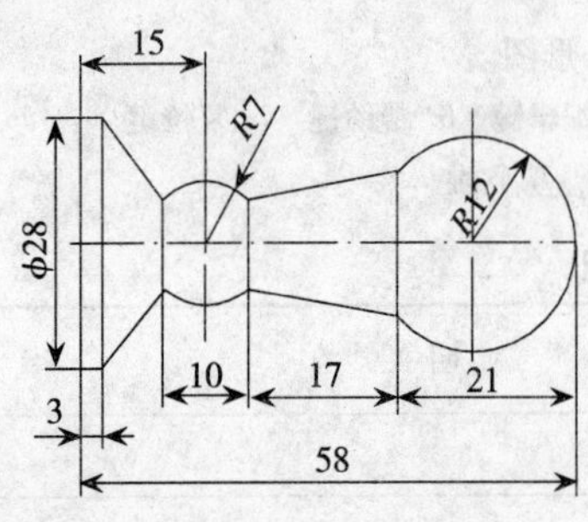


图 11－48　车削加工零件一

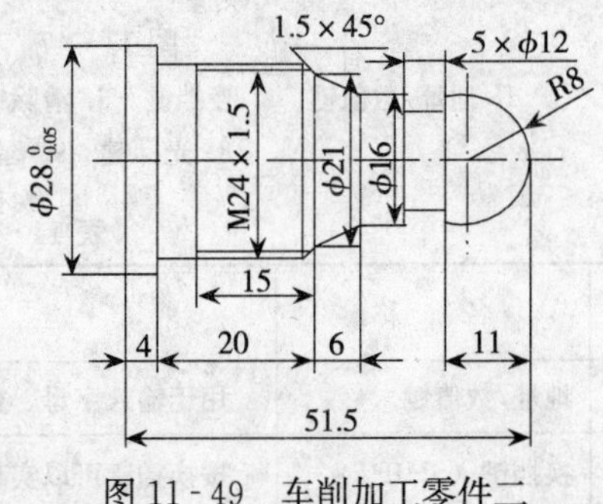


图 11－49　车削加工零件二

（1）零件图工艺分析：零件材料为 45 钢，无热处理要求。采取的工艺措施提示如下。

①零件螺纹外径、圆锥、倒角、外圆和台阶可一次加工，圆弧大于 90°，加工时要注意不发生干涉。

②零件设计基准在左端面中心，故编程坐标系原点也选在左端面中心。

（2）确定装夹方案：采用三爪自定心卡盘定心夹紧，为便于切断需预留出量来，一般坯料伸出长度在零件长度上加 15～20mm 即可。

（3）选择加工参数：自动编程时，选择加工参数可通过 CAXA 数控车软件实现。手工编程时，步骤如下。

①确定加工顺序及进给路线：加工路线按先粗车，并给精车留余量 0.5mm，然后按精车、切槽、车螺纹等顺序完成。

②选择刀具：粗车选择 YT15 硬质合金 90°外圆车刀，副偏角应取大一些，防止干涉；切槽选择 YT15 硬质合金刀，宽度为 5mm 的切槽；精车倒角、外圆、圆锥、圆弧、M24×1.5 螺纹选用 YT15 硬质合金外螺纹车刀。

③选择切削用量：切削用量的选择由查表及机床说明书选取。

（4）编写或生成加工程序。

（5）开机回参考点，对刀，输入刀具偏置值，手工输入或调入零件加工程序。

（6）安装刀具，装夹零件。

（7）加工零件。

## 复习思考题

1. 什么是数控？数控机床由哪几个部分组成？
2. 什么是开环数控机床、闭环数控机床和半闭环数控机床？它们之间有什么区别？
3. 数控编程的工艺处理内容是什么？
4. 简述数控编程的基本内容和步骤。
5. 数控车加工有何特点？
6. 机床坐标系与工件坐标系的区别是什么？
7. 什么是工件原点？工件原点如何选定？
8. 常用的准备功能 G 有哪几种？常用的辅助功能 M 有哪几种？
9. 试说明 G00、G01、G02 和 G03 的使用特点。
10. CJK1630 数控车床有哪些特点？
11. 试说明采用增量式测量的数控机床在打开数控机床后回参考点的意义。
12. 数控车操作有哪些注意要点？如何防止刀具与机床或工件发生碰撞？
13. 为什么要对刀？对刀要点是什么？
14. 在机床加工过程中需要停车时，有哪些方式可将车床停下来？

# 第十二章　数控铣削

## 第一节　数控铣床简介

数控铣床可分数控立式铣床和数控卧式铣床等。它具有加工适应性强、生产率高、加工精度高等特点，广泛应用于形状复杂、加工精度要求较高的零件的中、小批量生产，在汽车、航空航天、模具等行业中大量使用。以 XKA714 数控铣床为例，其主要组成部分有床身底座、立柱（床身）、主轴箱、工作台底座（滑座）、工作台、进给箱、液压系统、润滑及冷却装置等组成。数控系统为 SINUMERIK 802D。图 12-1 所示为 XKA714 型数控铣床外形图，表 12-1 是其主要技术参数。

**表 12-1　XKA714 数控铣床主要技术参数**

| 参　数 | 参 数 值 |
|---|---|
| 工作台台面尺寸（mm） | 400×1 100 |
| 工作台最大承载重量（kg） | 1 500 |
| $x$ 轴行程（mm） | 600 |
| $y$ 轴行程（mm） | 450 |
| $z$ 轴行程（mm） | 500 |
| 主轴转速（r/min） | 100～800（低速挡）；<br>500～4 000（高速挡） |
| 切削进给速度（mm/min） | $x$，$y$：6～3 200；<br>$z$：3～1 600 |
| 快速移动速度（mm/min） | $x$，$y$：8 000；<br>$z$：4 000 |
| 定位精度（mm） | ±0.015 |
| 重复定位精度（mm） | ±0.005 |

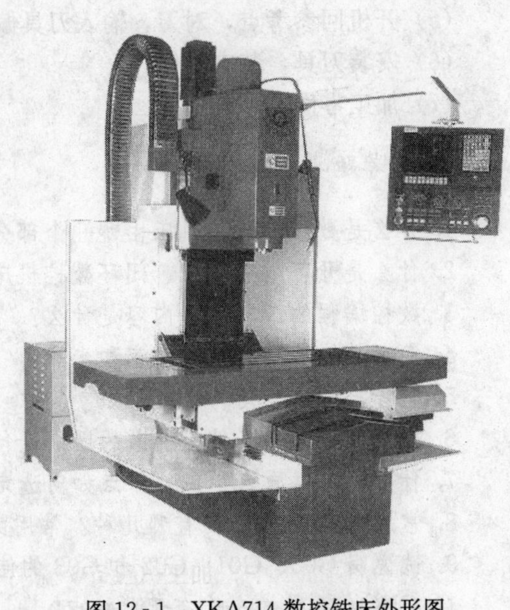

图 12-1　XKA714 数控铣床外形图

该铣床工作台无升降运动，垂直方向运动是安装在床身上的主轴箱沿床身的导轨做上下运动。工作台做纵向运动，并与工作台底座一起做横向运动。因此承载较大，更适合于垂直方向频繁运动的工件加工。

## 第二节　数控铣削加工工艺基础

数控加工工序设计的主要任务是进一步确定具体加工内容、切削用量、工艺装备、定位夹紧方式及刀具运动轨迹等，为编制加工程序做好准备。

## 一、零件图工艺分析

在确定数控加工零件和加工内容后，根据所了解的数控机床性能及实际工作经验，需要对零件图进行工艺性分析，以减少后续编程和加工中可能出现的失误。零件图的工艺分析可以从以下几个方面考虑。

1. 检查零件图的完整性和正确性　对轮廓零件，检查构成轮廓各几何元素的尺寸或相互关系。

2. 保证基准统一原则　检查零件图上各个方向的尺寸是否有统一的设计基准，以保证多次装夹加工后其相对位置的正确性。如果没有，可考虑在不影响零件精度的前提下，选择统一的工艺基准，计算并转化各尺寸，以便简化编程计算，保证零件图的设计精度要求。

## 二、定位和装夹方式的确定

1. 定位基准的选择　选择定位基准时，应注意减少装夹次数，尽可能做到在一次装夹后能加工出全部或大部分待加工表面，以尽量减少装夹次数，提高加工效率和保证加工精度；最好选择不需数控铣削的平面或孔作定位基准；并且所选的定位基准应有利于提高工件的刚性。

2. 装夹方式　数控加工对夹具的要求可以从以下几个方面考虑。

(1) 尽量采用组合夹具或通用夹具，避免采用专用夹具。

(2) 装卸零件要方便可靠，能迅速完成零件的定位、夹紧和拆卸过程，以减少加工辅助时间。

(3) 零件的装夹定位要有利于对刀。

(4) 夹具要敞开，避免加工路径中刀具与夹具元件发生碰撞。

## 三、加工顺序的确定

在数控铣削加工中，加工（工步）顺序的安排遵循下列原则。

1. 先安排粗加工工步，后安排精加工工步　数控加工经常是将加工表面的粗、精加工安排在一个工序完成，为了减少热变形和切削力引起的变形对加工精度的影响，应先全部依次粗加工后，再依次进行精加工。

2. 先安排加工平面的工步，后安排加工孔的工步　在加工箱体类工件时，为了保证孔的加工精度，应先铣削工件上的平面，然后进行孔的加工。因加工平面铣削力大，易引起工件变形，先铣面后加工孔，可保证孔的加工精度。

3. 先安排用大直径刀具加工表面，后安排用小直径刀具加工表面　大直径刀具切削量大，适于粗加工，小直径刀具适于精加工。按使用刀具不同划分工步，可减少换刀次数，减少辅助时间，提高加工效率。

## 四、进给路线的确定

在确定进给路线时，主要考虑并遵循下列原则。

(1) 确定的加工路线应能保证零件的加工精度和表面粗糙度要求：当铣削平面零件外轮廓时，一般采用立铣刀侧刃切削。刀具切入工件时，应避免沿零件外廓的法向切入，而应沿外廓曲线延长线的切向切入，以避免在切入处产生刀具的刻痕，保证零件曲线平滑过渡，如图 12-2 所示。同理，在切离工件时，也应避免在工件的轮廓处直接退刀，要沿零件轮廓延长线的切向逐渐切离工件。

铣削封闭的内轮廓表面时，如图 12-3 所示，因内轮廓曲线不允许外延，刀具只能沿轮廓曲线的法向切入和切出，此时刀具的切入和切出点应尽量选在内轮廓曲线两几何元素的交点处。

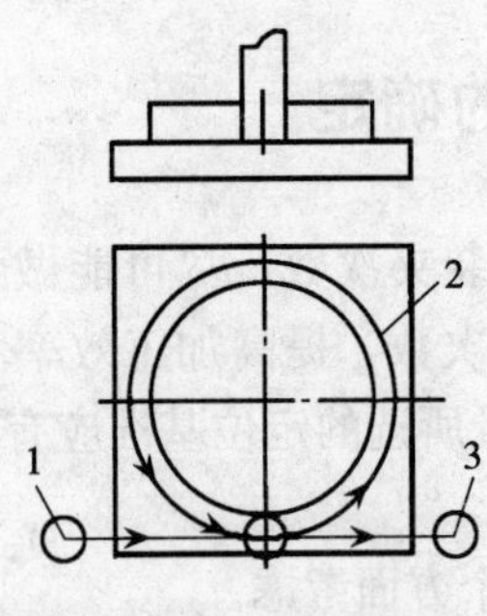


图 12-2　外圆弧面铣削

1. 进刀点　2. 刀具中心运动轨迹　3. 退刀

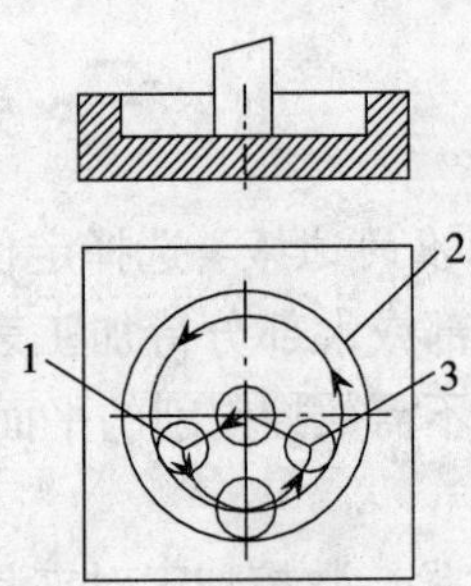


图 12-3　内圆弧面铣削

1. 进刀点　2. 刀具中心运动轨迹　3. 退刀

在轮廓加工中应避免进给停顿。因为加工过程中会引起工件、刀具和机床系统的相对变形。进给时停顿，切削力会减小，刀具会在进给停顿处的零件轮廓处留下划痕。

为了提高铣削表面质量和精度，可以采用多次走刀的方法，使最后精加工余量较少，一般以 0.20～0.50mm 为宜。精铣时应尽量用顺铣，以提高被加工零件表面质量，降低粗糙度。

(2) 为提高生产效率，应尽量缩短加工路线，减少刀具空行程时间。

(3) 为减少编程工作量，还应使数值计算简单，程序段数量少，程序短。

## 五、刀具和切削用量的选择

要根据零件材料的性能、加工工序的类型、机床的加工能力以及准备选用的切削用量来合理地选择刀具。

对于铣削平面零件，可采用端铣刀和立铣刀。对于模具加工中常遇到的空间曲面的铣削，通常采用球头铣刀或带小圆角的圆角刀，图 12-4 为常用的立铣刀的三种类型。

在凹形轮廓铣削加工中，选用的刀具半径应小于零件轮廓曲线的最小曲率半径，以免产生零件过切，影响加工精度。在不影响加工精度的情况下，刀具半径尽可能取大一点，以保证刀具有足够的刚度和较高的加工效率。

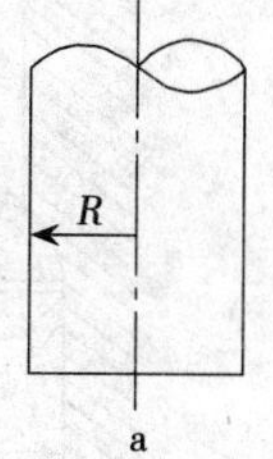

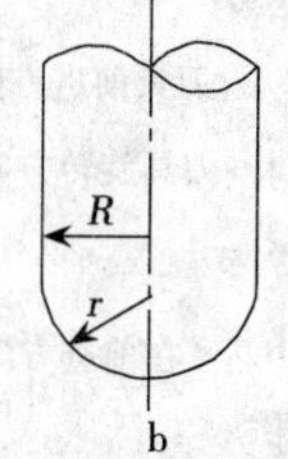

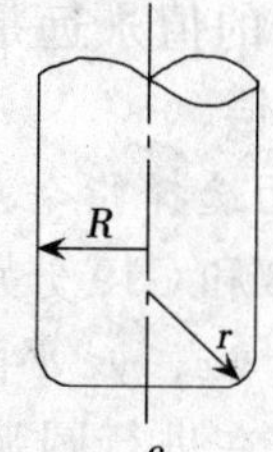


图 12-4　立铣刀的三种类型

a. 端刀 $r=0$　b. 球刀 $r=R$　c. 圆角刀 $r<R$

在刀具装入机床主轴前，应进行刀具几何尺寸（半径和长度）的预调。不同的刀具有不同的半径和长度，因而刀具半径补偿和刀具端面到机床或工件的距离也各不相同。通常要使用对刀仪测量出刀具的几何尺寸，并把它存入数控系统，以备加工时使用。

数控加工中切削用量的确定，要根据机床说明书中规定的允许值，再按刀具耐用度允许的切削用量复核。也可按切削原理中规定的方法计算，并结合实践经验确定。

# 第三节　数控铣削编程

## 一、常用指令介绍

在第十一章中已经对一些数控指令做了介绍，下面再介绍几个数控铣削加工编程常用指令。

1. *刀具半径补偿指令 G41、G42 和 G40*　刀具半径补偿又称刀具半径偏置。刀具半径补偿指令具有改变刀具中心运动轨迹的功能。当数控装置具有刀具半径补偿功能时，可直接按零件实际轮廓编程。在程序中只要给出刀具半径偏置方向指令 G41 或 G42 及偏置号 D，将刀具半径偏置值输入存储器中存储起来并用 D 指令调用其地址，数控系统便能自动地计算出刀具中心的运动轨迹，并按刀具中心轨迹运动。如图 12-5。

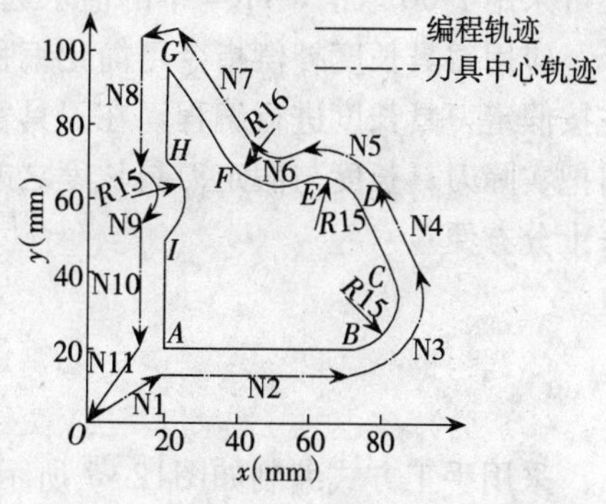


图 12-5　用刀具半径补偿加工轮廓线

刀具半径补偿程序格式：

G01 G41/G42/G40 X＿ Y＿ Z＿ D＿；

其中，G01 为直线插补，G41、G42 分别为左半径补偿和右半径补偿，X、Y、Z 为建立刀具半径补偿运动的终点坐标值，D 为刀具半径补偿代号。

G40 为刀具半径补偿撤销指令。使用 G40 指令后，使 G41 和 C42 指定的刀具半径补偿指令自动撤销。

G40、G41 和 G42 指令均是模态指令。

G41 为左偏刀具半径补偿指令，是指刀具沿前进方向向左侧偏置一个刀具半径值（或偏置值）；G42 为右偏刀具半径补偿指令，是指刀具沿前进方向向右偏置一个刀具半径值（或偏置值），如图 12-6 所示。

D 为刀具半径补偿代号，它表示存储器中第 X 号刀具的半径补偿值。该半径补偿值预先已输入刀补存储器中的 X 号位置上。

D00 地址中的值永远是零，可用来取消刀具半径补偿。

2. *坐标平面选择指令 G17、G18 和 G19* G17、G18 和 G19 分别用来指定被加工工件在 $xy$、$zx$、$yz$ 平面上进行插补加工。这些指令在进行圆弧插补和刀具补偿时必须使用。对于三坐标运动的数控铣床和镗铣加工中心常用这些指令指定机床在哪一平面内进行插补运动。

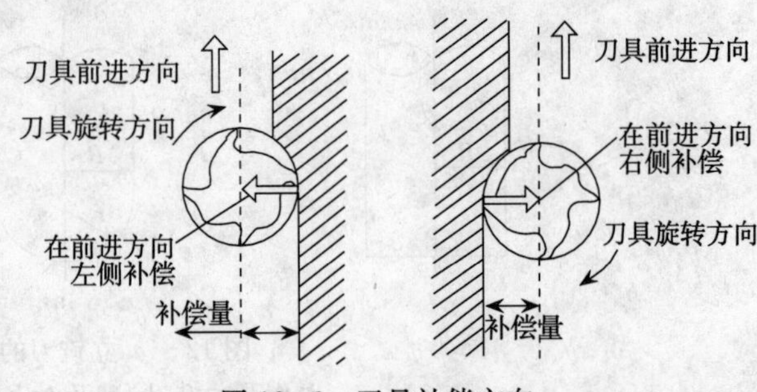


图 12-6 刀具补偿方向

平面选择可由程序段中的坐标字确定，也可由 G17、G18 和 G19 确定。若程序段中出现两个相互垂直的坐标字，则可决定平面。

3. *刀具长度补偿指令 G43、G44 和 G49* 刀具长度补偿指令具有补偿刀具长度差额的功能，可使刀具轴向的实际位移量大于或小于程序给定值，即

实际位移量=程序给定值±偏置值。

刀具长度补偿指令程序格式：

G43/G44 Z __ H __；

其中，H 及其后面的数值（如 H01）是控制装置存储器中刀补表的号码。

刀具长度补偿分正向补偿指令 G43 和负向补偿指令 G44。

G43、G44 和 G49 指令均为模态指令，只要无同组 G 代码重新指定，G43 和 G44 将一直有效。

G49 是刀具长度补偿撤销指令，调用该指令之后，G43 和 G44 从该程序段起变为无效。还可采用 H00 取消，H00 中的值永远为 0。

应用刀具长度补偿指令可简化编程时的计算。编程时可以在未知刀具实际长度的情况下先按假定刀具长度进行编程，在刀具实际长度发生变化或更换新刀具时，不必修改程序，只需把实际刀具长度与假定刀具长度之差（偏置值）输入至相应的偏置存储器中即可，使用起来十分方便。

## 二、手工编程

采用手工方式编制如图12-7 所示轮廓零件的加工程序（不考虑刀具半径补偿）。

图 12-7 中 $x'O_{工}\ y$，是零件坐标系，零件的尺寸按绝对坐标标注。$xO_{机}\ y$ 是机床的坐标系，$O_{机}$ 是机床的原点，两个坐标系的关系，就是零件在机床上的安装位置关系。

采用绝对坐标编程和相对坐标编程的两个程序都是按工件轮廓编制的。

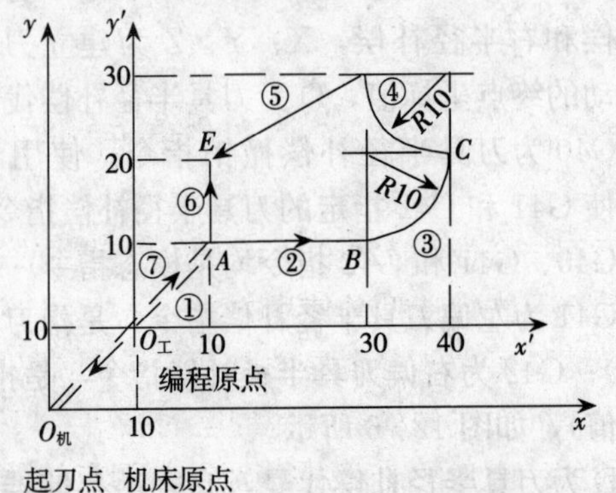


图 12-7 轮廓加工零件

绝对坐标编程的程序如下：

```
00005
N10 G90 G17 G00 X10 Y10;
N20 G01 X30 F100;
N30 G03 X40 Y20 I0 J10;
N40 G02 X30 Y30 I0 J10;
N50 G01 X10 Y20;
N60 Y10 ;
N70 G00 X-10 Y-10;
N80 M02
```

相对坐标编程的程序如下：

```
00006
N10 G91 G17 G00 X20 Y20;
N20 G01 X20 F100;
N30 G03 X10 Y10 I0 J10;
N40 G02 X-10 Y10 I0 J10;
N50 G01 X-20 Y-10;
N60 Y-10;
N70 G00 X-20 Y-20;
N80 M02
```

## 第四节　数控铣削加工操作

XKA714 数控铣床机床操作面板如图 12-8 所示。其操作要点如下。

(1) 机床的设定数值不得任意改动。

(2) 在多人共同工作时，所有一起工作的人员应合作并能相互沟通。

(3) 注意不要按错按钮。操作按钮前，检查一下操作面板上的按钮开关。

(4) 装夹工件之前，必须将工件和刀具上的切屑和异物清除干净。

(5) 自动运行前，检查所有开关和运动部件是否处于正确位置。

(6) 首次运行新程序前，先从头至尾检查一下该程序，纠正程序中出现的错误，然后采用单段操作方式逐段运行程序。如一切正常无误，再采用自动方式运行。

(7) 自动运行时，当心不要碰动任何开关。

(8) 发生故障时，按紧急停止开关来迅速停止机床运行。

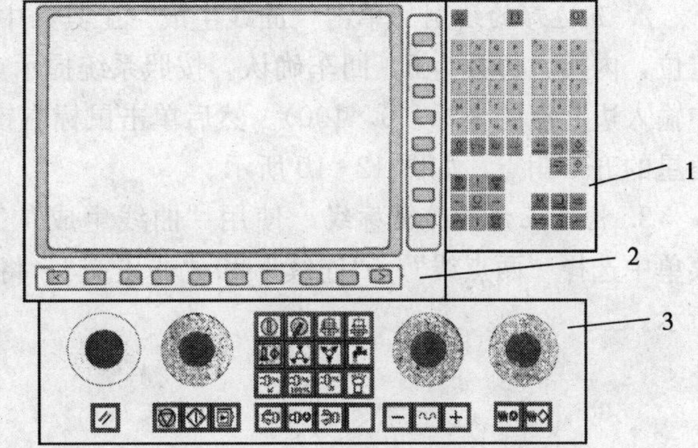


图 12-8　XKA714 数控床身铣床操作面板
1. 数控操作面板（键盘）　2. 面板控制单元　3. 机床操作面板

## 第五节　加工实例

下面结合如图 12-9 所示五角星零件的造型，介绍 CAXA 制造工程师的曲线和曲面绘制、编辑及特征造型的使用方法。

由图纸可知，五角星的造型特点主要是由多个空间曲面组成的，因此在构造实体时首先应使用空间曲线先构造实体的空间线架，然后利用直纹面生成曲面，可以逐个生成，也可以将生成的一个角的曲面进行圆形均步阵列，最终生成所有的曲面。最后使用曲面裁剪实体的方法生成实体，完成造型。

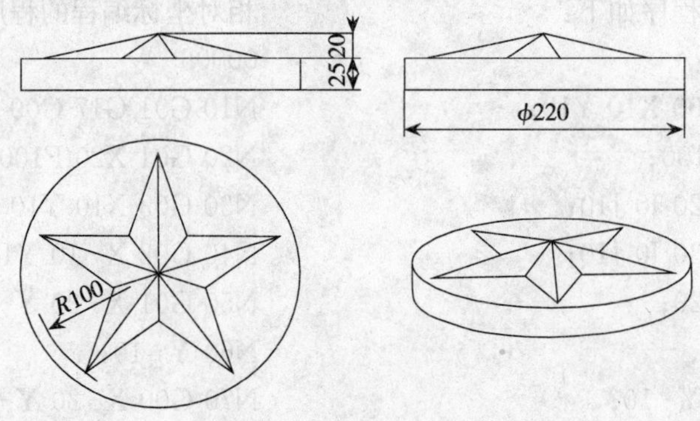


图 12-9　五角星零件图

## 一、绘制五角星的框架

1. 圆的绘制　单击“曲线生成”工具条中的⊙按钮，进入空间曲线绘制状态，在“立即”菜单中选择作圆方式“圆心点_半径”，然后按照提示用鼠标点取坐标系原点；也可以按回车键，在弹出的对话框中输入圆心点坐标（0，0），半径 $R=100$ 并确认，然后单击鼠标右键结束该圆的绘制。

2. 五边形的绘制　单击“曲线生成”工具条中的⊙钮，在“立即”菜单中选择“中心”定位，内接，边数为 5，回车确认。按照系统提示点取中心点，按回车键，在弹出的对话框中输入边起点的坐标（0，100）。然后单击鼠标右键结束该五边形的绘制。这样就得到了五角星的五个角点，如图 12-10 所示。

3. 构造五角星的轮廓线　使用“曲线生成”工具条中的“直线”按钮╲，在“立即”菜单中选择“两点线”、“连续”和“非正交”，将五角星的各角点连接起来，如图 12-11 所示。

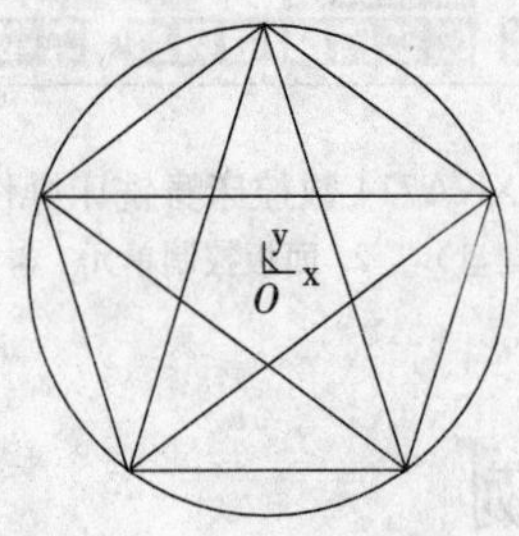


图 12-10　绘制五边形

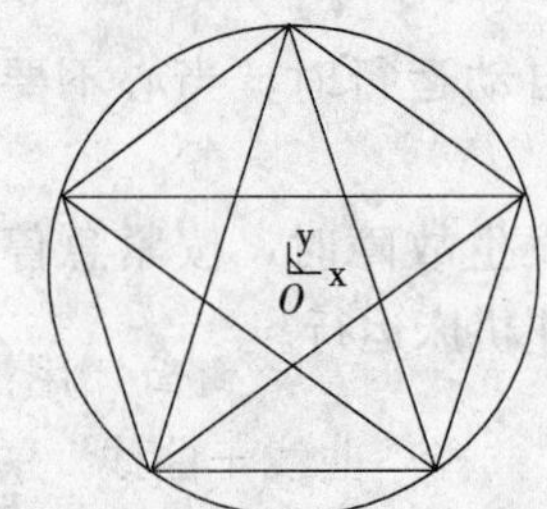


图 12-11　构造五角星的轮廓线

使用“删除”工具将多余的线段删除，单击⊘按钮，用鼠标直接点取多余的线段，拾取的线段会变成红色，单击鼠标右键确认，如图 12-12 所示。

裁剪后图中还会剩余一些线段，单击“曲线编辑”工具条中“曲线裁剪”按钮※，在“立即”菜单中选择“快速裁剪”和“正常裁剪”方式，用鼠标点取剩余的线段就可以实现曲线裁剪。这样就得到了五角星的一个轮廓，如图 12-13 所示。

图 12-12　删除多余线段后

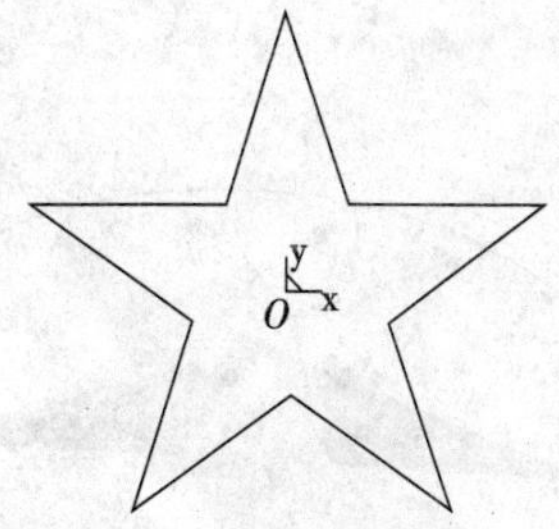

图 12-13　五角星轮廓

4. 构造五角星的空间线架　在构造空间线架时，还需要五角星的一个顶点，因此需要在五角的高度方向上找到一点（0，0，20），以便通过两点连线实现五角星的空间线架构造。

为了看图方便，可按 F8 键，以轴侧图方式观察。使用“曲线生成”工具条中的“点”按钮，在“立即”菜单中选择“单个点”和“工具点”，按回车键，输入顶点坐标（0，0，20），如图 12-14 所示。

使用“曲线生成”工具条中的“直线”按钮，在“立即”菜单中选择“两点线”、“连续”和“非正交”，作五角星各个角点与顶点的连线，完成五角星的空间线架，如图 12-15 所示。

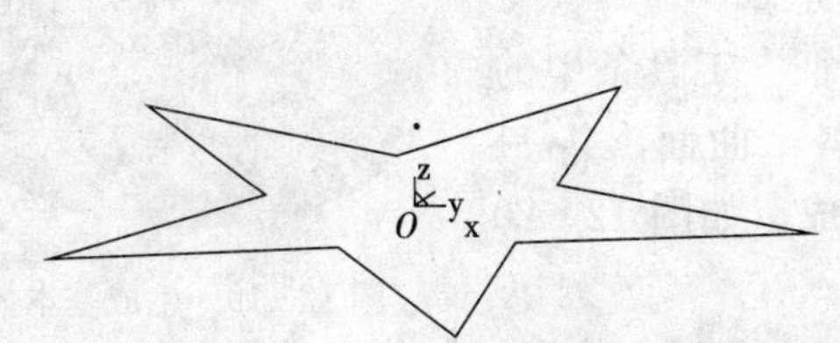

图 12-14　设置顶点坐标

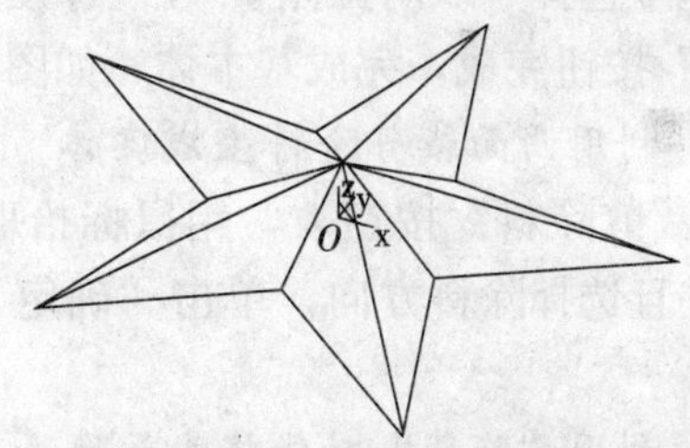

图 12-15　作各个角点与顶的连线

## 二、五角星曲面生成

1. 通过直纹面生成曲面　用鼠标单击“曲面”工具条中的“直纹面”按钮，在“立即”菜单中选择“曲线+曲线”的方式生成直纹面，然后用鼠标左键拾取该角相邻的两条直线完成曲面生成。同理，逐一完成各角的曲面，如图 12-16 所示。为拾取直线方便，可单击“显示旋转”按钮进行旋转。

图 12-16　生成曲面

2. 生成五角星的加工轮廓平面　先以原点为圆心点作圆，半径为 110。用鼠标单击“曲面”工具条中的“平面”按钮，并在“立即”菜单中选择“裁剪平面”。用鼠标拾取平面的外轮廓线后，再点取箭头以确定链搜索方向，如图 12-17。然后系统会提示拾取第一个内轮廓线，用鼠标拾取五角星底边的一条线，再用鼠标点取箭头，最后单击鼠标右键确定，完成加工轮廓平面，如图 12 - 18 所示。

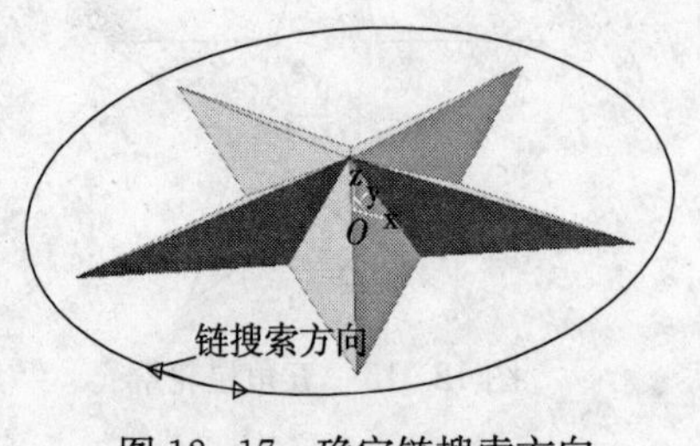

图 12 - 17　确定链搜索方向

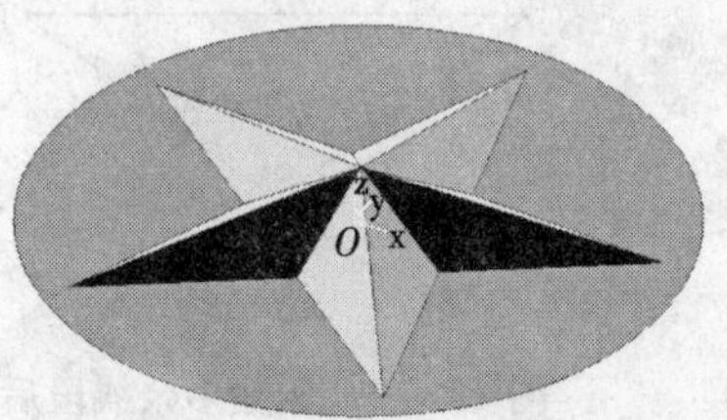

图 12 - 18　完成加工轮廓平面

## 三、生成加工实体

1. 生成基本体　选中特征树中的 $xOy$ 平面，单击鼠标右键，从弹出菜单中选择“创建草图”命令，或直接单击“创建草图”按钮，也可按 F2 键，进入草图绘制状态。

单击“曲线生成”工具条中的“曲线投影”按钮，用鼠标拾取已有的外轮廓圆，将圆投影到草图上。

单击“特征”工具条中的“拉伸增料”按钮，在“拉伸”对话框中选择“双向拉伸”，在“深度”文本框中输入 50，单击“确定”按钮完成，完成基本体，如图 12 - 19 所示。

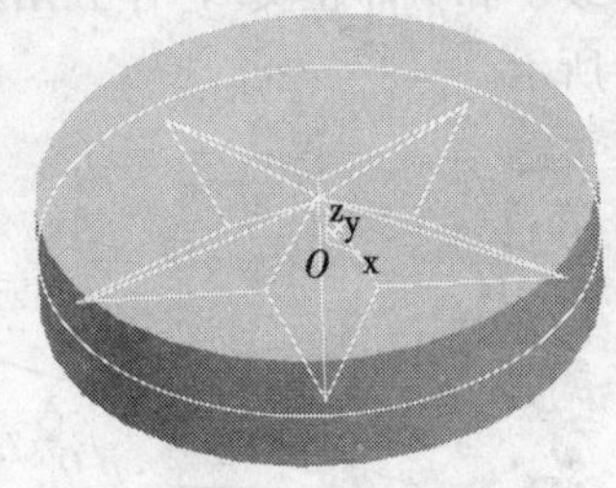

图 12 - 19　生成基本体

2. 利用曲面裁剪除料生成实体　单击“特征”工具条中的“曲面裁剪除料”按钮，用鼠标拾取已有的各个曲面，共 11 个，并且选择除料方向，单击“确定”按钮完成，如图 12 - 20 所示。

3. 利用“隐藏”功能将曲面隐藏　从菜单栏中选择“编辑”→“隐藏”命令，用鼠标从右向左单击拾取曲面，单击右键确认，实体上的曲面就被隐藏了，如图 12 - 21 所示。

图 12 - 20　生成实体

图 12 - 21　隐藏曲面

## 四、CAXA 制造工程师的加工功能

五角星的整体形状较为平坦，粗加工时可选择等高粗加工，而精加工时可采用曲面区域

加工。

1. 等高粗加工

（1）设置粗加工参数：从菜单栏中选择“应用”→“轨迹生成”→“等高粗加工”命令，在弹出的“粗加工参数表”对话框中设置粗加工参数。可将参数设置如下：拾取轮廓、直接切入、层优先、环切加工、从外向里、加工行距为 4、加工余量为 0.5、加工精度为 0.1、顶层高度为 20、底层高度为 0 和降层高度为 3。

（2）设置粗加工铣刀参数：选择 $R5$ 球面铣刀。

（3）设置粗加工切削用量参数：主轴转速为 800～1 000，接近速度为 100，切削速度为 200，退刀速度为 800，行间连接速度为 100，起止高度为 60，安全高度为 50，相对下刀高度为 10。

（4）确认“进退刀方式”、“下刀方式”和“清根方式”系统默认值：单击“确定”按钮退出参数设置。

（5）拾取加工轮廓：按系统提示“拾取轮廓”，选中圆，单击链搜索箭头。系统又提示“拾取加工曲面”，选中任一实体表面，系统将拾取到的所有曲面变红，如图 12-22 所示。然后单击鼠标右键结束。

（6）生成粗加工轨迹：系统提示“正在准备曲面请稍候”、“处理曲面”等，然后系统就会自动生成粗加工轨迹。结果如图 12-23 所示。

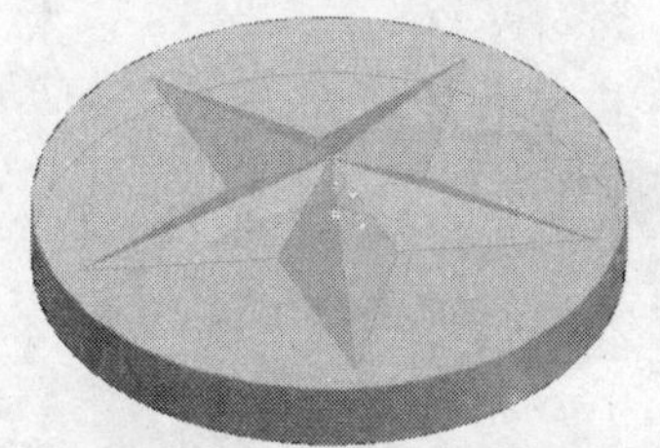

图 12-22　拾取加工轮廓

图 12-23　生成粗加工轨迹

2. 曲面区域加工

（1）设置曲面区域加工参数：选择“应用”→“轨迹生成”→“曲面区域加工”命令，在弹出的“曲面区域加工参数表”对话框中设置“曲面区域加工”精加工参数，如图 12-24 所示。在此要注意，精加工的加工余量应为 0。

（2）设置精加工铣刀参数：仍选择 $R5$ 球面铣刀。

（3）设置精加工切削用量参数：与等高粗加工同。

（4）确认“进退刀方式”系统默认值：单击“确定”按钮完成并退出精加工参数设置。

（5）拾取整个零件表面：按系统提示拾取整个零件表面为加工曲面，单击右键确定。系统提

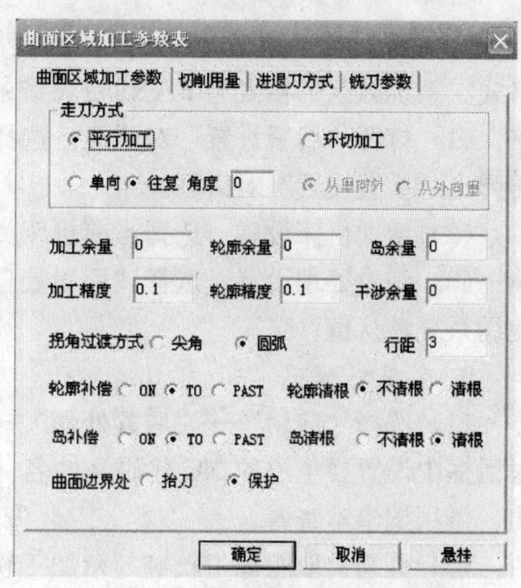


图 12-24　设置曲面区域加工参数

示“拾取干涉面”，如果零件不存在干涉面，按右键确定跳过。系统会继续提示“拾取轮廓”，用鼠标直接拾取零件外轮廓，单击右键确认，然后选择并确定链搜索方向。系统最后提示“拾取岛屿”，由于零件不存在岛屿，我们可以单击右键确定跳过。

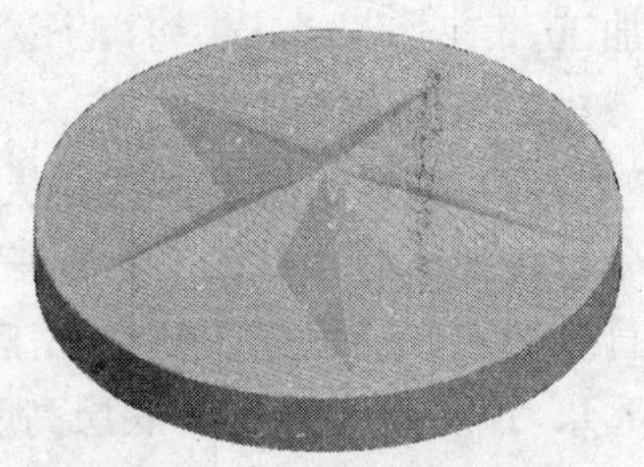

图 12-25 生成精加轨迹

(6) 生成精加工轨迹：如图 12-25 所示。

3. *加工仿真、刀路检验与修改* 在生成粗、精加工轨迹后，可以进行加工仿真和刀路检验。选择“应用”→“轨迹仿真”命令，在“立即”菜单中选择“自动计算”、“刀具不透明”、“$xOz$ 平面”和“型腔不透明”选项；按系统提示同时拾取粗加工刀具轨迹与精加工轨迹，单击鼠标右键确定，系统将进行仿真加工，如图 12-26 所示。

在仿真过程中，系统显示走刀方式。仿真结束后，拾取点观察截面，如图 12-27 所示。按右键存储仿真结果。

观察仿真加工走刀路线，检验判断刀路是否正确、合理，主要是有无过切等错误。

选择“应用”→“轨迹编辑”命令，弹出“轨迹编辑”表，按提示拾取相应加工轨迹或相应轨迹点，修改相应参数，进行局部轨迹修改。若修改过大，应该重新生成加工轨迹。

仿真检验无误后，可保存粗/精加工轨迹。

图 12-26 仿真加工

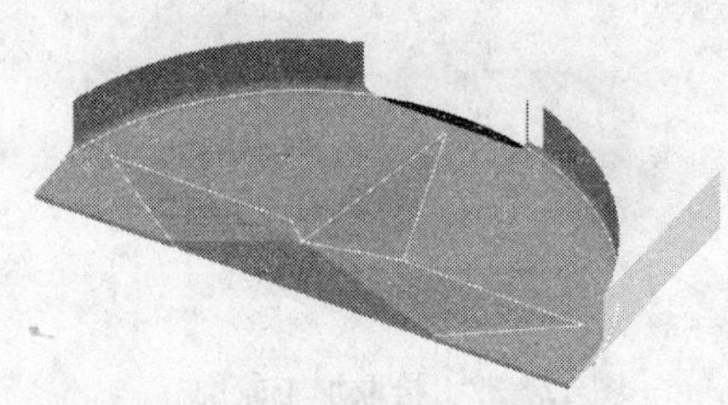

图 12-27 拾取点

4. *后置设置* 用户可以增加当前使用的机床，给出机床名，定义适合自己机床的后置格式。系统默认的格式为 FANUC 系统的格式。

(1) 打开“后置设置”对话框：选择“应用”→“后置处理”→“后置设置”命令，此时弹出“后置设置”对话框。

(2) 增加机床设置：选择当前机床类型，在此为 SIEMENS。

(3) 后置处理设置：选择“后置处理设置”标签，根据当前的机床，设置各参数，一般使用系统默认值。

5. *生成 G 代码*

(1) 选择“应用”→“后置处理”→“生成 G 代码”命令，在弹出的“选择后置文件”对话框中设置要生成的 NC 代码文件名（五角星 . cut）及其存储路径，单击“确定”按钮退出。可用记事本查看。

(2) 分别拾取粗加工轨迹与精加工轨迹，按鼠标右键确定，生成加工 G 代码。

至此五角星的造型、生成加工轨迹、加工轨迹仿真检查及生成 G 代码程序的工作已经完成。在加工之前还可以通过CAXA制造工程师中的校核G代码功能，查看加工代码的轨迹形状，做到加工之前胸中有数。把工件打表找正，按要求找好工件零点，装好刀具，找好刀具的 $z$ 轴零点，就可以开始加工了。

# 第六节 加工中心和三坐标测量机简介

## 一、加工中心简介

加工中心适用于复杂、工序多、精度要求高、需用多种类型普通机床和繁多刀具及工装，经过多次装夹和调整才能完成加工的零件，如汽车的发动机缸体、变速箱体、主轴箱、航空发动机叶轮、船用螺旋桨、各种曲面成形模具等。与普通数控机床相比，它具有以下几个突出的特点。

(1) 具有刀库和自动换刀装置，能够自动更换刀具，在一次装夹中完成铣、镗、钻、扩、铰、攻螺纹和切螺纹等加工，工序高度集中。

(2) 加工中心通常具有多个进给轴（三轴以上），甚至多个主轴。因此能够自动完成多个平面和多个角度位置的加工，实现复杂零件的高精度定位和精确加工。

(3) 加工中心上如果带有自动交换工作台，一个工件在加工的同时，另一个工作台可以实现工件的装夹，从而大大缩短辅助时间，提高加工效率。

目前常用加工中心可分为立式和卧式两种。其中卧式加工中心的结构较复杂，功能较多，体积和占地面积较大，价格高。因此，从经济性方面考虑，立式加工中心能够保证工艺内容，尽量选用立式加工中心。

图12-28所示加工中心为沈阳第一机床厂生产的VMC850型立式铣镗加工中心，数控系统为FANUC 0i-MC，三轴控制三轴联动。机床由床身、立柱、滑板、工作台、主轴箱、刀库、电气柜、控制箱等主要部分组成。

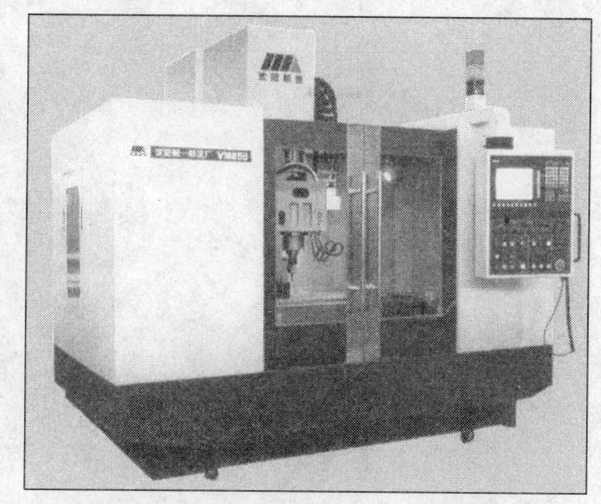

图12-28 VMC850立式加工中心

## 二、三坐标测量机简介

三坐标测量机是一种高效率、高精度的自动化精密测量设备，是仪器、仪表、航空航天、汽车制造、矿山机械、纺织机械、国防军事等机械制造工业中使用的一种先进设备。

三坐标测量机是在三个相互垂直的方向上有导向机构、测长元件和数显装置，有一个能够放置工件的工作台，测头可以以手动或机动方式轻快地移动到被测点上，由读数设备和数显装置把被测点的坐标值显示出来的一种测量设备。

测量机的采点发讯装置是测头，在沿 $x$、$y$、$z$ 三个轴的方向装有光栅尺和读数头。其测量过程就是当测头接触工件并发出采点信号时，由控制系统去采集当前机床三轴坐标相对于机床原点的坐标值，再由计算机系统对数据进行处理和输出。因此测量机可以用来测量直接尺寸，也可以获得间接尺寸和形位公差及各种相关关系，也可以实现全面扫描和一定的数据处理功能，可以为加工提供数据和处理加工测量结果。自动型还可以进行自动测量，实现批量零件的自动检测。

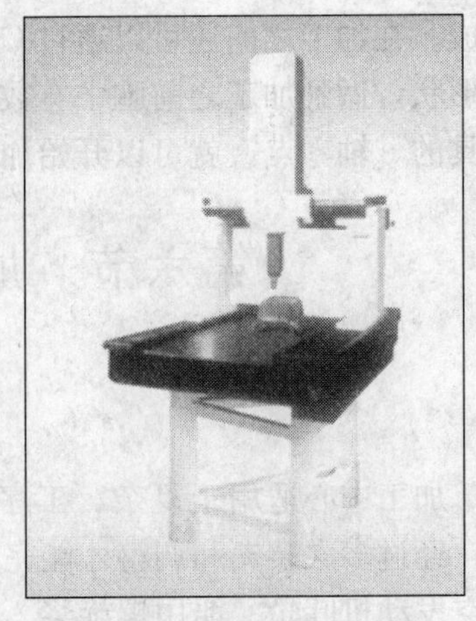

图 12-29　PEARL 754/M 三坐标测量机

三坐标测量机可用于各种机械零件、模型及其制品的几何尺寸、相对位置、形位公差及曲线曲面的测量。图 12-29所示为 PEARL 754/M 三坐标测量机。

## 复习思考题

1. 数控铣削加工有何特点？主要对象有哪些？
2. 数控铣床操作要注意哪些问题？
3. 加工中心与普通数控机床相比有哪些特点？
4. 说明三坐标测量机的工作原理。

# 第十三章　特种加工技术

## 第一节　概　述

### 一、特种加工的产生与发展

传统的机械加工已有很长的历史，它对人类的生产和物质文明起了极大的作用。例如，18 世纪 70 年代就发明了蒸汽机，但苦于制造不出高精度的蒸汽机汽缸，无法推广应用。直到有人创造出和改进了汽缸镗床，解决了蒸汽机主要部件的加工工艺，才使蒸汽机获得广泛应用，引起了世界性的第一次产业革命。这一事实充分说明了加工方法对新产品的研制、推广和社会经济等起着重大的作用。随着新材料、新结构的不断出现，情况将更是这样。

但是，从第一次产业革命以来，一直到第二次世界大战以前，在这段长达 150 多年都靠机械切削加工（包括磨削加工）的漫长年代里，并没有产生特种加工的迫切要求，也没有发展特种加工的充分条件，人们的思想一直还局限在自古以来用机械能量和切削力来除去多余金属的传统方法，以达到加工要求。

直到 1943 年，苏联的拉扎林柯夫妇研究开关触点遭受火花放电腐蚀损坏的现象和原因时，发现电火花的瞬时高温可使局部的金属熔化、汽化而被蚀除掉，开创和发明了电火花加工方法，用铜丝在淬火钢上加工出小孔，可用软的工具加工任何硬度的金属材料，首次摆脱了传统的切削加工方法，直接利用电能和热能来去除金属，获得“以柔克刚”的效果。

第二次世界大战后，特别是进入 20 世纪 50 年代以来，随着生产发展和科学实验的需要，很多工业部门，尤其是国防工业部门要求尖端科学技术产品向高精度、高速度、高温、高压、大功率、小型化等方向发展，它们所使用的材料愈来愈难加工，零件形状愈来愈复杂，表面精度、粗糙度和某些特殊要求也愈来愈高，对机械制造部门提出了下列新的要求。

（1）解决各种难切削材料的加工问题：如硬质合金、钛合金、耐热钢、不锈钢、淬硬钢、金刚石、宝石、石英以及锗、硅等各种高硬度、高强度、高韧性、高脆性的金属及非金属材料的加工。

（2）解决各种特殊复杂表面的加工问题：如喷气涡轮机叶片、整体涡轮、发动机机匣和锻压模与注射模的立体成形表面，各种冲模冷拔模上特殊断面的型孔，炮管内膛线，喷油嘴、栅网、喷丝头上的小孔窄缝等的加工。

（3）解决各种超精、光整或具有特殊要求的零件加工问题：如对表面质量和精度要求很高的航天、航空陀螺仪、伺服阀，以及细长轴、薄壁零件、弹性元件等低刚度零件的加工。

要解决上述一系列工艺问题，仅仅依靠传统的切削加工方法很难实现，甚至根本无法实现，人们相继探索、研究新的加工方法。特种加工方法就是在这种前提下产生和发展起来的。但是，外因是条件，内因是根本，事物发展的根本原因在于事物的内部。特种加工能产生和发展的内因，在于它具有切削加工所不具有的本质和特点。

切削加工的本质和特点：一是靠刀具材料比工件硬；二是靠机械能把工件上多余的材料切除。一般情况下这是行之有效的方法。但是，工件材料愈来愈硬，加工表面愈复杂，在此情况下“物极必反”，原来行之有效的方法转化为限制生产率和影响加工质量的不利因素了。于是人们开始探索用软的工具加工硬的材料，不仅用机械能而且还采用其他能量形式来进行加工。到目前为止，已经找到了多种此类加工方法。为区别于现有的金属切削加工，这类新加工方法统称为特种加工，国外称做非传统加工（NTM，Non-Traditional Machining）或非常规机械加工（NCM，Non-Conventional Machining）。它们与切削加工的不同点如下。

（1）不是主要依靠机械能，而是主要用其他能量（如电、化学、光、声、热等）去除金属材料。

（2）工具硬度可以低于被加工材料的硬度。

（3）加工过程中工具和工件之间不存在显著的机械切削力。

正因为特种加工工艺具有上述特点，所以就总体而言，特种加工可以加工任何硬度、韧性和脆性的金属或非金属材料，且专长于加工复杂、微细表面和低刚度零件，同时有些方法还可用来进行超精加工、镜面光整加工和纳米级（原子级）加工。

## 二、特种加工的分类

特种加工的分类还没有明确的规定，一般按能量形式可分为以下几类。

（1）电、热能：电火花加工、电子束加工、等离子弧加工。

（2）电、机械能：等离子束加工。

（3）电、化学能：电解加工、电解抛光。

（4）电、化学、机械能：电解磨削、电解珩磨、阳极机械磨削。

（5）光、热能：激光加工。

（6）化学能：化学加工、化学抛光。

（7）声、机械能：超声加工。

（8）液、气、机械能：磨料喷射加工、磨料流加工、液体喷射加工。

值得注意的是，将两种以上的不同能量和工作原理结合在一起，可以取长补短，获得很好的效果。近年来这些新的复合加工方法正在不断出现。

### （一）各种特种加工方法适用的材料

因各种特种加工方法的能量形式和加工原理不同，它们加工适用的材料也不同，见表13-1。

### （二）特种加工对机械制造的变革

1. 提高了材料的可加工性　以往认为金刚石、硬质合金、淬硬钢、石英、玻璃、陶瓷等

**表 13-1　各种特种加工方法适用的材料**

| 加工方法＼材料 | 铝 | 钢 | 高合金钢 | 钛合金 | 耐火材料 | 塑料 | 陶瓷 | 玻璃 |
|---|---|---|---|---|---|---|---|---|
| 电火花加工 | △ | ○ | ○ | ○ | □ | × | × | × |
| 电子束加工 | △ | △ | △ | △ | ○ | △ | ○ | △ |
| 等离子弧加工 | ○ | ○ | ○ | △ | □ | □ | × | × |
| 激光加工 | △ | △ | △ | △ | ○ | △ | ○ | △ |
| 电解加工 | △ | ○ | ○ | △ | △ | × | × | × |
| 化学加工 | ○ | ○ | △ | △ | □ | □ | □ | △ |
| 超声波加工 | □ | △ | □ | △ | ○ | △ | ○ | ○ |
| 磨料喷射加工 | △ | △ | ○ | △ | ○ | △ | ○ | ○ |

注：○—好；△—尚好；□—不好；×—不适用。

很难加工，现在已经可以广泛采用电火花、电解、激光等多种方法来加工它们。材料的可加工性不再与硬度、强度、韧性、脆性等成正比关系，对电火花和线切割加工而言，淬硬钢比未淬硬钢更易加工。

2. 改变了零件的典型工艺路线　以往除磨削外，其他切削加工、成形加工等都必须安排在淬火热处理工序之前，这是一切工艺人员决不可违反的工艺准则。特种加工的出现，改变了这种一成不变的程序格式。由于它基本上不受工件硬度的影响，而且为了免除加工后再引起淬火热处理变形，一般都先淬火后加工。最为典型的是，电火花线切割加工、电火花成形加工和电解加工等都必须先淬火，后加工。

3. 试制新产品　采用光电、数控电火花线切割，可以直接加工出各种标准和非标准直齿轮（包括非圆齿轮和非渐开线齿轮）、微电机定子、转子硅钢片，各种变压器铁芯，各种特殊、复杂的二次曲面体零件。这样可以省去设计和制造相应的刀具、夹具、量具、模具及二次工具，大大缩短了试制周期。

4. 特种加工对产品零件的结构设计带来很大的影响　例如，花键孔、轴和枪炮膛线齿根部分，从设计观点来看，为了减少应力集中，最好做成小圆角，但拉削加工时刀齿做成圆角对排屑不利，容易磨损，刀齿只能设计与制造成清棱清角的齿根，而用电解加工时由于存在尖角变圆现象，非采用小圆角的齿根不可。又如各种复杂冲模（如山形硅钢片冲模），过去由于不易制造，往往采用拼镶结构，采用电火花和线切割加工后，即使是硬质合金的模具或刀具，也可做成整体结构。喷气发动机涡轮也由于电加工而可采用整体结构。

5. 对传统的结构工艺性的好与坏需要重新衡量　过去对方孔、小孔、弯孔、窄缝等被认为是工艺性很“坏”的典型，对工艺和设计人员是非常“忌讳”的，有的甚至是“禁区”。特种加工的采用改变了这种现象。对于电火花穿孔和电火花线切割工艺来说，加工方孔和加工圆孔的难易程度是一样的。喷油嘴小孔、喷丝头小异形孔、涡轮叶片大量的小冷却深孔、窄缝、静压轴承和静压导轨的内油囊型腔，采用电加工后其加工变难为易了。过去若淬火前忘了钻定位销孔、铣槽等工艺，淬火后这种工件只能报废，现在则大可不必，可用电火花打孔、切槽进行补救。相反，有时为了避免淬火开裂、变形等影响，故意把钻孔、开槽等工艺安排在淬火之后。

# 第二节　电火花加工

## 一、电火花穿孔成形加工机床

电火花穿孔成形加工机床主要由主机（包括自动调节系统的执行机构）、脉冲电源、自动进给调节系统、工作液净化及循环系统几部分组成。

1. *机床总体部分*　主机主要包括主轴头、床身、立柱、工作台及工作液槽等部分，如图 13-1 所示。

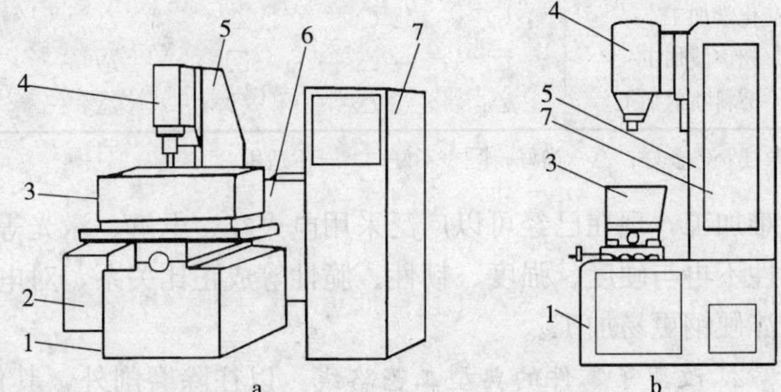


图 13-1　电火花穿孔成形加工机床

1. 床身　2. 液压油箱　3. 工作油槽　4. 主轴头　5. 主柱　6. 工作液箱　7. 电源箱

2. *主轴头*　主轴头是电火花成形机床中最关键的部件，是自动调节系统中的执行机构，对加工工艺指标的影响极大。对主轴头的要求是结构简单，传动链短，传动间隙小，热变形小，具有足够的精度和刚度，以适应自动调节系统的惯性小、灵敏度高、能承受一定负载的要求。主轴头主要由进给系统、导向防扭机构、电极装夹及调节环节组成。

3. *工具电极夹具*　工具电极的装夹及调节装置的形式很多，其作用是调节工具电板和工作台的垂直度以及工具电极在水平面内微量的扭转角。常用的有十字铰链式和球面铰链式。

4. *工作液循环和过滤系统*　工作液循环和过滤系统包括工作液（煤油）箱、电动机、泵、过滤装置、工作液槽、油杯、管道、阀门以及测量仪表等。放电间隙中的电蚀产物除了靠自然扩散、定期抬刀以及使工具电极附加振动等排除外，还常采用强迫循环的办法加以排除，以免间隙中电蚀产物过多，引起已加工过的侧表面间“二次放电”，影响加工精度。此外，此办法也可带走一部分热量。图 13-2 为工作液强迫循环的两种方式。图 13-2a、b 为冲油式，较易实现，排屑冲刷能力强，一般常采用，但电蚀产物仍通过已加工区，稍影响加工精度；图 13-2c、d 为抽油式，在加工过程中，分解出来的气体（$H_2$、$C_2H_2$ 等）易积聚在抽油回路的死角处，遇电火花引燃会爆炸“放炮”，因此一般用得较少，但在要求小间隙、精加工时也有使用。

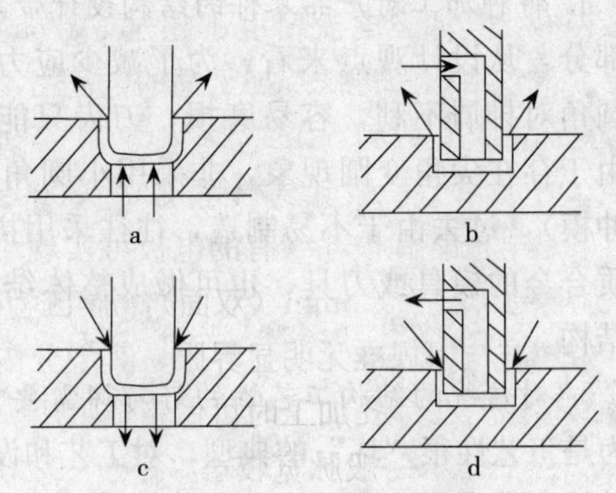


图 13-2　工作液强迫循环方式

a、b. 冲油式　c、d. 抽油式

## 二、电火花成形加工工艺

### （一）冷冲模加工

冷冲模常采用粗、中、精三挡规准转换。粗规准主要是将工件余量的大部分蚀除掉，提高加工速度。脉宽 16～30μs，脉间 50～100μs，峰值电流根据加工面积而定，不超过 3～5A/cm²。中规准是用在过渡加工，以便较快地修掉粗规准加工后的麻点和余量。一般脉宽在 6～18μs，脉间 20～40μs，峰值电流 1～3A/cm²。精规准加工主要是满足较高工艺要求的指标，如表面粗糙度、间隙、斜度等，一般脉宽选在 1.5～4μs，脉间 5～15μs，峰值电流小于 2A/cm²。上述数据范围应根据不同要求合理选择。按要求分以下几种情况。

大间隙：规准选择要大，在无尖角的部位时采用平动法或对电极采取电镀法来解决。

小间隙：全刃口部位采用精规准。

大斜度：可增加电极转换次数和冲油办法。

小斜度：采用抽油精规准加工，或用粗、中、精转换的办法，对全刃口加工也可采用此种办法。

大余量：选择粗、中规准或脉宽间隔一定的情况下，加大峰值电流。

在转换规准时，根据具体加工条件、间隙大小、排屑好坏及加工的稳定性适当地改变抽油压力。要求小间隙、高光洁度时，可由冲油改为抽油。

### （二）型腔模的加工

型腔模加工的规准转换同样分粗、中、精三挡。

1. 粗规准　一般脉宽大（大于 200μs）、峰值电流适当高（10～50A）的参数组合就是粗规准。其加工效果是电极损耗小（有时可能出现“反粘”），表面粗糙度差（$R_a>20\mu m$），加工速度高，放电间隙大。粗规准在型腔加工时，蚀除大部分余量，使工件基本成形。选用粗规准加工时电流密度不能选得过大，否则会引起烧弧或破坏电极表面质量。一般石墨电极加工钢件，其加工电流密度不超过 3A/cm²；紫铜加工钢时的电流密度应不超过 5A/cm²；铁合金（包括钢和铸铁）加工钢的电流密度应不超过 2A/cm²。为了达到电极低损耗，应使峰值电流脉宽≤0.01A/μs。

2. 中规准　一般脉宽中等（20～200μs）、峰值电流适中的参数组合就为中规准。其加工结果是电极略有损耗（有的电极可实现小于 1%的损耗），表面粗糙度 $R_a$ 为 2.5～10μm，火花间隙在 0.1～0.3mm（双面），加工速度适中。

中规准与粗规准无明显界限，其划分依照具体加工对象而定。中规准在型腔加工时，主要做修整用，在穿孔加工时可做粗成形用。

3. 精规准　一般脉宽较小（小于 10μs）或峰值电流较低的参数组合即为精规准。它是在中加工的基础上进行精修的规准。其加工结果是电极相对损耗大（10%～30%），表面粗糙度 $R_a$ 不超过 2μm，加工速度低。由于实际加工时，留给精修的余量很少，一般不超过 0.02～0.2mm，因此，电极的绝对损耗量不大，但边损耗与角损耗较大。

选择脉冲电源参数应根据具体加工对象来确定。对于尺寸小、形状简单的浅型腔加工，规准转换挡数可少些；尺寸大、型腔深、形状复杂的工件，规准转换的挡数要多些。当本挡规准的表面粗糙度全部修光时，应及时转换规准，这样既可提高工效，又能减少电极损耗，并使加工精度高。

## 三、加工实例

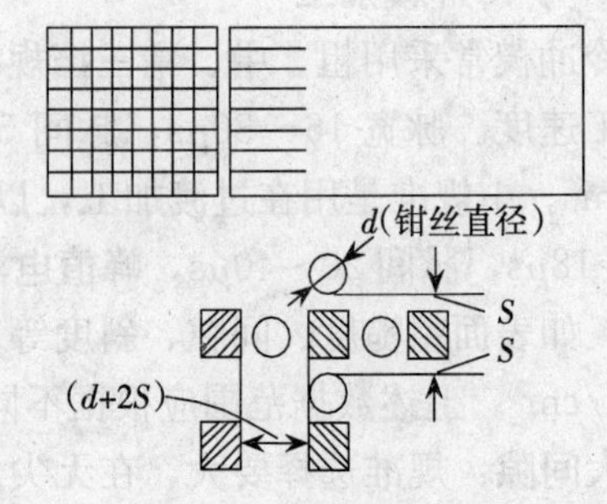

图 13-3 加工小方孔滤网用的工具电极

工件材料：厚 0.1mm 的不锈钢薄板。工具电极为方形刷电极束。工具电极为 10mm×10mm 方条块的紫铜，用线切割在端部切出有许多方截面的刷状电极，如图 13-3 所示。

加工方法：找正工具电极和工件的垂直度后，选用正极性加工，脉宽为 4～5μs，脉间为 10～15μs，峰值电流为 3～4A，直至穿透，加工出方形筛网孔。

# 第三节 电火花线切割加工

## 一、加工原理和加工范围

1. *加工原理* 电火花线切割加工的原理本质上与电火花加工相同，只是工具电极由钼丝或铜丝代替，被切割的工件为工件电极，钼丝或铜丝为工具电极（图 13-4）。脉冲电源发出一连串的脉冲电压，加到工具电极和工件电极上。两极之间施加足够的、具有一定绝缘性能的工作液。当工具电极和工件电极的距离小到一定程度时，在脉冲电压的作用下，工作液被击穿，在电极丝和工件之间形成瞬间放电通道，产生瞬时高温，使金属局部熔化甚至汽化而被蚀除。若工作台带动工件不断进给，就能切割出所需的形状。由于储丝筒带动电极丝做正、反向的高速移动，所以电极丝基本上蚀除较少，可以较长时间地使用。

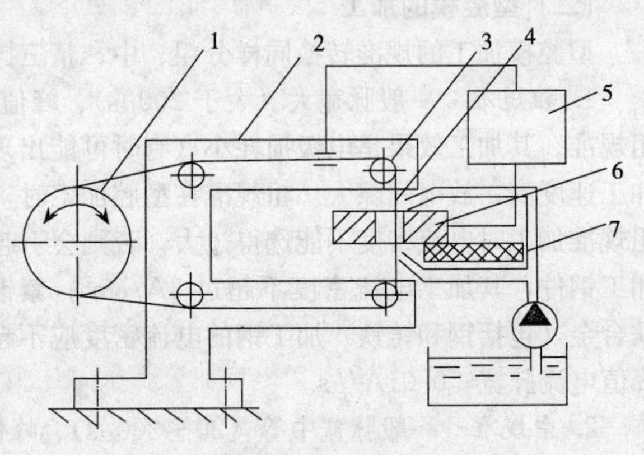

图 13-4 高速走丝线切割

1. 储丝筒 2. 支架 3. 导轮 4. 电极丝 5. 脉冲电源 6. 工件 7. 绝缘底板

2. *加工范围* 线切割加工为新产品试制、精密零件及模具制造开辟了一条新的工艺途径，主要用于以下几个方面。

(1) 加工模具：适用于各种形状冷冲模。调整不同的间隙补偿量，只需一次编程就可以切割凸模、凸模固定板、凹模和卸料板等。

(2) 加工电火花成形加工用的电极：一般穿孔加工用的电极和带锥度型腔加工用的电极，以及铜钨、银钨合金之类的电极材料，用线切割加工特别经济；同时也适用于加工微细、复杂形状的电极。

(3) 加工零件：在试制新产品时，用线切割在坯料上直接切割出零件，可大大缩短制造周期，降低成本。

## 二、线切割加工机床

数控线切割加工机床由机床本体、脉冲电源和数控装置三部分组成，其中机床本体又由床身、工作台、运丝机构、工作液系统等组成，如图 13-5 所示。

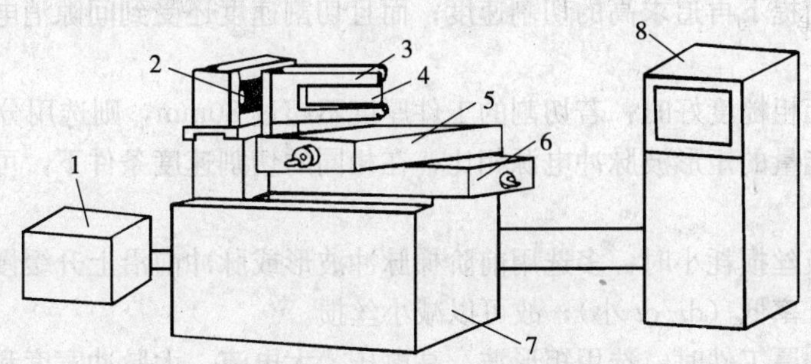


图 13-5　电火花线切割加工机床

1. 脉冲电源　2. 储丝筒　3. 丝架　4. 钼丝　5. Y 向工作台　6. X 向工作台　7. 床身　8. 数控装置

(1) 床身：用于支撑和连接工作台、运丝机构、机床电器及存放工作液系统。

(2) 工作台：用于安装并带动工件在工作台面内做 X、Y 两个方向的移动。工作台分上、下两层，分别与 X 向、Y 向丝杠相连，由两个步进电机分别驱动。步进电机每收到计算机发出的一个脉冲信号，其输出轴就旋转一个步距角，通过一对齿轮变速带动丝杠转动，从而使工作台在相应的方向上移动一定距离。

(3) 运丝机构：电动机通过联轴节带动储丝筒交替做正、反向运转，电极丝整齐地排列在储丝筒上，并经过丝架做往复高速移动（9m/s 左右）。

(4) 工作液系统：由工作液、工作液箱、工作液泵和循环导管组成。工作液起绝缘、排屑和冷却作用。每次脉冲放电后，工件与钼丝之间必须恢复绝缘状态，否则脉冲放电就会转变为稳定持续的电弧放电，影响加工质量。在加工过程中，工作液可把加工过程产生的金属颗粒迅速从电极之间冲走，使加工顺利进行。工作液还可冷却受热的电极和工件，防止工件变形。

(5) 脉冲电源：其作用是把普通的 50Hz 交流电转换成高频率的单向脉冲电压。加工时电极丝接脉冲电源负极，工件接正极。

(6) 数控装置：以微机为核心，配备相关硬件和控制软件。加工程序可用键盘输入或直接自动生成。控制工作台 X、Y 两个方向步进电机或伺服电机的运动。

## 三、电火花线切割工艺

1. 加工工艺指标　电火花线切割加工工艺指标主要包括切割速度、表面粗糙度、加工精度等。此外，放电间隙、电极丝损耗和加工表面层变化也是反映加工效果的重要内容。

影响工艺指标的因素很多，如机床精度、脉冲电源的性能、工作液脏污程度、电极丝与工件材料和切割工艺路线等，它们是互相关联又互相矛盾的。其中，脉冲电源的波形及参数的影响是相当大的，如矩形波脉冲电源的参数主要有电压、电流、脉冲宽度、脉冲间隔等。所以，根据不同的加工对象，选择合理的加工参数是非常重要的。

2. 合理选择电参数

(1) 要求切割速度高时：当脉冲电源的空载电压高、短路电流大、脉冲宽度大时，则切割速度高。但是切割速度和表面粗糙度的要求是互相矛盾的两个工艺指标，所以，必须在满足表面粗糙度的前提下再追求高的切割速度；而且切割速度还受到间隙消电离的限制，即脉冲间隔也要适宜。

(2) 要求表面粗糙度好时：若切割的工件厚度不超过 80mm，则选用分组波的脉冲电源为好。它与同样能量的矩形波脉冲电源相比，在相同的切割速度条件下，可以获得较好的表面粗糙度。

(3) 要求电极丝损耗小时：多选用前阶梯脉冲波形或脉冲前沿上升缓慢的波形。由于这种波形电流的上升率低（$di/dt$ 小），故可以减小丝损。

(4) 要求切割厚工件时：选用矩形波、高电压、大电流、大脉冲宽度和大脉冲间隔。因为工件厚，排屑比较困难，所以要加大脉冲间隔，以便加工产物能充分排出，间隙可充分消电离，从而保证加工的稳定性。

## 四、数控线切割编程

### (一) 程序格式

数控线切割加工程序的格式与一般数控机床不一样，常采用如下的“3B”格式：

N R B X B Y B J G Z (FF)

其中，N 为程序段号；R 为圆弧半径，加工直线时 R 为零；X、Y 为 X、Y 方向的坐标值；J 为计数长度；G 为计数方向；Z 为加工指令；3 个 B 是间隔符，其作用是将 X、Y、J 的数值区分开；FF 为停机符，用于完整程序之后。

1. 坐标系原点及其坐标值的确定　平面坐标系规定如下：操作者面对机床，工作台平面为坐标平面，左右方向为 $x$ 轴方向，向右为正；前后方向为 $y$ 轴，向前为正。

坐标系的原点和坐标值随程序段的不同而变化：加工直线时，以直线的起点为坐标系的原点，X、Y 取直线终点的坐标值；加工圆弧时，以圆弧的圆心为坐标系的原点，X、Y 取圆弧起点的坐标值。坐标值的负号均不写，单位为 $\mu$m。

2. 计数方向 G 的确定　不管是加工直线还是圆弧，计数方向均按位置确定。确定原则如下。

加工直线时，直线的终点靠近何轴，则计数方向就取何轴。例如，在图 13-6 中加工直线 *OA*，计数方向取 $x$ 轴，记作 GX；加工直线 *OB*，计数方向取 $y$ 轴，记作 GY；加工直线 *OC*，计数方向取 $x$ 轴、$y$ 轴均可，记作 GX 或 GY。

加工圆弧时，终点靠近何轴，则计数方向取另一轴。例如，在图 13-7 中，加工圆弧 *AB*，计数方向取 $x$ 轴，记作 GX；加工圆弧 *MN*，计数方向取 $y$ 轴，记作 GY；加工圆弧 *PQ*，计数方向取 $x$ 轴、$y$ 轴均可，记作 GX 或 GY。

3. 计数长度 J 的确定　计数长度在计数方向的基础上确定，是被加工的直线或圆弧在

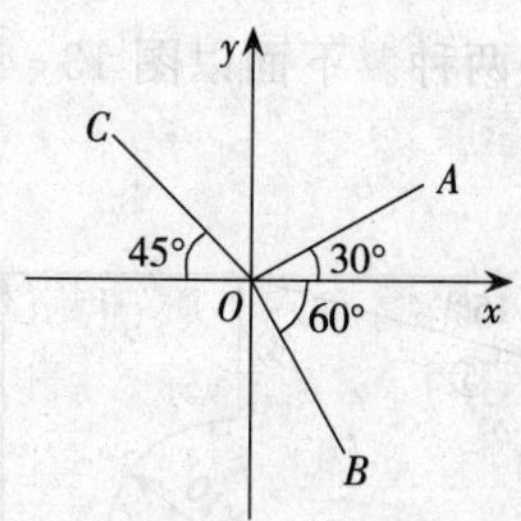


图 13-6　直线计数方向的确定

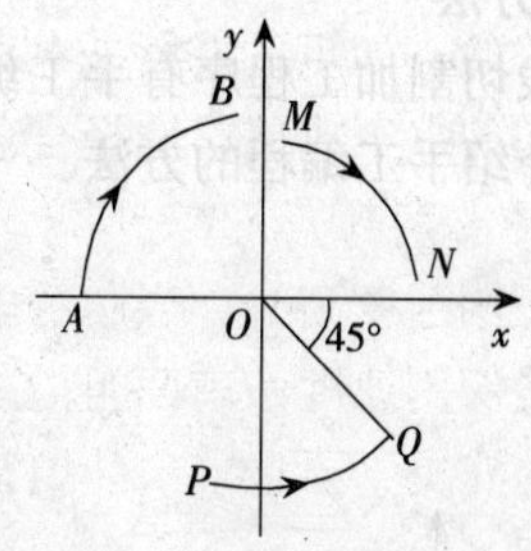


图 13-7　圆弧计数方向的确定

计数方向的坐标轴上投影的绝对值总和。单位为 μm。

例如，在图 13-8 中，加工直线 $OA$，计数方向在 $x$ 轴，计数长度为 $OB$，其数值等于 $A$ 点的 $x$ 坐标值。在图 13-9 中，加工半径为 0.5mm 的圆弧 $MN$，其计数方向为 $x$ 轴，计数长度为 500×3＝1 500（μm），即圆弧 $MN$ 中三段 90°圆弧在 $x$ 轴上投影的绝对值总和，而不是 500×2＝1 000（μm）。

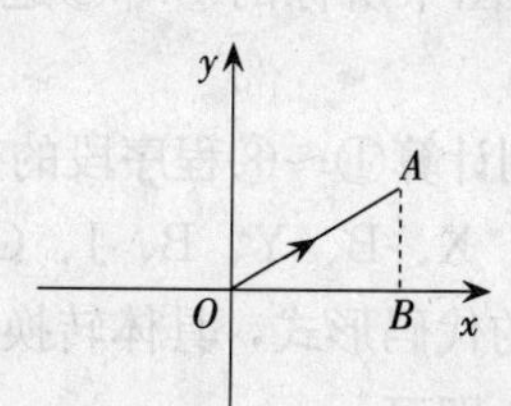


图 13-8　直线计数长度的确定

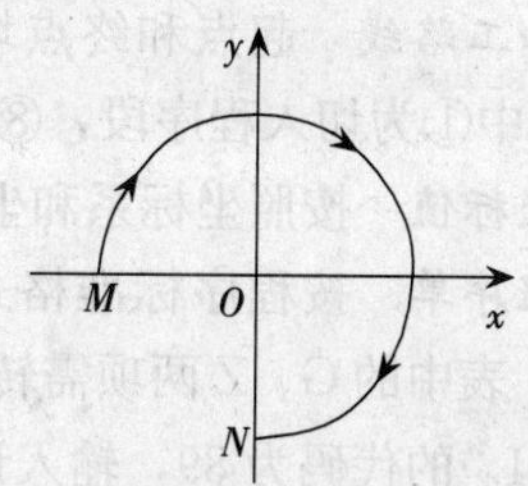


图 13-9　圆弧计数长度方向的确定

4. *加工指令 Z 的确定*　加工直线时有四种加工指令：$L_1$、$L_2$、$L_3$ 和 $L_4$，如图 13-10 所示，当直线处于第Ⅰ象限（包括 $x$ 轴而不包括 $y$ 轴）时，加工指令记作 $L_1$；当直线处于第Ⅱ象限（包括 $y$ 轴而不包括 $x$ 轴）时，加工指令记作 $L_2$；$L_3$ 和 $L_4$ 依此类推。

加工顺圆弧时有四种加工指令：$SR_1$、$SR_2$、$SR_3$ 和 $SR_4$。如图 13-11 所示，当圆弧起点在第Ⅰ象限（包括 $y$ 轴而不包括 $x$ 轴）时，加工指令记作 $SR_1$；当起点在第Ⅱ象限（包括 $x$ 轴而不包括 $y$ 轴）时，加工指令记作 $SR_2$；$SR_3$ 和 $SR_4$ 依此类推。

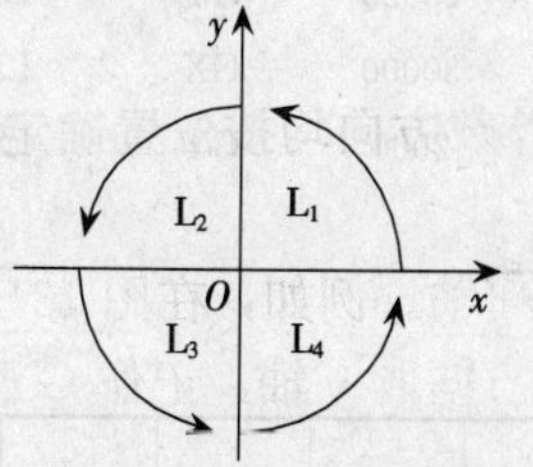


图 13-10　直线加工指令的确定

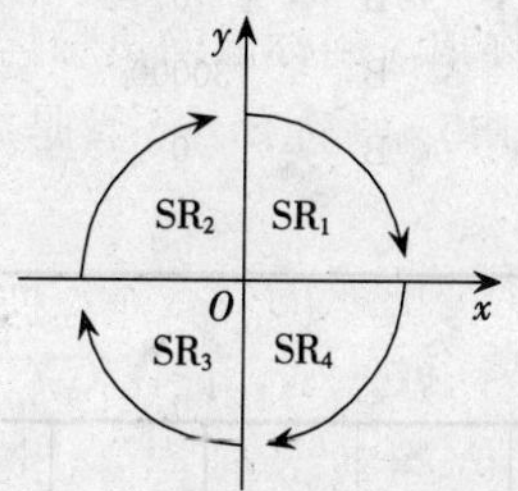


图 13-11　顺圆弧加工指令的确定

加工逆圆弧时有四种加工指令：$NR_1$、$NR_2$、$NR_3$ 和 $NR_4$。如图 13-12 所示，当圆弧起点在第Ⅰ象限（包括 $x$ 轴而不包括 $y$ 轴）时，加工指令记作 $NR_1$；当起点在第Ⅱ象限（包括 $y$ 轴而不包括 $x$ 轴）时，加工指令记作 $NR_2$；$NR_3$ 和 $NR_4$ 依此类推。

### (二)编程方法

编制数控线切割加工程序有手工编程和机床自动编程两种。下面以图 13-13 所示样板零件为例,只介绍手工编程的方法。

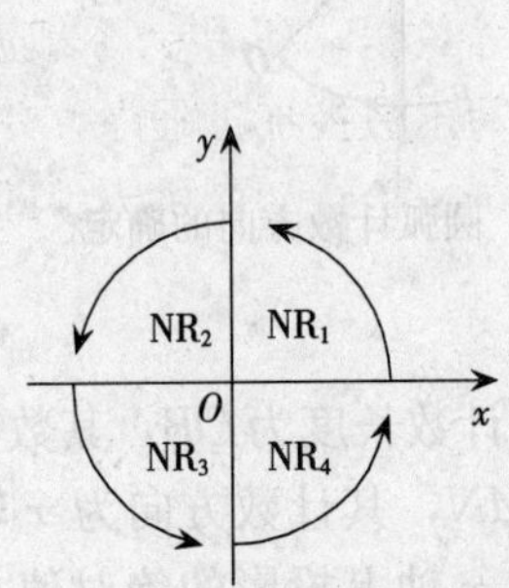

图 13-12　逆圆弧加工指令的确定

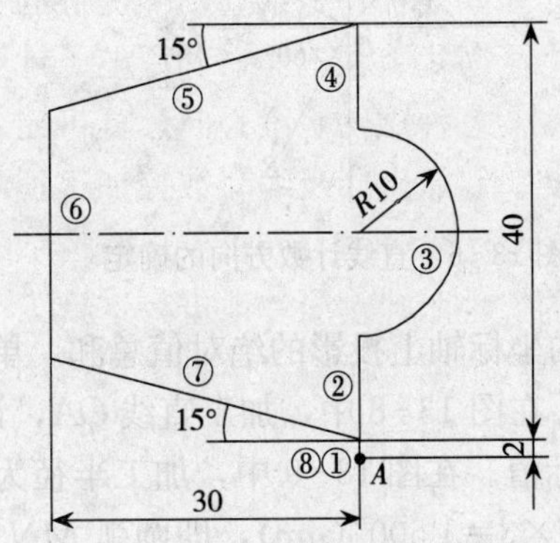

图 13-13　样板零件图样

1. *确定加工路线*　起点和终点均为 $A$,加工路线按照图中所标的①~⑧进行,共分 8 个程序段。其中①为切入程序段,⑧为切出程序段。

2. *计算坐标值*　按照坐标系和坐标 $x$、$y$ 的规定,分别计算①~⑧程序段的坐标值。

3. *填写程序单*　按程序标准格式逐段填写 N、R、B、X、B、Y、B、J、G、Z,见表 13-2。注意,表中的 G、Z 两项需转换成数控装置能识别的代码形式,具体转换见表 13-3。例如,GY 和 $L_2$ 的代码为 89,输入计算机时,只需输入 89 即可。

**表 13-2　样板零件数控线切割加工程序**

| N | R | B | X | B | Y | B | J | G | Z | G、Z 代码 |
|---|---|---|---|---|---|---|---|---|---|---|
| 1 | 0 | B | 0 | B | 2000 | B | 2000 | GY | $L_2$ | 89 |
| 2 | 0 | B | 0 | B | 10000 | B | 10000 | GY | $L_2$ | 89 |
| 3 | 10000 | B | 0 | B | 10000 | B | 20000 | GY | $NR_4$ | 14 |
| 4 | 0 | B | 0 | B | 10000 | B | 10000 | GY | $L_2$ | 89 |
| 5 | 0 | B | 30000 | B | 8040 | B | 30000 | GX | $L_3$ | 1B |
| 6 | 0 | B | 0 | B | 23920 | B | 23920 | GY | $L_4$ | 8A |
| 7 | 0 | B | 30000 | B | 8040 | B | 30000 | GX | $L_4$ | 0A |
| 8 | 0 | B | 0 | B | 2000 | B | 2000 | GY | $L_4$ | 8A |
| FF | | | | | | | | | | |

**表 13-3　G、Z 代码**

| Z / 代码 / G | $L_1$ | $L_2$ | $L_3$ | $L_4$ | $SR_1$ | $SR_2$ | $SR_3$ | $SR_4$ | $NR_1$ | $NR_2$ | $NR_3$ | $NR_4$ |
|---|---|---|---|---|---|---|---|---|---|---|---|---|
| GX | 18 | 09 | 1B | 0A | 12 | 00 | 11 | 03 | 05 | 17 | 06 | 14 |
| GY | 98 | 89 | 9B | 8A | 92 | 80 | 91 | 83 | 85 | 97 | 86 | 94 |

## 五、自动编程

数控线切割编程，是根据图样提供的数据，经过分析和计算，编出线切割机床能接受的程序单。为了简化编程工作，利用电子计算机进行自动编程是必然趋势。自动编程使用专用的数控语言及各种输入手段，向计算机输入必要的形状和尺寸数据，利用专门的应用软件即可求得各交、切点坐标及编写数控加工程序所需的数据，编写出数控加工程序，并可由打印机打出加工程序单，由穿孔机穿出数控纸带，或直接将程序传输给线切割机床。即使是数学知识不多的人也照样能简单地进行这项工作。

近年来已出现了可输出两种格式（ISO 和 3B）的自动编程机。

值得指出，在一些 CNC 线切割机床上，本身已具有多种自动编程机的功能，或做到控制机与编程机合二为一，在控制加工的同时，可以“脱机”进行自动编程。

对一些毛笔字体或熊猫、大象等工艺美术品复杂曲线图案的编程，可以用扫描仪直接对图形扫描输入计算机，再经内部的软件处理，编译成线切割程序。这些由绘图式和扫描仪等直接输入的图形的编程系统，目前都已有商品出售。图 13 - 14 是用扫描仪直接输入图形进行编程而切割出的工件图形。

图 13 - 14　用扫描仪直接输入图形进行编程切割出的图形

## 六、数控线切割机床操作与加工

（1）机床工作开始工作前要预热，认真检查润滑系统工作是否正常，如机床长时间未开动，可先采用手动方式向各部分供油润滑。

（2）认真检查运丝机构和工作液系统是否正常，发现异常及时处理。

（3）检查高频电源工作是否正常，调整好相关参数。

（4）检查工件是否夹紧，保持工件与高频电源极板良好接触。

第一步：合上电源，把控制柜中部大红色开关顺转 90°。

第二步：按面板白色带灯按钮，灯亮，计算机启动，系统自检后进入欢迎屏。

第三步：按面板上绿色按钮，机床电器部分能正常工作。

第四步：按任意键进入主菜单。

第五步：按 F2 键进入编辑菜单。

第六步：按 F3 键生成一个新的“3B”文件，按 F3 键，此时系统提示用户输入文件名（文件名为每个学生自己学号的最后三位数字），用户输入完毕按回车键，系统自动进入编辑状态。

第七步：输入“3B”程序，程序输入完毕后最后输入“E”作为程序结束符。例如：

BBB5000GYL2

BBB40000GXL1

BBB10000GYL2

B20000BB40000GYNR1

BBB15000GYL4E

第八步：存盘，程序输入结束后按 F1 键存盘，系统自动退出编辑状态，按 F8 键退回主菜单。

第九步：修改“3B”程序，先从主菜单按 F2 键编辑，再按 F5 键更新，通过小键盘上的“Num Lock”键，用方向键来移动红色光标，选中需要修改的“3B”程序，按回车键，进入程序进行修改，完成后按 F1 键保存文件，按 F8 键退回主菜单，修改完后还要按第十步的方法转换文件。

第十步：转换，从主菜单中按 F1 键进入文件菜单，按 F7 键进入文件转换，把“3B”格式转换成“ISO”格式，此时系统会提示用户选择文件，通过小键盘上的“Num Lock”键，用方向键来移动红色光标选中需要转换的“3B”程序，按回车键，系统提示用户输入文件名，用户输入文件名后按回车键，如果程序有错，系统会在屏幕右下方的空栏里提示错误，需要从第九步进入程序进行修改，没有错误的提示按 F8 键退回主菜单。

第十一步：运行，按主菜单上的 F7 键进入运行菜单，此时系统提示用户选择文件，通过小键盘上的“Num Lock”键，用方向键来移动红色光标选中需要运行的“＊. ISO”按回车键运行程序。

## 七、加工实例

在对零件进行线切割加工时，必须正确地确定工艺路线和切割程序，包括对图纸的审核及分析、加工前的工艺准备和工件的装夹、程序的编制、加工参数的设定和调整、检验等步骤。

按照技术要求，完成如图 13 - 15 所示平面样板的加工。

（1）零件图工艺分析：经过分析图纸，该零件尺寸要求比较严格，但是由于原材料是 2mm 厚的不锈钢板，因此装夹比较方便。编程时要注意偏移补偿的给定，并留够装夹位置。

（2）确定装夹位置及走刀路线：为了减少材料的内部组织及内应力对加工的影响，要选择合适的走刀路线，如图 13 - 16。

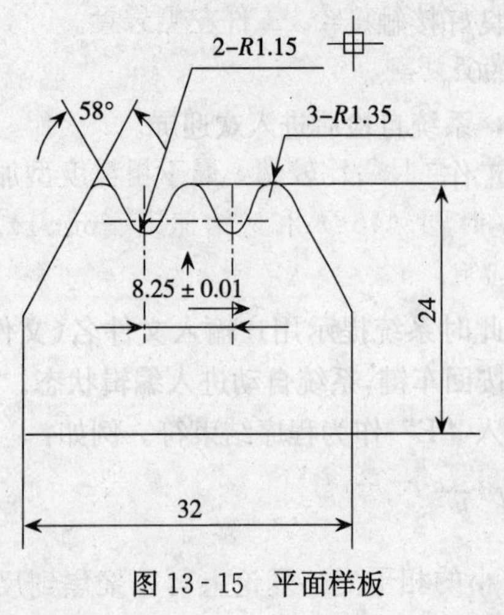

图 13 - 15　平面样板

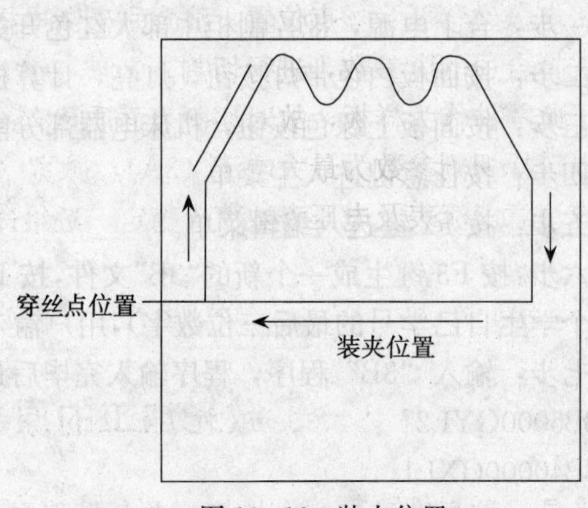

图 13 - 16　装夹位置

(3) 编制程序单：编制程序单的过程如下。

①利用 CAXA 线切割 V2 版绘图软件绘制零件图。

②生成加工轨迹并进行轨迹仿真。生成加工轨迹时注意穿丝点的位置应选在图形的尖角处，减小累积误差对工件的影响。

③生成 G 代码程序。G 代码程序如下。

```
%
G92   X16000    Y-18000;
G01   X18100    Y-12100;
G01   X-16100   Y-12100,
G01   X-16100   Y-521;
G01   X-9518    Y11353;
G02   X-6982    Y11353    I1268   J-703;
G01   X-5043    Y7856;
G03   X-3207    Y7856     I918    J509;
G01   X-1268    Y11353;
G02   X1268     Y11353    I268    J703;
G01   X3207     Y7856;
G03   X5043     Y7856     I918    J509;
G01   X6982     Y11353;
G02   X9518     Y11353    I1268   J703;
G01   X16100    Y-521;
G01   X16100    Y-12100;
G01   X16000    Y-18000;
M02;
```

(4) 调试机床：调试机床应校正电极丝的垂直度（用垂直校正仪或校正模块），检查工作液循环系统及运丝机构工作是否正常。

(5) 工件装夹及加工：

①将坯料放在工作台上，保证有足够的装夹余量。然后固定夹紧，工件左侧悬置。

②将电极丝移至穿丝点位置，注意别碰断电极丝，准备切割。

③选择合适的电参数，进行切割。

由于此零件作为样板，故对切割表面质量有一定要求，而且板比较薄，属于粗糙度型加工，所以选择切割参数为最大电流（3A）、脉宽（3$\mu$s）、脉间（4$\mu$s）和进给速度（6m/s）。加工时应注意电流表及电压表数值应稳定，进给速度应均匀。

# 第四节 激光加工

## 一、激光加工的原理和加工特点

激光是一种亮度高、方向性好、单色性好和发散角小的相干光，理论上可以聚焦到尺寸与光的波长相近的小斑点上，加上亮度高，其焦点处的功率密度可达$10^3$～$10^7$W/mm$^2$，温度可高至万度。在此高温下，任何坚硬的材料都将瞬时急剧熔化和汽化，并产生很强烈的冲击波，使熔化物质爆炸式地喷射去除。激光加工就是利用这种原理进行打孔、切割的。

## 二、激光加工工艺

1. 激光打孔尺寸及其精度的控制

(1) 孔径尺寸控制：采用小的发散角的激光器（0.001～0.003rad），缩短焦距或降低输出能量可获得小的孔径。对于熔点高、导热性好的材料可实现孔径0.01～1mm的微小孔加工，最小孔径可达0.001mm。

(2) 孔的深度控制：提高激光器输出能量，采用合理的脉冲宽度（材料的导热性越好，越宜取小的脉冲宽度），应用基模模式（光强呈高斯分布的单模）可获得大的孔深。对于孔径小的深孔宜用激光多次照射，并用短焦距（15～30mm）的物镜打孔。

(3) 提高打孔的圆度：激光器模式采用基模加工，聚焦透镜用消球差物镜，且透镜光轴与激光束光轴重合，工件适当偏离聚焦点以及选择适当的激光能量等可提高孔的圆度。

(4) 降低打孔的锥度：通常孔的锥度随其孔深径比增大而增加，采用适当的激光输出能量或小能量多次照射、较短的焦距、小的透镜折射率及减少入射光线与光轴间的夹角等措施可减小孔的锥度。

(5) 硬脆材料激光打孔的实用参数：用YAG激光加工机对红宝石和金刚石打孔，当孔径为0.05mm时，所用的单个脉冲的激光能量分别为0.05～1J，每秒的脉冲数约为20个；加工$Si_3N_4$、SiC和$Al_2O_3$等陶瓷，当孔径为0.25～1.5mm时，所用单个脉冲激光能量在5～8J，每秒的脉冲数为5～10个，脉冲宽度0.63ms，辅助气体用空气或$N_2$。

2. 激光切割的合理工作参数　除精细切割（如切割硅片）可用YAG固体激光器外，激光切割一般采用$CO_2$激光器，其工作参数主要有切割速度、切缝宽度和切割厚度。

(1) 激光切割速度：它随激光功率和喷气压力增大而增加，随被切材料厚度增加而降低。切割6mm厚度碳素钢钢板的速度达到2.5m/min，而厚度为12mm的钢板仅为0.8m/min。切割15.6mm厚的胶合板为4.5m/min，切割35mm厚的丙烯酸酯板的速度则达27m/min。

(2) 切缝宽度：一般在0.5mm左右，它与被切材料性质及厚度、激光功率大小、焦距及焦点位置、激光束直径、喷吹气体压力及流量等因素有关，其影响程度大致与对打孔直径的影响相似。切割精度可达−0.01～−0.02mm或0.02～0.01mm。

(3) 切割厚度：它主要取决于激光输出功率。切割碳素钢时，1kW级激光器的极限切割厚度为9mm，1.5kW级为12mm，2.5kW级为19mm；2.5kW级切割不锈钢的最大切割厚度则为15mm。对于厚板切割则需配置3kW以上的高功率激光器。

## 三、激光加工机床

激光加工机床包括激光器、电源、光学系统及机械系统四大部分。

(1) 激光器：是激光加工的重要设备，它把电能转换为光能，产生激光束。

(2) 激光器电源：为激光器提供所需的能量及控制功能。

(3) 光学系统：包括激光聚焦系统和观察瞄准系统，后者能观察和调整激光束的焦点位置，并将位置显示在投影仪上。

(4) 机械系统：主要包括床身、能三坐标移动的工作台及机电控制系统等。随着电子技术的发展，目前已采用计算机控制工作台移动，实现激光加工数控操作。

## 四、加工实例

1. 水晶内雕　水晶内雕产品是 20 世纪 90 年代后期才出现的工艺品。雕刻的作品悬浮在水晶内部，表面完好无缺。它利用具有一定穿透力的激光，加工水晶时在局部产生高热量来蒸发水晶中的一点，产生一个小孔，这些小孔能排列成特定的形状，制成独特的工艺品，如图 13－17 所示。

2. 激光微焊接　微焊接技术中的传统技术是以接触性焊接方式，利用电极或其他材料进行微焊接加工，其接合效果不理想。而激光采用非接触方式，使微焊接技术领域得到了极大的拓展。激光微焊接技术以其全面能量控制、高质量焊点、低热注入和它可重复焊接特性，使得生产精密的产品、获得更高质量的产品和低成本的生产效率更加容易。图 13－18 所示为首饰焊接。

图 13－17　水晶内雕

图 13－18　首饰焊接

# 第五节　超声波加工

## 一、超声波加工机床

如图 13－19 所示，超声波加工机床主要由超声发生器、超声振动系统和机床本体三大部分组成。

超声波加工机床具有下列一些特点。

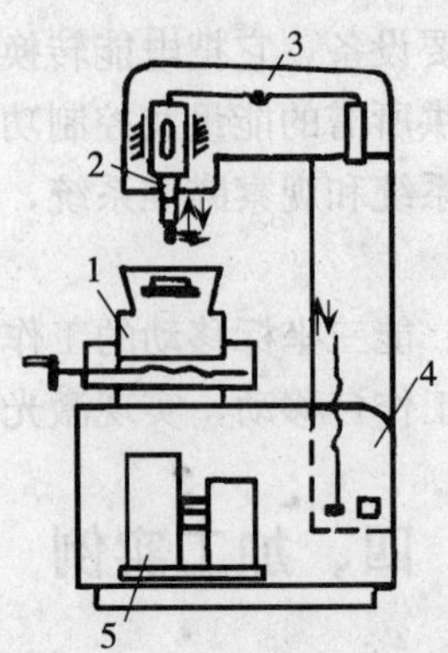


图 13-19　超声波加工机床

1. 工作台　2. 超声振动系统　3. 工作头　4. 立柱　5. 磨料液供给、循环系统

(1) 由于工具与工件间相互作用力小，故机床本体不需要一般机床那样高的结构强度和强力传动机构。但刚度要好。

(2) 加工机床的主要运动有两种：工作进给运动和调整运动。工作台带有纵横坐标移动及转动机构，用以调节工具与工件间的相对位置。

(3) 工作台带有盛放磨料液的工作槽，以防止磨料液飞溅，并使磨料液顺利地流回磨料液泵中。为了使磨料液在加工区域良好循环，一般都带有强制磨料液循环的装置。

(4) 加工机床还应具备冷却装置。

## 二、超声波加工工艺

### (一) 加工速度及其影响因素

加工速度是指单位时间内去除材料的多少，单位通常以 g/min 或 $mm^3/min$ 表示。玻璃的最大加工速度可以达到4 000$mm^3/min$。

影响加工速度的主要因素有工具振动频率、振幅、工具和工件之间的净压力、磨料的种类和粒度、磨料悬浮液的浓度、供给和循环方式、工具与工件材料、加工面积、加工深度等。

1. *工具的振幅和频率的影响*　过大的振幅和过高的频率均会使工具和变幅杆承受很大的内应力，可能超过它的疲劳强度而降低其使用寿命，而且在连接处的损耗也增大，因此一般振幅为 0.01～0.1mm，频率为16 000～25 000Hz。实际加工中应调至共振频率，以获得最大的振幅。

2. *进给压力的影响*　加工时工具对工件应有一个合适的进给压力，压力过小，则工具末端与工件加工表面间的间隙增大，从而减弱了磨料对工件的撞击力和打击深度；压力过大，会使工具与工件间隙减小，磨料和工作液不能顺利循环更新。都会降低生产率。

一般而言，加工面积小时，单位面积最佳静压力可较大。例如，采用圆形实心工具在玻璃上加工孔时，加工面积在 5～13$mm^2$ 范围内时，其最佳静压力约为 400kPa，当加工面积在 20$mm^2$ 以上时，最佳静压力为 200～300kPa。

3. *磨料的种类和粒度的影响*　磨料硬度愈高，加工愈快，但要考虑成本。加工金刚石和宝石等超硬材料时，必须用金刚石磨料；加工硬质合金、淬火钢等高硬脆性材料时，宜采用硬度较高的碳化硼磨料；加工硬度不太高的脆硬材料时，可采用碳化硅；至于加工玻璃、石英、半导体等材料时，用刚玉之类氧化铝（$Al_2O_3$）作磨料即可。另外，磨料粒度愈粗，加工愈快，但精度和表面粗糙度则变差。

4. *磨料悬浮液浓度的影响*　磨料悬浮液浓度低，加工间隙内磨粒少，特别在加工面积和深度较大时可能造成加工区局部无磨料的现象，使加工速度大大下降。随着悬浮液中磨料浓度的增加，加工速度也增加。但浓度太高时，磨粒在加工区域的循环运动和对工件的撞击运动受到影响，又会导致加工速度降低。通常采用的浓度为磨料对水的质量比为 0.5～1。

5. *被加工材料的影响*　被加工材料愈脆，则承受冲击载荷的能力愈低，因此愈易被去除加工；反之，韧性较好的材料则不易加工。例如，以玻璃的可加工性（生产率）为 100%，则锗、硅半导体单晶为 200%～250%，石英为 50%，硬质合金为 2%～3%，淬火钢为 1%，不淬火钢小于 1%。

**（二）加工精度及其影响因素**

超声波加工的精度，除受机床、夹具精度影响之外，主要与磨料粒度、工具精度及磨损情况、工具横向振动大小、加工深度、被加工材料性质等有关。一般加工孔的尺寸精度可达 －0.05～－0.02mm 或 0.02～0.05mm。

超声波加工孔的精度，在采用 240#～280# 磨粒时，一般可达±0.05mm，采用 W28～W7 磨粒时，可达±0.02mm 或更高。

此外，对于加工圆形孔，其形状误差主要有圆度和圆柱度。圆度误差大小与工具横向振动大小和工具沿圆周磨损不均匀有关。圆柱度误差大小与工具磨损量有关。如果采用工具或工件旋转的方法，可以提高孔的圆度和生产率。

**（三）表面质量及其影响因素**

超声波加工的材料具有较好的表面质量，不会产生表面烧伤和表面变质层。超声波加工的材料其表面粗糙度也较好，一般可为 $R_a$0.1～1μm，取决于每粒磨粒每次撞击工件表面后留下的凹痕大小，它与磨料颗粒的直径、被加工材料的性质、超声振动的振幅以及磨料悬浮工作液的成分等有关。

当磨粒尺寸较小、工件材料硬度较大和超声振幅较小时，则加工表面粗糙度将得到改善，但生产率随之降低。

磨料悬浮工作液体的性能对表面粗糙度的影响比较复杂。实践表明，用煤油或润滑油代替水可使表面粗糙度更有所改善。

## 三、加工实例

超声波加工的生产率虽比电火花加工的生产率低，但其加工精度和表面粗糙度却比电火花加工的好，而且能加工非导体、半导体等硬脆材料，如玻璃、石英、宝石、锗甚至金刚石等。即使是电火花加工后的一些用淬硬钢、硬质合金制作的冲模和注塑模，还常采用超声波进行后续的光整加工。超声波加工的尺寸精度可达 0.05～0.1mm，表面粗糙度 $R_a$ 值可达 0.1～0.8μm。它适合加工各种型孔和型腔，也可以进行套料、切割、开槽和雕刻等，如图 13-20 所示。

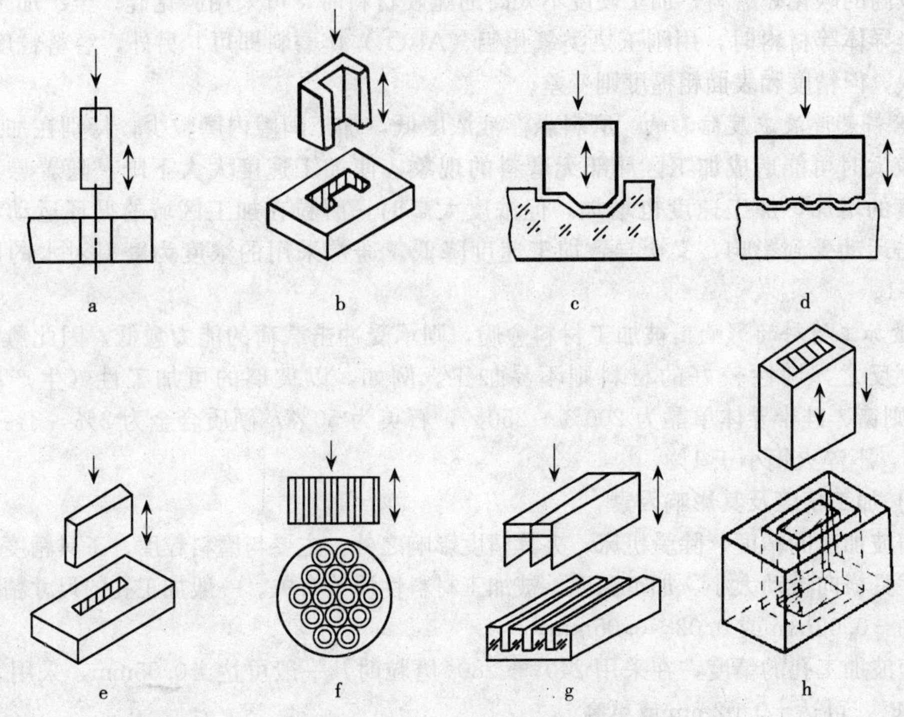


图 13-20　超声波加工举例

a. 加工圆孔　b. 加工异形孔　c. 加工型腔　d. 雕刻　e. 开槽　f. 切割小圆片　g. 多片切割　h. 套料

# 第六节　快速成形技术

快速成形法（rapid prototyping）又称为快速成形技术或快速原形法。它是国外 20 世纪 80 年代中后期发展起来的一种新技术，它与虚拟制造技术（virtual manufacturing）一起被称为未来制造业的两大支柱技术。快速成形技术对缩短新产品开发周期、降低开发费用具有极其重要的意义。有人称快速成形技术是继数控技术后制造业的又一次革命。

## 一、快速成形原理及特点

快速成形技术是综合利用 CAD 技术、数控技术、激光加工技术和材料技术实现从零件设计到三维实体原形制造一体化的系统技术。

它采用软件离散—材料堆积的原理实现零件的成形。快速成形技术采用离散—堆积成形的原理，其过程是先由三维 CAD 软件设计出所需要零件的计算机三维曲面或实体模型（亦称电子模型），然后根据工艺要求，将其按一定厚度进行分层，把原来的三维电子模型变成二维平面信息（截面信息），即离散的过程；再将分层后的数据进行一定的处理，加入加工参数，产生数控代码，在微机控制下，数控系统以平面加工方式有序地连续加工出每个薄层并使它们自动黏接而成形，这就是材料堆积的过程。

快速成形技术的特点如下。

（1）快速性：从CAD设计到原型零件制成，一般只需几个至几十个小时，比传统的成形方法快得多，使快速成形技术尤其适合于新产品的开发与管理。

（2）设计制造一体化：落后的CAPP一直是实现设计制造一体化较难克服的一个障碍，而对于快速成形来说，由于采用了离散堆积的加工工艺，CAPP已不再是难点，CAD和CAM能够很好地结合。

（3）材料的广泛性：快速成形技术可以制造树脂类和塑料类原型，还可以制造出纸类、石蜡类、复合材料以及金属材料和陶瓷材料的原型。

## 二、FDM成形机结构及操作

1. 成形机结构　以图13-21所示MEM—300快速成形机为例，该制造系统主要包括硬件系统、软件系统和供料系统。硬件系统由两部分组成，一部分是以机械运动承载加工为主，另一部分以电气运动控制和温度控制为主。

MEM—300机械系统包括运动、喷头、成形室、材料室、控制室和电源室等单元。其机械系统采用模块化设计，各个单元相互独立。如运动单元只完成扫描和升降动作，而且整机运动精度只决定于运动单元的精度，与其他单元无关。因此每个单元可以根据其功能需求采用不同的设计。运动单元和喷头单元对精度要求较高，其部件的选用及零件的加工都要特别考虑。电源室和控制室需要具有防止干扰和抗干扰功能，应采用屏蔽措施。

图13-21　MEM—300快速成形机

基于PC总线的运动控制卡能实现直线、圆弧插补和多轴联动。PC总线的喷头控制卡用于完成喷头的出丝控制，具有超前和滞后动作补偿功能。喷头控制卡与运动控制卡能够协同工作，通过运动控制卡的协同信号控制喷头的启停和转向。

制造系统配备了三套独立的温度控制器，分别检测与控制成形喷嘴、支撑喷嘴和成形室的温度。为了适应对控制长时间连续工作下高可靠性的要求，整个控制系统采用了多微处理机二级分布式集散控制结构，各个控制单元具有故障诊断和自修复功能，使故障的影响局部化。由于采用了PC总线和插板式结构，使系统具有组态灵活、扩展容量大、抗干扰能力强等特点。

该系统关键部件是喷头，喷头内的螺杆与送丝机构用可旋转的同一步进电动机驱动，当外部计算机发出指令后，步进电动机驱动螺杆；同时，又通过同步齿形带传动与送料辊将塑料丝送入成形头，在喷头中，由于电热棒的作用，丝料呈熔融状态，并在螺杆的推挤下，通过铜质喷嘴涂覆在工作台上。

系统软件包括几何建模和信息处理两部分。几何建模单元是由设计人员借助CAD软件（如Pro-E、AutoCAD等）构造产品的实体模型，或由三维测量仪（CT、MRI等）获取的数据重构产品的实体模型。最后以STL格式输出原型的几何信息。

信息处理单元由STL文件处理、工艺处理、数控、图形显示等模块组成，分别完成STL文件错误数据检验与修复、层片文件生成、填充线计算、数控代码生成和对成形机的控制。其中，工艺处理模块根据STL文件判断制件成形过程中是否需要支撑来决定支撑结构设计，然后对STL分层处理。最后根据每一层的填充路径设计与计算，并以CLI格式输出产生分层CLI文件。信息系统是在Pentium微机上用Visual C ++开发的，系统界面采用窗口、菜单、对话框等方式输入输出信息，使用十分方便。

MEM—300制造系统要求成形材料及支撑材料为直径2mm的丝材，并且具有低的凝固收缩率、陡的黏度温度曲线及一定的强度、硬度和柔韧性。一般的塑料、蜡等热塑性材料经适当改性后都可以使用。目前已成功开发了多种颜色的精密铸造用蜡丝和ABS材料丝。

2. 成形机操作　由控制软件Poppy控制成形机进行原型制作，下面简要介绍原型制作过程。

(1) 打开终端工控机。

(2) 执行机构开机：依次按下设备上的“电源”、“照明”、“温控”、“散热”、“数控”按钮。

(3) 材料及成形室预热：以50℃为一次升温梯度，将成形材料逐步升温至210～225℃。

(4) 读入CLI文件：启动控制软件Poppy，以只读方式读入需要加工的CLI文件，读入CLI文件后提问是否有支撑，选择“否”。

(5) 数控初始化：打开控制窗口，选择“数控系统”→“数控初始化”命令，系统进行数控初始化，喷头回至原点。

(6) 温度控制：确认成形材料温度达到指定温度后，单击“喷头”按钮。

(7) 挤出旧丝：选择“数控系统”→“控制面板”命令，弹出“FDM控制面板”对话框（图13-22），依次选取“喷头”→“开”命令和“送丝”→“开”命令，观察喷头出丝情况，并持续出丝一段时间，将喷头中已老化的丝材吐出。喷头正常出丝后，依次选取“送丝”→“关”命令和“喷头”→“关”命令，停止送丝。

(8) 工作台对高：选择“数控系统”→“点动面板”命令调出“点动面板”(图13-23)。

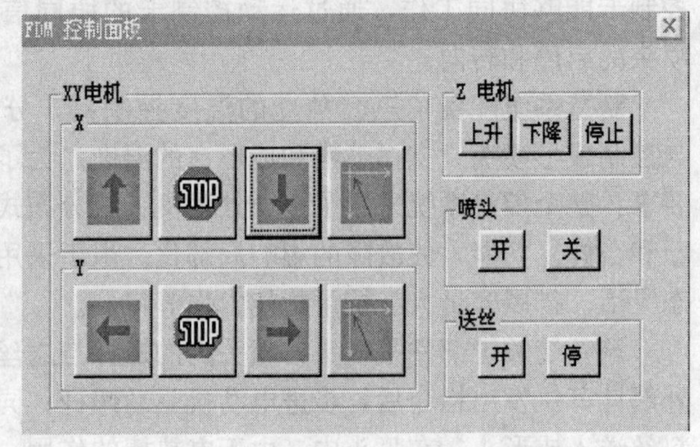

图13-22　“FDM控制面板”对话框

将喷头移至工作台适当位置（大约为零件加工位置），在喷头下放一张纸。然后使用“点动面板”对话框右侧按钮上升工作台，在“工作台上升”按钮上按住鼠标不放则工作台连续上升，目测喷头与工作台相距1～2mm时，在“工作台上升”按钮处单击鼠标左键使工作台点动上升，直至喷头下面的纸移动困难时，证明工作台面已与喷头贴紧，取出纸。

(9) 加工参数设置：打开图形窗口，选择“参数设置”→“FDM参数”命令，在弹出的对话框中设定加工参数（图13-24）。造型之初的参数设置值见表13-4。

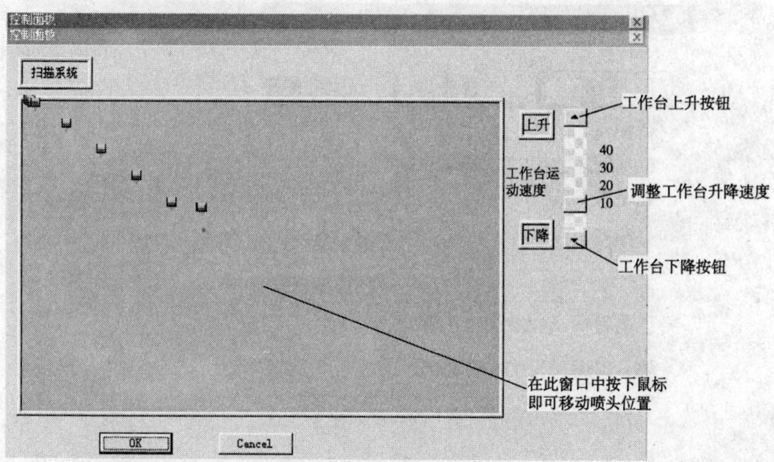


图 13-23 点动面板

**表 13-4 初始参数设置**

| 运动速度 | 设置值（mm/s） | 喷头参数 | 设置值（无单位） |
|---|---|---|---|
| 轮廓 | 29 | 轮廓 | 20 |
| 网格 | 35 | 网格 | 20 |
| 支撑 | 0 | 支撑 | 20 |
| 层厚 | | 0.15 | |

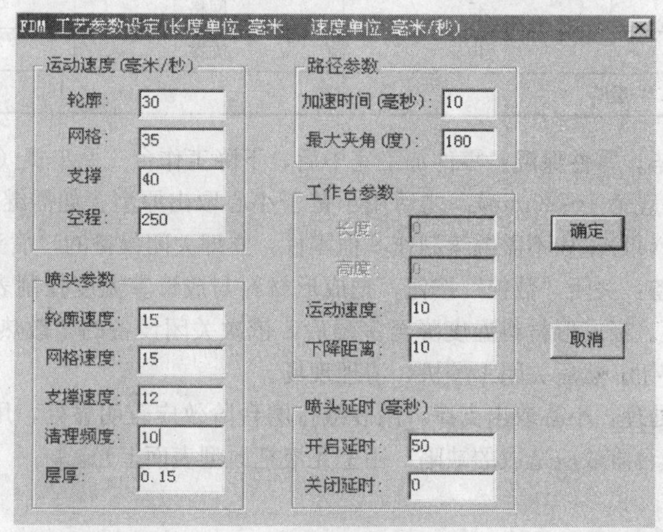


图 13-24 设置加工参数

（10）成形：打开控制窗口，选择“数控系统”→“造型”命令，弹出几个确认对话框，检查准备工作是否完成。之后弹出“造型中”对话框（图 13-25），单击“开始”按钮开始造型。

（11）修改加工参数：基底制作 4～5 层后，按步骤（9）修改加工参数，按表 13-5 设

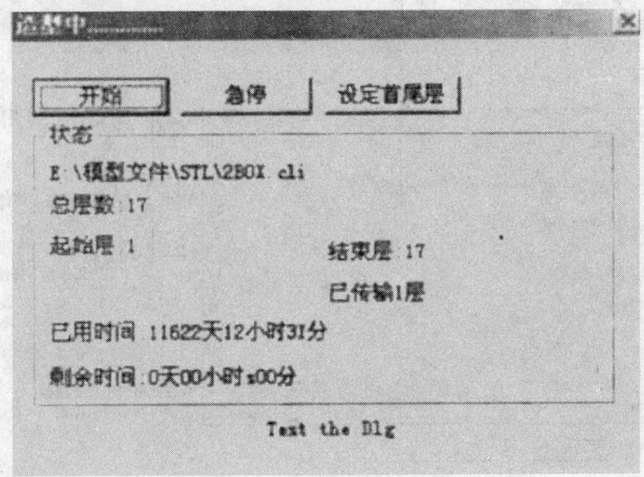


图 13-25 “造型中”对话框

定新的加工参数后确定。

注意，加工过程中如遇意外情况，立即在“造型中”对话框（图 13-25）中单击“急停”按钮。若很快将问题解决，可单击“继续”按钮继续造型，不再初始化。

**表 13-5 后续参数设置**

| 运动速度 | 设置值（mm/s） | 喷头参数 | 设置值（无单位） |
|---|---|---|---|
| 轮廓 | 29 | 轮廓 | 20 |
| 网格 | 35 | 网格 | 20 |
| 支撑 | 40 | 支撑 | 12 |
| 层厚 | | 0.15 | |

（12）加工完毕，零件保温：零件加工完毕后，下降工作台［见步骤（8）］，将零件留在成形室内保温（一般为 5～20min）。之后用小铲子小心取出原型。如需继续制作其他零件，重复步骤（4）～（11）。如不需继续制作其他零件，立即关闭设备的“喷头”按钮。

（13）关闭设备：关闭“数控”按钮，把成形材料与成形室温度控制表上的预定温度设为室温，等待降温。当成形材料温度降至室温后，依次关闭设备的“散热”、“温控”、“照明”和“电源”按钮。然后关闭工控机，清理现场。

（14）原型后处理：小心取出支撑，用砂纸打磨台阶效应较明显处，用小刀处理多余部分，用填补液处理台阶效应造成的缺陷，用上光液把原型表面上光。

## 复习思考题

1. 简述电火花加工的原理和应用。
2. 为什么要及时排除电火花加工过程中产生的电蚀产物？
3. 电火花加工分为哪几类？影响加工精度的因素有哪些？
4. 简述电火花线切割加工的原理和应用。
5. 电火花线切割加工有何加工特点？

6. 熟悉线切割加工机床和手动编成。
7. 简述激光加工的原理和应用。
8. 了解激光加工机床的各部件的功能。
9. 简述超声波加工的原理和应用。
10. 影响超声波加工质量的因素有哪些？
11. 简述快速成形原理和特点。

# 第十四章　非金属材料的成形与加工

常用非金属材料有高分子材料、陶瓷、复合材料等。

高分子材料包括塑料、橡胶、合成纤维、部分胶黏剂等，陶瓷材料包括各种陶器、瓷器、耐火材料、玻璃、水泥及近代无机非金属材料等，复合材料包括金属基、树脂基、陶瓷基复合材料等。下面以塑料材料为主简要介绍非金属材料的成形与加工。

如图 14-1 所示，塑料制品生产由成形、机械加工、修饰和装配四个连续的生产过程所组成。成形是将粒状、粉状、溶液或分散体状等各种形态的塑料原料制成所需形状的制品或型材的过程。机械加工是指在成形后的制件上进行钻孔、切螺纹、车削或铣削等过程。修饰的目的是美化塑料制品的外观。装配是将已成形的各个部件连接或配套成为一个完整制品的过程。

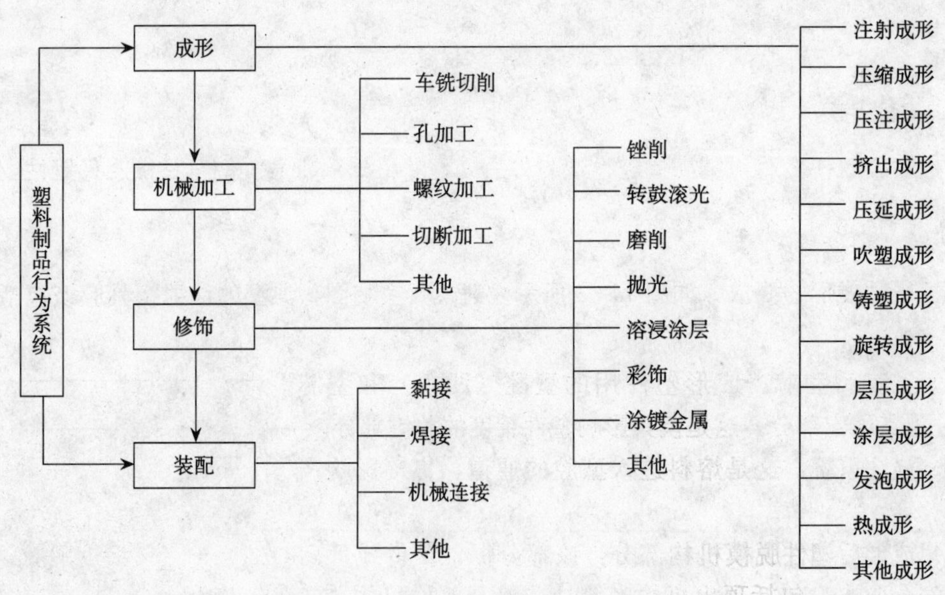


图 14-1　塑料制品成形与加工过程

## 第一节　塑料制品的成形

塑料成形是将原料加热熔融（塑化），再使熔体流动取得制品的形状（成形），最后通过冷却凝固或交联固化将已获得的形状固定下来（定型）。下面介绍几个常见的方法。

## 一、注射成形

注射成形又称注射模塑或注塑，是热塑性塑料成形制品应用广泛的一种重要方法。

### （一）注射过程

物料在料筒内经加热、压实等作用达到流动状态，具有良好的可塑性，并达到规定的成形温度及在规定时间内提供足够数量的熔融塑料。

如图 14-2 所示，注射过程是指用螺杆将具有流动性和温度均匀的塑料熔体注入模具开始，而后充满型腔，熔体在控制条件下凝固冷却定型，直到制品从模腔中脱出的过程。

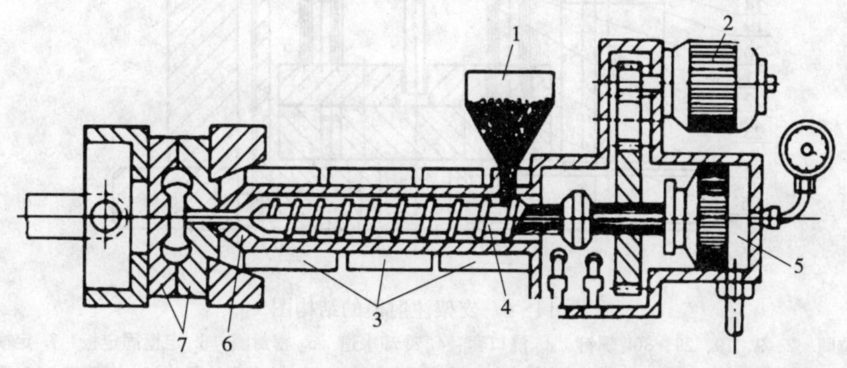


图 14-2　移动螺杆式注射机结构示意图
1. 料斗　2. 电机　3. 加热器　4. 螺杆　5. 油缸　6. 喷嘴　7. 模具

注射制件脱模之后，常需要进行适当的后处理，借以改善和提高其性能及稳定性。制件的后处理主要指退火和调湿处理。

### （二）注射模具

根据塑件成形的要求，如图 14-3 所示注射模具实物图，典型的注射模具应该包括下列组成部分。

（1）型腔和型芯：成形塑件用的型腔（凹模）和型芯（凸模）及其固定部分。这是模具影响塑件精度的关键部分。

（2）浇注系统：这是熔料进入型腔的通道，直接影响产品质量。

（3）成形后塑件脱模机构部分：该部分保证塑件成形后能迅速安全取出，包括顶出机构和侧抽芯以及复位机构，它决定了生产率的高低。

（4）模具的合模导向机构：通常由导柱导套组成。

（5）模具温度调节系统：由冷却和加热装置组成。调节模温，是保证产品质量和提高生产效率的有效手段。

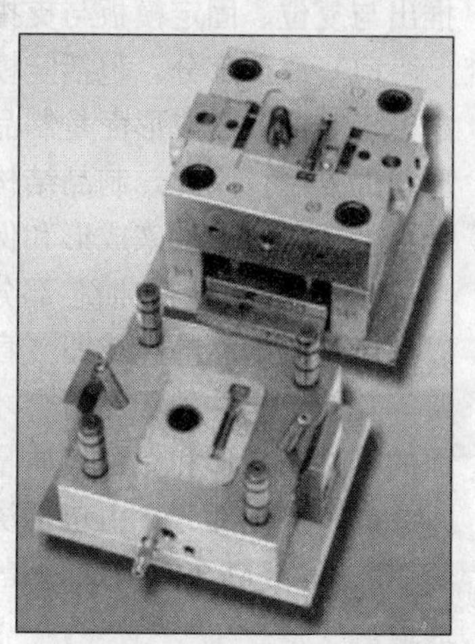

图 14-3　注射模具实物图

图 14-4 为一副支架注射模的结构图。

模具由定模和动模两大部分组成。一般情况下，定、动

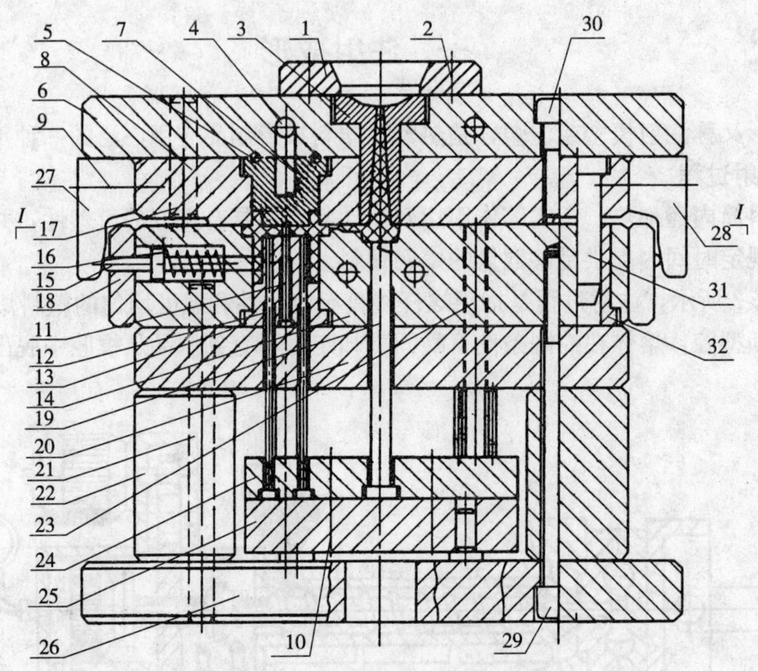


图 14-4　支架注射模的结构图

1. 定位圈　2、9、10、29、30. 螺钉　3. 浇口套　4. 冷却水道　5. 密封圈　6. 定模固定板　7. 定模型芯　8. 定模型腔板　11. 动模型芯　12. 推杆　13. 动模型腔镶套　14. 动模型腔板　15. 侧型芯　16. 弹簧　17、21. 销钉　18. 限位板　19. 拉杆　20. 支撑板　22. 支撑柱　23. 复位杆　24. 推杆固定板　25. 推板　26. 动模固定板　27. 左压板　28. 右压板　31. 导柱　32. 导套

模是按分型面来划分的。I—I 分型面的以上部分，由螺钉 30 连接成一个整体，固定在注射机的固定模板上，是固定不动的，故称为定模；而以下部分则由螺杆 29 和销钉 21 连接为另一整体，固定在注射机的移动模板上，随移动模板的前推和后移，与右侧的定模板形成合模或开模状态，称为动模。

若按模具各部分的功能结构来划分，模具由成形、侧分型与抽芯、浇注、导向与定位、推出与复位、固定模板与支撑紧固、冷却与加热及排溢八个部分组成。

（1）成形部分：包括定模型芯 7、定模型腔板 8、动模型芯 11 和动模型腔镶套 13。动、定模型腔镶套的成形面是制品外表面形状的复制，而动、定模型芯的成形面则是制品内表面形状的复制。因此，制品结构形状、尺寸精度以及各部结构的相互位置精度、表面质量，完全由上述各成形件来成形和保证。

（2）侧面分型与抽芯部分：包括侧型芯 15 以及限位板 18、弹簧 16 等零件。侧型芯用以成形制品侧面的孔或凹（盲孔）和凸，是正面成形部分无法成形的部分，要借助斜销、弹簧等其他结构件的相互配合才能成形。制品侧面部位的这些孔、凹或凸出部分完全由这些侧面的零件来成形和保证其质量要求。

（3）浇注部分：由包括浇口套 3 和动模型腔 14 上的中心冷料井和分流道以及动模型腔套 13 上的浇口共同组成，是引导从注射机喷嘴射入的熔融塑料顺利进入并充满各型腔的通道。

普通的浇注系统将熔融塑料输入型腔，充满型腔之后须经冷却，使流道中的塑料固化，利于在制品脱模被推出时一并顺利推出，以利于下一循环中，熔体再次射入时的畅通无阻。

而热流道系统为防止浇注系统流造中熔融料的冷却凝固，则需在浇道周围加热，以保持塑料的熔融状态，以便在下一循环中被后射入的塑料压入型腔中。

(4) 导向及定位部分：主要包括导柱 31 和导套 32，同时也包括定位圈 1、限位板 18 和销钉 21。

导柱、导套是保证动、定模合模后，动、定模的型腔和型芯能够对正，保证其同轴，免于发生错位，造成制品报废。导柱、导套属间隙滑动配合。中、小型模具的导柱与导套之间一般有 0.03～0.04mm 的配合间隙，而大尺寸的导柱与导套之间有 0.06mm 的间隙。但对于精密制品，此间隙在不超过制品精度要求时，可不考虑。若制品有同轴度的高精度要求，则仅导柱、导套导向定位就难以达到，则须考虑设计高精度定位结构予以保证。

(5) 推出与复位部分：包括推杆 12、拉秆 19、推杆固定板 24、推板 25 和复位杆 23。推杆用以将冷却固化定型后的成形制品在开模后平稳地推出型腔。拉料杆是在开模后将浇口套中的主流道凝料（俗称料把）拉住，令其从浇口套小端处断开留在动模，以便在推出制品时，连同凝料一起推离模具，为下一循环的进料、储料和输送准备其空间。复位杆是将已完成推出制品和浇口凝料的推杆、拉料杆，连同推杆固定板和推板一起，一同推回原来的合模位置，以便下一循环的再次推出。

(6) 固定板与支撑、紧固件：这部分就是模架的主体。包括件 6、9、10、14、20、21、22、26 和 29。

定模固定板 6 和螺钉 10 是用来固定定模其他各零件的，同时件 6 的图示部分是用于装机时安装压板的压边。同样件 14 是用以安装动模各部零件的。件 20 用以支撑件 14，以增强其刚度和强度，保证在注射成形中能够承受一定的成形压力，不致变形。动模固定板 26 是用以将动模部分固定在注射机上，同时，通过螺杆 29 和销钉 21 将动模各部连接成为牢固整体。支撑柱 22 是用以支撑件 14 和 20，共同承载成形时的压力，其二是形成推出制品所需要的推出空间距离。

(7) 冷却部分：包括动、定模的冷却水通道；密封圈和进水口，水口的管接头。其主要作用是调节模具温度，保证成形质量，提高制品固化速度，提高效率。接头一般均采用细牙螺纹（管螺纹）。水孔直径是管螺纹的底径即攻丝前的预孔直径。密封圈是防止泄漏而设，属通用件。

(8) 排溢部分：系指排气和溢料。如果有必要，比如注射热固性塑料，则排气、溢料槽多设置在分型面上或凸模上。热塑性塑料制品，尤其是中、小型制品一般不需单独设置排溢槽。一是塑料在注射成形前进行预热，尤其是吸湿性塑料；二是成形面上的推杆部位、推管部位、推板和侧抽芯型芯以及合模分型面，都有一定间隙（推板、管、杆的配合均为 H7/f7 或 H7/f8 的间隙配合）、(分型面也有 0.02～0.03mm 的配合间隙，均可起到排气作用)。而溢料则因没有储料井，一般除大型模具外，不设置溢料槽。需视制品结构和制品材料而定。如果情况需要亦可在分型面或其他适宜部位开设排溢槽。

**（三）注射设备**

1. 注射机的组成　注射机一般由注射装置、合模装置、液压传动和电气控制系统等组成，如图 14-5 所示。

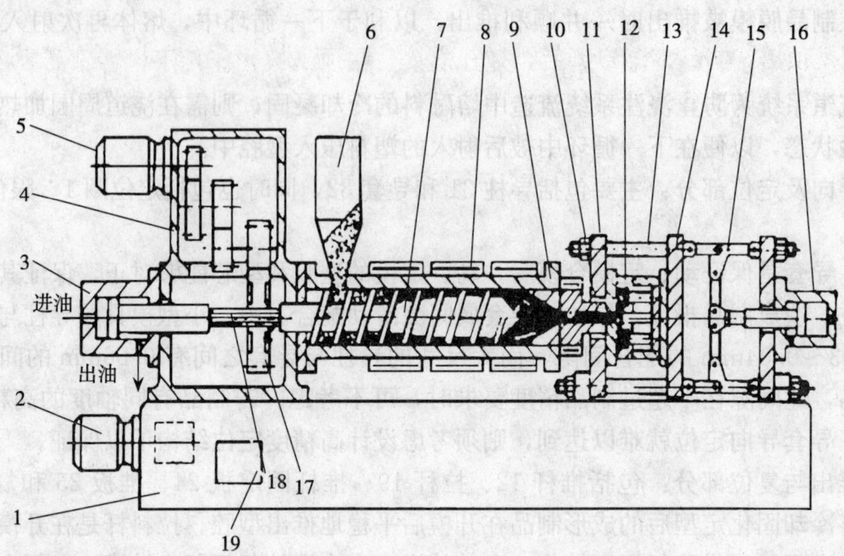


图 14-5 注射成形机

1. 机身 2. 电动机及油泵 3. 注射油缸 4. 齿轮箱 5. 电机及减速机构 6. 料斗 7. 螺杆 8. 加热器 9. 料筒 10. 喷嘴 11. 定模固定板 12. 模具 13. 拉杆 14. 动模固定板 15. 合模机构 16. 合模油缸 17. 螺杆传动齿轮 18. 螺杆花键 19. 油箱

(1) 注射装置：其作用是将塑料均匀地塑化，并以足够的压力和速度将一定量的熔料注射到模具型腔，当熔料充满型腔后，仍需保持一定的压力和作用时间，使其在合适的压力作用下冷却定型。

(2) 合模装置：其作用是实现模具的启闭，在注射时保证模具可靠地合紧，并保证模具顺利开启和脱出制品。

(3) 液压传动和电气控制系统：其作用是保证注射机按工艺过程预定的要求（压力、速度、湿度和时间）和动作程序准确无误地工作，二者有机地配合，对注射机提供动力和实现控制。

2. 注射机的基本工作过程

(1) 加料预塑：随着螺杆的传动，料斗中的塑料不断被拽入料筒，并连续向前输送。输送过程中，物料被压实，同时在料筒外加热和螺杆剪切热的作用下，塑料被逐渐塑化成黏流态向螺杆头外积聚，并建立起一定的压力。当螺杆头部压力达到能克服注射液压缸活塞后退的阻力（背压）时，螺杆则边转动边后退，以致料筒前端的熔料不断增多，此即所谓“计量”。当达到所需要的注射量时，也就是螺杆后退到一定位置时，计量装置撞击行程开关，螺杆即停止转动和后退。到此，加料塑化完毕。

(2) 合模注射：塑化结束，合模装置动作，使模具闭合。继而注射座前移，当喷嘴贴紧模具后，注射液压缸通入压力油，使螺杆按工艺要求的压力和速度向前移动，将熔料注射到模腔内。

(3) 保压冷却：当熔料充满模腔后，在一段时间里仍需螺杆对熔料保持一定的压力，以防止模腔中熔料的反流，并向模腔内补充因制品冷却、收缩所需的物料。在实际生产中，当保压结束后，虽然制品仍在模具内继续冷却，螺杆就可以开始进行下一个工作循环的加料塑化，为下一个制品的成形作准备。

(4) 开模顶出：制品冷却定型后，打开模具，在顶出机构作用下，将制品脱出。此时，为下一步工作循环做准备的加料预塑也在进行中。

## 二、压制成形

压制成形是指主要依靠外力的压缩作用实现成形的一类方法。压缩、压注、冷压烧结和层压成形属于这类成形方法。这里简略介绍前两种。

1. 压缩成形　压缩成形是塑料制品生产最早采用的一次成形技术之一。其成形制品的基本过程如图 14-6 所示，先将固体成形物料放进已加热到指定温度的敞开模腔内，然后闭合模腔并对物料施压，使其取得型腔的模样而成为塑件，用适当的方法使其在模腔内定型后，开模取出制品。压缩热固性塑料时，由于成形物料的定型是依靠树脂的交联反应实现的，模具在成形过程中可以始终保持在高温状态，因而能耗低，生产效率也高。压缩热塑性塑料时，必须将模具冷却降温到聚合物的玻璃化温度或热变形温度之下才能定型，为此需要交替地加热与冷却模具。这不仅会造成热能的巨大浪费和模具的加速损坏，而且由于加热和冷却均需要花费较长的时间，从而使生产效率很低。基于上述原因，压缩主要用于热固性塑料的成形。

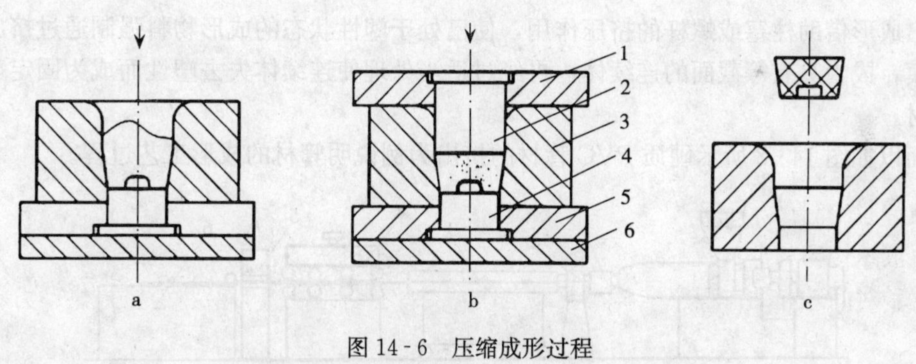


图 14-6　压缩成形过程

a. 加料　b. 压缩　c. 制品脱模

1. 上模座　2. 上凸模　3. 凹模　4. 下凸模　5. 下模板　6. 下模座

与注射成形相比，压缩成形有如下优点。

(1) 所用的成形设备和模具都比较简单，造价低，因而有利于小批量制品的生产。

(2) 对成形物料形态的适应性强，粉状、纤维状、团状、薄片状料都可用压缩成形方法方便地成形。

(3) 所得制品的内应力小，取向程度低，因而压缩制品的翘曲变形小，尺寸稳定性较高。其主要不足之处是成形全过程难于实现机械化和自动化操作，因而生产效率低，制品质量的一致性差；而且由于压缩变形量有限，压缩也不适于形状复杂制品的生产。

2. 压注成形　压注成形是先将热固性塑料放进一加料室内加热到熔融状态，然后对熔融态的物料加压使其注入已闭合的热模腔内，经一定时间固化而成为制品。压注成形与压缩成形的重要区别在于二者模具结构不同，压注模在成形腔之外另设加料室，压注时物料的熔融与成形是分别在加料室和成形腔内完成的，其成形过程如图 14-7 所示。

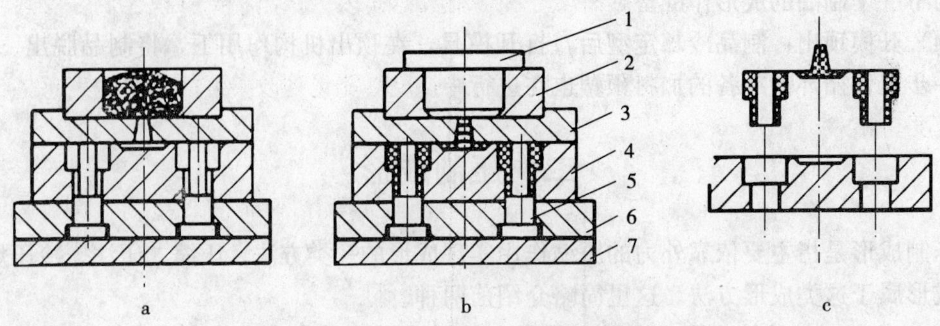


图 14-7　压注成形过程

a. 加料　b. 压注　c. 制品脱模

1. 压柱　2. 加料腔　3. 上模座　4. 凹模　5. 凸模　6. 凸模固定板　7. 下模座

热固性塑料的压注成形，既可在专用的压注机上进行，也可在通用的液压机上进行。与压缩成形相比，压注成形更适宜生产形状复杂、薄壁和壁厚变化较大、带有精细金属嵌件和尺寸准确性要求较高的小批量制品。

## 三、挤出成形

挤出成形借助柱塞或螺杆的挤压作用，使已处于塑性状态的成形物料强制通过挤出机的机头口模，成为具有等截面的连续体，再经过适当处理使连续体失去塑性而成为固定截面的塑料型材。

下面以如图 14-8 所示硬质 PVC 管材的挤出为例说明管材的成形工艺过程。

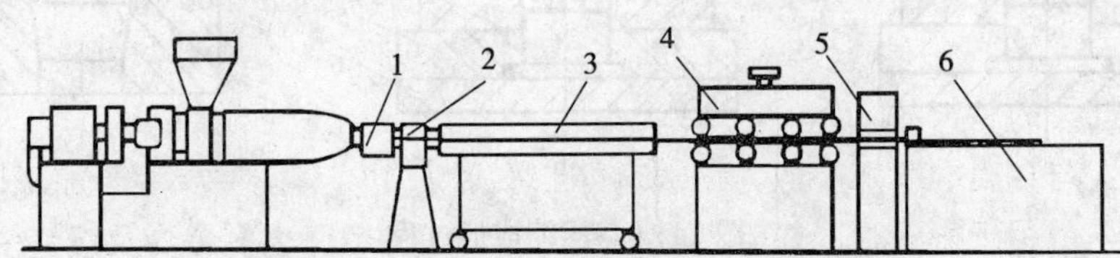


图 14-8　硬质 PVC 管材挤出成形流程图

1. 机头　2. 定径套　3. 冷却水槽　4. 牵引装置　5. 切割装置　6. 堆放装置

1. *物料准备*　用于挤出的热塑性塑料多以粒状和粉状物料的形式供应，若所供物料的颜色和其他性能不能满足制品的使用性和工艺性的要求，就需要进行包括干燥、预热、着色、混入各种添加剂等预处理。

2. *塑化成形*　成形物料由挤出机料斗加入料筒后，在料筒温度和螺杆旋转、压实及混合作用下，由固态转变为具有一定流动性的均匀、连续熔体，这一过程称为塑化。塑化后的塑料熔体随螺杆的旋转而向料筒前端移动，通过多孔板流入口模，并按成形零件的形状成形为高温塑件，这一过程称为成形。

3. *定型冷却*　被挤出的高温塑件在挤出压力和牵引力作用下，经介质冷却后，形成具有一定形状、强度、刚度和尺寸精度的连续制品的过程叫定型冷却。

4. *牵引切割*　牵引是为了使挤出部分及时离开模孔，避免因堵塞与停滞而造成破坏挤出过程的连续性，以及调整型材截面尺寸和性能。这是因为挤出物离开模孔后，有热收缩和离模膨胀双重效应，使其截面与模孔的断面并不一致。另外，牵引的拉伸作用可使型材适度进行聚合物大分子取向，从而使牵引方向型材的强度性能得到改善，故牵引速度总是稍大于挤出速度。

## 第二节　塑料制品的加工

### 一、机械加工

塑料机械加工是指用切削金属的方法，对塑料型材和坯材等半成品进行加工的总称。塑料可采取的机械加工方法很多，以下仅对生产中常用的几种塑料裁切和切削方法做简要介绍。

1. 裁切　裁切是指对塑料板、棒、管等型材和模塑制品上的多余部分进行切断和割开的机械加工操作。常用的方法是冲切、锯切和剪切，生产中有时也使用电热丝、激光、超声波和高压液流裁切塑料。

（1）冲切：冲切是利用冲模对塑料板材进行裁切，并使冲切物与板材分离，从而获得平面状坯材或制品的机械加工方法。

（2）剪切：剪切是用各种平直双刃工具借助适当机械力的作用使塑料板、片材断开的操作。

（3）锯切：多由锯切木材的方法移植而来，在应用上还不能完全令人满意。

（4）超声波切割：用超声波技术对塑料制品或浇口等进行切割。

（5）水喷射法切割：通过特殊设计的孔径为 0.05～0.38mm 的喷嘴喷射出高压水流来进行切割。此方法用来切割硬质 PVC、PP、PA 和 PS 层压板及聚酯织物、皮革、石棉制品等。

2. 切削　用刀具对工件进行切削，即将工件上不需要的部分在控制的条件下变为切屑，而留存下来的部分即是产品。

（1）车削：与金属的车削类似，在塑料的二次加工中，车削主要用于加工圆柱、锥体、平面和螺纹等，也用于截断管、棒等型材和模型制品上的粗、大多余物及修整模塑制品上的毛边和毛刺。

（2）铣削：用于塑料的切断、开槽、平面、曲面等的加工，铣削金属制件的刀具可用于塑料的铣削。

（3）孔加工：孔加工主要用于在塑料制品上加工螺栓过孔、铆钉孔和销孔，也用于加工攻螺纹前的底孔以及模塑制品的侧孔等。很多注塑、模压和模涂塑料制品上的孔，需采用切削加工才能达到产品对孔所要求的尺寸精度和表面粗糙度。塑料的孔加工方法大体与金属的孔加工类似，包括钻、铰、镗等机械加工方法和激光、电子束等特种加工方法。

（4）螺纹加工：塑料的螺纹加工包括内螺纹和外螺纹加工，内外螺纹的加工可在车床和铣床上进行，也可使用丝锥和螺纹圆板牙进行手工操作。

### 二、修饰加工

为了更进一步改善塑料制品外观，提高其商品价值而进行的各项加工技术，总称为修整与装饰加工。塑料制品可采用的修饰加工方法很多，目前生产中较为广泛应用的是机械整饰、涂装、彩饰、箔压印、植绒和镀金属等。

1. 机械整饰　机械整饰是指用各种机械加工技术，对塑料制品的表面状态进行改进作业的总称。除前述的车削和铣削等精加工外，常用的机械整饰方法还有锉光、磨光、抛光和滚光等。

(1) 锉光：锉光本质上也是一种切削加工，但在塑料的二次加工中，这种方法很少用于机械加工造型，更多的是用于制品的整饰，如除毛刺、修整棱边、修出小的斜面、修平浇道痕迹，以及钻孔和攻丝后的孔口整修等。大批量塑料制品的整修加工，应尽量采用转鼓滚光等高效方法除去废边和毛刺。

(2) 磨光：用砂带或砂轮清除塑料制品的飞边或浇口断痕的方法称为磨光。

(3) 抛光：用表面附有磨蚀料或抛光膏的旋转布轮对塑料制品表面进行处理的作业统称为抛光。

(4) 滚光：将磨料和塑料制品同时加入转鼓，利用转鼓的转动，对塑料制品进行表面处理的作业称为滚光。

2. 涂饰　塑料制品的表面涂饰，包括溶浸增亮和涂料涂饰。

(1) 溶浸增亮：将热塑性塑料制品先放在一种可溶的有机溶剂中浸约1min，而后放在另一种不溶的液体内浸少许时间以除去其表面上附着的溶剂及制品表面上细小不规则物，如机械加工的刀痕等。

(2) 涂料涂饰：是将合成或天然树脂加入溶剂而制成类似于涂料或漆的溶液，直接喷涂在塑料制品的表面上。

3. 彩饰　彩饰是对塑料制品表面添加彩色花纹或图案的一种作业，施彩的方法很多，如凸凹版印刷、丝网印刷、平版印刷、渗透印刷、贴印、烫印、喷花、轧印、添漆等。这里对最常用的方法做一简述。

(1) 凸凹版印刷：图 14-9 所示为塑料薄膜凸版印刷原理，其印刷过程如下：盛在油墨盘中的油墨，通过浸渍辊和网纹辊将一定厚度的墨层传递到版辊上的凸起部分，当承印物塑料薄膜通过版辊与压辊的间隙时，版辊凸起部分的墨层即转移到薄膜表面上形成与原稿相同的图文。

凹版印刷所用印版的特点是图文部分低于空白部分，凹板多制成圆筒形，也称为印辊。所谓照相凹版是用照相显影技术将原稿图文转移到镀铜的印辊表面，然后再用腐蚀的方法使图文部分下凹。图 14-10 为塑料薄膜照相凹版印刷示意图。这种印刷方法的基本过程如下：在墨盆中滚过的印辊整个版面都粘上一层油墨，刮刀刮去辊面上的油墨使其成为空白区，而凹下的部分仍为油墨所填满，当印辊轻压承印物薄膜时，即将凹下部分所含油墨转移到对油墨有一定附着力的薄膜面上，从而在其上形成与原稿相同的图文。

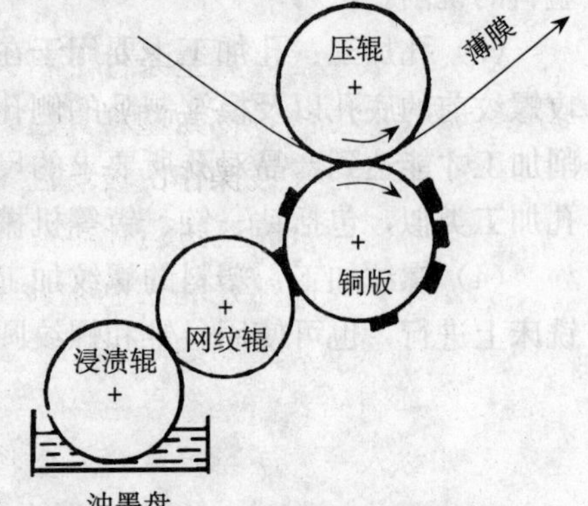

图 14-9　橡胶凸板轮转印刷示意图

(2) 丝网印刷：丝网印刷在原理上不同于凹版和凸版印刷，不是靠印版上墨层的转移，而是靠油墨“漏过”印版而在承印物表面上形成图文。图 14-11 为在塑料制品表面进行丝网印刷的示意图。印刷时先将油墨放到挂在版框上的网版上，然后用橡皮刮板以一定的角度在网版上加压滑动，油墨通过未堵塞的网眼被挤到制品表面形成与原稿相同的图文。

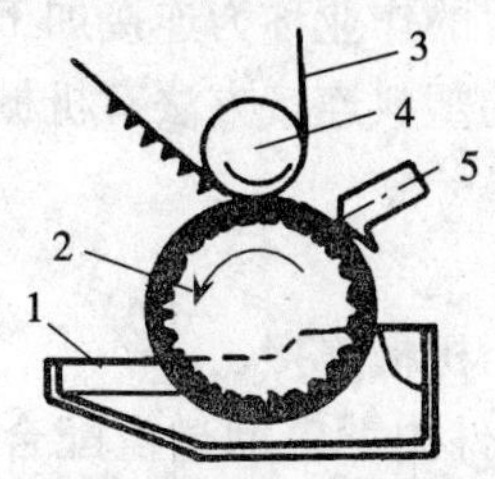


图 14-10　照相凹版印刷示意图
1. 墨盆　2. 铜版
3. 行走薄膜　4. 橡胶压辊　5. 刮刀

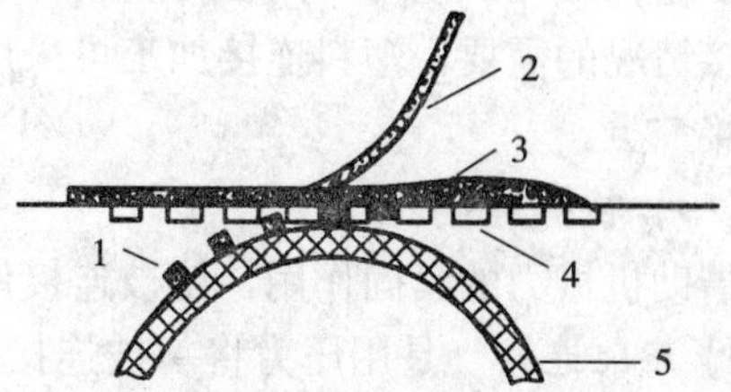


图 14-11　塑料制品曲面上的丝网印刷
1. 漏印花纹　2. 橡胶敷墨板
3. 油墨　4. 丝网印刷底板　5. 待印表面

4. 植绒　植绒是指在涂有胶黏剂的塑料制品表面上散布作为绒毛的短纤维后，经干燥或固化使绒毛整齐地固定在制品表面的装饰加工作业。

直流静电植绒装置的工作原理如图 14-12所示，经过预处理的绒毛从下部为栅电极的撒布器 B 下落，当通过与高压静电发生器 A 相连的栅电极时带上负电，由于绒毛有一定导电性，因而进入高压电场后，负电荷即位移到面向接地金属丝网电极 D 的一端，使其成为偶极体。借助偶极体的取向作用，绒毛在电场中下落时沿场力线整齐地落到基材 C 的涂胶层上，并只有一端与胶层接触而保持在直立位置。

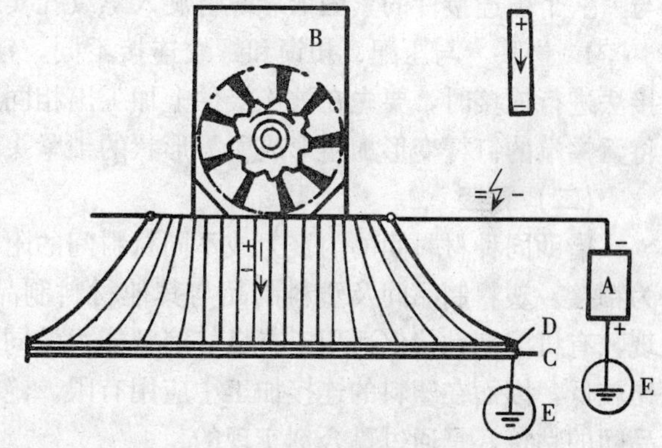


图 14-12　直流静电植绒装置原理图

5. 镀金属　塑料镀金属是各种使塑料制品表面上加盖金属薄层的装饰加工方法的总称。制品表面上镀金属的方法很多，但工业上较为常用的是真空蒸镀、喷雾镀银和常规电镀。

（1）蒸镀：在高真空条件下将镀层材料加热蒸发，使其飞散、附着于塑料制品表面凝结成均匀薄层的方法，称为塑料真空蒸镀或塑料物理镀膜。

（2）喷镀：喷镀操作由玻璃制镜技术演变而来，镀层是由同时喷涂到塑料制品表面上的银盐溶液和醛溶液相互进行化学反应的结果。

（3）电镀：电镀是利用电化学原理在导电物体表面上附加金属层，若能使塑料制品的整体或其表面导电，金属的电镀工艺就能施行于这种本身不导电的物体。因此塑料电镀工艺的关键是使其制品表面具有导电性。可采取多种表面处理方法，使塑料制品表面具有一定的导电性，如渗入一薄层石墨或金属微粒，涂布导电涂料，真空蒸镀金属和喷雾镀银等。生产中最常用的是化学镀膜方法，在需要电镀的塑料制品表面上沉积铜或镍的金属导电层，然后进行常规电镀。

# 三、塑料的连接

使塑件之间、塑件与其他材料制件之间固定其相对位置的作业称为连接加工。为适应不同连接情况的需要，塑料连接加工可采用多种方法，常用的塑料连接方法有机械连接、粘接和焊接三类。

**（一）机械连接**

借助机械力的紧固作用，使被连接件相对位置固定称为机械连接。

1. *压配连接*　是用压力将一被连接件压入另一被连接件内，借助过盈配合产生的摩擦力阻止被连接件间的相对运动的连接方法。该方法可用于各种塑料件之间和塑料件与金属件之间的可拆卸连接。

2. *扣锁连接*　是一种完全靠塑料制品形状结构的特点来实现被连接件相对位置固定的连接方法。

3. *螺纹连接*　分为螺栓连接和螺钉连接两种类型。前者是在被连接件上先准备好通孔，再将作为连接件的螺栓穿过通孔并用螺帽加以紧固；后者要求一个被连接件上带有螺纹孔，与另一个被连接件的紧固依靠螺钉旋入螺纹孔实现。

4. *铆接*　与压配、扣锁和螺纹连接不同，铆接是一种不可拆卸的机械连接方法。用铆接法进行连接时，要先在被连接件上加工出相同直径的光孔，将二孔对正后插入铆钉，然后将无帽端的钉杆变形加粗形成所需形状的锁紧头部，即可使被连接件紧固。

**（二）黏接**

借助同种材料间的内聚力或不同材料间的附着力，使被连接件间相对位置固定的作业称为粘接。塑料制品间及塑料制品与其他材料制品间的粘接，需依靠有机溶剂和粘合剂来实现，有机溶剂粘接仅适用于有良好溶解能力的同种非晶态塑料制品间的连接，但其接缝强度比较低，因而在塑料的连接加工中应用有限。绝大多数塑料制品间及塑料制品与其他材料制品间的粘接，是通过黏合剂实现的。

**（三）焊接**

利用加热熔化将塑料部件连接起来的方法称为焊接。现已广泛应用的方法是热风焊接和外加热工具焊接。

1. *热风焊接*　将通过焊接枪加热器的压缩空气或惰性气体加热到焊接塑料所需温度，喷射到结合区，使塑料焊条和待焊塑料的接口熔化，进而在压力下使二塑料件接口熔合成一体的连接方法称为热风焊接。热风焊接的主要设备由供气系统、焊枪、调压变压器及其他附属装置组成，如图 14 - 13 所示。

2. *外加热工具焊接*　利用热板、热带和烙铁等可控温度的加热工具，将两个待焊塑件的结合面加热熔融，然后抽开加热工具并立刻压拢两熔融面，直至熔融区冷却凝固，用上述方法使塑料件结合的作业称为外加热工具焊接。常见的外加热工具焊接有热板焊接和烙铁焊接。

（1）热板焊接：图 14 - 14 所示为平板对接的热板焊接过程示意。

（2）烙铁焊接：烙铁焊接主要用于塑料薄膜的热焊合，几乎各种塑料的薄膜用这种焊接方法都能取得很好的焊合效果。焊接时烙铁对薄膜的加热方式，有直接和间接之分。

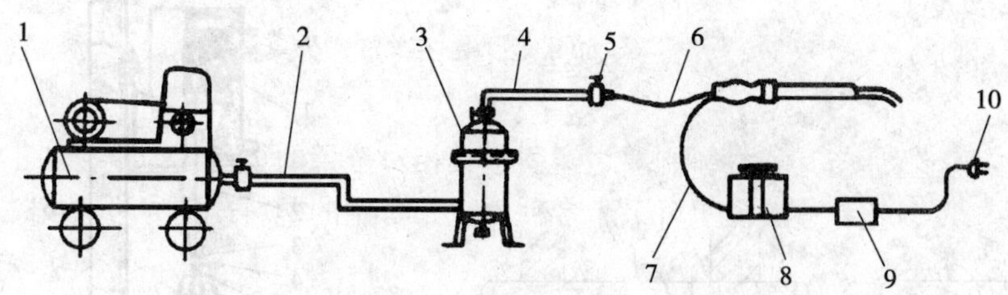


图 14-13　热风焊接的设备及配置情况

1. 空气压缩机　2、4. 输气管　3. 过滤器　5. 气流阀　6. 输气软管　7. 电线　8. 变压器　9. 漏电自动切断器　10. 插头

直接法如图 14-15 所示，先将烙铁前端附加的热片加热到预定温度，然后将热片置于两薄膜搭接处的结合面间，热片直接与结合面接触而使其迅速熔融，匀速移动烙铁并用手辊将熔融的结合面紧压在一起，即实现了两膜的焊接。间接法与直接法大致相同，只是烙铁不直接与被焊表面接触，而是隔着耐热片向加热结合面加热。

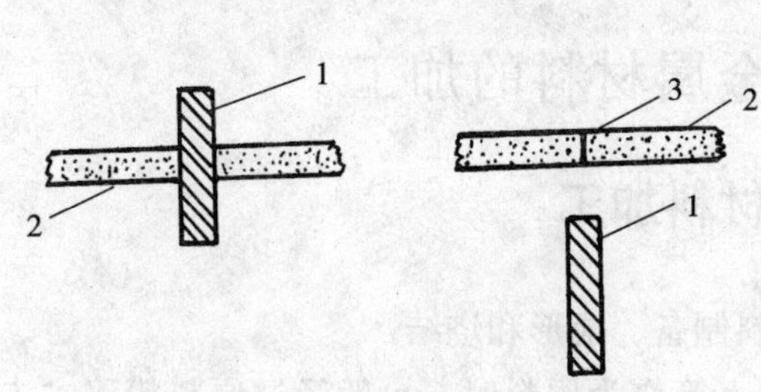


图 14-14　热板焊接示意图

1. 加热用热板　2. 塑料板材　3. 焊缝

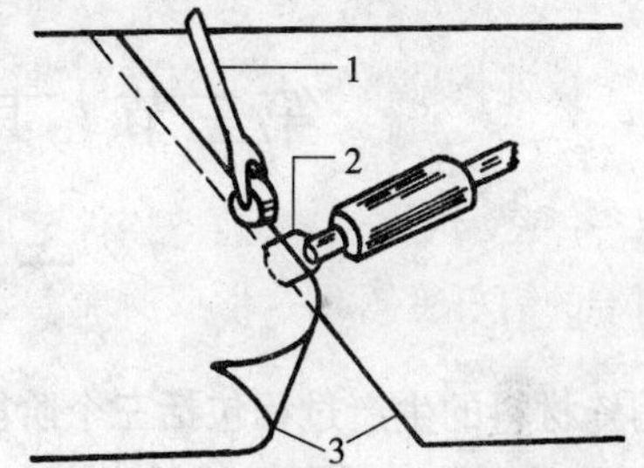


图 14-15　塑料薄膜烙铁焊接法

1. 手辊　2. 电热烙铁　3. 塑料薄膜

3. *摩擦焊接*　摩擦焊接是利用塑料件表面相对运动时摩擦所生成的热量，使其表面熔融，再在加压的条件下使塑料件连接在一起的方法。摩擦焊时塑料件相对运动方式有振动和转动，旋转摩擦焊更容易实施。

图 14-16 所示是圆柱形件的旋转摩擦焊原理，先将被焊接料置于同一轴线上，在施加适当轴向压力的情况下做相对高速旋转，因摩擦生热表面出现熔融层后立即停止转动，保持或增大轴向压力，以防止冷却时空气进入结合处，并提高焊缝强度。非圆截面塑料件进行旋转摩擦焊时，可将焊接面分别压到旋转金属圆盘两侧，在塑件摩擦面熔融后抽去金属圆盘，并立即将其挤压在一起。

4. *超声焊接*　超声焊也是热熔连接方法，结合面熔融的热量由超声波激发塑料做高频振动产生，其焊接原理如图 14-17 所示。当超声波被引向待焊的塑料件表面时，塑料内质点就被超声波激发而做快速的振动并产生机械能，由机械能转变成的热量使塑料焊件的结合面温度迅速上升直至熔融。由于塑料的导热性差，邻近结合面处的温度不会有明显变化。在此过程中机械能的产生，是塑料内的质点因振动而交替受压与解压以及结合面因振动而相互摩擦的结果。

5. *感应焊接*　将起加热元件作用的金属块或金属嵌件置于结合面之间，然后一并放进

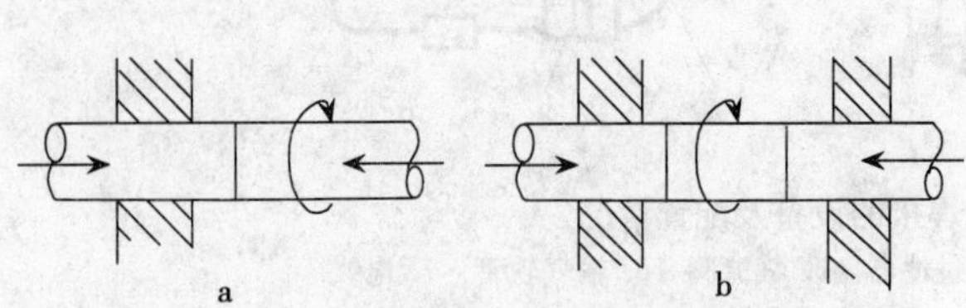


图 14-16 旋转摩擦焊接原理图
a. 短件焊接 b. 长件焊接

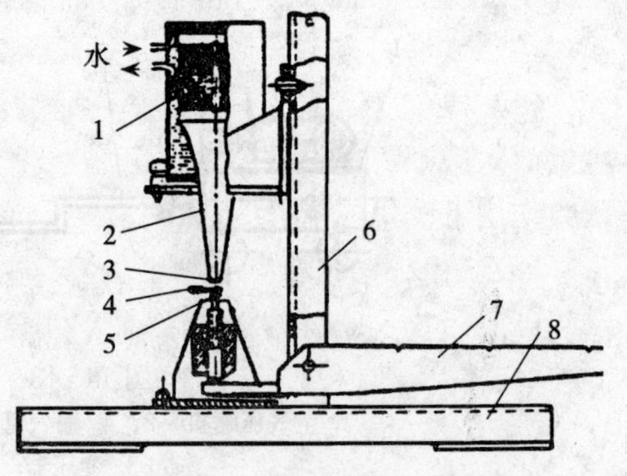


图 14-17 塑料超声焊机示意图
1. 振荡器 2. 波导管 3. 振动头 4. 焊件
5. 可动下压头 6. 支柱 7. 杠杆 8. 支架

高频磁场内，使金属块内因产生感应电流而生热，当这种热量传给与之紧密接触的焊件时，接触面及其周围塑料熔融而结合在一起。

# 第三节 其他非金属材料的加工

## 一、陶瓷材料加工

陶瓷材料的生产过程包括三个阶段，即坯料制备、成形和烧结。

1. 坯料制备 采用天然的岩石、矿物、黏土等作为原料时，一般经过原料粉碎、去杂质、磨细、配料（保证制品性能）、脱水（控制坯料水分）、练坯等过程。

2. 成形 陶瓷成形是将粉料直接或间接地转变成具有一定形状、体积和强度的形体，也称素坯。成形方法很多，主要有可塑法、注浆法和压制法。

可塑法是将粉料与一定水分或塑化剂混合均匀化，使之成为具有良好塑性的料团，再用手工或机械成形。注浆法是将原料粉配制成胶状浆料注入模具中成形，还可将其分为注浆成形和热压注浆成形。压制法是粉料直接成形的方法，与粉末冶金的成形方法完全一致，其又分为干压法和冷等静压法两种。

3. 烧结 陶瓷制品成形后还要烧结。未经烧结的陶瓷制品叫做生坯，烧结是将成形后的生坯体加热到高温（有时还须同时加压）并保持一定时间，通过固相或部分液相物质原子的扩散迁移或反应过程，消除坯料中的孔隙并使材料致密化，同时形成特定的显微组织结构的过程。

陶瓷材料硬度很高，硬质合金刀具已不能加工，普通砂轮也难以磨削。目前采用薄片金刚石砂轮切割、金刚石砂轮磨削或电火花加工。

## 二、橡胶材料加工

1. 橡胶成形 橡胶的成形是使用成形模具，将混炼胶注入模具中，经过加热、加压处理而制成所需形状和尺寸的制品。根据模具结构和压制工艺的不同，可将橡胶成形分为四大类：压制成形、传递成形、注压成形和压出成形。

（1）橡胶压制成形：压制成形是将混炼过的、经加工成一定形状和称量过的半成品胶料直接放入敞开的模具型腔中，而后将模具闭合送入平板硫化机中加压、加热，胶料在加热和压力作用下硫化成形。

（2）橡胶传递成形：传递成形又称压铸成形。它是将混炼过的、形状简单的、限量的胶条或半成品放入压铸模料腔中，通过压头的压力按压胶料，并使胶料通过浇注系统进入模具型腔中硫化成形。

（3）橡胶注压成形：注压成形又称注射成形，它是利用注压机的压力，将胶料直接由机筒注入模腔，完成成形并进行硫化的生产方法。目前，注压模具已广泛用于生产橡胶密封圈、橡胶—金属复合制品、减振制品及胶鞋等。

（4）橡胶压出成形：压出成形工艺是橡胶工业的基本工艺之一，它是利用压出机，使胶料在螺杆的推动下，连续不断地向前运动，然后借助于口形压出各种所需形状的半成品，以完成造形或其他作业的过程。它具有连续、高效等特点。因此，目前广泛用来制造胎面、内胎、胶管、电线电缆和各种复杂断面形状的半成品，以达到初步造形的目的，而后经过冷却成形输送到硫化罐内进行硫化或用做压制成形所需的预成形半成品胶料。

2. *橡胶的切削加工*　橡胶是机械加工中较难切削的材料之一。橡胶的弹性好，切削时变形大，尺寸难以控制；橡胶的导热性和耐热性较差，切削温度高时就可能变质、熔化并产生臭味；橡胶的强度低、韧性大，有时制品中还含有一定的杂质，容易使刀具崩刃。因此，在切削橡胶时，其加工刀具与加工金属的刀具相比，要求刃口尽可能锋利，刀具的前后角要尽可能大。

## 三、复合材料加工

由于金属基或陶瓷基复合材料的价格高，除了航天、航空工业以外，一般工业应用并不多见，所以下面主要介绍一些树脂基复合材料的成形方法。

1. *手糊成形*　手糊成形是指用不饱和聚酯树脂或环氧树脂将增强材料黏结在一起的成形方法。手糊成形是制造玻璃钢制品最常用和最简单的一种成形方法。用手糊成形可生产波形瓦、浴缸、飞机机翼、大型化工容器等。手糊成形具有如下优点：操作简单，设备投资少，生产成本低，可生产大型的、复杂结构的制品，适合多品种、小批量且不受尺寸和形状限制的生产，模具材料适应性广。其缺点是生产周期长，制品的质量与操作者技术水平有关，制品的质量不稳定，劳动强度大等。

手糊成形工艺过程如下：配制树脂胶液，剪裁增强材料，准备模具并在模具上涂刷脱模剂，喷涂胶衣，成形操作、脱模、修边和装配。其中的成形操作主要是指糊制及固化。又根据成形方式的不同，分接触成形和低压成形两种，前者包括手糊法和喷射法成形，后者有袋压成形法。

2. *层压成形*　层压成形是将纸、布、玻璃布等浸磁胶，制成浸胶布或浸胶纸半成品，然后将一定量的浸胶布层叠在一起，送入液压机，使其在一定温度和压力作用下压制成板材或玻璃钢管材等的工艺方法。

层压成形的工艺过程是叠合→进模→热压→冷却→脱模→加工→热处理。

此外，还有模压成形、缠绕成形等方法。

3. **复合材料的切削加工** 复合材料切削加工时应注意以下几点。

(1) 复合材料中的树脂不像钢铁材料那样能承受较高的切削温度而不改变材料本身的性能。加工中要尽量降低切削温度，以免基体材料的树脂处于微熔或熔化状态。

(2) 树脂和其中的增强材料往往具有很高的耐磨性，极易磨损刀刃。因此刀具材料应选用硬质合金或人造聚晶金刚石。人造聚晶金刚石更适宜用做加工复合材料的刀具材料。

(3) 复合材料中的增强纤维往往呈层状分布，切削加工中必须保持刀刃锋利，否则容易造成材料的撕裂和表面起毛，影响加工后工件的外观和表面的完整性。

## 复习思考题

1. 填空题

(1) 塑料制品生产由______、______、______和______四个连续的生产过程所组成。

(2) 塑料制品的机械加工是指在制件上进行______、______、______或______等的过程。

(3) 常见的塑料成形方法有______、______和______。

(4) 注射成形过程包括______、______和制品______。

(5) 注射机一般由______、______、______和______系统等组成。

(6) 注射模具由______和______两大部分组成。

(7) 挤出成形工艺过程包括______、______、______、______和______五大部分。

(8) 常用的塑料连接方法有______、______和______三类。

(9) 传统陶瓷的基本原料是______、______和______。

2. 问答题

(1) 简述注射模具的组成部分及功用。

(2) 说明注射、压缩和压注成形的异同。

(3) 挤出成形中的牵引有什么作用?

(4) 什么是塑料的修饰加工? 其作用如何?

(5) 什么是塑料的抛光? 有哪些操作方法?

(6) 简述丝网印刷的工艺过程。

(7) 为何在塑料上电镀? 与在金属上的电镀有何不同?

(8) 简述橡胶的组成及性能和特点。

(9) 何谓复合材料? 它有哪些种类?

# 第十五章　表面处理技术

## 第一节　概　　述

表面处理技术是在零件的基本形状和结构形成之后，通过物理、化学或电化学方法在零件表面沉积、涂覆膜层、涂层、镀层、渗层、包覆层，或者使零件表面的组织结构、化学成分发生变化，使其获得与基体材料不同性能的一项专门技术。

1. 表面处理技术的主要作用

(1) 提高材料的抗腐蚀性能：现在机电产品的种类越来越多，使用的材料多种多样，各种材料的耐腐蚀性能千差万别，不同产品使用的环境条件差异也很大。因此，增强材料在各种环境介质中的抗腐蚀和抗氧化性能也就显得特别重要。通过表面处理来提高产品的抗腐蚀性，进而增强产品使用的可靠性，延长产品的使用寿命，也就成了一种很常见的做法。

(2) 提高材料的耐磨性：采用电镀铬、复合镀、铝合金硬质阳极氧化、各种渗层、热喷涂等表面处理技术可提高不同材料的耐磨性，从而增强产品使用的可靠性，延长产品的使用寿命。

(3) 改善材料表面的应力状态：通过表面喷丸强化处理、滚压加工、内孔挤压等方法，在金属材料表层形成残余压应力以达到表面强化，从而得到材料的抗应力腐蚀、耐疲劳等性能。

(4) 使产品呈现出个性化的外观：利用不同的表面处理技术使材料表面呈现出鲜艳的色彩，得到各种规定的标志和图案等，从而给产品以漂亮、个性化的外观。

(5) 得到各种特定的性能：耐酸、耐碱和耐特种介质的膜层和涂层可以提高材料耐各种介质腐蚀的性能；耐热、导热、吸热或热反射等功能表面处理层可以改善各种材料的热性能；具有导电、绝缘、电磁屏蔽等特性的镀层和涂层可以提高和改善材料的电磁性能；获得粗化、多孔、亲油、亲水等特性的表面可以提高结合力、黏着性、可焊性、润滑性等工艺性能；获得消光、发光、光反射或光选择性吸收的表面可以提高材料的光学性能；改善非金属材料的耐火性、抗老化性能等。

2. 金属材料表面处理技术

(1) 表面热处理，如感应加热表面热处理（高频淬火）、火焰加热表面热处理、激光加热表面淬火等。

(2) 表面化学热处理，如渗碳、渗氮、渗铝、渗铬、渗硼等。

(3) 表面化学转化膜技术，如氧化处理、磷化处理、钝化处理、着色处理等。

(4) 表面组织转化技术，如喷丸、滚压、内孔挤压、激光表面处理、电子束表面处理等。

(5) 表面覆层强化，如电镀、电刷镀、热喷涂、气相沉积、热浸镀、涂装等。

以下介绍几种常用表面处理技术，因钢的表面热处理前面章节已有所讲解，此处不再赘述。

## 第二节　表面化学转化膜技术

金属表面的化学转化膜技术是指采用化学处理液使金属表面与溶液界面上产生化学或电化学反应，在金属表面生成稳定的化合物薄膜的处理过程。化学转化膜具有防锈、耐磨及绝缘的功能，还可用作装饰和涂装底层。按照生产习惯，金属表面的化学转化膜一般可分为氧化膜、磷化膜、钝化膜和着色膜等。

1. 氧化处理　是在可控条件下，人为地生成特定氧化膜的表面转化过程。氧化处理常用于钢铁和铝合金材料制造的工具、武器、仪器和某些机械零件的装饰性保护。

钢铁氧化处理，是将钢铁零件放入一定温度的碱性溶液中进行处理，使其表面生成0.6～1.5μm致密而牢固的 $Fe_3O_4$ 氧化膜的过程。按处理条件的不同，氧化膜呈现亮蓝色直至亮黑色，称为发蓝处理或发黑处理。

2. 磷化处理　金属零件在磷酸盐水溶液中进行表面化学和电化学处理后，表面会生成一种磷酸盐保护膜。金属磷化膜稳定且不溶于水，与基体金属有良好的附着力。

金属磷化膜呈浅灰色或深灰色，对基体有较好的保护作用，也适用于着色和用来做油漆的底层，并具有防锈作用；还可以提高零件的耐热性、耐磨性、耐腐蚀性和绝缘性。

3. 钝化处理　通过成膜沉淀或局部吸附作用，使金属的局部活性点失去化学活性而呈现钝化。钝化处理过程中不一定生成稳定和完整的膜层，其目的仅在于降低表面活性点的数目，一般将钝化处理看做表面转化处理的一种特殊形式。

4. 着色处理　通过特殊的处理方法，使金属自身表面产生与原来不同的色彩，并保持金属光泽。这类工艺多应用于金属的表面装饰和保护，成为表面技术一个非常活跃的领域。

金属着色工艺在金属表面产生一层有色膜或干扰膜，该膜厚度仅为25～55μm。有时干扰膜自身几乎没有颜色，而金属表面与膜的表面发生光反射时，形成各种不同的色彩。当膜的厚度增加时，色调随之变化，一般自黄、红、蓝到绿色。当膜厚不均匀时，会产生彩虹色或花斑色。

铝及其合金、铜及其合金、不锈钢等都可以着色。常用的着色方法有化学染色法，电解着色法和置换法等。

## 第三节　表面组织转化技术

表面组织转化技术是提高金属材料疲劳强度的重要工艺措施之一。常用金属材料表面组织转化技术方法主要有喷丸、外圆滚压、内孔滚压和挤压、激光强化和电子束热处理。而金属表面喷丸强化是其中最有代表性的技术。

### 一、喷丸强化

1. 喷丸强化　是当今国内外广泛应用的一种表面强化方法，即利用高速弹丸强烈冲击工件表面，使之产生形变硬化层并引起残余压应力，这样可以显著地提高耐疲劳性能。

2. 弹丸及选用 喷丸强化用的弹丸，必须是圆球形，切忌有棱角，以免损伤工件。常用的有以下三种。

(1) 铸铁弹丸：铸铁弹丸碳质量分数为2.75%～3.60%，硬度为58～65HRC，往往对其采用退火处理以提高韧度，使硬度降至30～57HRC，尺寸 $d$ 为0.2～1.5mm。使用中，铸铁弹丸易破碎，损耗较大，要及时将破碎弹丸分离排除，否则将会影响工件的喷丸强化质量。由于铸铁弹丸的价格低，故获得了广泛应用。

(2) 钢弹丸：一般用碳质量分数为0.7%的弹簧钢丝（或不锈钢丝），切制成段，经磨圆加工制成，直径 $d$ 为0.4～1.2mm，硬度为45～50HRC。

(3) 玻璃弹丸：其应用是在近十几年发展起来的，玻璃弹丸的直径 $d$ 为0.05～0.40mm，硬度为46～50HRC。

一般说来，黑色金属制件可以用铸铁丸、钢丸和玻璃丸。有色金属和不锈钢制件则须采用不锈钢丸或玻璃丸。

喷丸强化被大量用来改善碳钢、合金钢、不锈钢及耐热钢的室温和中温的疲劳性能。各种材料的弹簧经喷丸处理后，疲劳性能有显著提高。喷丸强化也可用来改善焊接件的疲劳性能。

喷丸强化现已广泛应用于弹簧、齿轮、链条、轴、叶片等工件的表面处理。

## 二、滚压外圆

滚压外圆是在常态下采用滚压工具对旋转的工件施加一定的压力，使工件表层金属产生塑性流动，把工件表层残留的凸起微观波峰压平，使其填入凹下的微观波谷内，从而改变了微观波峰的分布，降低了表面粗糙度值。由于金属层的塑性变形，使工件表层组织产生冷变形强化，晶粒变细，组织致密呈流线状，因此，工件表面硬度、疲劳强度、耐磨性和耐腐蚀性都有显著提高。滚压后工件表面粗糙度 $R_a$ 值可达0.025～0.4μm，表面硬度可提高5%～30%。

滚压外圆只适用于常态下可以产生塑性变形，且硬度不大于50HRC的各种批量的金属工件。滚压外圆可在车床上进行。

## 三、内孔滚压和挤压

内孔的滚压和挤压的机理与滚压外圆的机理相同，是使孔的内表面获得形变强化的工艺措施。滚压和挤压孔的主要目的是精整尺寸、压光表面和强化表层。滚压后孔的精度可达IT7～IT9，表面粗糙度 $R_a$ 值可达0.05～0.2μm。

## 四、激光表面处理

激光表面处理是高能密度表面处理技术中的一种主要手段，在一定条件下具有传统表面处理技术或其他高能密度表面处理技术不能或不易达到的特点，这使得激光表面处理技术在表面处理领域内占据了一定的地位。

激光表面处理的目的是改变表面层的成分和显微结构，激光表面处理工艺包括激光相变硬化、激光熔覆、激光合金化、激光非晶化和激光冲击硬化等，从而提高表面性能，以适应基体材料的需要。目前激光表面处理技术已用于汽车、冶金、石油、机械以及刀具和模具等领域，并正显示出越来越广泛的工业应用前景。

### 五、电子束表面处理

1. 基本原理　高速运动的电子具有波的性质。当高速电子束照射到金属表面时，电子能深入金属表面一定深度，与基体金属的原子核及电子发生相互作用，电子与原子核的碰撞可看做弹性碰撞，因此，能量传递主要是通过电子束的电子与金属表层电子碰撞而完成的。所传递的能量立即以热能形式传于金属表层原子，从而使被处理金属的表层温度迅速升高。这与激光加热有所不同，激光加热时被处理金属表面吸收光子能量，激光并未穿过金属表面。电子束加速电压达 125kV，输出功率达 150kW，能量密度达 $10^3$MW/m$^2$，这是激光器无法比拟的。因此，电子束加热的深度和尺寸比激光大。

2. 主要工艺　电子束表面处理工艺主要有电子束表面相变强化处理、电子束表面重熔处理、电子束表面合金化处理、电子束表面非晶化处理等。

(1) 电子束表面相变强化处理：用散焦方式的电子束轰击金属工件表面，控制加热速度为 $10^3$～$10^5$℃/s,使金属表面加热到相变点以上,随后高速冷却(冷却速度达 $10^8$～$10^{10}$K/s)，产生马氏体等相变强化。此方法适用于碳钢、中碳低合金钢、铸铁等材料的表面强化处理。

(2) 电子束表面重熔处理：利用电子束轰击工件表面使表面产生局部熔化并快速凝固，从而细化组织，达到硬度和韧性的最佳配合。对某些合金，电子束表面重熔可使各组成相间的化学元素重新分布，降低某些元素的显微偏析程度，改善工件表面的性能。目前，电子束表面重熔主要用于工模具的表面处理上，以便在保持或改善工模具韧性的同时，提高工模具的表面强度、耐磨性和热稳定性。由于电子束重熔是在真空条件下进行的，表面重熔时有利于去除工件表层的气体，可有效地提高铝合金和钛合金表面处理质量。

(3) 电子束表面合金化处理：先将具有特殊性能的合金粉末涂敷在金属表面上，再用电子束轰击加热熔化，或在电子束作用的同时加入所需合金粉末使其熔融在工件表面上，在工件表面上形成一层新的具有耐磨、耐蚀、耐热等性能的合金表层。

(4) 电子束表面非晶化处理：利用聚焦的电子束所特有的高功率密度及作用时间短等特点，使工件表面在极短的时间内迅速熔化，而传入工件内层的热量可忽略不计，从而在基体和熔化的表层之间产生很大的温度梯度，表层的冷却速度高达 $10^4$～$10^8$℃/s，因此，这一表层几乎保留了熔化时液态金属的均匀性，可直接使用，也可进一步处理以获得所需性能。电子束表面非晶化处理目前还处在研究阶段。

## 第四节　表面覆层强化

### 一、电　镀

1. 概念　电镀是用直流或脉冲电流电解的方式（包括水溶液和非水溶液），在金属或非金属表面沉积一层不同于基体的金属或合金镀层、沉积金属和金属氧化物、非金属的复合镀层的工艺方法。

2. 电镀种类 常见的电镀种类有镀铜、镀铬、镀锌、镀铜锡合金、镀镍—二氧化硅复合镀层等。

(1) 镀铜：一般用于钢、铁件镀铬的底层，铝件、锌压铸件、锡焊件、铅锡合金等的预镀层，塑料电镀中间层，防渗碳镀层，印刷滚压表层等。

(2) 镀镍：镀镍层在水中和空气中稳定，耐强碱，具有铁磁性，因此，常用于装饰—防护性镀铬底层，有时也用于有硬度和耐磨性要求的场合。

(3) 镀铬：铬在大气中有强烈的钝化倾向，相对于钢铁实际上为阴性镀层，对无机酸及强碱有很好的耐腐蚀性。其硬度高，耐磨性好，耐热，但易含气孔和微裂纹。镀铬层常用于汽车、摩托车、自行车、缝纫机、钟表、家电、医疗器械、仪器、仪表、办公用品、日用五金、家具、量具等防护装饰，以及石油、煤炭、交通、农机、机械等部门零件的强化和修复。

(4) 镀锌：镀锌层经钝化处理后几乎不发生变化，在汽油或含有二氧化碳的潮湿水汽中防锈性能好。一般用于汽车、轻工、仪器、仪表、机电、建筑、煤矿、五金和国防的钢铁构件的防护。

## 二、电刷镀

1. 基本原理 电刷镀也称无槽电镀，是在金属工件表面局部快速电化而沉积金属的新技术，如图 15-1 所示。工件接直流电源负极，镀笔接正极。镀笔端部为不溶性石墨电极，并用脱脂棉包住，镀液蘸在脱脂棉中，或另行浇注，多余的镀液流回集液盘。镀液中的金属正离子在电场作用下，在阴极工件表面获得电子而沉积下来，可得到 0.001～0.5mm 以上厚度的电镀层。对于回转表面的工件，为在长度方向获得均匀的镀层，工件除转动外，镀笔和工件表面在工件轴线方向上须有相对运动。

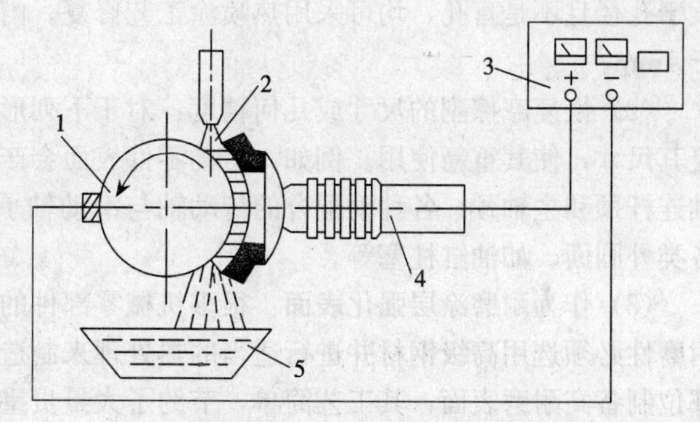


图 15-1 电刷镀工作原理示意图

1. 被镀零件 2. 镀液 3. 电源 4. 镀笔 5. 集液盘

2. 电刷镀的工艺特点 电刷镀具有以下独特的工艺特点。

(1) 工艺简单，操作灵活。电刷镀可对局部表面刷镀且不受工件大小和形状限制，只要镀笔能触及的地方均可刷镀。

(2) 镀笔与零件做相对接触摩擦运动。电刷层比一般电镀层具有更高的强度和硬度。

(3) 生产效率高，镀层厚度可控性强。

(4) 镀层与基体金属的结合强度和致密度高。

电刷镀适用范围：修复零件的磨损表面，如轴瓦、轴类和套类零件磨损后，可用表面电刷镀恢复尺寸；表面强化和改性，使新产品表面具有较高的表面硬度、耐磨性、耐腐蚀性、抗氧化、耐高温、导电等性能；表面装饰。

## 三、热喷涂技术

1. 基本概念　将待喷材料用热源加热到熔化或半熔化状态，再用高压气流令其雾化并喷射于工件表面，从而形成涂层，此种表面涂层制备方法称为热喷涂。

热喷涂使用的金属材料很广泛，从低熔点的锌到高熔点的钨等一系列金属及合金都可作为喷涂材料，还有金属氧化物、碳化物及其混合物，以及聚乙烯、聚酰胺等塑料。被喷涂的对象范围也很广泛，不仅金属，而且陶瓷、玻璃、石膏、木材、布帛、纸张等都可以通过喷涂获得覆层强化。热喷涂操作工艺简单迅速，被喷涂工件的大小不受限制，在机械制造、建筑、造船、车辆、化工装置和纺织机械中得到了广泛运用。

一般金属喷涂层与工件（基体）之间及喷涂层微粒之间的结合是机械结合（含少量微冶金结合），通过重熔或采用喷焊方法可以得到冶金结合的涂层。

2. 热喷涂的方法　热喷涂方法较多，根据加热喷涂材料的热源种类可分为气体式和电气式。前者是利用气体燃料与氧燃烧时释放的能量，后者是利用电弧、放电以及电阻等产生的能量。无论何种方法，随着喷涂技术的应用范围日益扩大和喷涂材料的不断发展，喷涂方法及其装置也相应得到改进与创新。

3. 热喷涂的应用

（1）解决静配合面的过盈量不足和拉伤：例如，内燃机车牵引电机输出轴上的齿轮靠锥面压配合来传递扭矩，当出现磨损松动时，用粉末喷涂来恢复磨损尺寸，实际使用效果良好，已列为正常修复工艺。孔的尺寸超差时，如重要孔的位置适合喷涂作业，或孔的深度不大于孔径且不是盲孔，均可采用热喷涂工艺修复。内孔喷涂时，涂层厚度不宜过厚，一般小于1mm。

（2）恢复摩擦副的尺寸或几何精度：对于下列形式的摩擦副表面采用热喷涂工艺均可恢复其尺寸，使其重新使用。例如，运动零件表面会产生磨损、拉伤、几何精度丧失等，如曲轴连杆颈和主轴颈；各种动配合的传动轴与滑动轴承的配合面；平面滑动，如机床导轨面；各类外圆面，如油缸柱塞等。

（3）作为耐磨涂层强化表面：很多机械零部件的磨损都是局部的，为了获得优良的局部耐磨性必须选用高级钢材并进行适当的热处理来制造整体零件。采用热喷涂工艺可以在需要部位制备高耐磨表面，其工艺简单，节约了大量贵重材料，降低了生产成本和周期。

（4）备制耐热、隔热涂层：热喷涂层在耐热、隔热方面有非常优良的效果。涡轮机的燃烧部件表面喷涂后大大提高了使用寿命。如 RB211 发动机燃烧室衬套用 0.16mm 的镍铬铝结合底层，用 0.16mm 的氧化镁、氧化锆面层做热障涂层，使两次大修的使用寿命从1 000h 提高到4 000～5 000h。

（5）备制可磨耗涂层：可磨损涂层用于机械间隙控制，使配合副自动建立所需的间隙。该技术已在航空发动机上得到广泛应用。

（6）备制耐蚀涂层：在钢结构表面喷涂锌或铝的涂层可大大提高结构的耐蚀性能。在船体表面喷涂铝层后，可有效地防止海水的浸蚀；桥梁、铁塔等喷涂锌、铝后能大大提高抗大气和盐雾的浸蚀能力。

(7) 制备抗磨粒磨损表面：自熔性合金喷焊层广泛用于抗磨粒磨损表面，如泥浆泵柱塞，喷焊后比原50Cr中频淬火提高寿命9.5倍；冷拔钢管模喷焊后比原45钢淬火、镀铬提高寿命5～6倍；玻璃模具表面喷焊后提高寿命5倍。

## 四、气相沉积技术（真空镀膜）

气相沉积是通过气相（气态）中发生的物理或化学过程，在零件表面上形成一层功能性或装饰性涂层的新技术，可在不同工件基本材料上沉积出各种各样的金属、化合物、非金属、多元合金等高质量覆层。按反应过程性质，气相沉积分为物理气相沉积（PVD）和化学气相沉积（CVD）两大类。

1. 物理气相沉积（PVD） 是利用热蒸发或辉光放电、电弧放电等物理过程，使镀覆材料熔融蒸发、汽化成原子态，部分呈离子态和分子态，沉积在零件表面而形成镀层。它包括真空蒸发镀膜、离子镀膜和溅射镀膜。图15-2所示为离子镀钛膜装置示意图。

工作时上腔和下腔同时抽成真空，钛锭放入水冷式铜制坩埚内，工件为阴极，蒸发源为阳极。当阴极（工件）加负高压时，在工件和蒸发源之间形成等离子场。电子枪发射的电子束打到钛锭上，使其蒸发，钛原子进入等离子场时受到带电粒子撞击而被电离为钛离子，在电场作用下，钛离子飞向工件并在其上沉积成膜。

物理气相沉积的优点：各种金属、合金、陶瓷及有机材料都可用做镀层材料；沉积温度都在600℃以下，不会引起零件基体材料的软化变质；镀膜纯度高并与基体结合性好，应用广泛。例如，可以在一些切削刀具和模具上沉积TiC和TiN镀层。

2. 化学气相沉积（CVD） 在真空反应室内，使多种化学物质受热气化，发生分解、还原、置换、氧化或聚合反应，在零件表面上生成一层固体沉积膜。图15-3所示为化学气相沉积装置示意图。

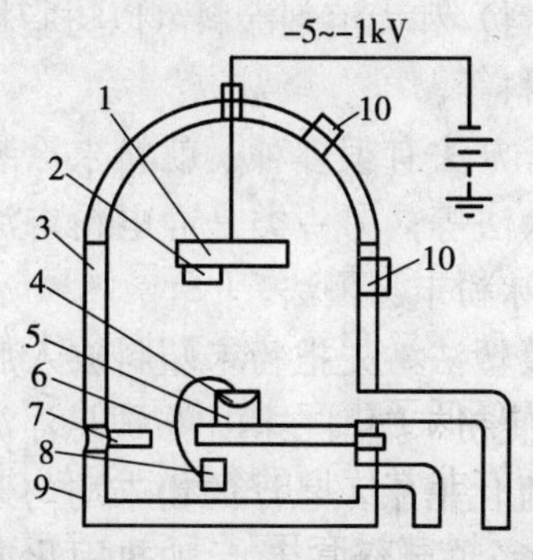


图15-2 离子镀钛膜装置示意图

1. 工件 2. 热电偶 3. 上腔 4. 钛锭 5. 坩埚 6. 电子束 7. 差压板 8. 电子枪 9. 下腔 10. 观察孔

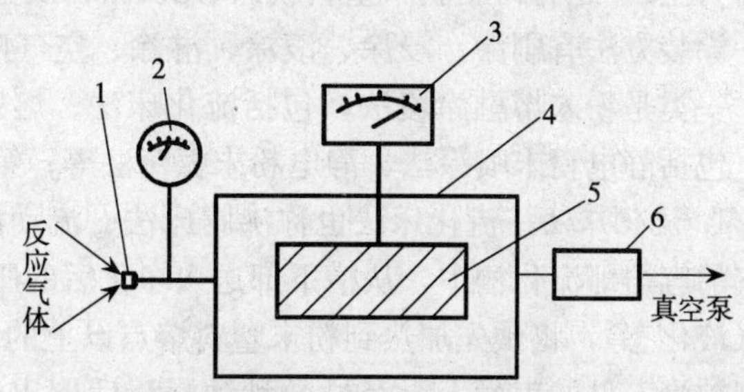


图15-3 化学气相沉积（CVD）装置示意图

1. 气体混合 2. 压力计 3. 温度计 4. 反应室 5. 工件 6. 废气收集

工艺中的材料源，常采用挥发性的化合物，由气体带入高温反应区，通过化学反应在工件表面生成薄膜。CVD的工艺过程为物理和化学综合过程，涉及化学反应、热力学、气体输运以及薄膜生长诸方面。

化学气相沉积的优点：设备简单，操作方便，灵活性强；可制造金属膜、合金膜、非金属膜等；涂层不易脱落，致密而均匀。

化学气相沉积的缺点：因沉积温度高（一般在 700～1 000℃范围内）而易使零件变形，会影响基体性能；还要注意原料和反应副产物对环境的污染，需有废气收集与处理装置等。

目前，化学气相沉积用来制备高纯金属、无机新晶体、单晶薄膜、晶须、多晶材料膜及非晶态膜等各种无机材料。已在复合材料、微电子学工艺、半导体光电技术、光纤通信、超导电技术和保护涂层等新技术领域得到应用。

## 五、热浸镀

热浸镀简称热镀，是将工件浸在熔融的液态金属中，在工件表面发生一系列物理和化学反应，取出冷却后表面形成所需的金属镀层。这种涂敷主要用来提高工件的防护能力，延长使用寿命。

热浸镀通常用钢、铸铁和铜作为基体材料，其中以钢最为常用。镀层金属的熔点必须低于基体金属，而且通常要低得多，常用的镀层金属是低熔点金属及其合金，如 Sn、Zn、Al、Pb、Al - Sn、Al - Si、Pb - Sn 等。

## 六、涂　装

涂装是在工件表面涂上一层涂膜，能将金属与周围环境介质隔开，达到防腐和装饰作用，或获得其他某些功能。

人们最熟悉的涂装所用的涂料是油漆。现在油漆逐渐被合成树脂所取代，并又开发出水溶性涂料（水溶性烘漆、水溶性自干漆、电泳涂料和乳化涂料）和无溶剂涂料（以树脂粉末涂料为主），还有树脂膜（塑料膜）、无机涂料及金属粉末涂料等。

涂装方法有刷涂、浸涂、滚涂、淋涂、空气喷涂等。新方法有很多种，就粉末涂装而言，一类是粉末熔融涂覆法，包括流化床法、熔射法和喷涂法等；另一类是静电粉末涂覆法，包括静电粉末喷涂法、静电粉末振荡法等；第三类是电泳粉末涂覆法。

1. *流化床法*　流化床法也称沸腾床法、流动浸塑法或镀塑法。先把粉末塑料放入底部透气的容器即流化槽中，从槽下部送入净化后的压缩空气，使粉末塑料在槽中形成悬浮流动态（液化态），将预先加热到粉末塑料熔点以上的工件浸入流化槽中，悬浮的粉末均匀地附着到被涂工件的表面上，经过数秒钟浸渍后取出，并除掉多余的粉料，然后加热固化或塑化，冷却后获得均匀固态涂膜。流化浸塑常用的粉末涂料有聚乙烯、聚氯乙烯、聚酰胺等。流化浸塑具有设备简单、易操作、粉末利用率高、效率高、质量好等优点，主要用于钢铁零件、仪表、电器、建筑、交通设备等方面。

2. *静电喷涂法*　静电喷涂法主要是利用高压静电电晕电场的原理，使喷枪头部金属导流杯接高压负极，被涂工件接地形成正极，使喷枪和工件之间形成一个较强的静电场。压缩空气将粉末涂料从储粉桶经输粉软管达到喷枪的导流杯时，粉末带上了负电荷，进入静电场，在静电和运载气体的作用下，粉末均匀地飞向接地的工件上。

## 复习思考题

1. 试比较喷丸强化、外圆滚压和内圆滚压工艺的异同及适用范围。

2. 有一活塞连杆与曲轴相连，使用一段时间后，发现间隙过大，则应采取何种工艺进行修复?

3. 举例说明塑料粉末涂装的应用。

4. 电镀液的组成有哪些?其作用是什么?

5. 比较钢的发蓝和磷化处理的工艺过程。

# 主要参考文献

陈佩芳．2000. 金属工艺实习．北京：中国农业出版社．
董丽华．2006. 金工实习实训教程．北京：电子工业出版社．
高国平．2001. 机械制造技术实训教程．上海：上海交通大学出版社．
高荣发．1991. 热喷涂．北京：化学工业出版社．
高志，潘红良．2006. 表面科学与工程．上海：华东理工大学出版社．
谷春瑞，韩广利，曹文杰．2004. 机械制造工程实践．天津：天津大学出版社．
郝广发．1991. 钳工工艺学．北京：机械工业出版社．
技工学校机械类通用教材编审委员会．2006. 车工工艺学．北京：机械工业出版社．
孔庆华，黄午阳．2000. 制造技术实习．上海：同济大学出版社．
李德玉．2002. 机械工程材料学．北京：中国农业出版社．
李国英．1998. 表面工程手册．北京：机械工业出版社．
李志忠．1992. 激光表面强化．北京：机械工业出版社．
林建榕，等．2004. 工程训练．北京：航空工业出版社．
刘宝俊．1987. 材料腐蚀及其控制．北京：北京航空航天大学出版社．
刘国杰．1987. 现代涂料工艺新技术．北京：化学工业出版社．
刘江龙，邹至荣，苏宝嫆．1997. 高能束热处理．北京：机械工业出版社．
刘晋春，等．2005. 特种加工．北京：机械工业出版社．
刘三刚．1999. 职业技能培训 MES 系列教材．北京：航空工业出版社/中国劳动出版社．
刘胜青，陈金水．2005. 工程训练．北京：高等教育出版社．
刘世雄．1996. 金工实习．重庆：重庆大学出版社．
刘世雄．2003. 金工实习．重庆：重庆大学出版社．
吕广庶．2001. 工程材料及成形技术基础．北京：高等教育出版社．
倪楚英．2000. 机械制造基础实训教程．上海：上海交通大学出版社．
沈宁一．1991. 表面处理工艺手册．上海：上海科技出版社．
石伯平，李家枢．1982. 金属工艺学实习教材．北京：高等教育出版社．
孙希泰，等．2005. 材料表面强化技术．北京：化学工业出版社．
孙以安，陈茂贞．1998. 金工实习教学指导．上海：上海交通大学出版社．
王瑞芳．2002. 金工实习．北京：机械工业出版社．
王运炎，叶尚川．2001. 机械工程材料．北京：机械工业出版社．
徐滨士，朱绍华，刘世参．2005. 材料表面工程．哈尔滨：哈尔滨工业大学出版社．
徐冬元．1998. 钳工工艺与技能训练．北京：高等教育出版社．
严绍华，张学政．2006. 金属工艺学实习．第二版．北京：清华大学出版社．
严绍华．1991. 热加工工艺基础．北京：高等教育出版社．
严绍华．2000. 材料成型工艺基础．北京：清华大学出版社．
杨若凡．2005. 金工实习．北京：高等教育出版社．
张力真，徐允长．2001. 金属工艺学实习教材．北京：高等教育出版社．
张万昌，等．1996. 机械制造实习．北京：高等教育出版社．

张学仁．2001. 电火花线切割加工技术工人培训自学教材．哈尔滨：哈尔滨工业大学出版社．
张学政，李家枢．2003. 金属工艺学实习教材．北京：高等教育出版社．
张远明．2005. 金属工艺学实习教材．北京：高等教育出版社．
赵万生．2000. 电火花加工技术工人培训自学教材．哈尔滨：哈尔滨工业大学出版社．
郑晓等．2004. 金属工艺学实习教材．北京：北京航空航天大学出版社．
中国机械工程学会热处理学会．1989. 表面沉积技术．北京：机械工业出版社．
周伯伟．2006. 金工实习．南京：南京大学出版社．
朱世范．2003. 机械工程训练．哈尔滨：哈尔滨工程大学出版社．
左敦稳．2005. 现代加工技术．北京：北京航空航天大学出版社．

**图书在版编目（CIP）数据**

金属工艺学实习/侯书林主编．—北京：中国农业出版社，2010.2
全国高等农林院校“十一五”规划教材
ISBN 978-7-109-14325-8

Ⅰ．金… Ⅱ．侯… Ⅲ．金属加工-工艺-实习-高等学校-教材 Ⅳ．TG-45

中国版本图书馆 CIP 数据核字（2010）第 005915 号

中国农业出版社出版
（北京市朝阳区农展馆北路 2 号）
（邮政编码 100125）
策划编辑　王芳芳
文稿编辑　李兴旺

---

中国农业出版社印刷厂印刷　　新华书店北京发行所发行
2010 年 4 月第 1 版　　2011 年 12 月北京第 2 次印刷

---

开本：787mm×1092mm　1/16　　印张：16.25
字数：379 千字
定价：26.50 元